수학 I

최강

TOP OF THE TOP

book.chunjae.co.kr

최강

TOP

수학 I

개념 정리 예제와 참고 자료, 일부 단축키(문제 풀이 시간을 줄여주는 내용 소개)를 통해 학습

단계 구성

STEP 1 1등급 준비하기

1등급 준비를 위해 꼭 확인해야 할 필수 유형을 학습하는 단계. 자칫하면 놓치기 쉬운 개념과 풀이 스킬을 확인합니다.

STEP 2 1등급 굳히기

각 학교에서 실제 시험에 다뤄진 최신 출제 경향을 반영하는 문제를 푸는 단계.
1등급을 목표로 공부한다면 반드시 알아야 할 풀이 스킬을 확인하고 각 문항별로 주어진 목표 시간 안에 1등급 문제 유형을 확실하게 익힙니다.

STEP 3 1등급 뛰어넘기

창의력, 융합형, 신경향, 서술형 문제 등을 경험하고 익히는 단계. 풀기 어렵거나 풀기 까다로운 문제보다는 '이렇게 풀면 되구나!' 하는 경험을 할 수 있는 문제를 포함하고 있으므로 더 다양한 풀이 스킬을 익히면서 적용해 볼 수 있습니다.

정답과 풀이 주로 문제 풀이를 위한 **GUIDE** 와 해설로 이루어져 있습니다.
그리고 다음 요소도 포함하고 있습니다.

주의	자칫하면 실수하기 쉬운 내용을 알려줍니다.
참고	풀이 과정에서 추가 설명이 필요한 경우, 이해를 돕거나 이해해야 하는 내용을 알려줍니다.
LECTURE	풀이 과정에서 등장한 개념을 알려줍니다.
1등급 NOTE	문제 풀이에 필요한 스킬을 알려줍니다.
다른 풀이	말 그대로 소개된 해설과 다른 풀이를 담고 있습니다.

※ 오답노트 자동 생성 앱

틀린 문제 번호만 터치하면 자동으로 정리되는 오답노트입니다. 인쇄하여 오답노트집으로 활용하거나 자투리 시간에 휴대폰에서 바로 이용할 수 있습니다. (안드로이드 운영 체제만 지원합니다.)

1 천재교육 홈페이지(www.chunjae.co.kr)에서 회원으로 가입합니다. (이때 사용한 아이디와 비밀번호를 오답노트 앱에서 사용합니다.)
2 표지에 있는 QR 코드를 스캔하여 교재 등록을 합니다.
3 오답노트를 이용합니다.
※ 휴대폰에서 인쇄하기를 누를 경우 사용자의 구글 드라이브 계정에 오답노트가 저장됩니다. PC에서 구글 드라이브에 접속해 오답노트를 인쇄할 수 있습니다.

01 지수

1 거듭제곱근

a의 n제곱근 n제곱하여 a가 되는 수, 즉 방정식 $x^n=a$의 근 (단, a는 실수, n은 2 이상의 정수)

예 -27의 세제곱근을 x라 하면 $x^3=-27$, 즉 $x^3+27=0$에서

$(x+3)(x^2-3x+9)=0$ $\therefore x=-3, \dfrac{3\pm3\sqrt{3}i}{2}$

따라서 -27의 세제곱근은 $-3, \dfrac{3\pm3\sqrt{3}i}{2}$

※ 실수 a의 n 제곱근 중에서 실수인 것은 다음과 같다.

	$a>0$	$a=0$	$a<0$
n이 짝수	$\sqrt[n]{a}, -\sqrt[n]{a}$	0	없다
n이 홀수	$\sqrt[n]{a}$	0	$\sqrt[n]{a}$

보기 다음 거듭제곱근 중에서 실수인 것을 구하여라.
(1) -1의 세제곱근
(2) 8의 세제곱근
(3) 81의 네제곱근
(4) -0.00032의 다섯제곱근

풀이 (1) $\sqrt[3]{(-1)^3}$, 즉 -1 (2) $\sqrt[3]{2^3}$, 즉 2
(3) $\sqrt[4]{3^4}, -\sqrt[4]{3^4}$, 즉 $3, -3$ (4) $\sqrt[5]{(-0.2)^5}$, 즉 -0.2
※ 거듭제곱 중 실수인 것만 구할 경우, '홀수 제곱근'이면 $\sqrt[n]{a}$을 생각하고 '짝수 제곱근'이면 $\pm\sqrt[n]{a}$를 생각한다.

2 거듭제곱근의 성질

$a>0$, $b>0$이고 m, n이 2 이상의 정수일 때

① $\sqrt[n]{a}\,\sqrt[n]{b}=\sqrt[n]{ab}$ ② $\dfrac{\sqrt[n]{a}}{\sqrt[n]{b}}=\sqrt[n]{\dfrac{a}{b}}$

③ $(\sqrt[n]{a})^m=\sqrt[n]{a^m}$ ④ $\sqrt[m]{\sqrt[n]{a}}=\sqrt[mn]{a}=\sqrt[n]{\sqrt[m]{a}}$

⑤ $\sqrt[np]{a^{mp}}=\sqrt[n]{a^m}$ (단, p는 양의 정수)

보기 다음을 간단히 하여라.
(1) $\sqrt[4]{\sqrt[3]{256}}\times\sqrt[3]{\sqrt[4]{16}}$

(2) $\sqrt[5]{\dfrac{\sqrt{3}}{\sqrt[4]{3}}}\times\sqrt{\dfrac{\sqrt[10]{3}}{\sqrt[5]{3}}}$

풀이 (1) $\sqrt[4]{\sqrt[3]{256}}\times\sqrt[3]{\sqrt[4]{16}}=\sqrt[4\times3]{2^8}\times\sqrt[3\times4]{2^4}=\sqrt[3\times4]{2^8\times2^4}=\sqrt[12]{2^{12}}=2$

(2) $\sqrt[5]{\dfrac{\sqrt{3}}{\sqrt[4]{3}}}\times\sqrt{\dfrac{\sqrt[10]{3}}{\sqrt[5]{3}}}=\dfrac{\sqrt[5]{\sqrt{3}}}{\sqrt[5]{\sqrt[4]{3}}}\times\dfrac{\sqrt{\sqrt[10]{3}}}{\sqrt{\sqrt[5]{3}}}=\dfrac{\sqrt[5\times2]{3}}{\sqrt[5\times4]{3}}\times\dfrac{\sqrt[2\times10]{3}}{\sqrt[2\times5]{3}}=\dfrac{\sqrt[10]{3}}{\sqrt[20]{3}}\times\dfrac{\sqrt[20]{3}}{\sqrt[10]{3}}=1$

※ 보기 의 문제는 풀이처럼 거듭제곱근의 성질을 이용해서 풀 수도 있지만 지수법칙을 이용해서 푸는 경우가 일반적이다.

참고
n차 방정식의 근은 n개이므로 실근 개수와 허근 개수의 합은 항상 n이다.

보충 **그래프를 이용한 거듭제곱근의 이해**
a의 n제곱근 중 실수인 것은 곡선 $y=x^n$과 직선 $y=a$의 교점의 x 좌표와 같다.
❶ n이 짝수일 때

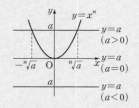

n이 짝수일 때 함수 $y=x^n$은 우함수이므로 이 함수의 그래프는 y축에 대하여 대칭이다.
• $a>0$이면 교점의 x좌표는 $-\sqrt[n]{a}, \sqrt[n]{a}$
• $a=0$이면 교점의 x좌표는 0
• $a<0$이면 교점이 없다.
❷ n이 홀수일 때

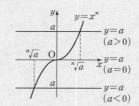

함수 $y=x^n$은 기함수이므로 이 함수의 그래프는 원점에 대하여 대칭이다.
이때 a값에 관계없이 교점의 x좌표는 $\sqrt[n]{a}$

주의
거듭제곱근의 성질은 $a>0$, $b>0$일 때는 항상 성립하지만 그 외의 경우에는 성립하지 않을 수도 있다.
①에서 $a<0$, $b<0$일 때, $n=2$이면
$\sqrt{a}\,\sqrt{b}=-\sqrt{ab}$
②에서 $a>0$, $b<0$일 때, $n=2$이면
$\dfrac{\sqrt{a}}{\sqrt{b}}=-\sqrt{\dfrac{a}{b}}$

3 지수법칙의 확장

(1) 0 또는 음의 정수인 지수

a가 0이 아닌 실수이고, n이 양의 정수일 때

① $a^0 = 1$ ② $a^{-n} = \dfrac{1}{a^n}$

(2) 유리수 지수의 정의

$a > 0$, m은 정수, n은 2 이상의 정수, r는 유리수일 때

① $a^{\frac{1}{n}} = \sqrt[n]{a}$ ② $a^{\frac{m}{n}} = \sqrt[n]{a^m}$ ③ $a^{-r} = \dfrac{1}{a^r}$

(3) $a > 0$, $b > 0$이고, x, y가 실수일 때

① $a^x a^y = a^{x+y}$ ② $(a^x)^y = a^{xy}$

③ $(ab)^x = a^x b^x$ ④ $a^x \div a^y = a^{x-y}$

주의
① 0^0은 정의하지 않는다.
② 지수가 정수일 때는 밑이 음수라 해도 그 값이 정의된다.
  예 $(-2)^2 = 4$, $(-2)^3 = -8$, $\cdots$
③ 지수가 유리수 또는 실수일 때는 밑이 음수이면 지수법칙이 성립하지 않는다.
  예 $\{(-3)^2\}^{\frac{1}{2}} = (3^2)^{\frac{1}{2}} = 3$ (○)
    $\{(-3)^2\}^{\frac{1}{2}} = (-3)^{2 \times \frac{1}{2}} = -3$ (×)

보기 다음 값을 구하여라.

(1) $32^{-0.2} + 25^{-0.5}$ (2) $9^{-\frac{3}{2}} \times 8^{\frac{1}{3}} \div \sqrt{81^{-3}}$

풀이 (1) $32^{-0.2} + 25^{-0.5} = 32^{-\frac{1}{5}} + 25^{-\frac{1}{2}} = (2^5)^{-\frac{1}{5}} + (5^2)^{-\frac{1}{2}}$

$= 2^{5 \times \left(-\frac{1}{5}\right)} + 5^{2 \times \left(-\frac{1}{2}\right)}$

$= 2^{-1} + 5^{-1} = \dfrac{1}{2} + \dfrac{1}{5} = \dfrac{\mathbf{7}}{\mathbf{10}}$

(2) $9^{-\frac{3}{2}} \times 8^{\frac{1}{3}} \div \sqrt{81^{-3}} = (3^2)^{-\frac{3}{2}} \times (2^3)^{\frac{1}{3}} \div \sqrt{(3^4)^{-3}}$

$= 3^{2 \times \left(-\frac{3}{2}\right)} \times 2^{3 \times \frac{1}{3}} \div 3^{4 \times \left(-\frac{3}{2}\right)}$

$= 3^{-3} \times 2 \div 3^{-6} = 3^{-3-(-6)} \times 2$

$= 3^3 \times 2 = \mathbf{54}$

4 거듭제곱근의 크기 비교

분수 지수를 이용하여 나타냈을 때, 밑을 같게 할 수 없으면 지수를 같게 하여 밑을 비교한다.

① 거듭제곱근 꼴은 분수 지수 꼴로 고친다.

② 분수 지수의 분모의 최소공배수를 이용하여 통분한다.

③ 지수를 같게 하여 밑이 큰 쪽이 크다고 결정한다.

보충
밑을 같게 할 수 있을 때는
① $0 < (밑) < 1$
  ⇨ 지수가 작은 쪽이 큰 수
② $(밑) > 1$
  ⇨ 지수가 큰 쪽이 큰 수

보기 $3^{\frac{1}{2}}$, $4^{\frac{1}{3}}$, $7^{\frac{1}{4}}$의 크기를 비교하여라.

풀이 $\dfrac{1}{2}$, $\dfrac{1}{3}$, $\dfrac{1}{4}$에서 분모 2, 3, 4의 최소공배수가 12이므로 $3^{\frac{6}{12}}$, $4^{\frac{4}{12}}$, $7^{\frac{3}{12}}$

즉 $(3^6)^{\frac{1}{12}}$, $(4^4)^{\frac{1}{12}}$, $(7^3)^{\frac{1}{12}}$에서 $3^6 > 7^3 > 4^4$

따라서 $3^{\frac{1}{2}} > 7^{\frac{1}{4}} > 4^{\frac{1}{3}}$

                      $3^6 = 729$, $4^4 = 256$, $7^3 = 343$

STEP **1** | 1등급 준비하기

거듭제곱근

01

n이 2 이상의 자연수일 때, 다음 **보기**에서 옳은 것을 모두 고른 것은?

> **보기**
>
> ㄱ. n이 짝수일 때, 양의 실수 a의 n제곱근 중에서 실수는 $\sqrt[n]{a}$, $-\sqrt[n]{a}$이다.
>
> ㄴ. n이 짝수일 때, 음의 실수 a의 n제곱근 중에서 실수는 $\sqrt[n]{a}$이다.
>
> ㄷ. n이 홀수일 때, 임의의 실수 a의 n제곱근 중에서 실수는 $\sqrt[n]{a}$이다.

① ㄱ ② ㄴ ③ ㄱ, ㄴ
④ ㄱ, ㄷ ⑤ ㄱ, ㄴ, ㄷ

02

3^{10}의 다섯제곱근 중에서 실수인 것을 a라 할 때, a의 네 제곱근 중에서 실수인 것을 모두 고르면? (정답 2개)

① $\sqrt[4]{3}$ ② $\sqrt{3}$ ③ $-\sqrt[4]{3}$
④ $-\sqrt{3}$ ⑤ 3

밑을 같게 하여 식의 값 구하기

03

실수 x, y, z에 대하여 $2^x = 4^y = 8^z$일 때, $\dfrac{1}{x} - \dfrac{2}{y} + \dfrac{1}{z}$의 값은?

① -2 ② -1 ③ 0
④ 1 ⑤ 2

지수법칙과 곱셈공식

04

실수 a, b에 대하여 $5^{2a+b} = 4$, $2^{2a-b} = 3$일 때, $5^{4a^2-b^2}$의 값을 구하시오.

05

$x = 4^{\frac{1}{3}} - 4^{-\frac{1}{3}}$일 때, $4x^3 + 12x$의 값은?

① 3 ② 6 ③ 9
④ 12 ⑤ 15

06

$a^{\frac{2}{3}}+b^{\frac{2}{3}}=1$, $x=a+3a^{\frac{1}{3}}b^{\frac{2}{3}}$, $y=b+3a^{\frac{2}{3}}b^{\frac{1}{3}}$일 때, $(x+y)^{\frac{2}{3}}+(x-y)^{\frac{2}{3}}$의 값은?

① 1   ② 2   ③ 3

④ 4   ⑤ 5

크기 비교

07

다음 세 수의 크기를 비교한 것으로 옳은 것은?

$$A=\sqrt{2\sqrt{2}},\quad B=\sqrt{2^{\sqrt{2}}},\quad C=(\sqrt{2})^{\sqrt{2}}$$

① $B=C<A$ ② $B<C=A$ ③ $C<A=B$

④ $C=A<B$ ⑤ $A<B=C$

08

$(\sqrt{26})^a=5\sqrt{2}$, $3^b=2\sqrt[3]{6}$, $5^c=2\sqrt{13}$일 때, 세 양수 a, b, c 의 크기를 바르게 나타낸 것은?

① $a<b<c$ ② $b<c<a$ ③ $c<a<b$

④ $b<a<c$ ⑤ $a<c<b$

지수법칙을 이용한 식의 값 구하기

09

$a=\sqrt{2}$일 때, 다음 식의 값은?

$$\frac{a^2+a^4+a^6+a^8+a^{10}}{a^{-1}+a^{-3}+a^{-5}+a^{-7}+a^{-9}}$$

① 16   ② $16\sqrt{2}$ ③ 32

④ $32\sqrt{2}$ ⑤ 64

10

$x>0$이고 $x^2-7x+1=0$일 때, $\dfrac{x^{\frac{1}{2}}+x^{-\frac{1}{2}}}{x^2+x^{-2}}$의 값은?

① $\dfrac{1}{16}$ ② $\dfrac{3}{47}$ ③ $\dfrac{5}{49}$

④ $\dfrac{2}{17}$ ⑤ $\dfrac{1}{6}$

거듭제곱근과 지수 계산

01
| 제한시간 1.5분 |

다음은 지수가 유리수일 때 지수법칙이 성립함을 증명하는 과정을 나타낸 것이다. (가), (나), (다)에 알맞은 것은?

$\boxed{\text{(가)}}$ 이고 r, s가 유리수일 때,

$r = \dfrac{m}{n}$, $s = \dfrac{p}{q}$ (단, m, n, p, q는 정수, $n > 0$, $q > 0$)로 놓으면

$a^r \div a^s = a^{\frac{m}{n}} \div a^{\frac{p}{q}} = a^{\boxed{\text{(나)}}} \div a^{\boxed{\text{(다)}}}$

$= \dfrac{a^{\boxed{\text{(나)}}}}{a^{\boxed{\text{(다)}}}} = \dfrac{\sqrt[nq]{a^{mq}}}{\sqrt[nq]{a^{np}}}$

$= \sqrt[nq]{a^{mq-np}} = a^{\frac{mq-np}{nq}} = a^{\frac{m}{n}-\frac{p}{q}} = a^{r-s}$

	(가)	(나)	(다)
①	$a > 0$	$\dfrac{mq}{nq}$	$\dfrac{np}{nq}$
②	$a \neq 0$	$\dfrac{mq}{nq}$	$\dfrac{mp}{mq}$
③	$a > 0$	$\dfrac{mq}{nq}$	$\dfrac{mp}{mq}$
④	$a \neq 0$	$\dfrac{mq}{nq}$	$\dfrac{np}{nq}$
⑤	$a > 0$	$\dfrac{mp}{np}$	$\dfrac{np}{nq}$

02
| 제한시간 1.5분 |

세 양수 a, b, c에 대하여 $a^6 = 3$, $b^5 = 7$, $c^2 = 11$일 때, $(abc)^n$이 자연수가 되는 최소의 자연수 n값을 구하시오.

거듭제곱과 지수법칙

03
| 제한시간 2분 |

$0 < a < b < c$이고 $a^{\frac{1}{3}} b^{\frac{1}{4}} c^{\frac{1}{12}} = 1$일 때, **보기**에서 옳은 것을 모두 고른 것은?

┤ 보기 ├

ㄱ. $a^4 b^3 > 1$ 　　　　　　 ㄴ. $a^3 b^4 c > 1$

ㄷ. $\sqrt[4]{a}\,\sqrt[3]{b}\,\sqrt[12]{c} > 1$

---

① ㄱ 　　　　② ㄴ 　　　　③ ㄷ

④ ㄱ, ㄷ 　　　⑤ ㄴ, ㄷ

04*
| 제한시간 2분 |

$2 \leq n \leq 100$인 자연수 n에 대하여 $\left(\sqrt[3]{3^5}\right)^{\frac{1}{2}}$이 어떤 자연수의 n제곱근이 되도록 하는 n의 개수를 구하시오.

05
| 제한시간 2분 |

$\sqrt[4]{\dfrac{n}{2}}$, $\sqrt[3]{\dfrac{n}{3}}$이 모두 자연수일 때, 자연수 n의 최솟값이 $2^{\alpha} \times 3^{\beta}$이다. 이때 $\alpha + \beta$의 값을 구하시오. (단, α, β는 자연수)

조건을 이용하여 지수 나타내기

06 | 제한시간 1.5분 |

0이 아닌 세 실수 α, β, γ에 대하여 $2\beta = \alpha + \gamma$가 성립한다. $x^{\frac{1}{\alpha}} = y^{-\frac{1}{\beta}} = z^{\frac{2}{\gamma}}$일 때, $xz^2 + 9y^2$의 최솟값은?

(단, x, y, z는 1이 아닌 양수이다.)

① 2   ② 3   ③ 4   ④ 5   ⑤ 6

07 | 제한시간 2.5분 |

등식 $2^a = 3^b$을 만족시키는 서로 다른 두 실수 a, b에 대하여 **보기**에서 옳은 것을 모두 고른 것은? (단, $ab \neq 0$)

┤ 보기 ├

ㄱ. $2^{a-1} > 3^{b-1}$ ㄴ. $6^a > 6^b$

ㄷ. $a \times 3^b > b \times 2^a$

① ㄱ   ② ㄱ, ㄴ   ③ ㄱ, ㄷ

④ ㄴ, ㄷ   ⑤ ㄱ, ㄴ, ㄷ

지수법칙과 완전제곱식

08 | 제한시간 2분 |

홀수인 자연수 n에 대하여 $x = \frac{1}{2}\left(1001^{\frac{1}{n}} - 1001^{-\frac{1}{n}}\right)$일 때, $(x - \sqrt{1 + x^2})^n$을 간단히 하면?

① 1   ② 1001^n ③ $\frac{1}{1001}$

④ -1001 ⑤ $-\frac{1}{1001}$

09* | 제한시간 2분 |

$t^2 + (2^{x+1} + 2^{-x+1})t + (2^{2x+1} + 2^{-2x+1}) = 0$에서 실수 t, x의 값을 각각 α, β라 할 때 $\beta - \alpha$의 값을 구하시오.

지수법칙과 식의 값 계산

10 | 제한시간 1.5분 |

$a = 9 + \sqrt{17}$, $b = 9 - \sqrt{17}$이고 $x = a^{\frac{1}{3}} + b^{\frac{1}{3}}$일 때, $x^3 - 12x$의 값을 구하시오.

11

| 제한시간 2분 |

$x=4^{\frac{2}{3}}$일 때, $\left[\frac{1}{2}x+\frac{1}{2}x^{-1}\right]+\left[\frac{1}{12}x^2+\frac{1}{12}x^{-2}\right]$의 값을 구하시오. (단, $[x]$는 x보다 크지 않은 가장 큰 정수이다.)

12

| 제한시간 2분 |

$5^{2x}-5^{x+1}=-1$일 때, $\dfrac{5^{3x}+5^{-3x}-5}{5^{2x}+5^{-2x}-2}$의 값을 구하시오.

13

| 제한시간 2분 |

실수 a에 대하여

$\dfrac{2}{2^{-2a}+1}+\dfrac{2}{2^{-a}+1}+\dfrac{2}{2^0+1}+\dfrac{2}{2^a+1}+\dfrac{2}{2^{2a}+1}$의 값을 구하시오.

밑을 같게 하여 식의 값 구하기

<hr>

14*

| 제한시간 2분 |

$42^a=7$, $42^b=3$일 때, $14^{\frac{a+b}{1-b}}$의 값은?

① 7   ② 14   ③ 21

④ 28   ⑤ 35

15

| 제한시간 2분 |

1이 아닌 양수 a, x, y에 대하여 $x^{a+1}=a$, $y^{a+1}=a^a$이 성립할 때, 다음 중 x, y의 관계식으로 옳은 것은? (정답 2개)

① $x^y=y^x$ ② $x^x=y^y$ ③ $xy=a$

④ $x^{\frac{y}{2}-1}=y^{\frac{1}{x}}$ ⑤ $x^x=y^{\frac{1}{y}}$

16 *
| 제한시간 2.5분 |

$2^a \times 5^b = 2^c \times 5^d = 10$, $a \neq 1$, $c \neq 1$일 때,
$(a-1)(d-1) - (b-1)(c-1)$의 값을 구하시오.

17
| 제한시간 2분 |

a, b가 양수이고 다음이 성립할 때, b^2의 값을 구하시오.

> (가) $a + \dfrac{1}{a} = 3$
>
> (나) $\left(b + \dfrac{1}{a}\right)^{\frac{1}{y}} = \left(b - \dfrac{1}{a}\right)^{\frac{1}{x}} = a^{\frac{1}{xy}}$
>
> (다) $x + y = 2xy$

크기 비교

18
| 제한시간 2분 |

두 수 $A = 82^{20}$, $B = 241^{15}$ 중 큰 것을 말하시오.

19
| 제한시간 2분 |

$x > 0$, $y > 0$, $z > 0$이고, $3^x = 4^y = 12^z$일 때, $3x$, $4y$, $12z$ 의 크기를 바르게 나타낸 것은?

① $3x < 4y < 12z$ ② $4y < 3x < 12z$

③ $3x < 12z < 4y$ ④ $12z < 3x < 4y$

⑤ $12z < 4y < 3x$

20
| 제한시간 2분 |

두 집합

$$A = \{x \mid \sqrt[3]{3} < x < \sqrt[4]{7}\}, \ B = \{x \mid \sqrt{\sqrt[3]{9}} < x < \sqrt[3]{\sqrt{12}}\}$$

에 대하여 $\sqrt[12]{n} \in (A \cap B)$를 만족시키는 자연수 n의 개수는?

① 5   ② 62   ③ 70   ④ 135   ⑤ 261

01

$a=\dfrac{2^{\sqrt{2}}-2^{-\sqrt{2}}}{2^{\sqrt{2}}+2^{-\sqrt{2}}}$, $b=\dfrac{2^{\sqrt{3}}-2^{-\sqrt{3}}}{2^{\sqrt{3}}+2^{-\sqrt{3}}}$ 일 때, $\dfrac{4^{\sqrt{2}+\sqrt{3}}-1}{4^{\sqrt{2}+\sqrt{3}}+1}$ 을 a, b를 써서 나타내시오.

02*

$P=1\times2\times3\times\cdots\times100$일 때, $\dfrac{P}{(2^{\alpha}\times3)^{\beta}}$가 정수가 되도록 하는 자연수 β의 최댓값 b와 그때 자연수 α의 최댓값 a에 대하여 $a+b$의 값을 구하시오.

03*

신유형

$\dfrac{3}{1-3^{2}}+\dfrac{3^{2}}{1-3^{2^{2}}}+\dfrac{3^{2^{2}}}{1-3^{2^{3}}}+\dfrac{3^{2^{3}}}{1-3^{2^{4}}}+\cdots+\dfrac{3^{2^{999}}}{1-3^{2^{1000}}}$ 를 간단히 고치면 $a-\dfrac{1}{1-3^{2^{b}}}$이 된다. 이때 $2a+b$의 값은?

(단, a, b는 유리수이다.)

① -999 ② 999 ③ -1000

④ 1000 ⑤ 1

04

실수 a의 n제곱근 중에서 실수인 것의 개수를 $f(a, n)$이라 할 때, **보기**에서 옳은 것을 모두 고른 것은?

(단, n은 2 이상의 자연수이다.)

┤ 보기 ├

ㄱ. 어떤 정수 k에 대하여 $f(a, k)=0$이면 a는 음수이다.
ㄴ. $f(a+3, 2n)=f(a^{2}+4a+3, 2n-1)$을 만족시키는 실수 a값이 존재한다.
ㄷ. $1+f(a, n)\leq f(a^{2}, n+1)$이면 $a>0$이다.

① ㄱ   ② ㄱ, ㄴ   ③ ㄱ, ㄷ

④ ㄴ, ㄷ   ⑤ ㄱ, ㄴ, ㄷ

05

서술형

등식 $\left[a^{\frac{1}{3}}\right]+\left[(30-a)^{\frac{1}{3}}\right]=\left[30^{\frac{1}{3}}\right]$을 만족시키는 자연수 a의 개수를 구하시오. (단, $a<30$이고, $[x]$는 x보다 크지 않은 가장 큰 정수이다.)

06

x, y가 실수이고, $9^x + 4^y = 5$일 때, $3^x + 2^{y+1}$의 최댓값을 구하시오.

07 융합형

보기에서 옳은 것을 고른 것은? (단, $[x]$는 x보다 크지 않은 가장 큰 정수이다.)

┤ 보기 ├
ㄱ. $\left[\sqrt{5} + \dfrac{1}{2}\right] = 2$

ㄴ. $\left[\sqrt{1} + \dfrac{1}{2}\right] + \left[\sqrt{2} + \dfrac{1}{2}\right] + \cdots + \left[\sqrt{30} + \dfrac{1}{2}\right] = 110$

ㄷ. $\left[\sqrt{a} + \dfrac{1}{2}\right] + \left[\sqrt{a} - \dfrac{1}{2}\right] = 3$이 되는 자연수 a는 4개이다.

① ㄴ   ② ㄷ   ③ ㄱ, ㄴ

④ ㄴ, ㄷ   ⑤ ㄱ, ㄴ, ㄷ

08 신유형

다음 글을 읽고 물음에 답하시오.

국제 거래에서 한 나라가 다른 나라보다 어떤 재화를 생산하는 데 동일한 생산 요소를 투입해서 더 많이 생산하거나, 그 나라보다 적은 생산 요소를 투입해서 더 싸게 생산할 수 있을 때, 즉 다른 나라보다 낮은 생산비로 생산할 수 있는 능력을 절대 우위라고 한다. 두 나라가 각각 절대 우위를 가진 재화와 서비스를 특화 생산하여 교환하면 두 나라 모두에게 이익이 된다는 이론이 절대 우위론이다. 무역을 할 때, A국이 B국보다 생산비가 절대적으로 적게 드는 재화와 서비스를 생산하여 B국에 수출하고, 생산비가 절대적으로 많이 드는 재화와 서비스를 B국으로부터 수입하면 모두에게 이익이 된다.

구분	메모리	옷
A국	10달러	12달러
B국	15달러	8달러

위 표와 같이, 메모리는 A국이 10달러이고, B국이 15달러이므로 A국이 더 싸게 생산할 수 있다. 반면 옷은 A국이 12달러이고 B국이 8달러이므로 B국이 더 싸게 생산할 수 있다. 이때 A국은 메모리 생산에, B국은 옷 생산에 절대 우위가 있다고 한다. 양국 모두 절대 우위에 있는 상품을 특화하여 1:1로 교환하면 A국은 10달러로 옷 1벌을, B국은 8달러로 메모리 1개를 얻을 수 있으므로 A국은 2달러, B국은 7달러의 무역 이익이 발생한다.

A와 B 두 국가는 제품 X와 Y를 생산하고 서로 무역을 하고 있다. 다음 표는 각 제품별 단위 생산 비용이다.

한 단위 생산에 드는 비용   (단위: 만 달러)

구분	X	Y
A국	$3 \times 4^{5-n}$	2^{8-n}
B국	2^{8-n}	$3 \times 4^{5-n}$

(1) A국이 Y 생산에 절대 우위가 있을 때, 자연수 n의 최댓값을 구하시오.

(2) $n = 1$일 때, A국의 무역 이익을 구하시오.

02 로그

---

1 로그의 정의

$a>0$, $a\neq 1$일 때, 임의의 양수 b에 대하여 $a^x=b$가 되는 실수 x는 오직 하나만 존재하고, 이 x를 $\log_a b$로 나타낸다. 즉

$$a^x=b \iff x=\log_a b$$

이때 x를 a를 **밑**으로 하는 b의 **로그**라 하고, b를 $\log_a b$의 **진수**라 한다.

※ $\log_a b$가 정의되려면 밑은 1이 아닌 양수이고, 진수는 양수이어야 한다.

　즉 $a>0$, $a\neq 1$이고 $b>0$

---

2 로그의 성질

1이 아닌 양수 a에 대하여

① $\log_a 1=0$, $\log_a a=1$　　　② $\log_a MN=\log_a M+\log_a N$

③ $\log_a \dfrac{M}{N}=\log_a M-\log_a N$　　④ $\log_a M^k=k\log_a M$ (단, k는 실수)

⑤ $\log_{a^m} M^n=\dfrac{n}{m}\log_a M$ (단, m, n은 실수, $m\neq 0$)

주의

① $\log_a(M+N)\neq \log_a M+\log_a N$

② $\log_a(M+N)\neq \log_a M\log_a N$

③ $\log_a M\log_a N$
　$\neq \log_a M+\log_a N$

④ $\dfrac{\log_a M}{\log_a N}\neq \log_a M-\log_a N$

보기 1이 아닌 양수 a, b, c에 대하여 $abc=1$일 때, 다음 식의 값을 구하여라.

$$\log_a b+\log_b a+\log_b c+\log_c b+\log_c a+\log_a c$$

풀이 (주어진 식)$=\log_a b+\log_a c+\log_b a+\log_b c+\log_c a+\log_c b$

$=\log_a bc+\log_b ac+\log_c ab$

$=\log_a \dfrac{1}{a}+\log_b \dfrac{1}{b}+\log c\, \dfrac{1}{c}=\boldsymbol{-3}$

---

3 로그의 밑 변환 공식

1이 아닌 양수 a, b, c에 대하여

① $\log_a b=\dfrac{\log_c b}{\log_c a}$　　　　② $\log_a b=\dfrac{1}{\log_b a}$

③ $a^{\log_a b}=b$　　　　　　　④ $a^{\log_b c}=c^{\log_b a}$

⑤ $\log_a b\times \log_b a=1$

보충 $a^{\log_b c}=c^{\log_b a}$**의 증명**

$a^{\log_b c}=x$로 놓고

양변에 밑이 b인 로그를 취하면

$\log_b a^{\log_b c}=\log_b x$이고,

$\log_b a^{\log_b c}=(\log_b c)(\log_b a)$

$=(\log_b a)(\log_b c)$

$=\log_b c^{\log_b a}$

양변에서 로그의 밑이 같으므로

$a^{\log_b c}=c^{\log_b a}$

보기 $2^a=3$, $2^b=5$일 때, $\log_{200} 270$을 a, b로 나타내어라.

풀이 $2^a=3$에서 $a=\log_2 3$, $2^b=5$에서 $b=\log_2 5$이고 밑 변환 공식을 이용하여 $\log_{200} 270$을 밑이 2인 로그로 변환하면

$$\log_{200} 270=\frac{\log_2(2\times 3^3\times 5)}{\log_2(2^3\times 5^2)}=\frac{1+3\log_2 3+\log_2 5}{3+2\log_2 5}=\boldsymbol{\frac{1+3a+b}{3+2b}}$$

4 상용로그의 정수부분과 소수부분의 성질

① 밑이 10인 로그를 **상용로그**라 하고, 임의의 양수 N에 대하여 상용로그는 $\log N = n + \alpha$ (n은 정수, $0 \le \alpha < 1$)로 나타낼 수 있고, n을 **정수부분**, α를 **소수부분**이라 한다.

② 정수부분이 n자리인 수의 상용로그의 정수부분은 $n-1$이다.

③ 소수점 아래 n째 자리에서 처음으로 0이 아닌 숫자가 나타나는 수의 상용로그의 정수부분은 $-n$이다.

④ 진수의 숫자 배열이 같고 소수점의 위치만 다르면 소수부분은 모두 같다.

(보기) $\log x = 98.7654$에서 x는 정수부분이 a자리인 수이며, 맨 앞자리 수는 b일 때, $a+b$의 값을 구하여라. ($\log 2 = 0.3010$, $\log 3 = 0.4711$)

(풀이) $\log x$의 정수부분이 98이므로 x는 정수부분이 99자리인 수이다.
또 소수부분 0.7654에서 $\lceil$ $\log x = 0.7654$가 되는 x의 맨 앞자리 수를 찾는다.
$\log 5 = 1 - 0.3010 = 0.6990$, $\log 6 = \log 2 + \log 3 = 0.7721$이므로
$\log 5 < 0.7654 < \log 6$, 즉 맨 앞자리 수는 5이다.
$\therefore a+b = 99+5 = \mathbf{104}$ ⇨ 22쪽 **02**

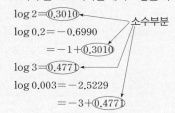

5 정수부분과 소수부분의 활용

❶ $\log A$의 정수부분이 n
   ⇨ $\log A = n + \alpha$ (단, $0 \le \alpha < 1$)
   ⇨ $n \le \log A < n+1$ ⇨ $[\log A] = n$
   ⇨ $A = a \times 10^n$ ($1 \le a < 10$) ⇨ $10^n \le A < 10^{n+1}$
   ※ $[x]$는 x보다 크지 않은 가장 큰 정수이다.

❷ $\log A$와 $\log B$의 소수부분이 같다.
   ⇨ A와 B의 숫자 배열이 같다.
   ⇨ $\log A - [\log A] = \log B - [\log B]$
   ⇨ $\log A - \log B = k$ (단, k는 정수)이므로 $\dfrac{A}{B} = 10^k$

(보기) $[\log x] = [\log 4x]$인 1000 미만의 자연수 x의 개수를 구하여라.

(풀이) $1 \le x < 1000$이므로 $[\log x] = 0, 1, 2$
   (i) $[\log x] = [\log 4x] = 0$일 때 $1 \le x < 10$, $1 \le 4x < 10$
      따라서 $1 \le x < \dfrac{5}{2}$이고, 이 범위의 자연수는 1, 2로 2개
   (ii) $[\log x] = [\log 4x] = 1$일 때 $10 \le x < 100$, $10 \le 4x < 100$
      따라서 $10 \le x < 25$이고, 이 범위의 자연수는 10, 11, $\cdots$, 23, 24로 15개
   (iii) $[\log x] = [\log 4x] = 2$일 때 $100 \le x < 1000$, $100 \le 4x < 1000$
      따라서 $100 \le x < 250$이고, 이 범위의 자연수는 100, 101, $\cdots$, 249로 150개
   (i), (ii), (iii)에서 구하는 자연수는 **167개**

STEP 1 | 1등급 준비하기

※ 문항 번호 오른쪽 *표시는 풀이에 문제 풀이 스킬을 익힐 수 있는 '다른 풀이' 또는 '1등급 Note'가 있음을 나타냅니다.

2 . 로그

로그가 정의되기 위한 조건

01

임의의 실수 x에 대하여 $\log_{(k-4)^2}(kx^2+kx+1)$이 정의되도록 하는 음이 아닌 정수 k의 개수는?

① 2 ② 3 ③ 4 ④ 5 ⑤ 6

로그의 성질

02

그림은 $\log_2 x$와 $\log_4 y$ 사이의 관계를 나타낸 그래프이다. x, y 사이에 $y=f(x)$가 성립할 때, $4^{[f(x)]}=16$이 되도록 하는 모든 정수 x값의 합은? (단, $[x]$는 x보다 크지 않은 가장 큰 정수이다.)

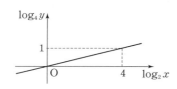

① 20 ② 24 ③ 28 ④ 29 ⑤ 30

03

두 실수 x, y에 대하여 다음 식이 성립할 때, $x-y$의 값은?

$$2^x=\log_3\sqrt{2}\times\log_2 5, \quad \frac{2^y}{4}=\log_3 5-\log_3\sqrt{5}$$

① -2 ② -1 ③ 1
④ 2 ⑤ 3

04

양수 a, b에 대하여 $ab=9$, $\log_3\dfrac{b}{a}=4$가 성립할 때, $4\log_3 a+2\log_3 b$의 값은?

① 2 ② 3 ③ 4 ④ 5 ⑤ 6

05

이차방정식 $x^2-x(\log_2 5+\log_5 7)+\log_2 7=0$의 두 근을 α, β라 할 때, $5^\alpha+5^{\frac{1}{\beta}}$의 값을 구하시오. (단, $\alpha<\beta$)

06

$\log_2 3 = a$, $\log_3 11 = b$일 때, $\log_{66} 44$를 a, b에 대한 식으로 나타내면?

① $\dfrac{ab+2}{ab+a+1}$ ② $\dfrac{ab+2a}{ab+1}$ ③ $\dfrac{ab+2a+1}{ab+a}$

④ $\dfrac{ab+a}{a+1}$ ⑤ $\dfrac{a+b}{a+b+1}$

로그의 정수부분과 소수부분

07

다음 수들의 크기를 비교하시오.

$$A = \sqrt[3]{65}, \quad B = \log 2345, \quad C = 4^{\log_4 5}$$

08

$\log_4 100$의 정수부분을 x, 소수부분을 y $(0 \le y < 1)$라 할 때, $\dfrac{2^x + 2^y}{2^{-x} + 2^{-y}}$의 값은?

① 5 ② 10 ③ 15 ④ 20 ⑤ 25

09

$f(x) = \log x - [\log x]$라 할 때, $f\left(\dfrac{2}{25}\right) + f(125)$의 값은? (단, $[x]$는 x보다 크지 않은 가장 큰 정수이고, $\log 2 = 0.3010$)

① -1 ② -0.5 ③ 0

④ 0.5 ⑤ 1

로그의 활용

10

어떤 알고리즘에서 N개의 자료를 처리할 때의 시간복잡도를 T라 하면 다음과 같은 관계식이 성립한다고 한다.

$$\frac{T}{N} = \log N$$

100개의 자료를 처리할 때의 시간복잡도를 T_1, 1000개의 자료를 처리할 때의 시간복잡도를 T_2라 할 때, $\dfrac{T_2}{T_1}$의 값은?

① 15 ② 20 ③ 25 ④ 30 ⑤ 35

[2016년 3월 학력평가]

로그의 성질과 연산

01
| 제한시간 1.5분 |

다음은 m, n이 서로 다른 정수일 때, $\log_{15}(3^m \times 5^n)$이 무리수임을 증명하는 과정이다. ㈎, ㈏, ㈐에 알맞은 것을 차례로 구한 것은?

> $\log_{15}(3^m \times 5^n)$이 ⎣ ㈎ ⎦라 가정하면
>
> 서로소인 두 정수 a, b에 대하여
>
> $\log_{15}(3^m \times 5^n) = \dfrac{b}{a}$ (단, $a \neq 0$)로 쓸 수 있다.
>
> 로그의 정의에 따라 $3^m \times 5^n = 15^{\frac{b}{a}}$
>
> 이때 $am = $ ⎣ ㈏ ⎦이고, $m \neq n$이므로 ⎣ ㈐ ⎦
>
> 이것은 가정에 모순이므로 $\log_{15}(3^m \times 5^n)$은 무리수이다.

① 무리수, an, $a=b$ ② 무리수, bn, $a=0$

③ 유리수, an, $b=0$ ④ 유리수, an, $a=b$

⑤ 유리수, an, $a=0$

02*
| 제한시간 1.5분 |

세 변의 길이가 a, b, c인 직각삼각형에서 빗변의 길이가 a이고, 다음 등식이 성립한다. 이때 상수 k값은?

(단, a, b, c는 모두 1이 아니다.)

> $$\log_{a+b} c + \log_{a-b} c = k(\log_{a+b} c)(\log_{a-b} c)$$

① -1 ② 0 ③ 1 ④ 2 ⑤ 3

03
| 제한시간 2분 |

이차방정식 $x^2 - 9x + 3 = 0$의 두 근을 각각 $\log_5 a$, $\log_5 b$라 할 때, $2(\log_a \sqrt{b} + \log_b \sqrt{a})$의 값을 구하시오.

04*
| 제한시간 2.5분 |

자연수 5000의 모든 양의 약수들을 a_1, a_2, $\cdots$, a_n이라 할 때, $[\log a_1 + \log a_2 + \cdots + \log a_n]$의 값을 구하시오. (단, $\log 2 = 0.3010$이고, $[x]$는 x보다 크지 않은 가장 큰 정수이다.)

05
| 제한시간 2.5분 |

다항식 $x^3 + 2x^2 + 1$을 $(x-1)(x+1)$로 나눈 나머지를 $R(x)$라 하자. $0 < R(x) < 1$이 되는 실수 x에 대하여 $10^{R(x)}$을 5로 나눌 때, 몫이 정수이고 나머지가 3이 되는 모든 x값들의 합은?

① $\log 24$ ② $-3 + \log 24$ ③ $-6 + \log 24$

④ $-3\log 24$ ⑤ -6

06

| 제한시간 2분 |

다음 조건에 모두 맞는 정수 n의 개수를 α, 최소인 정수를 β, 최대인 정수를 γ라 할 때, $\alpha+\beta+\gamma$의 값은?

> (가) $10 \leq n \leq 50$인 홀수
> (나) $\log_5 n = a \log_5 2 + b \log_5 3 + c$인 음이 아닌 정수 a, b, c가 존재한다.

① 60 ② 61 ③ 62 ④ 63 ⑤ 64

07

| 제한시간 2.5분 |

집합 $A = \{3^n \mid n$은 자연수$\}$의 두 원소 a, b에 대하여

$\log_3 \dfrac{b}{a} = \dfrac{\log_3 b}{\log_3 a}$가 성립할 때, $a+b$의 값을 구하시오.

08

| 제한시간 2.5분 |

p, q가 양수이고, $\log_4 p = \log_{10} q = \log_{25}(4p+3q)$가 성립할 때, $\dfrac{q}{p}$의 값을 구하시오.

로그의 정수부분과 소수부분

09

| 제한시간 1.5분 |

1이 아닌 자연수 a, b에 대하여 $[a, b]$를 $\log_a b$보다 크지 않은 가장 큰 정수로 정의할 때,

$[2, 25]+[3, 25]+[4, 25]+\cdots+[25, 25]$의 값은?

① 26 ② 27 ③ 28 ④ 29 ⑤ 30

10

| 제한시간 1.5분 |

자연수 n에 대하여 $f(n)$을 $f(n) = [\log 2^n]$이라 하자. 부등식 $f(1)+f(2)+\cdots+f(k) < 16$이 되는 자연수 k의 최댓값은? (단, $[x]$는 x보다 크지 않은 가장 큰 정수이다.)

① 9 ② 10 ③ 11 ④ 12 ⑤ 13

11 | 제한시간 2분 |

다음 세 조건이 모두 성립하도록 하는 실수 x값은? (단, $[x]$는 x보다 크지 않은 가장 큰 정수이다.)

> (가) $0 < x < 1$
>
> (나) $\log \dfrac{1}{2} - \log x = \left[\log \dfrac{1}{2}\right] - [\log x]$
>
> (다) $[\log x]^2 - [\log x] = 6$

① $\dfrac{1}{20}$ ② $\dfrac{1}{10}$ ③ $\dfrac{1}{5}$

④ $\dfrac{3}{10}$ ⑤ $\dfrac{2}{5}$

12 | 제한시간 2.5분 |

양수 x에 대하여 다음 식이 성립하도록 하는 좌표평면 위의 점 (x, y)의 영역의 넓이는? (단, $[x]$는 x보다 크지 않은 가장 큰 정수이다.)

> $[\log x] \times [\log y] = [\log x] - [\log y] + 2$

① 81081 ② 8108.1 ③ 8181

④ 8100.81 ⑤ 810.81

13 | 제한시간 2.5분 |

$\log_5 2 = \dfrac{b_1}{2} + \dfrac{b_2}{2^2} + \dfrac{b_3}{2^3} + \dfrac{b_4}{2^4} + \cdots$로 나타낼 때,

$b_1 + b_2 + b_3$의 값을 구하시오.

(단, k는 자연수, b_k는 0 또는 1)

절대부등식 이용하기

14 | 제한시간 1.5분 |

$a > 1$, $b > 1$이고 $ab = 72$일 때, $\sqrt{\log_2 a \times \log_2 b}$의 최댓값은?

① $\dfrac{3 + 2\log_2 3}{2}$ ② $\dfrac{3 - 2\log_2 3}{2}$ ③ $\dfrac{3 + \log_2 3}{2}$

④ $\dfrac{3 - \log_2 3}{2}$ ⑤ $\dfrac{3 + 3\log_2 3}{2}$

15[*] | 제한시간 2분 |

1이 아닌 서로 다른 두 양수 x, y가 $\log_x y = \log_y x$를 만족시킬 때, $xy + 3x + 12y$의 최솟값을 구하여라.

16

| 제한시간 1.5분 |

x, y, z가 모두 양수이고
$(\log x)^2+(\log y)^2+(\log z)^2=1$일 때,
$\log x+3\log y+4\log z$의 최댓값을 구하시오.

도형의 방정식 이용하기

17

| 제한시간 2분 |

두 양수 x, y가 $(\log_3 x)^2+(\log_3 y)^2=\log_3 x^2+\log_3 y^4$
을 만족시킬 때, x^2y의 최댓값은?

① 3^6 ② 3^7 ③ 3^8 ④ 3^9 ⑤ 3^{10}

18

| 제한시간 2분 |

이차방정식 $(x-\log_3 6)(x-1+\log_{\sqrt{3}}\sqrt{2})=0$의 두 근을 α, β라 하고, 점 A를 (α, β), 점 B를 (β, α)라 할 때, x축 위에서 움직이는 점 P와 y축 위에서 움직이는 점 Q에 대하여 $\overline{AP}+\overline{PQ}+\overline{QB}$의 최솟값은? (단, $\alpha > \beta$)

① $\dfrac{\sqrt{2}}{2}$ ② $\sqrt{2}$ ③ $\dfrac{5\sqrt{2}}{4}$

④ $\dfrac{3\sqrt{2}}{2}$ ⑤ $2\sqrt{2}$

로그의 활용

19

| 제한시간 2분 |

약물을 투여한 후 약물의 흡수율을 K, 배설률을 E, 약물의 혈중농도가 최고치에 도달하는 시간을 T(시간)라 할 때, 다음과 같은 관계식이 성립한다고 한다.

$$T=c\times\frac{\log K-\log E}{K-E}$$ (단, c는 양의 상수이다.)

흡수율이 같은 두 약물 A, B의 배설률은 각각 흡수율의 $\dfrac{1}{2}$배, $\dfrac{1}{4}$배이다. 약물 A를 투여한 후 약물 A의 혈중농도가 최고치에 도달하는 시간이 3시간일 때, 약물 B를 투여한 후 약물 B의 혈중농도가 최고치에 도달하는 시간은 a(시간)이다. a의 값은?

① 3 ② 4 ③ 5 ④ 6 ⑤ 7

[2016년 3월 학력평가]

01

다음 중 옳은 것은?

① $a\log_2 3 + b\log_7 8 = \log_5 8$이면 $a=0$, $b=\log_5 7$이다.

② 두 자연수 a, b에 대하여 $\log_a b$가 유리수이면 $\log_a b$는 정수이다.

③ 소수 a, b에 대하여 $\log_a b$가 유리수이면 $\log_a b$의 값은 0이다.

④ $a\log_2 3 + b\log_2 7 + c = \log_2 42$를 만족시키는 자연수 a, b, c의 순서쌍 (a, b, c)의 개수는 1개이다.

⑤ $(3^{\log_7 5})^{\log_a 7} = 5$를 만족시키는 실수 a는 무수히 많다.

02

$n=1$, 2, 3, 4일 때 2^{10n}의 값을 나열하면 다음과 같다.

$$2^{10} = 1024$$
$$2^{20} = 1048576$$
$$2^{30} = 1073741824$$
$$2^{40} = 1099511627776$$

이때 2^{10n} $(n=1, 2, 3, 4)$의 맨 앞자리 수는 모두 1이다. 2^{10n}의 맨 앞자리 수가 1이 아닌 자연수 n의 최솟값을 p라 하고, 2^{10p}이 M자리 자연수일 때, $p+M$의 값을 구하시오. (단, $\log 2 = 0.30103$, $\log 3 = 0.47712$이고, $0.30103 \div 0.0103 = 29.2$로 계산한다.)

03

$a^{\log_2 5} = 3$일 때 $a = 3^p = 5^q = (2^{\log_{30} 3})^r$이라 하자. x에 대한 이차방정식 $x^2 - rx + (p+q) = 0$의 두 근 α, β에 대해 $5^\alpha + 5^\beta$의 값을 구하시오.

04

10^3보다 작은 세 자연수 a, b, c에 대하여 다음 조건이 성립할 때, $a+b+c$의 값을 구하시오. (단, $[x]$는 x보다 크지 않은 가장 큰 정수이다.)

(가) $a < b < c$ (나) $a^2 < b$ (다) $b^2 < c$
(라) $[\log a] - \log a = [\log a^2 b] - \log a^2 b = [\log c] - \log c$

05

양수 p에 대하여 $\log_3 p$의 소수부분을 $f(p)$라 할 때, $10 \le p \le 100$, $f\left(\dfrac{p}{3}\right) = f\left(\dfrac{3}{p}\right)$이 되는 실수 p의 개수를 구하시오. (단, $3^{4.1} < 100 < 3^{4.2}$이다.)

06 창의력

부등식 $1 < x < y < x^2 < 1000$을 만족시키고, $\log_x y$가 유리수인 정수 x, y에 대하여 $x+y$의 최댓값을 α, 최솟값을 β라 할 때 $\alpha - \beta$의 값을 구하시오.

07 융합형

철수와 영희는 똑같은 출발점에서 시작하여 자신의 트랙을 임의로 골라 달려서 다시 출발점으로 돌아오는 일을 쉼없이 반복하고 있다. 철수는 길이가 각각 $1+\log 2$와 $1+\log 5$인 두 사각형 모양 트랙을 달리며, 영희는 길이가 각각 $\log 5$와 $1+\log 2$인 두 원형 트랙을 달린다. 두 사람이 동시에 출발하여 처음으로 출발점에서 다시 만났을 때, 영희가 길이 $\log 5$ 트랙을 돈 횟수는 길이 $1+\log 2$ 트랙을 돈 횟수의 2배였다. 이때까지 철수가 길이 $1+\log 5$와 $1+\log 2$인 트랙을 돈 횟수를 각각 x, y라 할 때, $x+y$의 값을 구하시오. (단, 철수와 영희가 달리는 속력은 같다.)

03 지수함수와 로그함수

1 지수함수 $y=a^x$ $(a>0, a\neq1)$의 성질

① 정의역은 실수 전체의 집합이고, 치역은 양의 실수 집합이며, 일대일함
수이다.

② 그래프는 점 $(0, 1)$과 $(1, a)$를 지나고, 점근선은 x축이다.

③ $a>1$일 때는 x값이 커지면 y값도 커지고,
  $0<a<1$일 때는 x값이 커지면 y값은 작아진다.

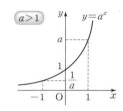 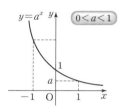

2 지수함수 $y=a^x$ $(a>0, a\neq1)$의 최대·최소

① $a>1$이면 x가 최대일 때 최댓값, x가 최소일 때 최솟값을 가진다.

② $0<a<1$이면 x가 최대일 때 최솟값, x가 최소일 때 최댓값을 가진다.

보기 $0\leq x\leq2$에서 정의된 함수 $y=a^{x+3}$의 최댓값이 최솟값의 4배가 되도록 하는
모든 실수 a값의 합을 구하여라. (단, $a>0, a\neq1$)

풀이 (i) $a>1$일 때 최댓값은 $f(2)$이고, 최솟값은 $f(0)$이다.
  $f(2)=4f(0)$에서 $a^5=4a^3$이므로 $a^2=4$ $\therefore a=2$

(ii) $0<a<1$일 때 최댓값은 $f(0)$이고, 최솟값은 $f(2)$이다.
  $f(0)=4f(2)$에서 $a^3=4a^5$이므로 $a^2=\dfrac{1}{4}$ $\therefore a=\dfrac{1}{2}$

3 a^x 꼴이 반복되는 함수의 최대·최소

$a^x=t$ $(t>0)$로 치환한 후 t 값의 범위 내에서 최댓값과 최솟값을 구한다.

보기 함수 $y=4^x+4^{-x}-6(2^x+2^{-x})+7$의 최솟값을 구하여라.

풀이 $y=4^x+4^{-x}-6(2^x+2^{-x})+7$
  $=(2^x+2^{-x})^2-6(2^x+2^{-x})+5$
  $2^x+2^{-x}=t$로 치환하면 $y=(t-3)^2-4$
  이때 $2^x>0, 2^{-x}>0$이므로
  $t=2^x+2^{-x}\geq2\sqrt{2^x\times2^{-x}}=2$
  따라서 함수 $y=(t-3)^2-4$의 최솟값은 $t=3$
  일 때 -4

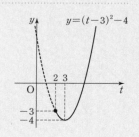

4 로그함수 $y=\log_a x\ (a>0, a\neq 1)$의 성질

① 정의역은 양의 실수 집합이고, 치역은 실수 전체의 집합이다.

② $a>1$일 때는 x값이 커지면 y값도 커진다.

③ $0<a<1$일 때는 x값이 커지면 y값은 작아진다.

④ 그래프는 점 $(1, 0)$, $(a, 1)$을 지나고, y축이 점근선이다.

⑤ 지수함수 $y=a^x$의 그래프와 직선 $y=x$에 대하여 대칭이다. 즉 지수함수 $y=a^x$과 역함수 관계이다.

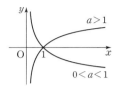

참고

$y=\log_a x$는

• 평행이동에 의해
$y=\log_a (x-m)+n$ 꼴로 바뀐다.

• 대칭이동에 의해
x 또는 y의 부호가 바뀐다.

보기 $f(x)=\log_2(x^3+3)$의 역함수를 $f^{-1}(x)$라 할 때, $f^{-1}(7)$의 값을 구하여라.

풀이 $y=\log_2(x^3+3)$에서 $x^3+3=2^y$, $x^3=2^y-3$ ∴ $x=(2^y-3)^{\frac{1}{3}}$

x와 y를 서로 바꾸면 $y=(2^x-3)^{\frac{1}{3}}$, 즉 $f^{-1}(x)=(2^x-3)^{\frac{1}{3}}$이므로

$f^{-1}(7)=(2^7-3)^{\frac{1}{3}}=125^{\frac{1}{3}}=\mathbf{5}$

다른 풀이 $f^{-1}(7)=k$로 놓으면 $f(k)=7$이므로 $\log_2(k^3+3)=7$에서

$k^3+3=2^7=128$, 즉 $k^3=125$이므로 $k=5$

보충

지수함수 $y=a^x$에서

x와 y를 서로 바꾸면 $y=\log_a x$

즉 지수함수 $y=a^x$의 역함수는 $y=\log_a x$이다.

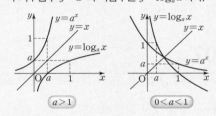

⇨ 27쪽 11

5 로그함수 $f(x)=\log_a x\ (a\leq x\leq \beta)$의 최대·최소

① $a>1$이면 최댓값은 $f(\beta)$, 최솟값은 $f(\alpha)$이다.

② $0<a<1$이면 최댓값은 $f(\alpha)$, 최솟값은 $f(\beta)$이다.

보기 함수 $y=\log_2(x-1)+\log_2(3-x)$의 최댓값을 구하여라.

풀이 $y=\log_2(x-1)+\log_2(3-x)$의 진수 조건에서

$x-1>0, 3-x>0$ ∴ $1<x<3$

$y=\log_2(x-1)+\log_2(3-x)=\log_2(x-1)(3-x)$

$=\log_2(-x^2+4x-3)$

밑이 1보다 크므로 진수가 최대일 때 함수는 최댓값을 가진다.

즉 $-x^2+4x-3=-(x-2)^2+1\leq 1$에서 $x=2$일 때 최댓값 1을 가지므로 주어진 함수의 최댓값은 $\log_2 1=\mathbf{0}$

참고

로그함수와 함수식 비교

• $f(xy)=f(x)+f(y)$
$\Leftrightarrow \log_a xy=\log_a x+\log_a y$

• $f\left(\dfrac{x}{y}\right)=f(x)-f(y)$
$\Leftrightarrow \log_a \dfrac{x}{y}=\log_a x-\log_a y$

• $f(x^n)=nf(x) \Leftrightarrow \log_a x^n=n\log_a x$

• $f\left(\dfrac{1}{x}\right)=-f(x) \Leftrightarrow \log_a \dfrac{1}{x}=-\log_a x$

6 $\log_a x$ 꼴이 반복되는 함수의 최대·최소

$\log_a x=t$로 치환한 후 t값의 범위 내에서 최댓값과 최솟값을 구한다.

보기 함수 $y=\left(\log_3\dfrac{x}{9}\right)\left(\log_3\dfrac{3}{x}\right)$ (단, $1\leq x\leq 27$)의 최댓값과 최솟값을 구하여라.

풀이 $y=\left(\log_3\dfrac{x}{9}\right)\left(\log_3\dfrac{3}{x}\right)=(\log_3 x-\log_3 9)(\log_3 3-\log_3 x)$

$=-(\log_3 x)^2+3\log_3 x-2$

$\log_3 x=t$로 치환하면 $y=-\left(t-\dfrac{3}{2}\right)^2+\dfrac{1}{4}$ $(0\leq t\leq 3)$이므로

최댓값은 $t=\dfrac{3}{2}$일 때 $\dfrac{1}{4}$, 최솟값은 $t=0$ 또는 $t=3$일 때 $\mathbf{-2}$

STEP 1 | 1등급 준비하기

지수함수

01

함수 $y=2^x$의 그래프를 y축에 대하여 대칭이동한 후 x축 방향으로 -2만큼, y축 방향으로 4만큼 평행이동하였더니 함수 $y=a\left(\dfrac{1}{2}\right)^x+b$의 그래프와 일치하였다. 이때 상수 a, b에 대하여 ab의 값을 구하시오.

02

지수함수 $f(x)=\dfrac{1}{4^x}$의 그래프에 대한 **보기**의 설명에서 옳은 것을 모두 고르시오.

┌ 보기 ├
ㄱ. 임의의 양수 a에 대하여 직선 $y=a$와 만난다.
ㄴ. 임의의 양수 a에 대하여 직선 $y=ax$와 만난다.
ㄷ. 곡선 $y=\dfrac{3}{4^x}$ 과 만난다.

03

그림과 같이 함수 $y=|2^{x-a}-b|$의 그래프가 점 $(\log_2 12,\ 3)$을 지나고 점근선이 $y=3$일 때, x절편인 k의 값은? (단, a, b는 상수)

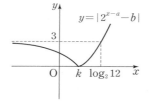

① 1　　　　② 2　　　　③ $\log_2 5$
④ $\log_2 6$　　⑤ 3

지수함수의 최대·최소

04

두 함수 $f(x)=2^x$, $g(x)=x^2-2x+2$에 대하여 함수 $h(x)=(f\circ g)(x)$이다. $0\le x\le 3$에서 함수 $h(x)$의 최댓값과 최솟값을 각각 M, m이라 할 때, $M+m$의 값은?

① 32　　　　② 34　　　　③ 36
④ 40　　　　⑤ 42

05

함수 $y=3^x\times 2^{-2x+2}$ $(-1\le x\le 1)$의 최솟값과 최댓값을 각각 m, M이라 할 때, mM의 값을 구하시오.

로그함수

06

그림과 같이 두 함수 $y=\log_2 x$, $y=\log_4 x$의 그래프와 직선 $y=k$가 만나는 두 점을 각각 A, B라 하자. $\overline{AB}=2$일 때 양수 k값을 구하시오.

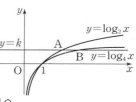

07

그림에서 정사각형 PQRS의 한 변의 길이가 3일 때, 정사각형 ABCR의 한 변의 길이를 구하시오.

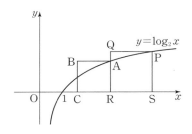

08

함수 $y=\log_2 x$의 그래프를 평행이동 또는 대칭이동한 것과 겹쳐지는 것을 **보기**에서 모두 고른 것은? (단, 평행이동과 대칭이동의 횟수는 상관없다.)

┤ 보기 ├
ㄱ. $y=2^{-x-1}$ ㄴ. $y=5\times 2^x$ ㄷ. $y=\log_4 x^2$

① ㄱ　　　　② ㄴ　　　　③ ㄷ
④ ㄱ, ㄴ　　　⑤ ㄱ, ㄴ, ㄷ

로그함수의 최대·최소

09

함수 $y=x^{4-\log_2 x}$가 $x=a$에서 최댓값이 M일 때, $\log_a M$의 값을 구하시오.

10

함수 $y=(\log_3 x)^2+a\log_{27} x^2+b$가 $x=\dfrac{1}{3}$일 때 최솟값 1을 가진다. 실수 a, b에 대하여 $2a+b$의 값은?

① 6　　② 8　　③ 10　　④ 16　　⑤ 24

지수함수와 로그함수의 관계

11

다음 그림은 두 함수 $y=2x$, $y=2^x$의 그래프가 만나는 두 점의 x좌표가 1, 2임을 나타낸다. 이 그림을 이용하여 방정식 $2^x=x^2$ $(x>0)$의 모든 근의 합을 구하시오.

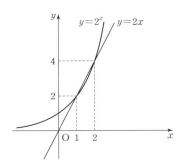

지수함수

01*

| 제한시간 1.5분 |

함수 $f(x)=3^x$의 그래프와 직선 $y=\sqrt{2}-1$이 x좌표가 $2a$인 점에서 만난다. 이때 $\dfrac{f(3a)+f(-3a)}{f(a)+f(-a)}$의 값은?

① -1 ② $\sqrt{2}-1$ ③ $\sqrt{2}$

④ $2\sqrt{2}-1$ ⑤ $2\sqrt{2}$

02

| 제한시간 2분 |

함수 $f(x)=\dfrac{3^{2x}-1}{2\times 3^x}$, $g(x)=\dfrac{3^x+3^{-x}}{2}$일 때, **보기**에서 옳은 것을 모두 고른 것은?

┌ 보기 ├
ㄱ. $f(-x)=-f(x)$ ㄴ. $\{f(x)\}^2-\{g(x)\}^2=-1$
ㄷ. $g(x)\geq 1$ ㄹ. $f(x)g(x)=\dfrac{1}{2}f(2x)$

① ㄴ   ② ㄱ, ㄴ   ③ ㄱ, ㄷ

④ ㄱ, ㄴ, ㄷ   ⑤ ㄱ, ㄴ, ㄷ, ㄹ

03

| 제한시간 2분 |

집합 $A=\{(x, y) \mid y=7^x, x\text{는 실수}\}$에 대하여 **보기**에서 옳은 것을 모두 고른 것은?

┌ 보기 ├
ㄱ. $(a, b)\in A$이면 $\left(\dfrac{a}{2}, \sqrt{b}\right)\in A$이다.
ㄴ. $(-a, b)\in A$이면 $\left(a, \dfrac{1}{b}\right)\in A$이다.
ㄷ. $(2a, b^2)\in A$이면 $(a, b)\in A$이다.
ㄹ. $(a, b)\in A$, $(a+c, bd)\in A$이면 $(c, d)\in A$이다.

① ㄱ   ② ㄱ, ㄴ   ③ ㄱ, ㄷ

④ ㄴ, ㄷ   ⑤ ㄱ, ㄴ, ㄹ

지수함수 그래프의 활용

04

| 제한시간 1.5분 |

그림과 같이 함수 $y=2^x$의 그래프 위에서 제1사분면에 있는 두 점 A, B가 중심인 y축에 접하는 원 O_1과 O_2를 그리고, 그 접점을 각각 P, Q라 하자. 원 O_2의 반지름 길이가 원 O_1의 반지름 길이의 3배이고, $\overline{PQ}=6$일 때, 원 O_1의 넓이는?

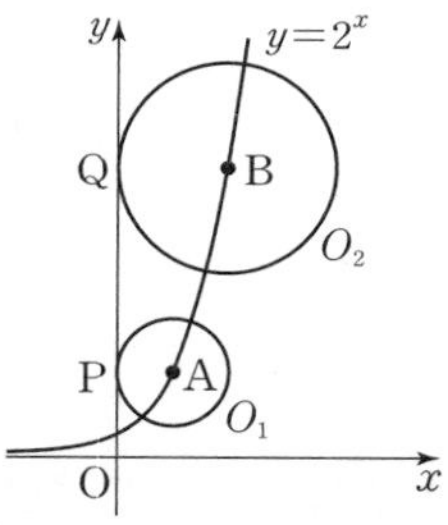

① π ② 2π ③ 3π

④ 4π ⑤ 5π

05

| 제한시간 2분 |

두 곡선 $f(x)=2\sqrt{3}-\dfrac{3^x+3^{-x}}{2}$, $g(x)=3^x$이 직선 $x=k$ 와 만나는 점을 각각 A, B라 하자. 또 곡선 $y=f(x)$와 $y=g(x)$의 교점의 x좌표를 각각 a, b $(a<b)$라 하고, $a\le k\le b$일 때, $\overline{AB}$의 최댓값을 M이라 하자. 이때 M^2의 값을 구하시오.

06

| 제한시간 2분 |

그림과 같이 지수함수 $y=a^x$의 그래프는 점 A를 지나고, 함수 $y=b^x$의 그래프는 두 점 B, D를 지난다. 또 함수 $y=b^{x-2}$의 그래프는 점 C를 지난다. 사각형 ABCD가 정사각형일 때, a^4+b^4의 값을 구하시오. (단, 사각형 ABCD의 각 변은 x축 또는 y축과 평행하다.)

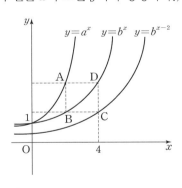

07

| 제한시간 2분 |

그림과 같이 함수 $y=2^x-1$의 그래프 위에 있는 서로 다른 두 점 P, Q의 x좌표를 각각 a, b라 할 때, 세 수 $A=\dfrac{2^a-2}{a}$, $B=\dfrac{2^b-2}{b}$, $C=\dfrac{2^b-1}{b-1}$의 대소를 바르게 나타낸 것은? $\left(\text{단, } 0<a<b<\dfrac{1}{2}\right)$

① $A<B<C$ ② $A<C<B$ ③ $B<A<C$
④ $B<C<A$ ⑤ $C<A<B$

지수함수의 최대·최소

08

| 제한시간 1.5분 |

함수 $y=5^{\log x}\times x^{\log 5}-2(5^{\log x}+x^{\log 5})+10$ $(x>1)$의 최솟값은?

① 2   ② 4   ③ 6   ④ 8   ⑤ 10

09

| 제한시간 2분 |

정수에서 정의된 함수 $f(x)=0.7^x(x+10)$은 x값이 커지면 $f(x)$값도 커지다가 특정값부터는 다시 작아진다. $f(x)$가 최대가 되는 정수 x값을 구하시오.

10

| 제한시간 1분 |

함수 $f(x)=\left(\dfrac{1}{2}\right)^{|x|+|x-1|+|x-2|}$ 의 최댓값을 구하시오.

로그함수

12

| 제한시간 2분 |

세 함수 $f(x)=\log_4 x$, $g(x)=\log_{\left(-\frac{1}{16}a^2+\frac{1}{2}a\right)} x$,

$h(x)=\log_{(a^2-4a-4)} x$에 대하여 $g(f(x))$는 x값이 커질수록 함숫값이 작아지는 함수이고, $h(f(x))$는 x값이 커질수록 함숫값이 커지는 함수가 되도록 하는 모든 자연수 a값의 합을 구하시오.

11

| 제한시간 2분 |

함수 $y=3^{[x]}+3^{[-x]}$의 최솟값은? (단, $[x]$는 x보다 크지 않은 가장 큰 정수이다.)

① 1 ② $\dfrac{4}{3}$ ③ 2 ④ $\dfrac{5}{2}$ ⑤ 3

13

| 제한시간 2분 |

그림과 같이 두 함수 $y=\log_2\sqrt{kx}$와 $y=\log_4\dfrac{x}{k}$의 그래프가 직선 $y=1$과 만나는 점을 각각 P, Q라 하고, 이 두 점에서 y축에 평행하게 그은 직선이 다른 그래프와 만나는 점을 차례로 R, S라 하자. 선분 PQ의 길이가 6일 때, 선분 RS 길이의 제곱은? (단, $k>1$)

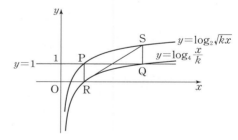

① 38 ② 40 ③ 42 ④ 44 ⑤ 46

14

| 제한시간 2분 |

1이 아닌 두 양수 a와 x에 대하여 함수
$f(x)=\log_a|\log_a x|$일 때, **보기**에서 옳은 것을 모두 고르시오.

┤ 보기 ├

ㄱ. $f\left(\dfrac{1}{a}\right)=1$

ㄴ. 방정식 $f(x)=1$은 서로 다른 두 실근을 가진다.

ㄷ. $0<a<1$일 때, 부등식 $f(x)<0$의 해는 $a<x<\dfrac{1}{a}$이다.

15*

| 제한시간 2분 |

보기에서 옳은 것을 모두 고른 것은?

┤ 보기 ├

ㄱ. $\dfrac{\log_2 x}{x}<1$ ㄴ. $\dfrac{\log_2 x}{x-1}<1$

ㄷ. $\dfrac{\log_2 (x+1)}{x}<1$

① ㄱ   ② ㄴ   ③ ㄱ, ㄴ

④ ㄱ, ㄷ   ⑤ ㄴ, ㄷ

지수함수와 로그함수의 관계 활용

16*

| 제한시간 1분 |

방정식 $2^x-k=\log_2(x+k)$의 해가 2일 때, 실수 k값을 구하시오.

17

| 제한시간 1.5분 |

두 함수 $f(x)=a^x$과 $g(x)=\log_a x$의 교점의 개수를 $N(a)$라 할 때, $N(1.1)+N(1.2)+N(1.3)+\cdots+N(2)$의 값은? (단, $y=a^x$과 $y=x$가 접할 때 a값의 범위는 $1.44<a<1.45$이다.)

로그함수의 그래프와 직선의 활용

18

| 제한시간 2분 |

그림은 함수 $y=\log_3 x$의 그래프와 이것을 x축, y축과 만나도록 평행이동한 $y=f(x)$의 그래프를 나타낸

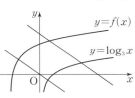

것이다. 이때 직선 $y=-\dfrac{3}{5}x+k$가 두 곡선에 의해 잘린 선분의 길이는 실수 k값에 관계없이 항상 $\sqrt{34}$이다.
$y=f(x)$의 그래프가 지나는 두 점의 좌표가 $(4,\alpha)$, $(\beta,4)$일 때, $\alpha-\beta$의 값을 구하시오.

19[*]

| 제한시간 2분 |

$y=2^x$과 $y=\log_2 x$의 그래프에 동시에 접하는 원에서 접선끼리는 서로 평행하다. 원과 $y=2^x$의 그래프에서 접점의 좌표를 (a, b)라 할 때, $\dfrac{b+\log_2 b}{a+2^a}$의 값을 구하시오.

20

| 제한시간 2.5분 |

함수 $f(x)=\log_2 x$의 그래프와 직선 $y=2-x$가 만나는 점의 x좌표를 α, 함수 $g(x)=\log_{\frac{1}{2}} x$의 그래프와 직선 $y=2-x$가 만나는 점의 좌표를 β, $\gamma(\beta<\gamma)$라 하자. **보기**에서 옳은 것을 모두 고른 것은?

┌ 보기 ┐

ㄱ. $\beta>\dfrac{1}{4}$　　　　　ㄴ. $\alpha-1<\log_2 \alpha<\alpha$

ㄷ. $(\gamma, \log_{\frac{1}{2}} \gamma)$에서 직선 $y=x$까지의 거리는 $\sqrt{2}$이다.

① ㄱ　　　　　② ㄱ, ㄴ　　　　　③ ㄱ, ㄷ

④ ㄴ, ㄷ　　　　　⑤ ㄱ, ㄴ, ㄷ

21[*]

| 제한시간 2.5분 |

그림은 함수 $f(x)=\log_2(x+1)$의 그래프이다. **보기**에서 옳은 것을 모두 고른 것은?

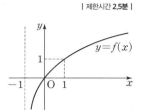

┌ 보기 ┐

ㄱ. $a>1$이면 $\dfrac{f(a)-1}{a-1}<1$이다.

ㄴ. $-1<a<b<0$이면 $bf(a)<af(b)$이다.

ㄷ. $0<a<b$이면 $(a+1)^{\frac{1}{a}}<(b+1)^{\frac{1}{b}}$이다.

① ㄱ　　② ㄴ　　③ ㄱ, ㄴ　　④ ㄱ, ㄷ　　⑤ ㄴ, ㄷ

22

| 제한시간 2.5분 |

$0<a<\dfrac{1}{2}$인 상수 a에 대하여 직선 $y=2-x$가 곡선 $y=\log_a x$와 만나는 두 점을 각각 P, Q라 하고, 곡선 $y=\log_{2a} x$와 만나는 두 점을 각각 R, S라 하자. 네 점 P, Q, R, S의 x좌표를 각각 p, q, r, s라 할 때, **보기**에서 옳은 것을 모두 고르시오. (단, $p<q$, $r<s$)

┌ 보기 ┐

ㄱ. $pq<rs$　　　　　ㄴ. $a^{p-q}=\dfrac{p}{q}$

ㄷ. $(q-1)\log_{2a} s<(s-1)\log_a q$

23

| 제한시간 2.5분 |

함수 $f(x) = a \log_{1001}(x+b)$에 대하여 $f(0) = 0$, $f(1000) = 100$일 때, **보기**에서 옳은 것을 모두 고른 것은?

┤ 보기 ├

ㄱ. $a + b = 101$이다.

ㄴ. $a \log_{1001}(x+b)$의 값은 $\log(x+b)$ 값의 $\dfrac{100}{\log 1001}$ 배이다.

ㄷ. $f(\alpha) = 50$일 때, $\alpha < 50$이다.

ㄹ. $f(\alpha) = 50$일 때, $f(\alpha) - f(k) = \alpha - k$가 되는 실수 k 가 존재한다.

① ㄱ   ② ㄱ, ㄴ   ③ ㄱ, ㄷ

④ ㄴ, ㄷ, ㄹ   ⑤ ㄱ, ㄴ, ㄷ, ㄹ

로그함수의 최대·최소

24

| 제한시간 1.5분 |

$-3 \leq x \leq 4$에서 정의된 함수 $y = \log_3(|x-3|+3)$의 최 댓값과 최솟값을 각각 M, m이라 할 때, $M+m$의 값을 구하시오.

25

| 제한시간 2분 |

함수 $y = \log_2 x^{\log_3 x} - 4 \log_3 2 \times \log_2 4x$ $(2 \leq x \leq 128)$의 최댓값과 최솟값을 각각 M, m이라 할 때, $M+m$의 값은?

① $\log_3 2$ ② $2\log_3 2$ ③ $3\log_3 2$

④ $4\log_3 2$ ⑤ $5\log_3 2$

26

| 제한시간 2분 |

$(\log_3 x)^2 + (\log_3 y)^2 = \log_3 x^2 + \log_3 y^2$이 성립할 때, xy 의 최솟값이 m이고 최댓값이 M이다. 이때 $m+M$의 값을 구하시오. (단, x, y는 양의 실수)

27

| 제한시간 2분 |

함수 $y = \{\log_2(2^{x-4} + 2^{-x})\}^2 - 4\log_2(2^x + 2^{-x+4}) + 21$ 의 최솟값을 구하시오.

01 * [신유형]

함수 $f(x)=\dfrac{9^x}{9^x+3}$, $g(x)=\dfrac{2^x+3x}{2^x+2^{1-x}+3}$ 에 대하여 **보기**에서 옳은 것을 모두 고른 것은?

┤ 보기 ├

ㄱ. $f\left(\dfrac{1}{2}\right)=\dfrac{1}{2}$　　　　ㄴ. $f(x)+f(1-x)=1$

ㄷ. $f\left(\dfrac{1}{101}\right)+f\left(\dfrac{2}{101}\right)+\cdots+f\left(\dfrac{100}{101}\right)=50$

ㄹ. $g\left(\dfrac{1}{101}\right)+g\left(\dfrac{2}{101}\right)+\cdots+g\left(\dfrac{100}{101}\right)=50$

① ㄱ　　　　② ㄱ, ㄴ　　　　③ ㄱ, ㄷ, ㄹ

④ ㄴ, ㄷ, ㄹ　　　　⑤ ㄱ, ㄴ, ㄷ, ㄹ

02

함수 $f(x)=a^x+k$ (단, $a>0$, $a\neq1$이고 k는 상수)에 대하여 $f(1)=1$, $f(5)=5$, $f(p)=q$가 성립할 때, **보기**에서 옳은 것을 모두 고른 것은?

┤ 보기 ├

ㄱ. $p<1$일 때, $p>q$이다.

ㄴ. $1<p<5$일 때, $p>q$이다.

ㄷ. $p>5$일 때, $p\geq q$이다.

① ㄱ　　　　② ㄱ, ㄴ　　　　③ ㄴ

④ ㄴ, ㄷ　　　　⑤ ㄱ, ㄴ, ㄷ

03

양의 실수 전체 집합에서 정의된 **보기**의 함수 $f(x)$에 대하여 x값이 커질 때 $f(x+1)-f(x)$의 값도 커지는 것을 모두 고른 것은?

┤ 보기 ├

ㄱ. $f(x)=3^x$　　　　ㄴ. $f(x)=\left(\dfrac{1}{3}\right)^x$

ㄷ. $f(x)=\log_{10}x$

ㄹ. $f(x)=\dfrac{|a^x-a^{-x}|+|a^x+a^{-x}|}{2}$ (단, $a>0$, $a\neq1$)

① ㄱ　　　　② ㄱ, ㄴ　　　　③ ㄱ, ㄷ

④ ㄴ, ㄷ　　　　⑤ ㄱ, ㄴ, ㄹ

04

두 함수 $f(x)=\left|\log\sqrt{x-5}\right|+\left|\log\dfrac{\sqrt{x-5}}{2}\right|+\log\dfrac{5}{2}$와 $g(x)=10^{f(x)}$에서 $y=g(x)$의 그래프와 $y=mx+1$의 그래프가 서로 다른 두 점에서 만나기 위한 m값의 범위가 $p<m<q$일 때, $9pq$의 값을 구하시오.

06

함수 $y=f(x)$는 다음과 같다.

> (가) $0\le x<3$일 때,
> $$f(x)=\begin{cases} 4^x & (0\le x<2) \\ 4^{-(x-4)} & (2\le x<3) \end{cases}$$
> (나) 모든 실수 x에 대하여 $f(x+3)=f(x)$이다.

이때 $y=f(x)$의 그래프와 함수 $g(x)=4^{kx}$의 그래프가 서로 다른 세 점에서 만나도록 하는 양수 k의 값 또는 범위가 $k=\alpha$ 또는 $\beta<k\le\gamma$일 때, $60(\alpha+\beta+\gamma)$의 값을 구하시오.

05

2 이상인 자연수 n에 대하여 직선 $y=-x+n$과 곡선 $y=|\log_3 x|$가 만나는 서로 다른 두 점의 x좌표를 각각 a_n, $b_n (a_n<b_n)$이라 할 때, **보기**에서 옳은 것을 모두 고른 것은?

> ┤ 보기 ├
> ㄱ. $a_2<\dfrac{1}{2}$ ㄴ. $a_{n+1}-b_{n+1}<a_n-b_n$
> ㄷ. $n-\log_3 n<b_n<n$

① ㄱ
② ㄱ, ㄴ
③ ㄱ, ㄷ
④ ㄴ, ㄷ
⑤ ㄱ, ㄴ, ㄷ

07

그림과 같은 함수 $f(x)=\log_{3a}x$와 함수 $g(x)=(2a)^x$의 역함수를 각각 $f^{-1}(x)$와 $g^{-1}(x)$라 할 때, **보기**에서 옳은 것을 모두 고르시오.

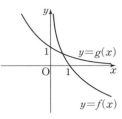

┤ 보기 ├

ㄱ. $0<a<\dfrac{1}{3}$

ㄴ. $k<0$일 때, $f^{-1}(k)<g(k)$

ㄷ. $k>1$일 때, $f(k)<g^{-1}(k)<g(k)<f^{-1}(k)$

08

융합형

함수 $y=f(x)$는 다음과 같다.

⑺ $-1\le x<1$에서 $f(x)=|2x|$이다.
⑻ 모든 실수 x에 대하여 $f(x+2)=f(x)$이다.

이때 함수 $y=f(x)$의 그래프와 함수 $g(x)=\log_{2^n}x$의 그래프가 만나는 점의 개수를 a_n이라 하자. $15\le a_n<255$가 되는 자연수 n은 모두 몇 개인지 구하시오.

09

직선 $y=k$가 두 함수 $f(x)=a^x$, $g(x)=\left(\dfrac{1}{b}\right)^x$의 그래프와 만나는 점의 x좌표를 각각 α, β라 할 때, **보기**에서 옳은 것을 모두 고른 것은? (단, $1<b<a$, $k>1$)

┤ 보기 ├

ㄱ. $f(\sqrt{3})-g(-\sqrt{3})>0$

ㄴ. $|\beta|a^\alpha-|\alpha|\left(\dfrac{1}{b}\right)^\beta>|\beta|-|\alpha|$

ㄷ. $g\left(\dfrac{1}{3}\alpha+\dfrac{2}{3}\beta\right)>\dfrac{1}{3}g(\alpha)+\dfrac{2}{3}g(\beta)$

① ㄱ   ② ㄱ, ㄴ   ③ ㄱ, ㄷ

④ ㄴ, ㄷ   ⑤ ㄱ, ㄴ, ㄷ

10* 응합형

직선 $y=2-x$가 두 함수 $y=2^x$, $y=\log_3 x$의 그래프와 만나는 점을 각각 (x_1, y_1), (x_2, y_2)라 할 때, **보기**에서 옳은 것을 모두 고른 것은?

⊣ 보기 ⊢

ㄱ. $x_1 > y_2$ ㄴ. $y_2 - x_1 = y_1 - x_2$

ㄷ. $x_1 y_1 > x_2 y_2$

① ㄱ   ② ㄷ   ③ ㄱ, ㄴ

④ ㄴ, ㄷ   ⑤ ㄱ, ㄴ, ㄷ

11

중심이 점 $A(a, 2^a)$이고 y축에 접하는 원 O_1이 있다. 또 중심이 점 $B(b, \log_2 b)$이고 x축에 접하는 원 O_2가 있다. 두 원 O_1과 O_2에 대하여 다음이 성립할 때, 양수 a값은 모두 몇 개인지 구하시오.

(가) 원 O_1, O_2가 서로 외접한다.
(나) 원 O_1, O_2의 크기가 같다.

12

함수 $f(x)=\log_2 x - [\log_2 x]$에 대하여 **보기**에서 옳은 것을 모두 고른 것은? (단, $[x]$는 x보다 크지 않은 가장 큰 정수이다.)

⊣ 보기 ⊢

ㄱ. 함수 $y=f(x)$의 치역은 $\{y \mid 0 \leq y < 1\}$이다.

ㄴ. $0 < k < 1$이면 방정식 $f(x)=-x+k$의 해가 무수히 많다.

ㄷ. 방정식 $f(x)=-\dfrac{x}{2^n}+2$는 n값에 관계없이 항상 정수 해를 가진다. (단, n은 정수)

① ㄱ   ② ㄱ, ㄴ   ③ ㄱ, ㄷ

④ ㄴ, ㄷ   ⑤ ㄱ, ㄴ, ㄷ

04 지수·로그 방정식과 부등식

1 지수방정식

지수에 미지수를 포함하고 있는 **지수방정식**은 다음과 같이 푼다.

① 밑이 같은 경우, 즉 $a^{f(x)}=a^{g(x)}$ $(a>0)$이면
$\Rightarrow f(x)=g(x)$ 또는 $a=1$

② 지수가 같은 경우, 즉 $a^{f(x)}=b^{f(x)}$ $(a>0, b>0)$이면
$\Rightarrow a=b$ 또는 $f(x)=0$

③ 밑을 같게 할 수 없는 경우 $\Rightarrow$ 방정식의 양변에 로그를 취한다.

④ a^x 꼴이 반복되는 경우
$\Rightarrow a^x=t$ $(t>0)$로 치환하여 t에 대한 방정식을 푼다.

보충

① 주어진 지수방정식에서 밑이 달라도 밑을 같게 만들 수 있다. 예를 들어
$\left(\frac{4}{5}\right)^{x^2}=\left(\frac{5}{4}\right)^{-2x-3}$에서 $\frac{4}{5}$와 $\frac{5}{4}$는 서로 역수이 므로 $\frac{4}{5}=\left(\frac{5}{4}\right)^{-1}$ 또는 $\frac{5}{4}=\left(\frac{4}{5}\right)^{-1}$을 이용하면 밑을 같게 만들 수 있다.
$\Rightarrow$ 40쪽 **01**, 44쪽 **13**

② 지수함수 $y=a^x$에서 지수 x는 모든 실수에서 정의되지만 $a^x>0$이므로 $a^x=t$로 치환하면 새로운 변수 t값의 범위는 $t>0$이다.

보기 다음 방정식을 풀어라.

(1) $2^{x+1}=3^{2x}$ (2) $(x^2-x+1)^{x+2}=1$

풀이 (1) $2^{x+1}=3^{2x}$의 양변에 상용로그를 취하면 $\log 2^{x+1}=\log 3^{2x}$

$(x+1)\log 2=2x\log 3$, $(2\log 3-\log 2)x=\log 2$

$\therefore x=\dfrac{\log 2}{2\log 3-\log 2}$

(2)(i) 밑이 1인 경우, $x^2-x+1=1$에서 $x=0, 1$

(ii) 지수가 0인 경우, $x+2=0$에서 $x=-2$

2 로그방정식

진수 또는 밑에 미지수를 포함하고 있는 **로그방정식**은 다음과 같이 푼다.
※ 다음 각 경우에서 밑은 1이 아닌 양수이고, 진수는 양수임을 주의한다.

① 로그의 정의를 이용하는 경우, $\log_a f(x)=b$ $\Rightarrow$ $f(x)=a^b$

② 밑이 같은 경우, $\log_a f(x)=\log_a g(x)$ $\Rightarrow$ $f(x)=g(x)$

③ 밑이 다른 경우 $\Rightarrow$ 로그의 성질 또는 밑 변환 공식을 이용하여 밑을 같게 한 다음 방정식을 푼다.

④ $\log_a f(x)$ 꼴이 반복되는 경우
$\Rightarrow$ $\log_a f(x)=t$로 치환하여 t에 대한 방정식을 푼다.

⑤ 지수에 로그가 있을 때 $\Rightarrow$ 양변에 로그를 취하여 방정식을 푼다.

주의

로그가 정의되려면
(진수)>0, (밑)>0, (밑)$\neq 1$이어야 한다.
따라서 로그방정식뿐만 아니라 로그부등식을 풀 때에도 그 결과가 로그가 정의되기 위한 조건 (진수)>0, (밑)>0, (밑)$\neq 1$을 만족시키는지 반드시 확인해야 한다.

보기 방정식 $\log_2(x-5)=\log_4(x-2)+1$을 풀어라.

풀이 좌변을 밑이 4인 로그로 바꾸면

$\log_2(x-5)=\log_{2^2}(x-5)^2=\log_4(x-5)^2$이므로

$\log_4(x-5)^2=\log_4(x-2)+1=\log_4 4(x-2)$

$(x-5)^2=4(x-2)$에서 $(x-3)(x-11)=0$

$\therefore x=11$ $(\because x-5>0, x-2>0)$

3 지수부등식

지수에 미지수를 포함하고 있는 **지수부등식**은 다음과 같이 푼다.

① $a^{f(x)} < a^{g(x)}$ 꼴인 경우

  (i) $a > 1$일 때 부등식 $f(x) < g(x)$를 푼다.

  (ii) $0 < a < 1$일 때 부등식 $f(x) > g(x)$를 푼다.

② a^x 꼴이 반복되는 경우 $\Rightarrow$ $a^x = t$ $(t > 0)$로 치환하여 t에 대한 부등식을 푼다.

주의
지수부등식에서 밑이 미지수이고, 부등호가 등호를 포함하고 있으면 (밑)$=1$인 경우도 생각한다.
예를 들어 부등식 $x^{2x} \le x^{5x-6}$ (단, $x > 0$)에서
(i) $0 < x < 1$일 때 $2x \ge 5x - 6$이므로
  공통 범위는 $0 < x < 1$
(ii) $x > 1$일 때 $2x \le 5x - 6$이므로
  공통 범위는 $x \ge 2$
여기서 끝내지 말고 부등식에서 등호를 포함하고 있으므로 $x = 1$일 때도 부등식이 성립하는지 확인한다. 즉 $x = 1$일 때 $1^2 = 1^{-1}$이 되어 부등식이 성립하므로 주어진 부등식의 해는 $0 < x \le 1,\ x \ge 2$

보기 다음 부등식을 풀어라.

  (1) $4^{x^2} < \left(\dfrac{1}{\sqrt{2}}\right)^{3x-1}$ (2) $3^{2x} - 4 \times 3^x < 3^{x+1} + 18$

풀이 (1) 밑을 2로 같게 하면 $2^{2x^2} < 2^{-\frac{1}{2}(3x-1)}$에서 $2x^2 < -\dfrac{1}{2}(3x-1)$

     즉 $4x^2 + 3x - 1 < 0$에서 $(x+1)(4x-1) < 0$ $\therefore\ \boldsymbol{-1 < x < \dfrac{1}{4}}$

  (2) $3^x = t$ $(t > 0)$로 치환하면 $t^2 - 4t < 3t + 18$

     즉 $t^2 - 7t - 18 < 0$에서 $(t+2)(t-9) < 0$ $\therefore\ t < 9$ $(\because t + 2 > 0)$

     따라서 $3^x < 3^2$이므로 $\boldsymbol{x < 2}$

4 로그부등식

로그의 진수 또는 밑에 미지수가 있는 **로그부등식**은 다음과 같이 푼다.

① $\log_a f(x) < \log_a g(x)$ 꼴일 때 진수 조건에서 $f(x) > 0,\ g(x) > 0$이고

  (i) $a > 1$일 때 부등식 $f(x) < g(x)$를 푼다.

  (ii) $0 < a < 1$일 때 부등식 $f(x) > g(x)$를 푼다.

② 밑이 다른 경우 $\Rightarrow$ 로그의 성질 또는 밑 변환 공식을 이용하여 밑을 같게 한 다음 부등식을 푼다.

③ $\log_a f(x)$ 꼴이 반복되는 경우

  $\Rightarrow$ $\log_a f(x) = t$로 치환하여 t에 대한 부등식을 푼다.

④ 지수에 로그가 있을 때 $\Rightarrow$ 양변에 로그를 취하여 부등식을 푼다.

참고
① 밑이 $a,\ a^2$ 꼴인 로그방정식이나 로그부등식이면 로그의 밑을 a^2으로 같게 만든다. 만약 밑이 $a,\ b$와 같은 꼴이면 로그의 밑 변환 공식을 이용한다.
② 로그방정식이나 로그부등식을 풀 때 로그의 부호가 '$-$'이면 진수에서 분수 꼴의 식을 얻게 되므로 이항하여 로그의 부호가 '$+$'가 되도록 정리한다.

주의
$\log_a x$를 t로 치환하여 t에 대한 부등식을 푼 다음, 다시 x값의 범위를 구하는 것을 잊지 말자!

보기 다음 부등식을 풀어라.

  (1) $\log_{\frac{1}{3}}\{\log_2(\log_3 x)\} > 0$ (2) $x^{\log x} \ge 100x$

풀이 (1) $\log_{\frac{1}{3}}\{\log_2(\log_3 x)\} > 0$에서 $\log_{\frac{1}{3}}\{\log_2(\log_3 x)\} > \log_{\frac{1}{3}} 1$

     $0 < \log_2(\log_3 x) < 1,\ 1 < \log_3 x < 2$

     이때 $\log_3 3 < \log_3 x < \log_3 9$에서 $\boldsymbol{3 < x < 9}$

  (2) $x^{\log x} \ge 100x$의 양변에 상용로그를 취하면 $\log x^{\log x} \ge \log 100x$에서

     $(\log x)^2 \ge 2 + \log x,\ (\log x - 2)(\log x + 1) \ge 0$

     $\therefore\ \log x \le -1$ 또는 $\log x \ge 2$

     이때 $x \le \dfrac{1}{10}$ 또는 $x \ge 100$에서 진수 $x > 0$이므로

     $\boldsymbol{0 < x \le \dfrac{1}{10}}$ **또는** $\boldsymbol{x \ge 100}$

STEP 1 | 1등급 준비하기

지수방정식

01

방정식 $(\sqrt{4}+\sqrt{3})^x+(\sqrt{4}-\sqrt{3})^x=2$의 해가 $x=\alpha$일 때, α 값을 구하시오.

02

지수방정식 $9^x-11\times3^x+28=0$의 두 실근을 α, β라 할 때, $9^\alpha+9^\beta$의 값은?

① 59   ② 61   ③ 63   ④ 65   ⑤ 67

[2014년 4월 학력평가]

03

연립방정식 $2^{x+3}+9^{y+1}=35$, $8^{\frac{x}{3}}+3^{2y+1}=5$의 해를 $x=\alpha$, $y=\beta$라 할 때, $\alpha\beta$의 값은?

① 1   ② -1   ③ 2
④ -2   ⑤ -4

로그방정식

04

다음은 $y=f(x)$, $y=g(x)$, $y=1$의 그래프이다. 방정식 $\log_{f(x)}g(x)=0$의 실근은 모두 몇 개인지 구하시오.

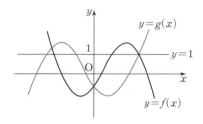

05

방정식 $(\log_2 x)^2-4\log_2 x-2=0$의 두 근을 α, β라 할 때, 방정식 $(\log_2 x)^2-a\log_2 x+b=0$의 두 근은 $\dfrac{2}{\alpha}$, $\dfrac{2}{\beta}$이다. 이때 두 상수 a, b의 곱 ab의 값을 구하시오.

06

다음 연립방정식을 만족시키는 두 실수 x, y의 순서쌍 (x, y)는 모두 몇 개인지 구하시오.

$$\begin{cases} x^2+y^2=4 \\ \log_2 x+\log_2 y=(\log_2 xy)^2 \end{cases}$$

지수부등식

07

오른쪽 그림은 두 함수
$y=f(x)$, $y=g(x)$의 그래프를
함께 나타낸 것이다. 부등식
$\left(\dfrac{1}{3}\right)^{f(x)} > \left(\dfrac{1}{3}\right)^{g(x)}$ 의 해가
$p<x<q$일 때 $p+q$의 값을 구하시오.

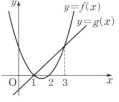

08

x에 대한 이차부등식 $3x^2-(3^a+3)x+(3^a+3)>0$이
모든 실수 x에 대하여 성립할 때, 실수 a값의 범위에 속하
는 가장 큰 정수는?

① -2 ② -1 ③ 0

④ 1 ⑤ 2

09

일차함수 $y=f(x)$의 그래프가 오
른쪽 그림과 같고 $f(-5)=0$이다.
부등식 $2^{f(x)}\le 8$의 해가 $x\le -4$일
때, $f(0)$의 값을 구하시오.

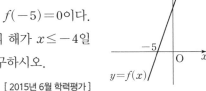

[2015년 6월 학력평가]

로그부등식

10

두 함수 $y=f(x)$, $y=g(x)$의 그래프가 다음 그림과 같
을 때, 부등식 $\log_{0.1} f(x) \le \log_{0.1} g(x)$를 만족시키는 정
수 x값을 모두 더한 값을 구하시오.

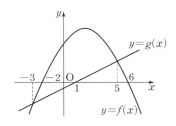

11

부등식 $\log_{x-2}(-2x+5) \ge 1$의 해집합이 $p \le x < q$일 때
$6pq$의 값을 구하시오.

12

x에 대한 로그부등식 $\log_5(x-1) \le \log_5\left(\dfrac{1}{2}x+k\right)$를 만
족시키는 모든 정수 x가 3개일 때, 자연수 k값은?

① 1 ② 2 ③ 3 ④ 4 ⑤ 5

[2016학년도 수능]

지수방정식

01
| 제한시간 **2분** |

등식 $(2^x-5)^3+(4^x-1)^3=(4^x+2^x-6)^3$을 만족시키는 모든 실수 x값의 합은?

① 3　　　　② $\log_2 5$　　　　③ $\log_2 10$

④ $\log_2 11$　　　⑤ $\log_2 11$

02
| 제한시간 **2분** |

함수 $g(x)$는 함수 $f(x)=\dfrac{1}{2}\log_3 x$의 역함수이고, 방정식 $g(x)=f(g(3^{x+2}+36))$의 해가 $\log_3 A$일 때, 자연수 A 값을 구하시오.

03*
| 제한시간 **2분** |

x, y에 대한 연립방정식 $\begin{cases} 2^{x+2}-a\times 3^y=0 \\ b\times 2^x-3^{y+2}=0 \end{cases}$이 해를 가질 때, $a+b$의 최솟값을 구하시오. (단, $a>0$, $b>0$)

이차식으로 치환되는 지수방정식

04
| 제한시간 **2분** |

x에 대한 방정식 $9^{x+a}-2\times 3^{x+b}+3^{2a+2}=0$의 해가 되는 실수 x값이 오직 하나뿐일 때, 그 실수를 구하시오.

(단, a, b는 실수)

05
| 제한시간 **2분** |

이차함수 $f(x)=x^2+px+q$의 그래프와 x축이 만나는 두 점의 x좌표는 각각 k, $\dfrac{8}{k}$이고, 방정식 $a^{2x}+pa^x+q=0$의 모든 실근의 합이 3일 때, 양수 a의 값을 구하시오.

(단, $k>0$, p, q는 상수이다.)

06

| 제한시간 2분 |

$4^x+4^{-x}-k(2^x+2^{-x})+10=0$의 실근이 존재하지 않기 위한 정수 k의 최댓값을 구하시오.

07

| 제한시간 2분 |

함수 $f(x)=(x-a)^2+2$에 대하여 방정식 $2^{f(x)}-4^a=0$의 실근의 개수에 대한 **보기**의 설명 중 옳은 것을 모두 고른 것은?

┌─ 보기 ├─────────────────────────────

ㄱ. $a<0$이면 실근을 갖지 않는다.

ㄴ. $0<a<1$이면 한 개의 실근을 갖는다.

ㄷ. $a>1$이면 서로 다른 두 개의 실근을 갖는다.

└──────────────────────────────────

① ㄱ   ② ㄱ, ㄴ   ③ ㄴ, ㄷ

④ ㄱ, ㄷ   ⑤ ㄱ, ㄴ, ㄷ

로그방정식

08

| 제한시간 3.5분 |

다음 연립방정식의 해를 구하시오.

$$\text{(단, } x\neq 1,\ y\neq 1,\ x<y)$$

(1) $\begin{cases} \log_2 xy=11 \\ \log_x y^3+\log_y x^3=\dfrac{61}{10} \end{cases}$

(2) $\begin{cases} 4^x+(\log xy)^2=68 \\ 2^x+\log y=8+\log \dfrac{100}{x} \end{cases}$

09

| 제한시간 1.5분 |

다음 연립방정식에서 $a+b+c$의 값을 구하시오.

$$\text{(단, } a,\ b,\ c\text{는 양수)}$$

$$\begin{cases} \log_2 a+\log_2 b+\log_2 bc=4 \\ \log_2 b+\log_{\sqrt 2}\sqrt c+\log_2 ca=5 \\ \log_2 c+\log_4 a^2+\log_2 ab=7 \end{cases}$$

10

| 제한시간 2분 |

컴퓨터 통신이론에서 디지털 신호를 아날로그 신호로 바꾸는 통신장치의 성능을 평가할 때, 전송대역폭은 중요한 역할을 한다. 서로 다른 신호요소의 개수를 L, 필터링과 관련된 변수를 r, 데이터 전송률을 $R(\text{bps})$, 신호의 전송대역폭을 $B(\text{Hz})$라 할 때, 다음 식이 성립한다고 한다.

$$B = \left(\frac{1+r}{\log_2 L} \right) \times R$$

데이터 전송률이 같은 두 통신장치 P, Q의 서로 다른 신호요소의 개수, 필터링과 관련된 변수, 신호의 전송대역폭이 다음과 같을 때, k값은?

통신 장치	서로 다른 신호요소의 개수	필터링과 관련된 변수	신호의 전송대역폭
P	l^3	0.32	b
Q	l	k	$4b$

① 0.74
② 0.75
③ 0.76
④ 0.77
⑤ 0.78

[2013년 7월 학력평가]

11

| 제한시간 2분 |

다음 방정식의 해가 $x=\alpha$, $y=\beta$일 때 $100(\alpha+\beta)$의 값을 구하시오.

$$(\log y)^2 + (2^{x+1} + 2^{-x+1}) \log y + (2^{2x+1} + 2^{-2x+1}) = 0$$

12

| 제한시간 2분 |

방정식 $\log(x-1) + \log(4-x) = \log(a-x)$가 적어도 한 개의 실근을 가지도록 하는 상수 a값의 범위가 $p < a \le q$일 때, $p+q$의 값을 구하시오.

지수부등식

13

| 제한시간 1분 |

부등식 $(3+2\sqrt{2})^x + (3-2\sqrt{2})^x \le 6$을 만족시키는 정수 x의 개수는?

① 1
② 2
③ 3
④ 4
⑤ 5

14

| 제한시간 2분 |

x에 대한 부등식 $(3^{x+2}-1)(3^{x-p}-1) \le 0$을 만족시키는 정수 x가 20개일 때, 자연수 p값을 구하시오.

[2014년 4월 학력평가]

15*

| 제한시간 **2분** |

x에 대한 부등식 $a \leq a^x b^{1-x} \leq b$ (단, $0 < a < b$)의 해는?

① $x \leq 0$ ② $x \geq 0$ ③ $0 \leq x \leq 1$

④ $x \leq 1$ ⑤ $x \geq 1$

이차식으로 치환되는 지수부등식

16

| 제한시간 **1.5분** |

모든 실수 x에 대하여 부등식 $10^{x^2 + 2\log a} \geq a^{-2x}$이 성립하도록 하는 양의 정수 a의 최댓값을 구하시오.

17*

| 제한시간 **2분** |

임의의 실수 x에 대하여 부등식 $2^x + \dfrac{k+1}{2^{x-1}} > -4$가 성립하도록 하는 실수 k값의 범위를 구하시오.

18

| 제한시간 **2분** |

부등식 $4^x - p \times 2^x + 4q < 0$이 $1 < x < 2$인 모든 실수 x에 대하여 항상 성립할 때, 2^{2p-3q}의 최솟값을 구하시오.

로그부등식

19*

| 제한시간 1.5분 |

부등식 $1 < \log_2(x-2) - \log_2 \dfrac{1}{3-y} < 2$를 만족시키는

자연수 x, y에 대하여 $x - y$의 값을 구하시오.

20

| 제한시간 2분 |

부등식 $\log_x y \geq \log_y x$를 만족하는 10보다 작은 두 소수 x, y에 대하여 순서쌍 (x, y)는 모두 몇 개인지 구하시오.

21

| 제한시간 2분 |

두 집합

$A = \{x \mid \log_4 (\log_2 x) \leq 1\}$, $B = \{x \mid x^2 - 5ax + 4a^2 < 0\}$

에 대하여 $A \cap B = B$를 만족시키는 자연수 a의 개수는?

① 4   ② 5   ③ 6   ④ 7   ⑤ 8

[2015년 11월 학력평가]

22

| 제한시간 2.5분 |

두 자연수 m, n에 대하여 부등식 $\log \dfrac{n}{2} + \left| \log \dfrac{m}{8} \right| \leq 0$

이 성립하도록 하는 순서쌍 (m, n)의 개수는?

① 10   ② 11   ③ 12   ④ 13   ⑤ 14

23

| 제한시간 2.5분 |

부등식 $\log(50 - 5x^2) > \log(a - x) + 1$의 해에 포함된 정수가 오직 1뿐이도록 하는 실수 a값의 범위는 $p \leq a < q$이다. 이때 $2pq$의 값을 구하시오.

01

두 곡선 $y=2^{x-a}$, $y=2^{-x+a}$이 직선 $y=k$와 만나는 서로 다른 두 점을 각각 P, Q라 하자. 선분 PQ의 중점의 x좌표가 3일 때, 방정식 $2^{x-a}+2^{-x+a}=2$의 실근을 구하시오. (단, a는 상수이다.)

02

방정식 $2^{2|x|}-2^{|x|+3}-k=0$이 서로 다른 세 실근을 가질 때, 상수 k값을 구하시오.

03

x에 대한 방정식 $a^{2x}-ka^x+4=0$ $(a>1)$은 양수인 두 수 α, β를 근으로 가진다. $p=a^{\alpha-\beta}+a^{\beta-\alpha}$에 대하여 $[p]$의 최댓값과 최솟값을 각각 M, m이라 할 때, $M+m$의 값을 구하시오. (단, k는 상수이고, $[x]$는 x보다 크지 않은 가장 큰 정수이다.)

04

신유형

두 곡선 $y=9^x$, $y=3^x+2$가 만나는 점을 M이라 하자. 곡선 $y=9^x$ 위의 점 P와 곡선 $y=3^x+2$ 위의 점 Q에 대하여 선분 PQ의 중점이 M일 때, 점 P의 x좌표가 p이다. $(3^p+1)^2$의 값을 구하시오. (단, 두 점 P, Q는 서로 다르다.)

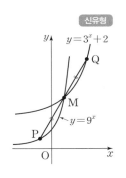

05*

x, y에 대한 연립방정식 $\begin{cases} 2^{x+2}+3^y=8 \\ 4^x \times k+3^y=3 \end{cases}$ 이 실근을 갖기 위한 실수 k값의 범위가 $k < p$일 때, $4p$값을 구하시오.

06

x에 대한 방정식 $4^x+4^{-x}-a(2^x+2^{-x})+b=0$이 서로 다른 네 실근을 가지기 위한 20 이하의 정수 a, b의 순서쌍 (a, b)는 모두 몇 개인지 구하시오. (단, 중근은 하나로 센다.)

07

연립방정식 $\begin{cases} \log_x y - \log_y x^2 - 1 = 0 \\ x-y+k=0 \end{cases}$ 에서 k값에 따른 실근의 개수를 $f(k)$라 할 때,

$f\left(-\dfrac{1}{2}\right)+f\left(-\dfrac{1}{5}\right)+f(0)+f\left(\dfrac{1}{4}\right)$의 값을 구하시오.

08*

서술형

x에 대한 다음 두 부등식에서 부등식 ㉮의 해가 부등식 ㉯의 해가 되기 위한 실수 a값의 범위를 구하시오.

$$\begin{cases} 1+\dfrac{1}{\log_3 x}-\dfrac{2}{\log_5 x}<0 & \cdots\cdots ㉮ \\ \left(\dfrac{1}{3}\right)^{a\log_3 2} < \left(\dfrac{1}{2}\right)^{x(x-a+1)} & \cdots\cdots ㉯ \end{cases}$$

09

부등식 $7<[\log x]+[\log x^2]+[\log x^3]<10$이 되는 자연수 x의 개수는? (단, $[x]$는 x보다 크지 않은 가장 큰 정수이고, $3.1<\sqrt{10}<3.2$이다.)

① 67   ② 68   ③ 69   ④ 78   ⑤79

10

이차방정식 $ax^2-2ax+1=0$의 두 근 α, β가 부등식 $|\log_2 \alpha-\log_2 \beta|\leq1$을 만족시키도록 하는 실수 a의 최솟값을 m, 최댓값을 M이라 할 때, $8(m+M)$의 값을 구하시오.

05 삼각함수

1 각의 크기를 나타내는 방법

육십분법 원을 360등분했을 때 나타나는 부채꼴 중심각의 크기 1°를 단위로 각의 크기를 나타내는 방법.

호도법 원에서 반지름 길이와 부채꼴의 호의 길이가 같을 때, 그 부채꼴의 중심각 크기를 **1라디안**(radian)이라 하고, 1라디안을 단위로 하여 각의 크기를 나타내는 방법.

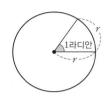

※ $1°=\dfrac{\pi}{180}$ rad이고, 1 rad$=\dfrac{180°}{\pi}$

※ 호도법을 사용할 때 단위명인 라디안을 생략하는 경우가 많다.

2 동경과 일반각

(1) 일반각

원점 O를 중심으로 $\overrightarrow{OP}$가 회전하여 $\angle XOP$를 결정할 때, $\overrightarrow{OX}$를 **시초선**, $\overrightarrow{OP}$를 **동경**이라 한다. 한편 동경 $\overrightarrow{OP}$가 나타내는 한 각의 크기가 $\alpha°$ 또는 θ일 때 (n은 정수)

$$\angle XOP=360°\times n+\alpha° \quad (육십분법)$$
$$=2\pi\times n+\theta \quad (호도법)$$

※ $360°\times n+90°<\theta<360°\times n+180°$ 또는 $2n\pi+\dfrac{\pi}{2}<\theta<2n\pi+\pi$는 θ가 제2사분면에 속한 각임을 나타낸다.

(2) 두 각 α, β에 대한 두 동경의 위치 (단, n은 정수)

일치한다.	반대 방향이고 일직선이다.	x축에 대하여 대칭이다.	y축에 대하여 대칭이다.
$\beta-\alpha=2n\pi$	$\beta-\alpha=2n\pi+\pi$	$\alpha+\beta=2n\pi$	$\alpha+\beta=2n\pi+\pi$
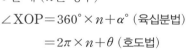			

보기 $0<\theta<\pi$인 각 θ와 각 4θ를 나타내는 동경이 x축에 대하여 대칭일 때, 각 θ의 크기를 구하여라.

풀이 각 θ와 각 4θ를 나타내는 x축에 대하여 대칭이므로

$$4\theta+\theta=2n\pi \text{ (단, } n\text{은 정수)}, \ \theta=\dfrac{2n\pi}{5}$$

$0<\dfrac{2n\pi}{5}<\pi$에서 $n=1, 2$ $\therefore \theta=\dfrac{2}{5}\pi, \dfrac{4}{5}\pi$

참고 부채꼴의 호의 길이와 넓이

부채꼴의 호의 길이를 l, 넓이를 S라 하면

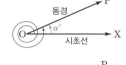

$l:2\pi r=\theta:2\pi$에서
$l=r\theta$
$S:\pi r^2=\theta:2\pi$에서
$S=\dfrac{1}{2}r^2\theta=\dfrac{1}{2}rl \ (\because r\theta=l)$

※ θ는 호도법으로 나타낸 각의 크기이다.

보충

① 양의 각

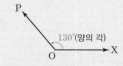

$\angle XOP$에서 동경 $\overrightarrow{OP}$의 회전 방향은 양의 방향이고, 회전한 양은 130°이므로 $\angle XOP$의 크기는 130°이다.

② 음의 각

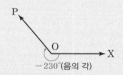

$\angle XOP$에서 동경 $\overrightarrow{OP}$의 회전 방향은 음의 방향이고, 회전한 양은 230°이므로 $\angle XOP$의 크기는 $-230°$이다.

보충

두 동경이 직선 $y=x$에 대하여 대칭일 때는 그림과 같이 생각할 수 있다.

$\therefore \alpha+\beta=2n\pi+\dfrac{\pi}{2}$

※ 같은 방법으로 생각하면 두 동경이 직선 $y=-x$에 대하여 대칭일 때는 $\alpha+\beta=2n\pi+\dfrac{3}{2}\pi$

⇨ 55쪽 **05, 06**

❸ 삼각함수의 뜻

그림처럼 $\overline{\mathrm{OP}}=r$인 점 $\mathrm{P}(x, y)$에 대하여 동경 $\overrightarrow{\mathrm{OP}}$가 x축의 양의 방향과 이루는 각의 크기를 θ라 할 때,

$$\sin\theta=\frac{y}{r}, \quad \cos\theta=\frac{x}{r}, \quad \tan\theta=\frac{y}{x}$$

를 차례로 **사인함수**, **코사인함수**, **탄젠트함수**라 하고, $\sin\theta$, $\cos\theta$, $\tan\theta$를 통틀어 θ의 **삼각함수**라 한다.

보충

그림에서 $\cos\theta=\dfrac{x}{r}$, $\sin\theta=\dfrac{y}{r}$이므로 $x=r\cos\theta$, $y=r\sin\theta$이다. 즉 점 P의 좌표는 $(r\cos\theta, r\sin\theta)$이다.
특히 점 P가 단위원 위의 점일 때 점 P의 좌표는 $(\cos\theta, \sin\theta)$이다.— 중심이 원점이고 반지름 길이가 1인 원

❹ 삼각함수 사이의 관계

$$\tan\theta=\frac{\sin\theta}{\cos\theta} \qquad \sin^2\theta+\cos^2\theta=1 \qquad 1+\tan^2\theta=\frac{1}{\cos^2\theta}$$

보충

$$1+\tan^2\theta=\frac{\cos^2\theta}{\cos^2\theta}+\frac{\sin^2\theta}{\cos^2\theta}=\frac{1}{\cos^2\theta}$$

보기 $\sin\theta-\cos\theta=\dfrac{1}{2}$일 때, $\tan\theta+\dfrac{1}{\tan\theta}$의 값을 구하여라.

풀이 $\sin\theta-\cos\theta=\dfrac{1}{2}$의 양변을 제곱해서 정리하면 $\sin\theta\cos\theta=\dfrac{3}{8}$

$$\therefore \tan\theta+\frac{1}{\tan\theta}=\frac{\sin\theta}{\cos\theta}+\frac{\cos\theta}{\sin\theta}=\frac{\sin^2\theta+\cos^2\theta}{\sin\theta\cos\theta}=\frac{8}{3}$$

❺ 삼각함수의 각의 변환

1. 각을 $\dfrac{n}{2}\pi\pm\theta$ (n은 정수) 꼴로 고친다.

2. 삼각함수의 결정

   ① n이 짝수 : $\sin \longrightarrow \sin$, $\cos \longrightarrow \cos$, $\tan \longrightarrow \tan$로 그대로 둔다.

   ② n이 홀수 : $\sin \longrightarrow \cos$, $\cos \longrightarrow \sin$, $\tan\theta \longrightarrow \dfrac{1}{\tan\theta}$로 바꾼다.

3. θ를 예각으로 생각하고 $\dfrac{n}{2}\pi\pm\theta$가 나타내는 동경이 위치하는 사분면에서 원래 삼각함수 값의 부호를 붙인다.

보기 $\tan\left(-\dfrac{\pi}{3}\right)+\cos\dfrac{6}{11}\pi+\sin\dfrac{7}{3}\pi$의 값을 구하여라.

풀이 $\tan\left(-\dfrac{\pi}{3}\right)=-\tan\dfrac{\pi}{3}=-\sqrt{3}$

$\cos\dfrac{11}{6}\pi=\cos\left(\dfrac{\pi}{2}\times 3+\dfrac{\pi}{3}\right)=\sin\dfrac{\pi}{3}=\dfrac{\sqrt{3}}{2}$

$\sin\dfrac{7}{3}\pi=\sin\left(2\pi+\dfrac{\pi}{3}\right)=\sin\dfrac{\pi}{3}=\dfrac{\sqrt{3}}{2}$

$\therefore \tan\left(-\dfrac{\pi}{3}\right)+\cos\dfrac{11}{6}\pi+\sin\dfrac{7}{3}\pi=\mathbf{0}$

참고 **삼각함수 변형 공식들**

① $(2n\pi+\theta)$에 대한 삼각함수
   $\sin(2n\pi+\theta)=\sin\theta$, $\cos(2n\pi+\theta)=\cos\theta$
   $\tan(n\pi+\theta)=\tan\theta$

② $(-\theta)$에 대한 삼각함수
   $\sin(-\theta)=-\sin\theta$, $\cos(-\theta)=\cos\theta$
   $\tan(-\theta)=-\tan\theta$
   ※ 사인함수와 탄젠트함수는 기함수, 코사인함수는 우함수라 기억한다.

③ $\left(\dfrac{\pi}{2}\pm\theta\right)$에 대한 삼각함수
   $\sin\left(\dfrac{\pi}{2}+\theta\right)=\cos\theta$, $\cos\left(\dfrac{\pi}{2}+\theta\right)=-\sin\theta$
   $\tan\left(\dfrac{\pi}{2}+\theta\right)=-\dfrac{1}{\tan\theta}$
   ※ $\left(\dfrac{\pi}{2}-\theta\right)$에 대한 변환은 위 내용에서 부호만 따져 주면 된다.

④ $(\pi\pm\theta)$에 대한 삼각함수
   $\sin(\pi+\theta)=-\sin\theta$, $\cos(\pi+\theta)=-\cos\theta$
   $\tan(\pi+\theta)=\tan\theta$
   ※ $(\pi-\theta)$에 대한 변환도 마찬가지로 위 내용에서 부호만 따져 주면 된다.

STEP **1** | 1등급 준비하기

※ 문항 번호 오른쪽 *표시는 풀이에 문제 풀이 스킬을 익힐 수 있는 '다른 풀이' 또는 '1등급 Note'가 있음을 나타냅니다.

5. 삼각함수

두 동경의 위치

01*

각 2θ를 나타내는 동경과 5θ를 나타내는 동경이 일치할 때, $\cos\theta$의 값은? (단, $\pi < \theta < 2\pi$)

① $\dfrac{1}{2}$ ② $\dfrac{\sqrt{3}}{2}$ ③ $-\dfrac{1}{2}$

④ $-\dfrac{\sqrt{2}}{2}$ ⑤ $-\dfrac{\sqrt{3}}{2}$

부채꼴의 넓이

02

둘레 길이가 28인 부채꼴 중에서 넓이가 최대인 부채꼴의 반지름 길이를 r, 호의 길이를 l, 중심각의 크기를 θ라 할 때, $r+l-\theta$의 값은?

① 15   ② 18   ③ 19   ④ 21   ⑤ 24

03

그림처럼 중심각의 크기가 $\dfrac{2}{3}\pi$이고 반지름 길이가 1인 부채꼴 OAB가 있다.
호 AB를 4등분한 점을 차례로 C, D, E라 할 때 색칠한 부분의 넓이는?

① $\dfrac{\pi}{3} - \dfrac{\sqrt{3}}{4}$ ② $\dfrac{\pi}{3} - \dfrac{\sqrt{3}}{2}$ ③ $\dfrac{2\pi}{3} - \dfrac{\sqrt{3}}{4}$

④ $\dfrac{2\pi}{3} - \dfrac{\sqrt{3}}{2}$ ⑤ $\dfrac{\pi}{6} - \dfrac{\sqrt{3}}{4}$

삼각비와 삼각함수

04

오른쪽 그림에서 $\overline{BC}=5$, $\overline{AC}=12$, $\overline{AB}=\overline{DB}$, $\angle C = 90°$, $\angle ABC = 2\theta$일 때, $26\sin^2\theta$의 값을 구하시오.

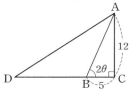

05

좌표평면 위의 직선 $y = -\dfrac{15}{8}x$가 x축 양의 방향과 이루는 각의 크기를 θ라 할 때, $8\left(\tan\theta - \dfrac{1}{\cos\theta}\right)$의 값을 구하시오.

삼각함수 값의 부호

06

θ가 제3사분면의 각일 때,
$$\sqrt{1+2\sin\theta\cos\theta} + \sqrt[4]{(\cos\theta+1)^4} + \sqrt[3]{(\sin\theta+1)^3}$$
을 간단히 하면?

① $2\sin\theta + 2$ ② $-2\cos\theta$ ③ 0

④ 2   ⑤ -2

07

$\log_2 \tan\theta = \log_2(-\sin\theta) - \log_2(-\cos\theta)$가 성립할 때, 다음 중 항상 옳은 것은?

① $\sin\dfrac{\theta}{2} > 0$ 　② $\sin\dfrac{\theta}{2} < 0$ 　③ $\cos\dfrac{\theta}{2} < 0$

④ $\tan\dfrac{\theta}{2} > 0$ 　⑤ $\tan\dfrac{\theta}{2} < 0$

삼각함수 사이의 관계

08

이차방정식 $16x^2 - 4\sqrt{2}x + a = 0$의 두 근이 $\sin\theta$, $\cos\theta$일 때, 실수 a값을 구하시오.

09

다음을 구하시오.

(1) $\sin\theta + \cos\theta = -1$일 때, $\sin^{999}\theta + \cos^{999}\theta$의 값

(2) $\sin\theta + \cos\theta = \sqrt{2}$일 때, $\dfrac{1}{\cos\theta}\left(\tan\theta + \dfrac{1}{\tan^2\theta}\right)$의 값

삼각함수의 각의 변환

10

$$\dfrac{\sin\left(\dfrac{\pi}{2} - \theta\right)}{\sin\left(\dfrac{\pi}{2} + \theta\right)\sin^2(\pi + \theta)} + \dfrac{\sin(\pi - \theta)}{\cos\left(\dfrac{\pi}{2} + \theta\right)\tan^2(\pi - \theta)}$$

를 간단히 한 것은?

① 1 　　　② -1 　　　③ $\sin\theta$

④ $-\sin\theta$ 　⑤ $\cos\theta$

11

그림처럼 사각형 ABCD가 원에 내접할 때, **보기**에서 옳은 것을 모두 고른 것은? (단, $\angle A$, $\angle B$, $\angle C$, $\angle D$는 모두 직각이 아니고, A, B, C, D는 $\angle A$, $\angle B$, $\angle C$, $\angle D$의 크기를 나타낸다.)

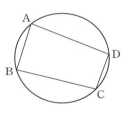

┤ 보기 ├

ㄱ. $\sin A + \sin B + \sin C + \sin D = 0$

ㄴ. $\cos A + \cos B + \cos C + \cos D = 0$

ㄷ. $\tan A + \tan B + \tan C + \tan D = 0$

① ㄴ 　　　② ㄱ, ㄴ 　　　③ ㄱ, ㄷ

④ ㄴ, ㄷ 　　⑤ ㄱ, ㄴ, ㄷ

부채꼴의 둘레 길이와 넓이

01
| 제한시간 1분 |

중심각의 크기가 $\dfrac{\pi}{6}$ 이고 반지름 길이가 3인 오른쪽 그림과 같은 부채꼴 OAB에서 선분 AC가 이 부채꼴의 넓이를 이등분할 때, 선분 OC의 길이는?

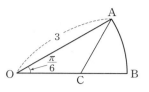

① $\dfrac{\pi}{4}$ ② $\dfrac{\pi}{3}$ ③ $\dfrac{\pi}{2}$ ④ $\dfrac{\sqrt{3}}{6}\pi$ ⑤ $\dfrac{\sqrt{3}}{3}\pi$

02
| 제한시간 1.5분 |

그림과 같이 반지름 길이가 각각 7, 2인 원 모양의 두 바퀴에 벨트가 팽팽하게 감겨 있다. 두 바퀴의 중심 사이 거리가 10일 때, 벨트와 바퀴가 닿은 두 부분의 길이 합은 $\dfrac{b}{a}\pi$ 이다. $a+b$의 값을 구하시오. (단, a와 b는 서로소인 자연수이고, 벨트의 두께는 무시한다.)

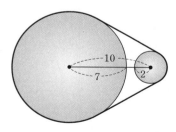

[2012년 3월 학력평가]

03
| 제한시간 2분 |

그림과 같은 원뿔대의 겉넓이를 구하시오.

04
| 제한시간 2분 |

그림과 같은 원뿔에서 점 A는 꼭짓점, $\overline{BC}$ 는 밑면의 지름이고, $\overline{AB}=2$, $\overline{BC}=\dfrac{4\theta}{\pi}$ 이다.

점 B에서 옆면을 돌아 최단 거리로 모선 AC에 이르는 점을 P_1이라 하고, 점 P_1에서 옆면을 돌아 최단 거리로 모선 AB에 이르는 점을 P_2라 하자. 이때 선분 P_1P_2의 길이를 나타낸 것은?

① $4\sin\theta$ ② $4\cos\theta$ ③ $2\sin\theta\cos\theta$

④ $2\sin\theta\tan\theta$ ⑤ $\dfrac{2\cos\theta}{\sin\theta}$

동경과 일반각

05
| 제한시간 2.5분 |

보기에서 옳은 것을 모두 고른 것은?

┌ 보기 ┐

ㄱ. 두 각 α, β를 나타내는 동경의 위치가 같으면 $\sin \alpha = \sin \beta$이다.

ㄴ. 각 θ의 동경과 단위원의 교점 좌표가 (x, y)이면 각 $-\theta$의 동경과 단위원의 교점 좌표는 $(-x, -y)$이다.

ㄷ. 부채꼴 크기에 관계없이 반지름 길이가 호 길이의 두 배이면 중심각의 크기는 항상 $\frac{1}{2}$ 라디안이다.

ㄹ. 두 각 α, β를 나타내는 동경이 직선 $y = -x$에 대칭일 때, $\alpha + \beta = 2n\pi + \frac{\pi}{2}$ 이다.

① ㄱ, ㄴ   ② ㄱ, ㄷ   ③ ㄴ, ㄷ

④ ㄱ, ㄹ   ⑤ ㄱ, ㄷ, ㄹ

06
| 제한시간 1분 |

$\frac{\pi}{2} < \theta < \pi$인 각 θ를 나타내는 동경과 각 9θ를 나타내는 동경이 직선 $y = x$에 대하여 대칭일 때, 모든 θ값의 합은?

① $\frac{\pi}{2}$ ② $\frac{5}{8}\pi$ ③ π ④ $\frac{3}{2}\pi$ ⑤ $\frac{11}{2}\pi$

07
| 제한시간 2분 |

θ는 제1사분면의 각이고 $\frac{\theta}{3}$ 는 제2사분면의 각일 때, $\frac{\theta}{6}$ 가 존재할 수 있는 사분면을 모두 고른 것은?

① 제1사분면   ② 제2사분면   ③ 제1, 3사분면

④ 제2, 4사분면   ⑤ 제1, 2, 3사분면

삼각함수의 뜻과 그 활용

08*
| 제한시간 2분 |

오른쪽 그림처럼 단위원 위의 점 A가 제2사분면에 있을 때, 동경 $\overrightarrow{OA}$ 가 나타내는 각의 크기를 θ 라 하자. 점 A에서 x축에 내린 수선의 발을 B, 점 B에서 선분 OA에 내린 수선의 발을 C, 점 C에서 다시 x축에 내린 수선의 발을 D라 할 때, $\overline{CD}$의 길이는?

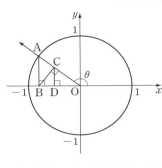

① $-\cos \theta \sin \theta$ ② $-\cos \theta \sin^2 \theta$

③ $\cos^2 \theta$ ④ $\cos^2 \theta \sin \theta$

⑤ $\cos^2 \theta \sin^2 \theta$

09

| 제한시간 1분 |

가로 길이가 6, 세로 길이가 2인 직사각형 ABCD가 그림과 같이 원 $x^2+y^2=10$에 내접하고 있다. 두 선분 OA, OB가 x축의 양의 방향과 이루는 각의 크기를 각각 α, β라 할 때, $\dfrac{1}{\sin\alpha}+\dfrac{1}{\cos\beta}$의 값은?

(단, 선분 AD는 x축과 평행하다.)

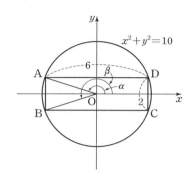

① $-\dfrac{4\sqrt{10}}{3}$ ② $-\dfrac{2\sqrt{10}}{3}$ ③ $\dfrac{2\sqrt{10}}{3}$

④ $\dfrac{4\sqrt{10}}{3}$ ⑤ $\dfrac{5\sqrt{10}}{3}$

[2008년 5월 학력평가]

10

| 제한시간 2분 |

오른쪽 그림처럼 단위원이 y축, x축과 만나는 점이 차례로 A, Q이고, 원 위의 점 P는 제1사분면에 있다. 두 점 A, P를 지나는 직선이 x축과 만나는 점이 R이고, ∠POQ=θ라 할 때, 색칠한 부분의 넓이를 바르게 나타낸 것은?

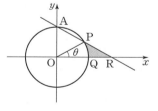

① $\dfrac{1}{2}\left(\dfrac{\cos\theta\sin\theta}{1-\sin\theta}-\theta\right)$ ② $\dfrac{1}{2}\left(\dfrac{\cos\theta\sin\theta}{1-\sin\theta}-\dfrac{1}{2}\theta\right)$

③ $\dfrac{1}{2}\left(\dfrac{\cos\theta\sin\theta}{1-\cos\theta}-\theta\right)$ ④ $\dfrac{1}{2}\left(\dfrac{\cos\theta\sin\theta}{1-\cos\theta}-\dfrac{1}{2}\theta\right)$

⑤ $\dfrac{1}{2}(\sin\theta-\theta)$

11*

| 제한시간 2분 |

그림처럼 단위원 위의 점 A가 제2사분면에 있을 때 동경 $\overrightarrow{OA}$가 나타내는 각의 크기를 θ라 하자. 점 B$(-1, 0)$을 지나는 직선 $x=-1$과 동경 $\overrightarrow{OA}$가 만나는 점을 C, 점 A에서의 접선이 x축과 만나는

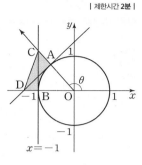

점을 D라 하자. 다음 중 삼각형 OCD의 넓이에서 부채꼴 OAB의 넓이를 뺀 어두운 부분의 넓이와 항상 같은 것은?

① $\dfrac{1}{2}\left(-\dfrac{\cos\theta}{\sin^2\theta}-\pi+\theta\right)$ ② $\dfrac{1}{2}\left(-\dfrac{\sin\theta}{\cos^2\theta}-\pi+\theta\right)$

③ $\dfrac{1}{2}\left(\dfrac{\cos^2\theta}{\sin\theta}-\theta\right)$ ④ $\dfrac{1}{2}\left(\dfrac{\sin\theta}{\cos^2\theta}-\pi+\theta\right)$

⑤ $\dfrac{1}{2}\left(\dfrac{\sin^2\theta}{\cos\theta}-\theta\right)$

[2010년 3월 학력평가]

삼각함수 사이의 관계

12

| 제한시간 1.5분 |

$\sin^4\theta+\cos^4\theta=\dfrac{1}{2}$일 때, $\tan^3\theta+\dfrac{1}{\tan^3\theta}$의 값을 구하시오. $\left($단, $0<\theta<\dfrac{\pi}{2}\right)$

13

| 제한시간 1.5분 |

오른쪽 그림과 같이 반지름 길이가 1이고, 중심이 O인 반원에서 $\angle \text{COB} = \theta \left(0 < \theta < \dfrac{\pi}{2} \right)$, $f(\theta) = \tan \dfrac{\theta}{2}$ 라 할 때, $f(\theta) + \dfrac{1}{f(\theta)}$ 을 간단히 하였더니 $\dfrac{m}{\sin \theta}$ 이 되었다. 이때 자연수 m값을 구하시오.

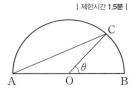

14

| 제한시간 1.5분 |

$0 \le \theta \le \dfrac{\pi}{2}$ 일 때, $\begin{cases} x = 1 + \cos \theta \\ y = \sin \theta \end{cases}$ 가 되는 점 $\text{P}(x, y)$가 그리는 자취의 길이는?

① $\dfrac{\pi}{6}$ ② $\dfrac{\pi}{5}$ ③ $\dfrac{\pi}{4}$ ④ $\dfrac{\pi}{3}$ ⑤ $\dfrac{\pi}{2}$

15

| 제한시간 2분 |

오른쪽 그림과 같은 직각삼각형 ABC에서 빗변 AC의 삼등분점 D, E에 대하여 $\overline{\text{BD}} = \sin \theta$, $\overline{\text{BE}} = \cos \theta$일 때, $\overline{\text{AC}}^2 = \dfrac{q}{p}$ 이다. 서로소인 두 자연수 p, q의 곱을 구하시오.

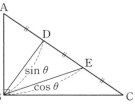

삼각함수의 각의 변환

16[*]

| 제한시간 3분 |

다음 식의 값을 구하시오.

(1) $2(\sin^2 1° + \sin^2 2° + \cdots + \sin^2 90°)$

(2) $\left(\dfrac{1}{\sin^2 1°} + \dfrac{1}{\sin^2 2°} + \cdots + \dfrac{1}{\sin^2 23°} \right)$
$- (\tan^2 67° + \tan^2 68° + \cdots + \tan^2 89°)$

17*

| 제한시간 2분 |

정의역이 양의 실수 전체 집합인 함수 $f(x)$에서 임의의 양수 a, b에 대하여 $f(ab)=f(a)+f(b)$가 성립할 때, $f(\tan 1°)+f(\tan 5°)+f(\tan 9°)+\cdots+f(\tan 89°)$의 값은?

① 0　　　　　② 1　　　　　③ 12

④ $f(\cos 1°)$　　　⑤ $f(\tan 89°)$

18*

| 제한시간 2분 |

오른쪽 그림처럼 $\angle B=90°$, 빗변 길이가 1인 직각삼각형 ABC에서 $\overline{BC}=\sqrt{1-x}$, $\angle A=\theta$라

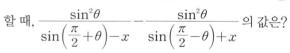

할 때, $\dfrac{\sin^2\theta}{\sin\left(\dfrac{\pi}{2}+\theta\right)-x}-\dfrac{\sin^2\theta}{\sin\left(\dfrac{\pi}{2}-\theta\right)+x}$ 의 값은?

(단, $0<x<1$)

① -2　　② -1　　③ 1　　④ 2　　⑤ 3

19

| 제한시간 3분 |

실수에서 정의된 함수 $f(x)$에 대하여 다음을 구하시오.

(1) 임의의 실수 x에 대하여 $f(\sin x)=\cos 4x$이고, $f(\sin x)+f(\cos x)=1$일 때, $\cos 4x$의 값

(2) 임의의 실수 x에 대하여 $f(\cos x)=\sin 1001x$이고, $f(\sin x)=\cos mx$일 때, 자연수 m값

20*

| 제한시간 3분 |

△ABC의 세 내각의 크기를 각각 A, B, C라 할 때, **보기**에서 옳은 것을 모두 고른 것은?

> ┤ 보기 ├
>
> ㄱ. $\cos\dfrac{A+B}{2}=\sin\dfrac{C}{2}$
>
> ㄴ. $\tan\dfrac{A+B}{2}\tan\dfrac{C}{2}=1$
>
> ㄷ. $\sin(A+2B-C)+\sin(2A+3B)=0$

① ㄱ　　　　　② ㄴ　　　　　③ ㄱ, ㄴ

④ ㄱ, ㄷ　　　⑤ ㄱ, ㄴ, ㄷ

01[*] 융합형

우리가 살고 있는 지구를 반지름 길이가 6400 km인 구라 생각하자. 적도 위에 있고 날짜 변경선에 영향을 받지 않는 두 지점 A, B 사이의 거리가 4800 km일 때, 이 두 지점 사이의 시차는 얼마인가? (단, 경도 차이가 $15°$일 때 시차는 1시간이고, $\pi=3$으로 계산한다.)

① 3시간 ② 4시간 ③ 5시간
④ 6시간 ⑤ 7시간

02

그림과 같이 반지름 길이가 2이고 중심이 O_1인 원을 C_1이라 하고, 원 C_1 밖의 한 점 A에서 원 C_1에 그은 두 접선이 원 C_1과 만나는 점을 각각 B, C라 하자. 두 선분 AB, AC와 호 BC에 모두 접하고 중심이 O_2인 원을 C_2라 하고, $\angle O_1AB=\theta$라 하자. 선분 AB와 원 C_2가 만나는 점을 P라 하고, $\overline{AP}=f(\theta)$라 할 때, $f\left(\dfrac{\pi}{6}\right) \times f\left(\dfrac{\pi}{3}\right)=a+b\sqrt{3}$이다. $a+b$의 값을 구하시오.(단, a, b는 유리수이다.)

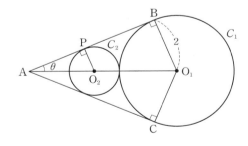

03 신유형

모든 실수 x에 대하여 $f(x+2)=f(x)$인 함수 $f(x)$가 있다. 좌표평면 위의 점 $P_k\left(f(k)\cos\dfrac{k\pi}{3},\ f(k)\sin\dfrac{k\pi}{3}\right)$에서 다음 조건에 맞는 자연수 n의 최댓값을 구하시오.

(단, $f(1)=1$, $f(2)=2$)

> (가) $1 \le k \le n$ (k는 자연수)
> (나) $P_k(-1, 0)$인 k가 6개 존재한다.

04

두 수 a, b에 대하여 $\max\{a, b\}=\begin{cases} a & (a \ge b) \\ b & (a < b) \end{cases}$라 정의하자. $S=\{(x, y)\,|\,\sin x \tan y>0,\ \max\{|x|, |y|\}\le\pi\}$가 나타내는 영역의 넓이가 $k\pi^2$일 때, 자연수 k값을 구하시오.

05

$\theta = \dfrac{\pi}{23}$일 때, $\cos\theta + \cos 2\theta + \cdots + \cos 45\theta = a$라 하고,

$\theta = \dfrac{\pi}{46}$일 때, $\sin^2\theta + \sin^2 2\theta + \cdots + \sin^2 45\theta = b$라 하자.

이때 $b-a$의 값을 구하시오.

06*

융합형

$\dfrac{\pi}{2} < \theta < \pi$에서 이차방정식 $x^2 - 2\cos\theta\, x + 1 = 0$과 사차

방정식 $x^4 - 2x^3 - x^2 - 2x + 1 = 0$의 공통근이 존재할 때,

$\tan\theta$의 값은?

① $-\sqrt{5}$ ② $-\dfrac{\sqrt{3}}{3}$ ③ -1

④ $-\sqrt{3}$ ⑤ $-\sqrt{2}$

07

그림과 같이 중심각 크기가 $\dfrac{3}{2}\pi$인 부채꼴 AOB의 호 AB

를 20등분 하는 점을 차례로 P_1, P_2, P_3, $\cdots$, P_{19}라 하고,

$\angle P_1 OA = \theta$라 할 때,

$\sin^2\theta - \sin^2 2\theta + \sin^2 3\theta - \sin^2 4\theta$

$+ \cdots + \sin^2 19\theta - \sin^2 20\theta$

의 값은?

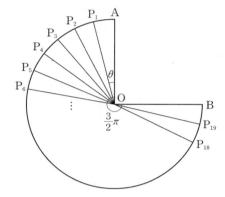

① $-\dfrac{\sqrt{2}}{2}$ ② $-\dfrac{1}{2}$ ③ -1

④ $\dfrac{\sqrt{2}}{2}$ ⑤ 1

08

그림은 가로 길이가 12 m, 세로 길이가 6 m인 직사각형 모양 강의실 평면도이다. 강의실 한쪽 벽에는 A, B를 양 끝으로 하는 가로 길이가 6 m인 칠판이 걸려 있다. 강의실 내부(평면도에서)의 점 P에서 최대 시야각이 $\dfrac{2\pi}{3}$인 카메라로 강의 모습을 촬영하려고 한다. $\angle APB \le \dfrac{2\pi}{3}$이면 칠판 전체를 화면에 담을 수 있지만 $\angle APB > \dfrac{2\pi}{3}$이면 칠판 양 끝이 화면에서 잘린다고 한다. 평면도에서 칠판 전체 모습을 담을 수 없는 카메라 위치를 P라 할 때, P가 나타내는 영역의 넓이는?

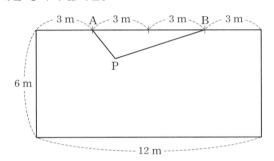

① $(2\pi - 3)\,\mathrm{m}^2$

② $(2\pi - 3\sqrt{3})\,\mathrm{m}^2$

③ $(3\pi - 3)\,\mathrm{m}^2$

④ $(4\pi - 3)\,\mathrm{m}^2$

⑤ $(4\pi - 3\sqrt{3})\,\mathrm{m}^2$

09*

그림처럼 단위원을 18등분한 점을 차례로 P_1, P_2, P_3, $\cdots$, P_{18}이라 하고, $P_1(1, 0)$, $\angle P_2 O P_1 = \theta$일 때,
$(\cos 2\theta - \cos \theta)^2 + (\sin 2\theta - \sin \theta)^2$
$+ (\cos 3\theta - \cos \theta)^2 + (\sin 3\theta - \sin \theta)^2$
$+ \cdots + (\cos 18\theta - \cos \theta)^2 + (\sin 18\theta - \sin \theta)^2$
의 값을 구하시오.

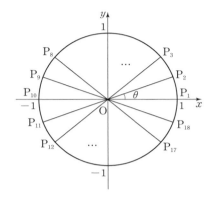

06 삼각함수의 그래프

1 주기함수

$f(x)$의 정의역에 속하는 모든 x에 대하여 $f(x+p)=f(x)$가 성립하는 0이 아닌 상수 p가 존재할 때, 함수 $f(x)$를 **주기함수**라 하고 상수 p 중에서 최소의 양수를 함수 $f(x)$의 **주기**라 한다. (단, $f(x)$는 상수함수가 아니다.)

※ 정수 n에 대하여 $\sin(2n\pi+x)=\sin x$, $\cos(2n\pi+x)=\cos x$가 성립하므로 $\sin x$, $\cos x$는 주기함수이다. 이때 $2n\pi$ 중에서 최소인 양수는 2π이므로 $\sin x$, $\cos x$는 주기가 2π인 주기함수이다. 마찬가지로 $\tan(n\pi+x)=\tan x$이고, 이때 $n\pi$ 중 최소인 양수는 π이므로 $\tan x$는 주기가 π인 주기함수이다.

2 $y=\sin x$의 그래프

① 정의역은 실수 전체의 집합이다.
② 치역은 $\{y\,|-1\leq y\leq 1\}$이다.
③ 주기는 2π이다. 즉 정수 n에 대하여
$\sin(x+2n\pi)=\sin x$이다.
④ 그래프는 원점에 대하여 대칭이다.

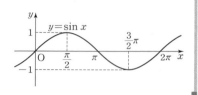

3 $y=\cos x$의 그래프

① 정의역은 실수 전체의 집합이다.
② 치역은 $\{y\,|-1\leq y\leq 1\}$이다.
③ 주기는 2π이다. 즉 정수 n에 대하여
$\cos(x+2n\pi)=\cos x$이다.
④ 그래프는 y축에 대하여 대칭이다.

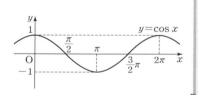

4 $y=\tan x$의 그래프

① 정의역은 $n\pi+\dfrac{\pi}{2}\,(n$은 정수$)$를
제외한 실수 전체의 집합이다.
② 치역은 실수 전체의 집합이다.
③ 주기는 π이다. 즉 정수 n에 대하여
$\tan(x+n\pi)=\tan x$이다.
④ 그래프는 원점에 대하여 대칭이다.
⑤ 점근선은 직선 $x=n\pi+\dfrac{\pi}{2}\,(n$은 정수$)$이다.

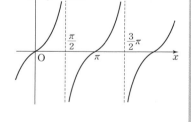

참고 삼각함수 그래프의 대칭
• $y=\sin x$의 그래프
$\sin(-x)=-\sin x$이므로 원점에 대하여 대칭

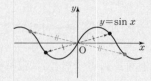

• $y=\cos x$의 그래프
$\cos(-x)=\cos x$이므로 y축에 대하여 대칭

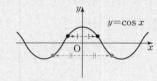

• $y=\tan x$의 그래프
$\tan(-x)=-\tan x$이므로 원점에 대하여 대칭

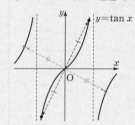

보충
$y=\cos x=\sin\left(x+\dfrac{\pi}{2}\right)=\sin\left\{x-\left(-\dfrac{\pi}{2}\right)\right\}$이므로 $y=\cos x$의 그래프는 $y=\sin x$의 그래프를 x축 방향으로 $-\dfrac{\pi}{2}$만큼 평행이동한 것과 같다.

참고
① $y=a\sin bx$의 그래프 $(a>0,\,b>0)$
$y=\sin x$의 그래프를 y축 방향으로 a배 확대하고, x축 방향으로 $\dfrac{1}{b}$배 확대한 것이다.
※ $y=a\cos bx$, $y=a\tan bx$도 마찬가지이다.
② $y=\sin(x-a)+b$의 그래프
$y=\sin x$의 그래프를 x축 방향으로 a만큼 평행이동하고, y축 방향으로 b만큼 평행이동한 것이다.
※ $y=\cos(x-a)+b$, $y=\tan(x-a)+b$도 마찬가지이다.

5 삼각함수의 최댓값, 최솟값과 주기

삼각함수	최댓값	최솟값	주기
$y=a\sin(bx+c)+d$	$|a|+d$	$-|a|+d$	$\dfrac{2\pi}{|b|}$
$y=a\cos(bx+c)+d$	$|a|+d$	$-|a|+d$	$\dfrac{2\pi}{|b|}$
$y=a\tan(bx+c)+d$	없다	없다	$\dfrac{\pi}{|b|}$

보기 함수 $y=2|\sin(x-\pi)|+1$의 최댓값, 최솟값, 주기를 각각 구하여라.

풀이 $y=2|\sin(x-\pi)|+1$에서 $0\le|\sin(x-\pi)|\le1$이므로
$0\le2|\sin(x-\pi)|\le2$ ∴ $1\le2|\sin(x-\pi)|+1\le3$
따라서 최댓값은 **3**, 최솟값은 **1**이다.
또 함수 $y=2|\sin(x-\pi)|+1$의 그래프는
$y=|\sin x|$의 주기와 같으므로 주기는 π이다.

보충
$y=\sin x$의 주기는 2π이므로
$$\sin ax=\sin(ax+2\pi)$$
$$=\sin a\left(x+\dfrac{2\pi}{a}\right)$$
따라서 $y=\sin ax$의 주기는
$\dfrac{2\pi}{|a|}$ (∵ 주기는 양수)
마찬가지로 생각하면
$y=\cos ax,\ y=\tan ax$의 주기는
각각 $\dfrac{2\pi}{|a|},\ \dfrac{\pi}{|a|}$이다.
※ $y=|\sin ax|,\ y=|\cos ax|,\ y=|\tan ax|$의
주기는 모두 $\dfrac{\pi}{|a|}$이다.

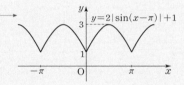

6 삼각방정식의 풀이

1. 방정식을 $\sin x=a$ 꼴로 나타낸다.
2. $y=\sin x$의 그래프와 직선 $y=a$를 그린다.

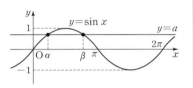

3. 그림에서 $\sin x=a\ (0\le x\le\pi)$를 만족시키는 x값을 구하면 $x=\alpha$ 또는 $x=\beta$이다.
※ $\cos x$ 또는 $\tan x$를 포함한 방정식도 위와 마찬가지 방법으로 푼다.

참고
$a\sin x=b\cos x+c$ 꼴 삼각방정식은
$\sin^2 x+\cos^2 x=1$과 연립하여 푼다.

7 삼각부등식의 풀이

삼각방정식을 푸는 것처럼 삼각함수의 그래프를 그려 주어진 부등식을 만족시키는 x값 또는 x값의 범위를 구한다.

참고
삼각함수 그래프의 대칭성 이용하기
$y=\sin x$의 그래프는 $x=\dfrac{\pi}{2}$에 대해 대칭이다.
예를 들어 $0\le x<\pi$에서 $\sin x=\dfrac{1}{3}$의 두 근을
$\alpha,\ \beta$라 할 때 $\alpha+\beta$의 값을 구하는 문제이면
$\dfrac{\pi}{2}-\alpha=\beta-\dfrac{\pi}{2}$를 이용해 $\alpha+\beta=\pi$임을 알 수 있다.

보기 $0\le x<2\pi$에서 부등식 $|\cos x|\le\dfrac{1}{2}$을 풀어라.

풀이 $|\cos x|\le\dfrac{1}{2}$에서 $-\dfrac{1}{2}\le\cos x\le\dfrac{1}{2}$

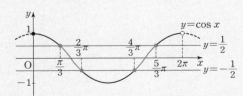

위 그림에서 주어진 부등식이 성립하는 x값의 범위는
$$\dfrac{\pi}{3}\le x\le\dfrac{2}{3}\pi \text{ 또는 } \dfrac{4}{3}\pi\le x\le\dfrac{5}{3}\pi$$

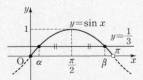

※ $\dfrac{\alpha+\beta}{2}=\dfrac{\pi}{2}$라 생각해도 된다.

⇨ 66쪽 **01, 03**, 68쪽 **12**, 71쪽 **21**

STEP **1** | 1등급 준비하기

※ 문항 번호 오른쪽 *표시는 풀이에 문제 풀이 스킬을 익힐 수 있는 '다른 풀이' 또는 '1등급 Note'가 있음을 나타냅니다.

6. 삼각함수의 그래프

삼각함수 그래프의 성질

01

다음 중 $a=b$와 필요충분조건인 것은?

(단, x는 실수, M은 양의 실수)

① $a^x=b^x$ 　　　② $\log_a M=\log_b M$

③ $\sin a=\sin b$ 　　④ $\tan a=\tan b$

⑤ $3^a=3^b$

02

함수 $y=a\sin\left(\dfrac{1}{2}x+b\right)-1$의 그래프가 다음과 같을 때 $y=-1$과 만나는 점 A의 x좌표는? (단, $a>0$, $0<b<\pi$ 이고, $-\pi<x<5\pi$)

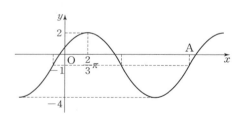

① $\dfrac{7}{3}\pi$ 　　　② $\dfrac{8}{3}\pi$ 　　　③ 3π

④ $\dfrac{10}{3}\pi$ 　　⑤ $\dfrac{11}{3}\pi$

03[*]

함수 $f(x)=\tan\left(2x-\dfrac{\pi}{3}\right)+1$에 대한 설명으로 **보기**에서 옳은 것을 모두 고른 것은?

┤ 보기 ├

ㄱ. 주기는 $\dfrac{\pi}{2}$이다.

ㄴ. 점근선의 방정식은 $x=\dfrac{5\pi}{12}+\dfrac{n\pi}{2}$이다. (단, n은 정수)

ㄷ. 모든 x에 대하여 $f(x)+f\left(\dfrac{\pi}{3}-x\right)=2$이다.

① ㄱ 　　　② ㄱ, ㄴ 　　　③ ㄴ, ㄷ

④ ㄱ, ㄷ 　　⑤ ㄱ, ㄴ, ㄷ

그래프에서 미정계수 구하기

04

그림은 두 함수 $y=\tan x$와 $y=a\sin bx$의 그래프이다. 두 함수의 그래프가 점 $\left(\dfrac{\pi}{3}, c\right)$에서 만날 때, 세 상수 a, b, c의 곱 abc의 값은? (단, $a>0$, $b>0$)

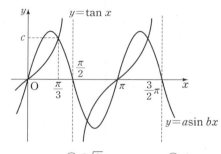

① 2 　　　② $2\sqrt{3}$ 　　　③ 4

④ $4\sqrt{3}$ 　　⑤ 8

[2016년 11월 학력평가]

삼각함수의 최대, 최소

05

함수 $f(x) = 2\sin^2(x+\pi) - 4\sin\left(\dfrac{3\pi}{2} - x\right) - 3$에 대하여 $x = p$일 때, $f(x)$의 최솟값이 q라 한다. pq의 값을 구하시오. (단, $0 \le x < 2\pi$)

06*

함수 $y = -\dfrac{2}{\cos^2 x} + \dfrac{16\sin x}{\cos x} + 5$의 최댓값을 구하시오.

삼각방정식

07

$2\tan x + \dfrac{1}{\tan x} = 3$이고, $\sin x + \cos x = k$이다.

$k^2 = \dfrac{q}{p}$일 때, $p + q$의 값을 구하시오.

(단, $0 < x < \dfrac{\pi}{4}$이고, p, q는 서로소인 자연수이다.)

08

포물선 $y = x^2 - 2x\cos\theta - \sin^2\theta$의 꼭짓점이 직선 $y = 2x$ 위에 있기 위한 모든 θ값들의 합은? (단, $0 \le \theta < 2\pi$)

① π ② $\dfrac{3}{2}\pi$ ③ 2π

④ $\dfrac{5}{2}\pi$ ⑤ 3π

[2010년 3월 학력평가]

삼각부등식

09

함수 $f(x)$의 역함수가 $g(x)$이고, $f(2g(x) - \cos x) = x$가 성립할 때, 부등식 $g(x) > \sin x$의 해를 구하시오.

(단, $0 \le x < \pi$)

10

다음을 구하시오.

(1) 이차부등식 $2x^2 + 4x\cos\theta + 2 - \sin\theta > 0$이 항상 성립하도록 하는 θ값의 범위 (단, $0 \le \theta \le 2\pi$)

(2) 모든 θ에 대하여 부등식 $\cos^2\theta - 3\cos\theta - a + 9 \ge 0$이 성립하도록 하는 실수 a값의 범위

삼각함수 그래프의 성질

01*

| 제한시간 1.5분 |

그림과 같이 함수 $y=\sin 2x\ (0\le x\le\pi)$의 그래프가 직선 $y=\dfrac{3}{5}$과 두 점 A, B에서 만나고, 직선 $y=-\dfrac{3}{5}$과 두 점 C, D에서 만난다. 네 점 A, B, C, D의 x좌표를 각각 α, β, γ, δ라 할 때, $\alpha+2\beta+2\gamma+\delta$의 값은?

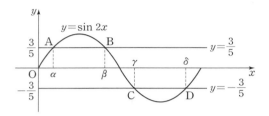

① $\dfrac{9}{4}\pi$ ② $\dfrac{5}{2}\pi$ ③ 3π ④ $\dfrac{7}{2}\pi$ ⑤ 4π

[2009년 3월 학력평가]

02

| 제한시간 2분 |

두 함수 $f(x)=3\sin\dfrac{\pi}{2}x-5$, $g(x)=3\cos 2x+5$에 대한 설명으로 **보기**에서 옳은 것을 모두 고른 것은?

┤ 보기 ├

ㄱ. $y=f(x)+g(x)$는 주기함수이다.

ㄴ. 두 함수 $f(x)$와 $g(x)$의 정의역은 모두 실수 전체 집합이며, $f(x)$의 최솟값과 $g(x)$의 최댓값의 합은 0이다.

ㄷ. 모든 실수 x에 대하여 $f(x)=f(x+8)$,
$g(x)=g(x+3\pi)$가 성립한다.

① ㄱ   ② ㄴ   ③ ㄱ, ㄴ

④ ㄴ, ㄷ   ⑤ ㄱ, ㄴ, ㄷ

03

| 제한시간 2.5분 |

함수 $f(x)=\cos\dfrac{\pi}{2}x\ (0<x<121)$에 대하여 $y=f(x)$의 그래프와 직선 $y=\dfrac{2}{3}$가 만나는 점의 x좌표를 차례대로 x_1, x_2, x_3, $\cdots$, $x_n\ (x_1<x_2<x_3<\cdots<x_n)$이라 할 때, **보기**에서 옳은 것을 모두 고른 것은?

┤ 보기 ├

ㄱ. $n=60$ ㄴ. $x_{n-1}+x_n=240$

ㄷ. $f\left(\dfrac{x_1+x_2}{2}+x_3\right)=\dfrac{2}{3}$

① ㄱ   ② ㄴ   ③ ㄱ, ㄴ

④ ㄴ, ㄷ   ⑤ ㄱ, ㄴ, ㄷ

04*

| 제한시간 3분 |

$0<x_1<x_2<\pi$일 때 $\sin\dfrac{x_1+x_2}{2}>\dfrac{\sin x_1+\sin x_2}{2}$이다. $0<\alpha<\beta<\pi$인 α, β에 대하여 **보기**에서 옳은 것을 모두 고른 것은?

┤ 보기 ├

ㄱ. $\beta-\alpha>\sin\beta-\sin\alpha$

ㄴ. $\beta\sin\alpha>\alpha\sin\beta$

ㄷ. $\alpha\sin\alpha<\beta\sin\beta$

① ㄱ   ② ㄴ   ③ ㄱ, ㄴ

④ ㄱ, ㄷ   ⑤ ㄱ, ㄴ, ㄷ

삼각함수의 미정계수

05
| 제한시간 **2분** |

함수 $f(x)=a\cos\left(\dfrac{5\pi}{2}-\dfrac{x}{b}\right)+c$에서 $f\left(\dfrac{5}{12}\pi\right)=8$, $f(x)$의 최솟값은 2, 주기가 π일 때, $f\left(\dfrac{35}{12}\pi\right)$의 값을 구하여라.

(단, $a>0$, $b>0$)

06
| 제한시간 **2분** |

다음 그래프는 어떤 사람이 정상적인 상태에 있을 때 시각에 따라 호흡기에 유입되는 공기의 흡입률(리터/초)을 나타낸 것이다. 숨을 들이쉬기 시작하여 t초일 때 호흡기에 유입되는 공기의 흡입률을 y라 하면, 함수 $y=a\sin bt$(a, b는 양수)로 나타낼 수 있다. 이때 y값은 숨을 들이쉴 때는 양수, 내쉴 때는 음수가 된다.

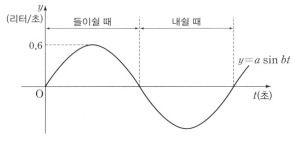

이 함수의 주기가 5초이고, 최대 흡입률이 0.6(리터/초)일 때, 숨을 들이쉬기 시작한 시각으로부터 처음으로 흡입률이 -0.3(리터/초)이 되는 데 걸리는 시간은?

① $\dfrac{35}{12}$초 　　　② $\dfrac{37}{12}$초 　　　③ $\dfrac{30}{11}$초

④ $\dfrac{31}{11}$초 　　　⑤ $\dfrac{35}{31}$초

[2004학년도 수능]

삼각함수의 최대, 최소

07
| 제한시간 **2분** |

실수 θ에 대하여 $\sin^4\theta+\cos^4\theta=a$에서 a의 최댓값과 최솟값을 더한 값을 M이라 할 때, $12M$의 값은?

① 6 　　　② 12 　　　③ 15

④ 18 　　　⑤ 66

08
| 제한시간 **2분** |

함수 $f(x)=a\cos^2 x+a\sin x+b$의 최댓값이 9π, 최솟값이 0일 때, $f(a+b)$의 값은? (단, $a<0$)

① -8π 　② -3π 　③ π 　④ 8π 　⑤ 9π

09
| 제한시간 **2분** |

두 함수 $f(x)=-2\sin^2 x+4\cos x+1$과 $g(x)=x^2+8x+k$에 대해 부등식 $0\le(g\circ f)(x)\le100$이 모든 실수 x에 대하여 성립하도록 하는 자연수 k는 모두 몇 개인지 구하시오.

10
| 제한시간 2분 |

함수 $f(x) = \dfrac{5 - 2\sin x}{\sin x + 2}$ $(0 \le x \le \pi)$의 최댓값을 a, 최솟값을 b라 하고, 함수 $g(x) = \dfrac{36\sin^2 x + 1}{3\sin x}$ $(0 < x < \pi)$의 최솟값을 c라 할 때, abc의 값을 구하시오.

11
| 제한시간 2.5분 |

$\triangle ABC$에서 세 내각의 크기가 각각 α, β, γ이고, 0이 아닌 두 실수 a, b에 대하여 $a^4 + b^4 = 4a^2b^2\sin\gamma$가 성립할 때, $\sqrt{2\cos\left(\dfrac{5}{2}\pi + \alpha + \beta\right) + 5} + 2$의 최댓값과 최솟값의 합은 $p + q\sqrt{3}$이다. 두 유리수 p, q의 합을 구하시오.

삼각방정식

12
| 제한시간 2분 |

방정식 $\cos(\pi\log_2 x) = -\dfrac{1}{3}$ $(1 \le x \le 4\sqrt{2})$의 모든 근의 곱을 구하시오.

13
| 제한시간 2분 |

x에 대한 방정식 $\sqrt{-\sin^2 x + \dfrac{1}{2}\cos x + \dfrac{17}{16}} = k$가 서로 다른 실근 3개를 가질 때, $24k$의 값을 구하시오.
(단, $0 \le x \le 2\pi$)

14

| 제한시간 **2분** |

방정식 $\sin x = \dfrac{1}{2}\log_5 x$의 실근의 개수는?

① 3 　　② 7 　　③ 8 　　④ 15 　　⑤ 16

15*

| 제한시간 **2.5분** |

$0 \leq x \leq 33\pi$에서 두 함수 $y = \dfrac{1}{\sin 2x}$와 $y = \dfrac{1}{\cos 3x}$의 그래프의 교점은 모두 몇 개인지 구하시오.

16*

| 제한시간 **4분** |

$0 \leq x < 2\pi$일 때, x에 대한 다음 방정식이 서로 다른 두 실근을 가지도록 하는 실수 k값 또는 그 범위를 구하시오.

(1) $4\sin^2 x - (2k+2)\sin x + k = 0$

(2) $4\sin^2 x - 2\sin x + k = 0$

삼각방정식의 활용

17

| 제한시간 2분 |

그림과 같이 어떤 용수철에 질량이 m g인 추를 매달아 아래쪽으로 L cm만큼 잡아당겼다가 놓으면 추는 지면과 수직인 방향으로 진동한다. 추를 놓은 지 t초 후 추의 높이를 h cm라 하면 다음 관계식이 성립한다.

$$h = 20 - L\cos\frac{2\pi t}{\sqrt{m}}$$

이 용수철에 질량이 144 g인 추를 매달아 아래쪽으로 10 cm만큼 잡아당겼다가 놓은 지 2초 후 추의 높이와, 질량이 a g인 추를 매달아 아래쪽으로 $5\sqrt{2}$ cm만큼 잡아당겼다가 놓은 지 2초 후 추의 높이가 같을 때, a값을 구하시오. (단, $L < 20$이고 $a \geq 100$이다.)

지면

[2014년 3월 학력평가]

18

| 제한시간 2분 |

곡선 $y = 4\sin\frac{1}{4}(x-\pi)\,(0 \leq x \leq 10\pi)$와 직선 $y = 2$가 만나는 점들 중 서로 다른 두 점 A, B와 이 곡선 위의 점 P에 대하여 삼각형 PAB 넓이의 최댓값이 $k\pi$이다. k값을 구하시오. (단, 점 P는 직선 $y = 2$ 위의 점이 아니다.)

[2015년 11월 학력평가]

19

| 제한시간 2분 |

그림의 사각형 OABC에서 $\overline{OA} = \overline{OB} = \overline{OC}$이고, $\angle AOB = \frac{1}{2}\angle BOC = 2\theta$이다. $\angle BAC = \alpha$, $\angle BCA = \beta$라 할 때, $\tan 12(\alpha - \beta) = -\frac{\sqrt{3}}{3}$이다.

$\theta = \frac{q}{p}\pi$라 할 때, $p + q$의 값을 구하시오. (단, $\angle AOC$는 예각이고, p와 q는 서로소인 자연수이다.)

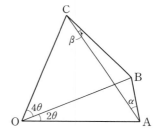

삼각부등식

20
| 제한시간 2분 |

$\log_2 \cos x + \log_4 \dfrac{2}{3} < \log_4 \sin x$의 해가 $\alpha < x < \beta$일 때,

$\dfrac{6\alpha + 12\beta}{\pi}$의 값을 구하시오. (단, $0 < x < \pi$)

21
| 제한시간 2.5분 |

$0 \le x < 2\pi$일 때, 함수 $f(x) = \sin x$에 대하여 부등식

$f(|f(x)|) > \dfrac{1}{2}$의 해가 $\alpha < x < \beta$, $\gamma < x < \delta$이다. 이때

$\tan(\sin(\beta + \gamma + \delta))$의 값은?

① $-\sqrt{3}$ ② $-\dfrac{\sqrt{3}}{3}$ ③ 0

④ $\dfrac{\sqrt{3}}{3}$ ⑤ $\sqrt{3}$

삼각부등식의 활용

22
| 제한시간 2분 |

좌표평면 위의 점 P는 점 $(2, 0)$을 출발하여 1초에 $\dfrac{1}{6}\pi$

의 일정한 속력으로 원 $x^2 + y^2 = 4$ 위를 시계 반대 방향으

로 돌고 있다. 두 점 $A(0, -3)$와 $B(0, 1)$에 대하여 점 P

가 출발한 지 n초 후의 $\triangle ABP$의 넓이를 $f(n)$이라 할

때, 출발해서 24초가 될 때까지 $f(n) \le 2$가 되는 자연수

n의 개수는?

① 4   ② 6   ③ 8   ④ 10   ⑤ 12

01*

보기의 함수 $f(x)$ 중 모든 x에 대하여 $f(x+\pi)=f(x)$이 성립하는 것은 모두 몇 개인지 구하시오.

┤보기├
ㄱ. $f(x)=3\sin(4\pi|x|+1)$
ㄴ. $f(x)=2|\sin 3x|+|\cos 2|x||$
ㄷ. $f(x)=\left|\tan\left(3x-\dfrac{\pi}{2}\right)\right|+2$
ㄹ. $f(x)=3^{\sin x}-1$
ㅁ. $f(x)=\cos(\sin x)+\sin(\sin 2x)$

02

$f(x)$의 주기가 p일 때, $f(p)=f(0)$임을 이용하여 함수 $f(x)=\sqrt{\dfrac{1-\cos 2x}{1+\cos 2x}}+\dfrac{\tan x}{\sqrt{1+\tan^2 x}}$의 주기를 구하시오.

03

융합형

다음 두 학생의 대화를 참고해 $0\le\theta\le\pi$에서 $\sin\theta-a\cos\theta-2a+1=0$이 되는 θ값이 2개 존재하도록 하는 a값의 범위를 구하시오.

설이: $\cos\theta=x$, $\sin\theta=y$로 치환하면 좋을 것 같아.
연이: 그러면 주어진 식은 직선으로 나타낼 수 있겠구나.
설이: 그리고 (x,y)는 원의 일부가 되겠지.
··············(중략)··············

04

방정식 $2\sin\theta\cos\theta-\sqrt{2}\sin\theta-\sqrt{2}\cos\theta+1=0$의 서로 다른 근은 모두 몇 개인지 구하시오. (단, $0\le\theta<4\pi$)

05

실수 x에 대하여 $y=\dfrac{\cos x-5}{\sin x+2}$의 최댓값과 최솟값의 곱은?

① 2   ② 4   ③ 6   ④ 8   ⑤ 10

06

방정식 $[2\cos x+3]=2\sin 2x+3\ (0\le x\le 2\pi)$의 실근의 합이 $\dfrac{q}{p}\pi$일 때, $p+q$의 값을 구하시오. (단, $[x]$는 x보다 크지 않은 가장 큰 정수이고, p, q는 서로소이다.)

07

두 실수 a, b에 대하여 $\min(a, b)$를 a, b 중 크지 않은 수라 하고, $f(x)=\min(\sin x, \tan x)$이다. 이때 **보기**에서 옳은 것을 모두 고른 것은? (단, $0\le x\le 2\pi$)

┤ 보기 ├

ㄱ. $0<x<\dfrac{\pi}{2}$에서 $f(x)=\sin x$이다.

ㄴ. 함수 $y=f(x)$는 최댓값과 최솟값을 가지지 않는다.

ㄷ. $f(x)=-\dfrac{1}{n}$의 실근의 개수를 a_n이라 할 때, $a_1+a_2+\cdots+a_{10}=30$이다.

① ㄱ   ② ㄱ, ㄴ   ③ ㄱ, ㄷ

④ ㄴ, ㄷ   ⑤ ㄱ, ㄴ, ㄷ

08

두 실수 a, b에 대하여 $\max(a, b)$를 a, b 중 작지 않은 수로 정의한다. $0 < x < 12\pi$에서

$\max(\sin 3x, \cos 3x) = k$가 서로 다른 54개의 실근을 가질 때, $|\max(\sin 3x, \cos 3x)| = k$의 실근 개수와 $\max(|\sin 3x|, |\cos 3x|) = k$의 실근 개수의 합을 구하시오.

09

$0 < \alpha < \beta < \dfrac{\pi}{2}$에서 다음 설명을 참고하여 물음의 답을 구하시오.

(가) $0 < x < \dfrac{\pi}{2}$에서 함수 $y = \sin x$의 그래프는 위로 볼록하고, 함수 $y = \tan x$의 그래프는 아래로 볼록하다. 또 $y = x$는 원점에서 $y = \sin x$와 $y = \tan x$의 그래프에 모두 접한다.

(나) $y = f(x)$의 그래프가 위로 볼록하면 임의의 세 실수 a, b, c ($a < c < b$)에 대해 $\dfrac{f(c) - f(a)}{c - a} > \dfrac{f(b) - f(a)}{b - a}$ 가 성립하고, 아래로 볼록하면

$\dfrac{f(c) - f(a)}{c - a} < \dfrac{f(b) - f(a)}{b - a}$가 성립한다.

(다) $y = f(x)$의 그래프가 위로 볼록하면 $y = f(x)$의 그래프는 그래프 위의 서로 다른 두 점을 연결한 선분보다 항상 위에 있다.

---

(1) $\dfrac{\tan \alpha}{\tan \beta}$, $\dfrac{\sin \alpha}{\sin \beta}$ 중 큰 것

(2) $\alpha + \beta = 2$일 때, $\sin \alpha + \sin \beta$, $2\sin 1$ 중 큰 것

10

$0 \leq x \leq \pi$에서 두 함수 $f(x)=2\sin x\cos x$,
$g(x)=\sqrt{x+1}-\sqrt{1-x}$에 대하여 $(g \circ f)(x)$의 최댓값을
M, 최솟값을 m이라 할 때, M^2+m^2의 값을 구하시오.

11*

$0 \leq x < 2\pi$에서 두 함수 $y=-\cos^2 x$와 $y=\sin x-k$의
그래프가 만나는 점의 개수를 $f(k)$라 할 때, 다음을 구하
시오.

(1) $f(-1)$ (2) $f\left(\dfrac{1}{2}\right)$

(3) $f(1)$ (4) $f\left(\dfrac{9}{8}\right)$

12

점 O가 중심이고, 길이가 2
인 선분 AB가 지름인 원 위
에 그림처럼 한 점 C가 있다.
$\angle\text{CAO}=\theta$라 할 때, 다음
물음에 답하시오.

$$\left(\text{단, } 0<\theta<\frac{\pi}{3}\right)$$

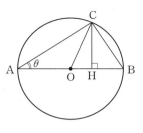

(1) 주어진 그림을 이용하여 $\sin 2\theta=2\sin\theta\cos\theta$,
$\cos 2\theta=1-2\sin^2\theta$임을 설명하시오.

(2) (1)의 결과를 이용하여 $\tan 2\theta=\dfrac{2\tan\theta}{1-\tan^2\theta}$임을 설명
하시오.

(3) 호 BC 위에 $\overline{\text{BD}}=\overline{\text{CD}}$인 점 D가 있고 사각형 ABDC
의 둘레 길이가 $\dfrac{44}{9}$일 때, 선분 AC의 길이는 $\dfrac{q}{p}$이다.
$p+q$의 값을 구하시오.

(단, p와 q는 서로소인 자연수이다.)

07 삼각함수의 활용

1 사인법칙

$\triangle ABC$의 세 각의 크기를 각각 A, B, C라 하고, 각각에 대응하는 변의 길이를 a, b, c, 외접원의 반지름 길이를 R라 할 때, 다음이 성립한다.

$$\frac{a}{\sin A} = \frac{b}{\sin B} = \frac{c}{\sin C} = 2R$$

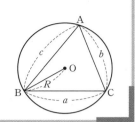

참고 **사인법칙의 변형**

① $a = 2R \sin A$, $b = 2R \sin B$, $c = 2R \sin C$,

② $\sin A = \dfrac{a}{2R}$, $\sin B = \dfrac{b}{2R}$, $\sin C = \dfrac{c}{2R}$

③ $a : b : c = \sin A : \sin B : \sin C$

※ 세 변의 길이 비와 세 각의 크기 비는 서로 같지 않음을 주의한다.

즉 $a : b : c \neq A : B : C$

보기 반지름 길이가 $\sqrt{2}$인 원에 내접하는 $\triangle ABC$에서 $A = 30°$일 때, 변 BC의 길이를 구하여라.

풀이 $\triangle ABC$의 외접원의 반지름 길이를 R라 하면

$$\frac{\overline{BC}}{\sin A} = 2R \text{에서} \frac{\overline{BC}}{\sin 30°} = 2\sqrt{2} \text{이므로}$$

$$\overline{BC} = 2\sqrt{2} \sin 30° = 2\sqrt{2} \times \frac{1}{2} = \sqrt{2}$$

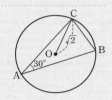

2 코사인법칙

$\triangle ABC$에서 다음이 성립한다.

$$a^2 = b^2 + c^2 - 2bc \cos A \Rightarrow \cos A = \frac{b^2 + c^2 - a^2}{2bc}$$

$$b^2 = c^2 + a^2 - 2ca \cos B \Rightarrow \cos B = \frac{c^2 + a^2 - b^2}{2ca}$$

$$c^2 = a^2 + b^2 - 2ab \cos C \Rightarrow \cos C = \frac{a^2 + b^2 - c^2}{2ab}$$

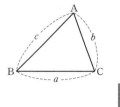

보충

코사인법칙은

· 두 변의 길이와 한 각의 크기를 알 때

· 세 변의 길이를 알 때

사용한다.

※ $\triangle ABC$에서 두 변의 길이와 나머지 한 변의 양 끝각의 크기를 알 때, 나머지 한 변의 길이는 다음과 같이 구한다.

$a = b \cos C + c \cos B$

$b = c \cos A + a \cos C$

$c = a \cos B + b \cos A$

보기 다음을 구하여라.

(1) $\triangle ABC$에서 $b = 6$, $c = 4$, $A = 60°$일 때, a값

(2) $\triangle ABC$에서 $\sin A : \sin B : \sin C = 1 : \sqrt{2} : 2$ 일 때 $\cos B$

(3) 그림과 같이 원 O에 $\overline{AB} = \overline{BC}$인 $\triangle ABC$와 $\overline{AD} = \sqrt{2}$인 $\triangle ABD$가 내접해 있을 때 $\overline{AC}$의 값

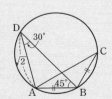

풀이 (1) $a^2 = b^2 + c^2 - 2bc \cos A$에서 $a^2 = 6^2 + 4^2 - 2 \times 6 \times 4 \times \cos 60° = 28$

$\therefore a = 2\sqrt{7}$

(2) $\sin A : \sin B : \sin C = a : b : c = 1 : \sqrt{2} : 2$이므로

$a = k$, $b = \sqrt{2}k$, $c = 2k$라 하면 코사인법칙에서

$$\cos B = \frac{a^2 + c^2 - b^2}{2ac} = \frac{k^2 + 4k^2 - 2k^2}{2 \times k \times 2k} = \frac{3}{4}$$

(3) $\triangle ABD$에서 $\dfrac{\overline{AB}}{\sin 30°} = \dfrac{\sqrt{2}}{\sin 45°}$ $\therefore \overline{AB} = \overline{BC} = 1$

또 $\triangle ABC$에서 $C = 30°$이므로 $B = 120°$이고,

$\overline{AC}^2 = 1^2 + 1^2 - 2 \times 1 \times 1 \times \cos 120° = 3$ $\therefore \overline{AC} = \sqrt{3}$ ($\because \overline{AC} > 0$)

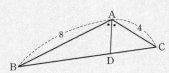

3 삼각형이 넓이

△ABC의 넓이 S를 구하는 방법

① $S = \dfrac{1}{2} bc \sin A = \dfrac{1}{2} ca \sin B = \dfrac{1}{2} ab \sin C$

② $s = \dfrac{a+b+c}{2}$ 라 하면

$S = \sqrt{s(s-a)(s-b)(s-c)}$

③ 외접원의 반지름 길이 R에 대하여 $S = \dfrac{abc}{4R}$

④ 내접원의 반지름 길이 r에 대하여 $S = \dfrac{r}{2}(a+b+c)$

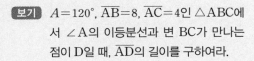

보충

$S = \dfrac{1}{2} ab \sin C$에서

$\sin C = \dfrac{c}{2R}$ 이므로

$S = \dfrac{1}{2} ab \times \dfrac{c}{2R} = \dfrac{abc}{4R}$

보기 $A = 120°$, $\overline{AB} = 8$, $\overline{AC} = 4$인 △ABC에서 ∠A의 이등분선과 변 BC가 만나는 점이 D일 때, $\overline{AD}$의 길이를 구하여라.

풀이 △ABD + △ACD = △ABC에서 $\overline{AD} = x$라 하면

$\dfrac{1}{2} \times 8x \sin 60° + \dfrac{1}{2} \times 4x \sin 60° = \dfrac{1}{2} \times 8 \times 4 \times \sin 120°$에서

$3x\sqrt{3} = 8\sqrt{3}$　　∴ $x = \dfrac{8}{3}$

---

4 사각형의 넓이

① 이웃하는 두 변의 길이와 끼인각의 크기가 주어진 평행사변형 ABCD의 넓이 S는

$S = ab \sin \theta$

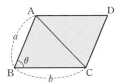

② 두 대각선의 길이와 두 대각선이 이루는 각의 크기가 주어진 사각형 ABCD의 넓이 S는

$S = \dfrac{1}{2} pq \sin \theta$

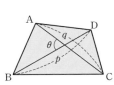

참고

공식을 이용해 사각형의 넓이를 구할 수 없다면 사각형을 삼각형으로 나누어 각 삼각형의 넓이를 구해서 더한다.

⇨ 83쪽 **16**

보기 다음 두 사각형의 넓이를 구하여라.

(1) 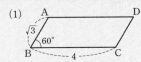　　(2)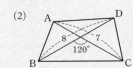

풀이 (1) $S = \sqrt{3} \times 4 \times \sin 60° = \sqrt{3} \times 4 \times \dfrac{\sqrt{3}}{2} = \mathbf{6}$

(2) $S = \dfrac{1}{2} \times 8 \times 7 \times \sin 120° = \mathbf{14\sqrt{3}}$

STEP **1** | 1등급 준비하기

※ 문항 번호 오른쪽 *표시는 풀이에 문제 풀이 스킬을 익힐 수 있는 '다른 풀이' 또는 '1등급 Note'가 있음을 나타냅니다.

7. 삼각함수의 활용

사인법칙

01

$A=60°$, $\overline{BC}=4$인 △ABC의 외심을 O, 내심을 I라 하자. △OBC의 외접원의 반지름 길이를 r_1, △IBC의 외접원의 반지름 길이를 r_2라 할 때, $3(r_1+r_2)$의 값을 구하시오.

02

$A=60°$이고, $\overline{BC}=2$인 △ABC에서 $\overline{AC}$ 위를 움직이는 점 P가 있다. $\angle ABP=\theta$라 할 때, $\dfrac{\overline{AP}}{\sin\theta}$의 최솟값은?

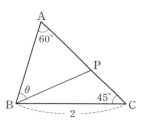

① $\dfrac{\sqrt{3}}{3}$ ② $\dfrac{\sqrt{6}}{3}$ ③ $\dfrac{2\sqrt{3}}{3}$

④ $\dfrac{2\sqrt{6}}{3}$ ⑤ $\dfrac{\sqrt{3}+\sqrt{6}}{3}$

코사인법칙

03

그림과 같이 $\overline{AB}=8$, $\overline{BC}=12$, $B=60°$인 삼각형 ABC에서 변 BC 위의 점 P에 대하여 $\overline{AP}=\overline{CP}$일 때, $\overline{BP}$의 길이를 구하시오.

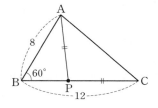

04

원에 내접하는 사각형 ABCD에서 $\overline{AB}=2$, $\overline{BC}=3$, $\overline{CD}=4$, $\angle B=120°$일 때, $\overline{AD}$의 길이는?

① 3 ② $2+\sqrt{3}$ ③ 4

④ $2+\sqrt{5}$ ⑤ $2+\sqrt{7}$

사인법칙과 코사인법칙

05*

세 마을 A, B, C 사이의 거리가 각각 $\overline{AB}=2\sqrt{2}$ km, $\overline{BC}=1$ km, $\overline{CA}=3$ km이고, 세 마을로부터 같은 거리에 위치한 곳에 통신 중계소를 설치하려고 할 때, 중계소로부터 마을까지 거리를 구하시오.

06

삼각형 ABC의 세 변의 길이 a, b, c에 대하여 $ab=35$, $bc=15$, $ca=21$일 때, $\triangle$ABC의 외접원의 넓이는?

① $\dfrac{35}{3}\pi$ 　　② $\dfrac{49}{3}\pi$ 　　③ $\dfrac{70}{3}\pi$

④ $\dfrac{98}{3}\pi$ 　　⑤ $\dfrac{105}{3}\pi$

07

$\cos^2 A+\sin^2 B=1$인 삼각형 ABC는 어떤 삼각형인지 말하시오.

삼각형의 넓이

08

모서리 길이가 6인 정사면체 ABCD에서 $\overline{\text{AB}}$를 1 : 1로 내분하는 점을 P, $\overline{\text{AC}}$를 2 : 1로 내분하는 점을 Q, $\overline{\text{AD}}$를 1 : 2로 내분하는 점을 R라 할 때, 삼각형 PQR의 넓이를 구하시오.

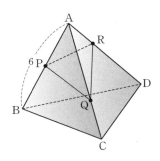

09

세 변의 길이가 6, 10, 14인 삼각형이 있다. 외접원의 반지름 길이를 R, 내접원의 반지름 길이를 r라 할 때, Rr의 값을 구하여라.

사각형의 넓이

10

그림과 같은 평행사변형 ABCD에서 $\overline{\text{AC}}=\sqrt{3}$, $\overline{\text{BD}}=\sqrt{7}$, $\angle$ABC$=60°$이다. 두 대각선 AC, BD가 이루는 각의 크기를 θ라 할 때, $\sin\theta$의 값은?

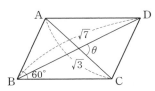

① $\dfrac{\sqrt{7}}{7}$ 　　② $\dfrac{2\sqrt{7}}{7}$ 　　③ $\dfrac{3\sqrt{7}}{7}$

④ $\dfrac{1}{7}$ 　　⑤ $\dfrac{2}{7}$

사인법칙

01

| 제한시간 1.5분 |

그림과 같이 반지름 길이가 6인 원에 내접하는 삼각형 ABC가 있다. ∠A=30°이고, 두 점 B, C에서 각각 원에 접하는 두 접선의 교점을 D라 할 때, 삼각형 CBD에 외접하는 원의 넓이를 구하시오.

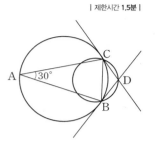

02

| 제한시간 2분 |

야외 무대에서 관객이 수평 방향으로 무대 전체를 바라본 시야각을 $\theta\ (0<\theta<\pi)$라 할 때, $\sin\theta\geq\dfrac{\sqrt{3}}{2}$이 되도록 객석을 설치하려고 한다. 이때 객석의 넓이는? (단, 무대의 길이는 $6\sqrt{3}$ m이고, 잔디밭에만 객석을 설치한다.)

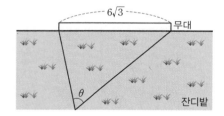

① $(12\pi+18\sqrt{3})$ m²   ② $(24\pi+6\sqrt{3})$ m²

③ 24π m²   ④ $(48\pi+12\sqrt{3})$ m²

⑤ $(24\pi+36\sqrt{3})$ m²

코사인법칙

03*

| 제한시간 2분 |

그림과 같이 이웃하는 두 변의 길이가 각각 x, y인 평행사변형의 두 대각선 길이가 각각 8, $2\sqrt{10}$일 때, $2x+3y$의 최댓값을 구하시오.

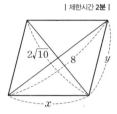

04

| 제한시간 2분 |

그림처럼 큰 원에 내접하고 작은 원에 외접하는 사각형 ABCD에서 $\overline{AB}=3$, $\overline{BC}=4$, ∠CAB=∠ACD일 때, $\overline{AC}^2$의 값을 구하시오.

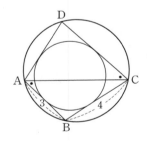

05

| 제한시간 **2분** |

다음 그림과 같이 평행사변형 ABCD를 $\overline{BD}$를 접는 선으로 하여 접었을 때 $\overline{AD}$와 $\overline{BC}$의 교점을 E, $\angle BED = \theta$라 하자. 이때 $\cos\theta$의 값은?

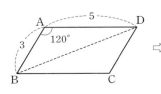 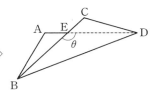

① $-\dfrac{71}{98}$ ② $-\dfrac{69}{98}$ ③ $-\dfrac{51}{72}$

④ $-\dfrac{49}{72}$ ⑤ $-\dfrac{39}{50}$

06

| 제한시간 **3분** |

좌표평면 위에 네 점 $O(0, 0)$, $A(4\sqrt{3}, 2)$, $B(5\sqrt{3}, 9)$, $C(\sqrt{3}, 7)$을 꼭짓점으로 하는 사각형에서 $\overline{AB}$의 중점을 P라 하고, $\overline{OA}$, $\overline{OC}$ 위에 각각 점 Q, R를 잡을 때, $\overline{PQ} + \overline{QR} + \overline{RP}$의 최솟값은?

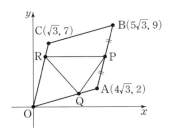

① $\sqrt{233}$ ② $\sqrt{253}$ ③ $\sqrt{273}$

④ $\sqrt{293}$ ⑤ $\sqrt{313}$

사인법칙과 코사인법칙

07*

| 제한시간 **2분** |

$\triangle ABC$에 대하여 다음 등식이 성립할 때, 이 삼각형은 어떤 삼각형인지 말하시오.

$$\overline{BC}\tan B = 2\overline{AC}\sin C$$

08

| 제한시간 **2분** |

삼각형 ABC에서 $\sin A : \sin B = 1 : 2$,
$\tan B : \tan C = 2 : 3$일 때 $10\cos C$의 값을 구하시오.

09

| 제한시간 **2분** |

$\cos^2 A + \cos^2 B + \sin A \sin B = \cos^2 C + 1$인 $\triangle ABC$에서 $\angle C$의 크기는?

① $\dfrac{\pi}{12}$ ② $\dfrac{\pi}{6}$ ③ $\dfrac{\pi}{4}$ ④ $\dfrac{\pi}{3}$ ⑤ $\dfrac{\pi}{2}$

10*

| 제한시간 **2분** |

그림과 같이 $\overline{AB}$가 지름인 원에서 $\overline{AB}=10$이고, 이 원 위의 두 점 C, D에 대하여 $\angle BAD=\theta$, $\angle BAC=2\theta$이고 $\overline{AC}=8$일 때, $\overline{AD}$의 길이를 구하시오.

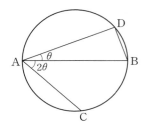

12

| 제한시간 **2분** |

그림과 같이 $\overline{AB}=\overline{AC}=2$인 직각이등변삼각형 ABC에서

$$\angle DAC=\theta \left(0<\theta<\frac{\pi}{2}\right)$$

라 하면 $\sin\theta\cos\theta=\dfrac{1}{3}$일 때, $5\overline{AD}^2$의 값을 구하시오.

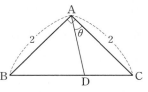

삼각형의 넓이

11

| 제한시간 **1.5분** |

그림과 같이 중심이 O이고 반지름 길이가 $\sqrt{6}+\sqrt{2}$인 원의 둘레를 12등분하는 점들 중 네 점 A, B, C, D가 꼭짓점인 사각형 ABCD의 넓이는?

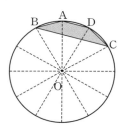

① 2
② $2+\sqrt{2}$
③ $2+\sqrt{3}$
④ 4
⑤ $4+2\sqrt{2}$

13

| 제한시간 **2분** |

$\overline{AB}=20$, $\overline{AC}=24$인 삼각형 ABC를 $\overline{AB}$는 $2x$ %를 늘이고 $\overline{AC}$는 x %를 줄여 삼각형 AB′C′을 만든다. 삼각형 AB′C′의 넓이가 최대가 되도록 만들었더니 $\overline{B'C'}=42$였다. 이때 삼각형 AB′C′의 넓이를 구하시오.

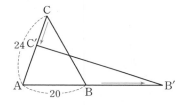

14

| 제한시간 2분 |

그림과 같이 넓이가 36인 사각형 ABCD에서 $\overline{AB}$를 2 : 1로 내분하는 점을 P, $\overline{BC}$를 2 : 1로 내분하는 점을 Q, $\overline{CD}$를 2 : 1로 내분하는 점을 R, $\overline{DA}$를 2 : 1로 내분하는 점을 S라 하자. 이때 사각형 PQRS의 넓이를 구하시오.

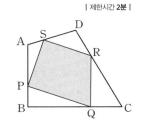

사각형의 넓이

16

| 제한시간 2분 |

반지름 길이가 2인 원에 사각형 ABCD가 내접하고 있다. $\overparen{AB} : \overparen{BC} : \overparen{CD} : \overparen{DA}$ $= 1 : 2 : 5 : 4$일 때, 사각형 ABCD의 넓이는 $p + q\sqrt{3}$이다. 이때 $p - q$의 값을 구하시오.

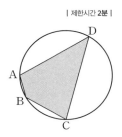

15

| 제한시간 2분 |

그림과 같이 한 변의 길이가 8인 정삼각형 모양의 종이를 꼭짓점 A가 $\overline{BC}$를 1 : 3으로 내분하는 점에 닿도록 접었을 때, 접힌 부분의 넓이가 $\dfrac{p\sqrt{3}}{q}$이다. $p + q$의 값을 구하시오. (단, p, q는 서로소인 자연수)

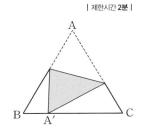

17

| 제한시간 2분 |

평행사변형 ABCD에서 $\overline{BC}$를 오등분하는 점을 차례대로 P_1, P_2, P_3, P_4라 하고, $\overline{AP_n}$이 대각선 BD와 만나는 점을 Q_n이라 하자. 삼각형 ABQ_1의 넓이가 $5\sqrt{3}$이고 $\angle ABC = 60°$일 때, $\overline{AB} + \overline{BC}$의 최솟값을 구하시오.

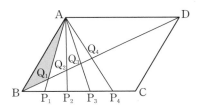

01

그림과 같이 길이가 8인 선분 AB를 지름으로 하는 반원에서 $\widehat{AB}$ 위의 점 C와 중심 O, $\overline{AB}$ 위의 점 D에 대하여 ∠ACO=∠DCO이고 ∠CAO=θ라 할 때, 다음을 구하시오.

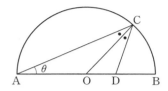

(1) $\overline{OD}$의 길이를 θ를 이용하여 나타내면 $\dfrac{a\sin\theta}{\sin b\theta}$일 때, $a+b$의 값

(2) $\theta=15°$일 때, 삼각형 COD의 넓이

(단, $\sin 15°=\dfrac{\sqrt{6}-\sqrt{2}}{4}$)

02*

창의력

그림과 같은 직각삼각형 ABC에서 삼각형 내부의 점 P에 대하여 $\overline{PA}+\overline{PB}+\overline{PC}$의 최솟값을 구하시오.

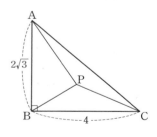

03

그림과 같이 한 변의 길이가 $2\sqrt{3}$이고 ∠B=120°인 마름모 ABCD의 내부에 $\overline{EF}=\overline{EG}=2$이고 ∠EFG=30°인 이등변삼각형 EFG가 있다. 점 F는 선분 AB 위에, 점 G는 선분 BC 위에 있도록 삼각형 EFG를 움직일 때, ∠BGF=θ라 하자. **보기**에서 옳은 것을 모두 고른 것은?

(단, $0°<\theta<60°$)

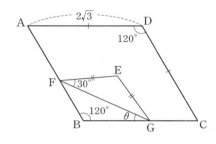

┤ 보기 ├

ㄱ. ∠BFE=$90°-\theta$

ㄴ. $\overline{BF}=4\sin\theta$

ㄷ. 선분 BE의 길이는 항상 일정하다.

① ㄱ   ② ㄱ, ㄴ   ③ ㄱ, ㄷ

④ ㄴ, ㄷ   ⑤ ㄱ, ㄴ, ㄷ

[2010년 3월 학력평가]

04

신유형

한 변의 길이가 9인 정사각형에서 그림과 같이 각 변을 삼등분하여 꼭짓점 쪽의 직각이등변삼각형을 잘라 팔각형을 만든다. 팔각형 ABCDEFGH에서 $\overline{AH}$의 연장선과 $\overline{FG}$의 연장선이 만나는 점을 I라 하고, 각 A를 삼등분하는 선이 $\overline{BI}$와 만나는 점을 각각 P, Q라 하자. $\overline{AP}=x$, $\overline{AQ}=y$라 할 때, $(xy)^2$의 값을 구하시오.

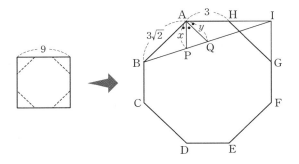

06

그림과 같이 한 변의 길이가 4인 정사각형 ABCD에 접하면서 서로 외접하는 크기가 같은 두 원에 두 점 C, D에서 각각 접선을 그어 만나는 점을 E라 하자. 삼각형 CDE에 내접하는 원을 그렸을 때, 세 원의 중심을 연결한 삼각형 $O_1O_2O_3$의 넓이를 구하시오.

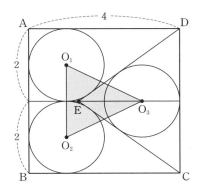

05

융합형

그림과 같이 중심이 O이고 반지름 길이가 28인 원 위의 점 A에 대하여 $\sin\theta=\dfrac{1}{4}$이 되도록 원 위에 점 B를 잡고, 점 B에서의 접선과 $\overline{AO}$의 연장선이 만나는 점을 C라 할 때, 삼각형 ACB의 넓이는 $p\sqrt{15}$이다. 이때 자연수 p 값을 구하시오.

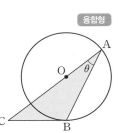

07

창의력

$\overline{AB}=8$, $\overline{BC}=10$, $\angle B=60°$인 삼각형 ABC에서 $\overline{AB}$ 위의 한 점 D, $\overline{BC}$ 위의 한 점 E, $\overline{CA}$ 위의 한 점 F를 이어 만든 삼각형 DEF의 둘레 길이의 최솟값이 $\frac{q\sqrt{21}}{p}$일 때 $p+q$의 값을 구하시오. (단, p, q는 서로소인 자연수이다.)

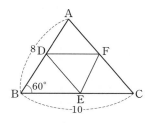

08

그림과 같이 네 개의 원이 서로 내접 또는 외접하고 있다. 중심이 A인 원의 반지름의 길이는 3이고, 중심이 B인 원의 반지름의 길이는 4이며, 세 중심 A, B, C는 같은 직선에 있다. 이때 중심이 D인 원의 반지름의 길이는?

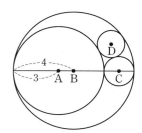

① $\frac{\sqrt{2}}{2}$ ② $\frac{11}{12}$ ③ $\frac{2\sqrt{2}-1}{2}$

④ $\frac{12}{13}$ ⑤ $\frac{14}{15}$

[2005년 11월 경찰대]

09*

신유형

그림과 같이 $\overline{AB}=1$, $\overline{BC}=4$인 직사각형 ABCD가 있다. 변 AD 위에 임의의 점 P를 잡고 $\overline{PB}=x$, $\overline{PC}=y$라 할 때, 다음 **보기**에서 옳은 것을 모두 고른 것은?

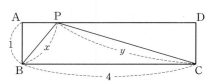

| 보기 |

ㄱ. $xy \geq 4$

ㄴ. $x+y=2\sqrt{6}$이면, △PBC는 직각삼각형이다.

ㄷ. △PBC의 외접원 넓이의 최댓값은 5π이다.

① ㄱ   ② ㄷ   ③ ㄱ, ㄴ

④ ㄴ, ㄷ   ⑤ ㄱ, ㄴ, ㄷ

나를
이끄는
힘

"If I had an hour to solve a problem,

I'd spend 55 minutes

thinking about the problem

and five minutes

thinking about solutions!"

Albert Einstein

아인슈타인은 공부란 것이 답을 찾는게 아니라 질문을 배우는 것이라고 말했습니다. 그러면서 "나에게 문제를 풀 1시간이 있다면 문제에 대해 생각하는 데 55분을 쓰고, 나머지 5분 동안 답을 찾겠다."
고 했죠. 문제를 제대로 알아야 올바른 답을 구할 수 있다는 얘기입니다.

– 여러분이 수학 문제를 푸는 습관을 생각해 보세요.

08 등차수열과 등비수열

1 수열과 일반항

(1) 어떤 규칙에 따라 차례로 수를 늘어놓은 것을 **수열**이라 하고, 수열을 이루는 각각의 수를 그 수열의 **항**이라 한다.

(2) 수열의 각 항을 앞에서부터 차례로 제1항, 제2항, 제3항, ⋯, 제n항, ⋯이라 한다. 특히 제1항을 첫째항이라 한다. 일반적으로 수열을 나타낼 때는 각 항에 번호를 붙여 a_1, a_2, a_3, ⋯, a_n, ⋯으로 나타내고, 제n항인 a_n을 **일반항**이라 한다.

① 자연수 k의 배수는 첫째항이 k이고 공차가 k인 등차수열을 이룬다.
② p로 나눌 때 q $(p>q)$가 남는 수들은 첫째항이 q이고, 공차가 p인 등차수열을 이룬다.
③ 수열 $\{a_n\}$과 수열 $\{b_n\}$이 각각 등차수열을 이루면 수열 $\{a_n+b_n\}$도 등차수열을 이룬다.
④ 어떤 수열이 등차수열을 이룬다면 공차가 상수이다. ⇨ 93쪽 **10**
⑤ 세 수 a, b, c가 이 순서로 등차수열을 이룰 때, b를 a와 c의 **등차중항**이라 한다. 이때 등차수열의 공차는 일정하므로 $b-a=c-b$, 즉 $2b=a+c$가 성립한다. 따라서 세 수 a, b, c가 이 순서로 등차수열을 이루면 $b=\dfrac{a+c}{2}$

※ 세 수가 등차수열을 이룬다고 하면 세 수를 $a-d$, a, $a+d$로 놓고, 네 수가 등차수열을 이룬다고 하면 네 수를 $a-3d$, $a-d$, $a+d$, $a+3d$로 놓는다.

2 등차수열과 그 합

(1) 첫째항부터 차례로 일정한 수를 더하여 얻어지는 수열을 **등차수열**이라 한다. 특히 더하는 일정한 수를 **공차**라 한다.

(2) 첫째항이 a, 공차가 d인 등차수열의 일반항을 a_n이라 하면

$$a_n=a+(n-1)d$$

(3) 등차수열에서 항 n개의 합을 S_n이라 하면

① 첫째항 a와 끝항 l을 알 때 $S_n=\dfrac{n(a+l)}{2}$

② 첫째항 a와 공차 d를 알 때 $S_n=\dfrac{n\{2a+(n-1)d\}}{2}$

3 등비수열과 그 합

(1) 첫째항부터 차례로 일정한 수를 곱하여 얻어지는 수열을 **등비수열**이라 한다. 특히 곱하는 일정한 수를 **공비**라 한다.

(2) 첫째항이 a, 공비가 r인 등비수열의 일반항을 a_n이라 하면 $a_n=ar^{n-1}$

(3) 첫째항이 a, 공비가 r인 등비수열에서 항 n개의 합을 S_n이라 하면

① $r\neq1$일 때 ⇨ $S_n=\dfrac{a(1-r^n)}{1-r}$ 또는 $S_n=\dfrac{a(r^n-1)}{r-1}$

② $r=1$일 때 ⇨ $S_n=na$

0이 아닌 세 수 a, b, c가 이 순서로 등비수열을 이룰 때, b를 a와 c의 **등비중항**이라 한다.

이때 등비수열의 공비는 일정하므로 $\dfrac{b}{a}=\dfrac{c}{b}$, 즉 $b^2=ac$가 성립한다. 따라서 세 수 a, b, c가 이 순서로 등비수열을 이루면 $b=\pm\sqrt{ac}$

※ 등비수열에서는 공비가 0인 경우도 생각할 수 있지만 등비중항에서는 $\dfrac{b}{a}=\dfrac{c}{b}$가 정의되어야 하므로 a, b, c는 0이 아니다.

보기 수열 $\{a_n\}$에 대하여 $\log_2 a_n=n-1$일 때, $a_1+a_2+\cdots+a_{10}$의 값을 구하여라.

풀이 $\log_2 a_n=n-1$에서 로그의 정의로부터 $a_n=2^{n-1}$
즉 수열 $\{a_n\}$은 첫째항이 1이고 공비가 2인 등비수열이므로
이 수열의 첫째항부터 제10항까지의 합 $S_{10}=\dfrac{2^{10}-1}{2-1}=\mathbf{1023}$

4 수열의 합과 일반항의 관계

수열 $\{a_n\}$의 첫째항부터 제n항까지의 합을 S_n이라 하면

$$a_1 = S_1, \ a_n = S_n - S_{n-1} \ (단, \ n \geq 2)$$

[보기] 수열 $\{a_n\}$에서 $a_1 + a_2 + a_3 + \cdots + a_n = n^2 - 2n + 1$일 때,
$a_1 + a_3 + a_5 + \cdots + a_{21}$의 값을 구하여라.

[풀이] $S_n = n^2 - 2n + 1$에서

(ⅰ) $a_n = S_n - S_{n-1} = n^2 - 2n + 1 - \{(n-1)^2 - 2(n-1) + 1\}$
$\qquad = n^2 - 2n + 1 - (n^2 - 4n + 4) = 2n - 3 \ (n \geq 2)$

(ⅱ) $a_1 = S_1 = 0$

(ⅰ), (ⅱ)에서 $a_1 = 0$, $a_n = 2n - 3 \ (n \geq 2)$이므로 수열 $\{a_n\}$은 제2항부터
공차가 2인 등차수열을 이룬다. 즉 $a_3 = 3$, $a_{21} = 39$

$\therefore \ a_1 + a_3 + a_5 + \cdots + a_{21} = a_1 + (a_3 + a_5 + \cdots + a_{21})$

$$= 0 + \frac{10(3 + 39)}{2} = \mathbf{210}$$

[참고]

수열 $\{a_n\}$의 제n항까지의 합을 S_n, 제2n항까지의 합을 S_{2n}, 제3n항까지의 합을 S_{3n}이라 하면 다음이 성립한다.

• 수열 $\{a_n\}$이 등차수열이면 S_n, $S_{2n} - S_n$, $S_{3n} - S_{2n}$도 등차수열을 이룬다.

• 수열 $\{a_n\}$이 공비가 r인 등비수열이면 S_n, $S_{2n} - S_n$, $S_{3n} - S_{2n}$은 공비가 r^n인 등비수열을 이룬다.

5 일정한 비율로 변하는 경우

처음이 A일 때, 일정한 비율 r로 n번 증가했다면 n번째의 양은 $A(1+r)^n$,
거꾸로 일정한 비율 r로 n번 감소했다면 n번째의 양은 $A(1-r)^n$이다.
즉 등비수열로 생각한다.

[보기] K군은 매년 15 %씩 연봉을 인상하는 회사에 2000만 원의 연봉을 받기로 하고 입사하였다. 상용로그표를 이용해 K군의 연봉은 몇 년 뒤에 6000만 원이 넘게 되는지 구하여라.

[풀이] n년 후 K군의 연봉은 $2000(1 + 0.15)^n$(만 원)

K군이 입사 n년 후 6000만 원 이상의 연봉을 받는다면

$2000(1 + 0.15)^n \geq 6000$에서 $1.15^n \geq 3$이고, 양변에 상용로그를 취하면

$n \log 1.15 \geq \log 3 \qquad \therefore \ n \geq \dfrac{\log 3}{\log 1.15} = \dfrac{0.4771}{0.0607} = 7.8 \times \times \times$

따라서 K군은 **8년**이 지나야 6000만 원 이상의 연봉을 받게 된다.

[참고] 복리법과 단리법

기준이 되는 원금에 대하여 '일정한' 이자를 지급하는 것이 단리법이고, 기준이 되는 원금이 그 전까지의 적립액인 경우 복리법(등비수열의 합)이라 한다. 이것은 상환할 때도 마찬가지이다.

※ 72의 규칙

매회 일정한 비율 $r(\%)$로 증가할 때, 처음 양의 2배가 되는 데 걸리는 기간(횟수)은 $72 \div r$와 같다는 것을 72의 규칙이라 한다. 이 값은 정확하지는 않으며 주로 $5 \leq r \leq 10$이고, 답을 자연수로 나타낼 수 있을 때 사용한다.

[예] 어떤 대학에서 등록금을 매년 8 % 올릴 경우 $72 \div 8 = 9$이므로 9년 후 이 대학의 등록금은 2배가 된다.

단축키 | 등차수열의 특징

(1) 두 등차수열 $\{a_n\}$, $\{b_n\}$의 공차가 각각 d_1, d_2일 때

① 수열 $\{a_n \pm b_n\}$의 공차는 $d_1 \pm d_2$ (복부호는 같은 순서)

② 수열 $\{pa_n\}$의 공차는 pd_1 (단, p는 상수)

　[예] 등차수열 $\{a_n\}$의 공차가 2일 때 수열 $\{5a_n\}$의 공차는 $5 \times 2 = 10$

③ 수열 $\{a_{pn-1}\}$, 수열 $\{a_{pn+1}\}$의 공차는 pd_1

(2) $a_m + a_n = a_{m-l} + a_{n+l}$, $a_n = \dfrac{a_{n-l} + a_{n+l}}{2}$

　[예] $\underbrace{a_5 + a_9}_{\text{합이 } 14} = a_{5-3} + a_{9+3} = \underbrace{a_2 + a_{12}}_{\text{합이 } 14}$

(3) $a_m - a_l = (m - l)d$ 　**[예]** $a_7 - a_4 = 3d$

[참고]

등비수열에서도 같은 방법으로 생각할 수 있다.

① $a_m \times a_n = a_{m-l} \times a_{n+l}$

　[예] $\underbrace{a_5 \times a_9}_{\text{합이 } 14} = a_{5-3} \times a_{9+3} = \underbrace{a_2 \times a_{12}}_{\text{합이 } 14}$

② $a_m \div a_l = \dfrac{ar^{m-1}}{ar^{l-1}} = r^{m-l}$

　[예] $a_7 \div a_4 = r^{7-4} = r^3$

⇨ 95쪽 **16**

STEP 1 | 1등급 준비하기

등차수열과 일반항

01*

등차수열 $\{a_n\}$ $(n \geq 1)$에 대하여 다음을 구하시오.

(1) $a_n = \log_2(3 \times 2^{n-1})$일 때 공차

(2) $a_5 = 3a_3$, $a_2 + a_4 = 8$이 성립할 때, a_7의 값

02

등차수열 $\{a_n\}$에 대하여 다음 값을 구하시오.

(1) $a_1 + a_4 + a_7 = 33$이고 공차가 2일 때 $a_1 + a_{12}$의 값

(2) $a_1 + a_2 + a_3 = 52$이고 $a_5 + a_6 + a_7 = 76$일 때 $a_7 + a_8 + a_9$의 값

03

삼차방정식 $x^3 - 6x^2 + mx - n = 0$의 세 근 1, a, b가 이 순서대로 등차수열을 이룰 때 $m+n$의 값은?

① 15   ② 16   ③ 17
④ 18   ⑤ 19

등차수열의 합

04

등차수열 5, a_1, a_2, a_3, $\cdots$, a_n, 29에서 다음을 구하시오.

(1) 이 수열의 공차가 4일 때, n값

(2) 전체 항의 합이 153일 때, 공차 d와 n에 대하여 $n+d$의 값

05*

수직선 위에 두 점 $P(1)$, $Q(9)$가 있다. 선분 PQ를 7등분하여 양 끝점 P, Q가 아닌 각 등분점의 좌표를 x_1, x_2, $\cdots$, x_6이라 하자. 이때 $x_1 + x_2 + x_3 + \cdots + x_6$의 값을 구하시오.

06*

등차수열 $\{a_n\}$에서 첫째항부터 제n항까지의 합을 S_n이라 할 때, $S_{10} = 120$, $S_{20} = 440$이다. 이때 S_{30}의 값을 구하시오.

등비수열과 일반항

07

서로 다른 6개의 양수 a_1, a_2, $\cdots$, a_6이 이 순서대로 등비수열을 이룰 때 다음을 구하시오.

(1) $a_1 a_6 = 18 a_4$, $a_2 = 6$이 성립할 때, a_4값

(2) $\dfrac{a_1 a_2}{a_3} = 2$, $\dfrac{2a_2}{a_1} + \dfrac{a_4}{a_2} = 8$이 성립할 때, a_4값

08

다음을 구하시오.

(1) 네 수 1, a, b, c는 이 순서대로 공비가 r인 등비수열을 이루고 $\log_{27} c = \log_a b$일 때, 공비 r값 (단, $r > 1$)

(2) 이차방정식 $x^2 - px + 5 = 0$의 두 근 α, β $(\alpha < \beta)$에 대하여 0이 아닌 세 수 α, $\beta - \alpha$, β가 이 순서로 등비수열을 이룰 때, 양수 p값

등비수열의 합

09

첫째항이 2이고, 공비가 3인 등비수열 $\{a_n\}$에서 $k\left(\dfrac{1}{a_1} + \dfrac{1}{a_2} + \cdots + \dfrac{1}{a_6} \right)$이 자연수가 되기 위한 자연수 k의 최솟값을 구하시오.

10

두 수 3과 192 사이에 양수 5개를 넣어 만든 등비수열 3, a_1, a_2, $\cdots$, a_5, 192가 있다. 이때 $32\left(\dfrac{1}{3} + \dfrac{1}{a_1} + \cdots + \dfrac{1}{a_5} \right)$의 값을 구하시오.

11

첫째항이 a이고, 공비가 3인 등비수열 $\{a_n\}$에서 $a_1 + a_2 + \cdots + a_8 = k\left(\dfrac{1}{a_1} + \dfrac{1}{a_2} + \cdots + \dfrac{1}{a_8} \right)$일 때, $\dfrac{k}{a^2}$의 값은? (단, $a \neq 0$)

① 3^5
② $\dfrac{3^6}{2}$
③ 3^6
④ $\dfrac{3^7}{2}$
⑤ 3^7

수열의 합과 일반항

12

수열 $\{x_n\}$의 첫째항부터 제n항까지의 합 S_n이 $S_n = \dfrac{3^n + 15}{2}$일 때, x_1, x_2, x_3, $\cdots$, x_{15} 중에서 9의 배수는 몇 개인가?

① 15
② 14
③ 13
④ 12
⑤ 11

등차수열과 일반항

01*

| 제한시간 1분 |

1부터 300까지의 자연수 중 서로 다른 홀수 5개를 택하여 더한 값을 S라 하자. 이런 S값 중 서로 다른 것을 작은 수부터 차례로 $a_1, a_2, a_3, \cdots$이라 할 때, a_{101}의 값을 구하시오.

02

| 제한시간 1.5분 |

공차가 양수인 등차수열 $\{a_n\}$에서 다음 조건이 성립할 때, a_2의 값은?

| (가) $a_6 + a_8 = 0$ | (나) $|a_6| = |a_7| + 3$ |

① -15 ② -13 ③ -11

④ -9 ⑤ -7

[2017학년도 수능]

03

| 제한시간 2분 |

첫째항이 1, 공차가 3인 등차수열 $\{a_n\}$에 대하여 부등식 $|x - a_n| \geq |x - a_{n+1}|(n \geq 1)$을 만족시키는 x의 최솟값을 b_n이라 할 때, **보기**에서 옳은 것을 모두 고른 것은?

┤ 보기 ├

ㄱ. $b_1 = \dfrac{a_1 + a_2}{2}$

ㄴ. 수열 $\{b_n\}$은 공차가 $\dfrac{3}{2}$인 등차수열이다.

ㄷ. $b_{99} + b_{101} = 599$

① ㄱ   ② ㄴ   ③ ㄱ, ㄷ

④ ㄴ, ㄷ   ⑤ ㄱ, ㄴ, ㄷ

04

| 제한시간 2.5분 |

수열 $\{a_n\}$은 공차가 2인 등차수열이고, 수열 $\{b_n\}$은 공비가 2인 등비수열일 때, **보기**에서 옳은 것을 모두 고르시오.

┤ 보기 ├

ㄱ. 수열 $\{a_n + a_{n+1}\}$은 공차가 4인 등차수열이다.

ㄴ. 수열 $\{2a_{2n} - a_{2n-1}\}$은 공차가 8인 등차수열이다.

ㄷ. $p_n = \dfrac{a_1 + a_2 + \cdots + a_n}{n}$일 때 수열 $\{p_n\}$은 등비수열이다.

ㄹ. 수열 $\{b_n + b_{n+1}\}$은 공비가 4인 등비수열이다.

05

| 제한시간 2.5분 |

등차수열 $\{a_n\}$의 공차와 각 항이 0이 아닌 실수일 때, 이차방정식 $a_{n+2}x^2 + 2a_{n+1}x + a_n = 0$의 한 근을 b_n이라 하면 등차수열 $\left\{\dfrac{b_n}{b_n + 1}\right\}$의 공차는? (단, $b_n \neq -1$)

① $-\dfrac{1}{2}$ ② $-\dfrac{1}{4}$ ③ $\dfrac{1}{8}$

④ $\dfrac{1}{4}$ ⑤ $\dfrac{1}{2}$

[2009년 4월 학력평가]

등차수열을 이루는 세 수

06
| 제한시간 **2분** |

서로 다른 세 정수 a, b, c에 대하여 a, b, c와 b^2, c^2, a^2이 각각 이 순서대로 등차수열을 이룰 때, abc의 값은?

(단, $0 < a < 10$)

① -40 ② -36 ③ -35

④ -32 ⑤ -27

07
| 제한시간 **2분** |

좌표평면 위의 네 점 $\mathrm{A}(a, \log a)$, $\mathrm{B}(0, \log a)$, $\mathrm{C}(0, -\log a)$, $\mathrm{D}(a, -\log a)$가 꼭짓점인 직사각형과 $y = \log x$의 그래프가 만나는 점 중에서 A가 아닌 점의 x 좌표를 $f(a)$라 하자. $f(a)$, a, 2가 이 순서로 등차수열을 이룰 때, a값은? (단, $a > 1$)

① $\dfrac{1+\sqrt{2}}{2}$ ② $\dfrac{1+\sqrt{3}}{2}$ ③ $\dfrac{3}{2}$

④ $\dfrac{1+\sqrt{5}}{2}$ ⑤ $\dfrac{1+\sqrt{6}}{2}$

08
| 제한시간 **3분** |

원점 O에서 세 점 $\mathrm{A}(a, 0)$, $\mathrm{B}(b, b)$, $\mathrm{C}(c, c)$에 이르는 거리 $\overline{\mathrm{OA}}$, $\overline{\mathrm{OB}}$, $\overline{\mathrm{OC}}$가 이 순서대로 공차가 d인 등차수열을 이룬다. 삼각형 ABC의 넓이가 $\sqrt{2}$일 때, $\overline{\mathrm{OC}}$가 최소가 되는 d의 값은? (단, a, b, c, d는 양수)

① 1 ② $\sqrt{2}$ ③ $\sqrt{3}$ ④ 2 ⑤ $\sqrt{5}$

등차수열의 합

09*
| 제한시간 **1.5분** |

공차가 4인 등차수열 $\{a_n\}$의 첫째항부터 제n항까지의 합 S_n이 $n = 8$일 때 최소라고 한다. a_1이 될 수 있는 정수들의 합을 구하시오.

10
| 제한시간 **1.5분** |

첫째항이 2인 등차수열 $\{a_n\}$에 대하여 $S_n = a_1 + a_2 + \cdots + a_n$이고, $\{S_n\}$은 등차수열이다. 이때 a_{10}의 값을 구하시오.

11
| 제한시간 **2분** |

x는 100보다 큰 3의 배수이다. 100과 x 사이에 있는 7의 배수의 총합이 9660이 되도록 하는 가장 큰 x값은?

① 378   ② 381   ③ 384

④ 387   ⑤ 390

12
| 제한시간 2분 |

첫째항이 30이고 공차가 $-d$인 등차수열 $\{a_n\}$에 대하여 등식 $a_m+a_{m+1}+a_{m+2}+\cdots+a_{m+k}=0$을 만족시키는 두 자연수 m, k가 존재하도록 하는 자연수 d의 개수는?

① 11   ② 12   ③ 13

④ 14   ⑤ 15

[2014년 3월 학력평가]

13
| 제한시간 3분 |

두 등차수열 $\{a_n\}$, $\{b_n\}$의 첫째항부터 제n항까지의 합을 각각 S_n, T_n이라 하자. $S_n T_n=n^2(n+3)(n+4)$일 때, **보기**에서 옳은 것을 모두 고른 것은?

┤ 보기 ├

ㄱ. $a_1=4$이면 $b_1=5$이다.
ㄴ. 두 등차수열 $\{a_n\}$, $\{b_n\}$의 공차가 같으면 공차는 2이다.
ㄷ. $a_n b_n=2(n+1)(2n+3)$이다.

① ㄱ   ② ㄴ   ③ ㄱ, ㄴ

④ ㄱ, ㄷ   ⑤ ㄱ, ㄴ, ㄷ

등비수열과 일반항

14
| 제한시간 1.5분 |

다음과 같은 등차수열 $\{a_n\}$과 등비수열 $\{b_n\}$에서 $a_5 b_5$의 값은? (단, 수열 $\{b_n\}$의 공비는 1이 아니다.)

> (가) $a_1=2$, $b_1=2$ (나) $a_2=b_2$, $a_4=b_4$

① -700 ② -704 ③ -708

④ 700   ⑤ 704

15
| 제한시간 1.5분 |

0이 아닌 등차수열 $\{a_n\}$의 세 항 a_2, a_5, a_{10}이 이 순서대로 공비 r인 등비수열을 이룰 때, $6r$의 값은?

① 8   ② 10   ③ 12

④ 14   ⑤ 16

16

| 제한시간 **2분** |

등차수열 $\{a_n\}$과 공비가 1보다 작은 등비수열 $\{b_n\}$에서 $a_1+a_8=8$, $b_2 b_7=12$, $a_4=b_4$, $a_5=b_5$가 성립할 때, a_1값을 구하시오.

[2016년 10월 학력평가]

17

| 제한시간 **3분** |

아래 조건에 맞는 점 $P_n(a_n,\, b_n)$에서 다음을 구하시오.

(가) $a_0=1$, $b_0=0$

(나) 점 $P_{n+1}(a_{n+1},\, b_{n+1})$은 원 $x^2+y^2=1$의 호를 따라 점 $P_n(a_n,\, b_n)$에서 시계 반대 방향으로 $\dfrac{\pi}{18}$만큼 이동한 점이다.

---

(1) $b_n=\sqrt{3}\,a_n$이 되는 n값을 작은 것부터 차례로 나열한 수열을 $\{p_k\}$라 할 때 p_{101}

(2) $c_k=2^{k-1}a_{18k}$, $d_k=3^k b_{18k-9}$라 할 때 c_5+d_5의 값

(단, n은 음이 아닌 정수이고, k는 자연수)

등비수열을 이루는 세 수

18

| 제한시간 **1.5분** |

곡선 $y=x(x-1)^2$과 직선 $y=k$ (k는 실수)가 서로 다른 세 점에서 만나고, 그 교점의 x좌표가 등비수열을 이룰 때, $24k$의 값을 구하시오.

19

| 제한시간 **2분** |

0이 아닌 세 실수 α, β, γ가 이 순서대로 등차수열을 이룬다. $x^{\frac{1}{\alpha}}=y^{-\frac{1}{\beta}}=z^{\frac{2}{\gamma}}$일 때, $16xz^2+9y^2$의 최솟값을 구하시오. (단, x, y, z는 1이 아닌 양수이다.)

[2013년 7월 학력평가]

20

| 제한시간 **2분** |

서로 다른 세 자연수 a, b, c에 대하여 다음 조건이 모두 성립할 때, $a+b+c$의 값은?

(가) a, b, c는 이 순서대로 등비수열을 이룬다.

(나) $b-a=n^2$ (단, n은 자연수이다.)

(다) $\log_6 a + \log_6 b + \log_6 c = 3$

---

① 26   ② 28   ③ 30

④ 32   ⑤ 34

[2010년 4월 학력평가]

등비수열의 합

21*

| 제한시간 **2.5분** |

수열 $\{a_n\}$은 등비수열이고 $S_n = a_1 + a_2 + \cdots + a_n$이다. 이때 다음을 구하시오.

(1) $S_8 = 10$, $S_{16} = 50$일 때 $3S_4$의 값

(2) $S_n = 3$, $S_{2n} = 15$일 때 $S_{3n} - S_{2n}$의 값

22

| 제한시간 **2.5분** |

다음을 이용하여 $ar \times ar^2 \times ar^3 \times \cdots \times ar^{10}$의 값을 구하시오.

(가) $ar + ar^2 + ar^3 + \cdots + ar^{10} = 8$

(나) $\dfrac{1}{ar} + \dfrac{1}{ar^2} + \dfrac{1}{ar^3} + \cdots + \dfrac{1}{ar^{10}} = 4$

23*

| 제한시간 **2.5분** |

부등식 $\log_2 x + \log_2 (5 \times 2^{k-1} - x) - 2k \geq 0$이 성립하도록 하는 정수 x의 개수를 $N(k)$라 할 때, $N(1) + N(2) + \cdots + N(10)$의 값은?

① 1024   ② 2046   ③ 2055

④ 3070   ⑤ 3079

24
| 제한시간 **2분** |

매장량이 8940만 톤인 새로 발견된 유전에서 첫해에는 12만 톤, 그다음 해부터는 매년 20 % 씩 늘려 석유를 생산한다면 최대 몇 년 동안 석유를 생산할 수 있는지 구하시오. (단, $\log 2 = 0.3$, $\log 3 = 0.5$로 계산한다.)

25
| 제한시간 **2분** |

수열 $\{a_n\}$은 첫째항이 1이고 공차가 3인 등차수열이다. 또 $b_n = 2^{a_n}$이고, $S_n = b_1 + b_2 + \cdots + b_n + k$에서 k는 수열 $\{S_n\}$이 등비수열이 되도록 하는 실수일 때, $7k$의 값을 구하시오.

26
| 제한시간 **2분** |

수열 $\{a_n\}$의 첫째항부터 제n항까지 합 S_n이 $S_n = n^2 + 2n$이고, $\dfrac{1}{a_1 a_2} + \dfrac{1}{a_2 a_3} + \dfrac{1}{a_3 a_4} + \cdots + \dfrac{1}{a_{49} a_{50}} = \dfrac{q}{p}$이다. 이때 $p + q$의 값은? (p, q는 서로소인 자연수)

① 351   ② 352   ③ 353

④ 354   ⑤ 355

27
| 제한시간 **2분** |

$a_2 = 200$인 수열 $\{a_n\}$에서 첫째항부터 제n항까지의 합을 S_n이라 할 때, $3S_n - 2S_{n+1} - S_{n-1} = 0$ $(n \geq 2)$이 성립한다. 이때 $a_n < 1$이 되는 가장 작은 n값을 구하시오.

01

신유형

공차가 -5인 등차수열 $\{a_n\}$에 대하여 $|a_1|$, $|a_2|$, $\cdots$, $|a_{10}|$이 이 순서대로 등차수열을 이루지 않도록 하는 정수 a_1의 최댓값은?

① 40   ② 44   ③ 49

④ 50   ⑤ 54

02

자연수로 이루어진 등차수열 $\{a_n\}$과 $\{b_n\}$이 있을 때, 두 수열에서 공통인 항을 작은 것부터 순서대로 나열한 수열 $\{c_n\}$의 일반항은 $c_n = 120n - 118$이다. 이 조건에 맞는 등차수열 $\{a_n\}$의 개수는?

① 16   ② 17   ③ 18

④ 19   ⑤ 20

03

창의력

첫째항이 자연수 k이고 공차가 자연수인 등차수열 중에서 35를 포함하는 등차수열의 개수가 최대가 되도록 하는 k 값을 모두 더한 값을 구하시오.

04

수열 $\{a_n\}$과 $\{b_n\}$은 등차수열이고, 함수 $y = f(x)$의 그래프는 임의의 자연수 n에 대하여 좌표가 (a_n, b_n)인 점을 지난다고 한다. $a_3 + a_5 = b_1 + b_{10}$이고 $a_1 = b_1 = 3$일 때, $f(x) = ax + b$이다. 이때 $3ab$의 값은?

① 1   ② 2   ③ 3   ④ 4   ⑤ 5

05

등차수열 $\{a_n\}$은 첫째항이 10, 공차가 -2이고, 등차수열 $\{b_n\}$에서는 임의의 자연수 n에 대하여 $b_n = k - a_n$이 성립한다. 수열 $\{a_n\}$의 첫째항부터 제n항까지 합을 S_n이라 할 때 수열 $\{S_n\}$과 수열 $\{b_n\}$이 값이 같은 항을 가지기 위한 k의 최댓값을 구하시오.

06

위에서 아래로 순서대로 1부터 200이 적힌 카드 200장이 쌓여 있다. 위에서 카드 100장을 순서를 유지한 채 뽑은 것을 A라 하자. 이때 남아 있는 카드들을 B라 하자. B와 A 카드 더미에서 맨 위에 있는 카드부터 순서대로 가져와 카드를 다시 쌓는다. 즉 101번 카드가 맨 아래에 위치하고, 그 위에는 1번 카드를 올려놓는 식으로 남은 카드가 없을 때까지 반복하여 카드 200장을 새로 쌓는다. 이때 카드 200장 중 처음에 있던 위치와 새로 쌓았을 때의 위치가 서로 같은 카드에 적힌 수를 모두 더한 값을 구하시오.

07*

두 수열 $\{a_n\}$, $\{b_n\}$이 다음 조건을 만족시킬 때, 수열 $\{b_n\}$의 모든 항이 수열 $\{a_n\}$의 항이 되도록 하는 1보다 큰 모든 자연수 p의 합을 구하시오.

> (가) $a_1 = b_1 = 6$
> (나) 수열 $\{a_n\}$은 공차가 p인 등차수열이고, 수열 $\{b_n\}$은 공비가 p인 등비수열이다.

[2013년 10월 학력평가]

08

첫째항이 1, 공차가 7인 등차수열 $\{a_n\}$에 대하여 부등식 $3|x - a_n| \geq 4|x - a_{n+1}|$ $(n \geq 1)$을 만족시키는 x의 최솟값을 b_n이라 할 때, **보기**에서 옳은 것을 모두 고른 것은?

> **보기**
> ㄱ. $b_1 = 5$
> ㄴ. 수열 $\{b_n\}$은 공차가 7인 등차수열이다.
> ㄷ. $b_1 + b_2 + \cdots + b_{10} = 365$

① ㄱ   ② ㄴ   ③ ㄱ, ㄴ
④ ㄱ, ㄷ   ⑤ ㄱ, ㄴ, ㄷ

09* ·신유형

a_n을 n의 양의 약수들의 합이라 하자. 예를 들면 $a_4 = 4 + 2 + 1 = 7$이다. $a_m = 24$이고 m은 홀수일 때, $a_m + a_{2m} + a_{4m} + a_{8m} + a_{16m} + a_{32m}$의 값을 구하시오.

10

첫째항이 a이고 공차가 -4인 등차수열 $\{a_n\}$의 첫째항부터 제n항까지의 합을 S_n이라 하자. 모든 자연수 n에 대하여 $S_n < 200$일 때, 자연수 a의 최댓값을 구하시오.

[2014년 3월 학력평가]

11 ·신유형

첫째항이 30이고, 공차가 정수인 등차수열 $\{a_n\}$에 대하여 두 수열 $\{S_n\}$, $\{T_n\}$이 다음과 같을 때, $T_n - S_n$의 최댓값을 구하시오.

> (가) $S_n = |a_1 + a_2 + \cdots + a_n|$, $T_n = |a_1| + |a_2| + \cdots + |a_n|$
> (나) $S_6 = T_6$이고 $S_7 \neq T_7$

12

수열 $\{a_n\}$에 대하여 첫째항부터 제n항까지의 합을 S_n이라 하자. 수열 $\{S_{2n-1}\}$은 공차가 -3인 등차수열이고, 수열 $\{S_{2n}\}$은 공차가 2인 등차수열이다. $a_2 = 1$일 때, a_8의 값을 구하시오.

[2009학년도 수능]

13

수열 $\{a_n\}$에서 임의의 자연수 n에 대하여 $a_{n+1} > a_n > 1$ 이다. 임의의 자연수 m에 대해 두 수열 $\{a_n{}^2\}$과 $\left\{\dfrac{1}{2}a_n{}^2\right\}$ 에서 각각 작은 것부터 항 m개를 나열하면 수열 $\{a_n\}$에 서 작은 것부터 항 $2m$개를 나열한 것에 모두 포함될 때, $a_1 + a_2 + \cdots + a_8$의 값을 구하시오.

14

한 변의 길이가 66인 정삼각형 ABC가 있다. 그림과 같이 세 선분 AB, AC, CB를 5 : 1로 내분하는 점을 각각 P_1, Q_1, R_1이라 하고, 세 선분 AP_1, AQ_1, CR_1을 5 : 1로 내 분하는 점을 각각 P_2, Q_2, R_2라 하고, 세 선분 AP_2, AQ_2, CR_2를 5 : 1로 내분하는 점을 각각 P_3, Q_3, R_3이라 하자. 이와 같은 방법으로 세 선분 AP_{k-1}, AQ_{k-1}, CR_{k-1}을 5 : 1로 내분하는 점을 각각 P_k, Q_k, R_k ($k=4, 5, 6, \cdots$) 라 하자. 자연수 n에 대하여 선분 AR_1과 선분 P_nQ_n의 교 점을 A_n, 선분 AR_2와 선분 P_nQ_n의 교점을 B_n, 선분 AR_3과 선분 P_nQ_n의 교점을 C_n, 선분 AR_4와 선분 P_nQ_n 의 교점을 D_n, 선분 AR_5와 선분 P_nQ_n의 교점을 E_n, 선 분 AR_6과 선분 P_nQ_n의 교점을 F_n이라 하자.

$\overline{A_1B_1} + \overline{B_2C_2} + \overline{C_3D_3} + \overline{D_4E_4} + \overline{E_5F_5} = 25 - \dfrac{5^b}{6^a}$일 때, $a+b$의 값을 구하시오. (단, a, b는 자연수이다.)

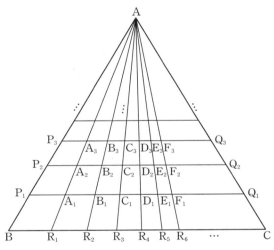

[2015년 9월 학력평가]

09 수열의 합

1 합의 기호 $\sum$

$\sum\limits_{k=1}^{n} a_k$는 수열 $\{a_n\}$의 첫째항부터 제n항까지의 합을 뜻한다. 즉

$$\sum_{k=1}^{n} a_k = a_1 + a_2 + a_3 + \cdots + a_n$$

참고

$1 \le m \le n$인 정수 m, n에 대하여

$$\sum_{k=m}^{n} a_k = a_m + a_{m+1} + a_{m+2} + \cdots + a_{n-1} + a_n$$

$$\sum_{k=1}^{n} a_k = \sum_{k=1}^{m} a_k + \sum_{k=m+1}^{n} a_k$$

보기 $(n-1) + 3(n-2) + 5(n-3) + \cdots + (2n-3)$을 $\sum$를 이용해 나타내어라.

풀이 $(n-1) + 3(n-2) + 5(n-3) + \cdots + (2n-3)$
$= 1 \times (n-1) + 3 \times (n-2) + 5 \times (n-3) + \cdots + (2n-3) \times \{n - (n-1)\}$
$= \sum\limits_{k=1}^{n-1} (2k-1)(n-k)$

보충

n번째 항이 0이므로 $\sum\limits_{k=1}^{n-1} (2k-1)(n-k)$

대신 $\sum\limits_{k=1}^{n} (2k-1)(n-k)$로 나타내어도 된다.

보기 $\sum\limits_{k=2}^{10} 2^k$의 값을 구하여라.

풀이 $\sum\limits_{k=2}^{10} 2^k = 4 + 8 + 16 + \cdots + 1024 = \dfrac{4(2^9 - 1)}{2 - 1} = 2^{11} - 4 = \mathbf{2044}$

2 $\sum$의 성질

상수 c에 대하여

① $\sum\limits_{k=1}^{n} (a_k + b_k) = \sum\limits_{k=1}^{n} a_k + \sum\limits_{k=1}^{n} b_k$　　② $\sum\limits_{k=1}^{n} (a_k - b_k) = \sum\limits_{k=1}^{n} a_k - \sum\limits_{k=1}^{n} b_k$

③ $\sum\limits_{k=1}^{n} c a_k = c \sum\limits_{k=1}^{n} a_k$　　　　　　　④ $\sum\limits_{k=1}^{n} c = cn$

주의

① $\sum\limits_{k=1}^{n} a_k b_k \ne \sum\limits_{k=1}^{n} a_k \times \sum\limits_{k=1}^{n} b_k$

② $\sum\limits_{k=1}^{n} \dfrac{a_k}{b_k} \ne \dfrac{\sum\limits_{k=1}^{n} a_k}{\sum\limits_{k=1}^{n} b_k}$

③ $\sum\limits_{k=1}^{n} (a_k)^2 \ne \left(\sum\limits_{k=1}^{n} a_k \right)^2$

보기 다음을 구하여라.

(1) $\sum\limits_{k=1}^{15} a_k = 8$, $\sum\limits_{k=1}^{15} a_k^2 = 20$일 때, $\sum\limits_{k=1}^{15} (a_k - 3)^2$의 값

(2) $\sum\limits_{k=1}^{10} a_k = 20$, $\sum\limits_{k=1}^{30} a_k = 50$, $a_{10} = 6$일 때, $\sum\limits_{k=10}^{30} (3a_k + 2)$의 값

풀이 (1) $\sum\limits_{k=1}^{15} (a_k - 3)^2 = \sum\limits_{k=1}^{15} (a_k^2 - 6a_k + 9) = \sum\limits_{k=1}^{15} a_k^2 - 6 \sum\limits_{k=1}^{15} a_k + \sum\limits_{k=1}^{15} 9$
$= 20 - 6 \times 8 + 15 \times 9 = \mathbf{107}$

(2) $\sum\limits_{k=10}^{30} (3a_k + 2) = 3 \sum\limits_{k=10}^{30} a_k + \sum\limits_{k=10}^{30} 2$에서

$\sum\limits_{k=10}^{30} a_k = \sum\limits_{k=1}^{30} a_k - \sum\limits_{k=1}^{9} a_k$이고, $\sum\limits_{k=1}^{9} a_k = \sum\limits_{k=1}^{10} a_k - a_{10} = 20 - 6 = 14$이므로

$\sum\limits_{k=10}^{30} a_k = \sum\limits_{k=1}^{30} a_k - \sum\limits_{k=1}^{9} a_k = 50 - 14 = 36$

$\therefore \sum\limits_{k=10}^{30} (3a_k + 2) = 3 \sum\limits_{k=10}^{30} a_k + \sum\limits_{k=10}^{30} 2 = 3 \times 36 + 2 \times 21 = \mathbf{150}$

3 자연수의 거듭제곱의 합

① $\sum\limits_{k=1}^{n} k = 1+2+3+\cdots+n = \dfrac{n(n+1)}{2}$

② $\sum\limits_{k=1}^{n} k^2 = 1^2+2^2+3^2+\cdots+n^2 = \dfrac{n(n+1)(2n+1)}{6}$

③ $\sum\limits_{k=1}^{n} k^3 = 1^3+2^3+3^3+\cdots+n^3 = \left\{ \dfrac{n(n+1)}{2} \right\}^2$

보기 $4\times1+5\times2+6\times3+\cdots+13\times10$의 값을 구하여라.

풀이 $4\times1+5\times2+6\times3+\cdots+13\times10$

$= \sum\limits_{k=1}^{10}(k+3)k = \sum\limits_{k=1}^{10}(k^2+3k)$

$= \sum\limits_{k=1}^{10}k^2 + 3\sum\limits_{k=1}^{10}k$

$= \dfrac{10\times11\times21}{6} + 3\times\dfrac{10\times11}{2} = \mathbf{550}$

4 여러 가지 수열의 합

① 부분분수를 이용한 수열의 합

(i) $\sum\limits_{k=1}^{n}\dfrac{1}{k(k+a)} = \dfrac{1}{a}\sum\limits_{k=1}^{n}\left(\dfrac{1}{k} - \dfrac{1}{k+a} \right)$

(ii) $\sum\limits_{k=1}^{n}\dfrac{1}{(k+a)(k+b)} = \dfrac{1}{b-a}\sum\limits_{k=1}^{n}\left(\dfrac{1}{k+a} - \dfrac{1}{k+b} \right)$

② 분모 유리화를 이용한 수열의 합

$\sum\limits_{k=1}^{n}\dfrac{1}{\sqrt{k+1}+\sqrt{k}} = \sum\limits_{k=1}^{n}(\sqrt{k+1}-\sqrt{k}) = \sqrt{n+1}-1$

보기 다음 값을 구하여라.

(1) $\sum\limits_{k=1}^{9}\dfrac{1}{k^2+k}$ (2) $\sum\limits_{k=1}^{12}\dfrac{1}{\sqrt{2k+1}+\sqrt{2k-1}}$

풀이 (1) $\sum\limits_{k=1}^{9}\dfrac{1}{k^2+k} = \sum\limits_{k=1}^{9}\left(\dfrac{1}{k} - \dfrac{1}{k+1} \right)$

$= \dfrac{1}{1} - \dfrac{1}{2} + \dfrac{1}{2} - \dfrac{1}{3} + \dfrac{1}{3} - \dfrac{1}{4} + \cdots + \dfrac{1}{9} - \dfrac{1}{10}$

$= 1 - \dfrac{1}{10} = \dfrac{\mathbf{9}}{\mathbf{10}}$

(2) $\sum\limits_{k=1}^{12}\dfrac{1}{\sqrt{2k+1}+\sqrt{2k-1}}$

$= \dfrac{1}{2}\sum\limits_{k=1}^{12}(-\sqrt{2k-1}+\sqrt{2k+1})$

$= \dfrac{1}{2}(-\sqrt{1}+\sqrt{3}-\sqrt{3}+\sqrt{5}-\cdots-\sqrt{23}+\sqrt{25})$

$= \dfrac{1}{2}(-1+5) = \mathbf{2}$

참고 $\sum\limits_{k=1}^{n} k^2 = \dfrac{n(n+1)(2n+1)}{6}$의 증명

① $\sum\limits_{k=1}^{n} k^2 = \sum\limits_{k=1}^{n} k(k+1) - \sum\limits_{k=1}^{n} k$

$= 2\sum\limits_{k=1}^{n}\dfrac{k(k+1)}{2} - \sum\limits_{k=1}^{n} k$

그런데

$\sum\limits_{k=1}^{n}\dfrac{k(k+1)}{2}$

$= \dfrac{2\times1}{2} + \dfrac{3\times2}{2} + \cdots + \dfrac{(n+1)\times n}{2}$

$= {}_2C_2 + {}_3C_2 + {}_4C_2 + \cdots + {}_{n+1}C_2$

$= {}_2C_0 + {}_3C_1 + {}_4C_2 + \cdots + {}_{n+1}C_{n-1}$

$(\because {}_nC_r = {}_nC_{n-r})$

$= {}_3C_0 + {}_3C_1 + {}_4C_2 + \cdots + {}_{n+1}C_{n-1}$

$(\because {}_2C_0 = {}_3C_0)$

$= {}_{n+2}C_{n-1} = {}_{n+2}C_3 \ (\because {}_{n-1}C_{r-1} + {}_{n-1}C_r = {}_nC_r)$

따라서

$\sum\limits_{k=1}^{n} k^2 = 2\,{}_{n+2}C_3 - \dfrac{n(n+1)}{2}$

$= \dfrac{(n+2)(n+1)n}{3} - \dfrac{n(n+1)}{2}$

$= \dfrac{n(n+1)(2n+1)}{6}$

② $(k+1)^3 - k^3 = 3k^2 + 3k + 1$에 k 대신 $1, 2, 3, \cdots, n$을 차례로 대입하면

$2^3 - 1^3 = 3\times1^2 + 3\times1 + 1$

$3^3 - 2^3 = 3\times2^2 + 3\times2 + 1$

$4^3 - 3^3 = 3\times3^2 + 3\times3 + 1$

$\vdots$

$(n+1)^3 - n^3 = 3\times n^2 + 3\times n + 1$

같은 변끼리 더하면

$(n+1)^3 - 1^3 = 3\sum\limits_{k=1}^{n} k^2 + 3\sum\limits_{k=1}^{n} k + n$

에서 $\sum\limits_{k=1}^{n} k = \dfrac{n(n+1)}{2}$

을 이용해 위 식을 정리하면

$\sum\limits_{k=1}^{n} k^2 = \dfrac{n(n+1)(2n+1)}{6}$

참고 부분분수

$\dfrac{C}{A\times B} = \dfrac{C}{B-A}\left(\dfrac{1}{A} - \dfrac{1}{B} \right)$

참고 분모 유리화

$\dfrac{1}{\sqrt{2k+1}+\sqrt{2k-1}}$

$= \dfrac{\sqrt{2k+1}-\sqrt{2k-1}}{(\sqrt{2k+1}+\sqrt{2k-1})(\sqrt{2k+1}-\sqrt{2k-1})}$

$= \dfrac{\sqrt{2k+1}-\sqrt{2k-1}}{2}$

STEP 1 | 1등급 준비하기

※ 문항 번호 오른쪽 *표시는 풀이에 문제 풀이 스킬을 익힐 수 있는 '다른 풀이' 또는 '1등급 Note'가 있음을 나타냅니다.

9. 수열의 합

$\sum$의 뜻과 성질

01

$\sum\limits_{x=1}^{10}(x^2+x+1)-\sum\limits_{k=1}^{10}(k^2-k-1)$의 값을 구하시오.

02

수열 $\{a_n\}$에 대하여 $a_1=1$이고
$$a_{2n}+a_{2n+1}=2^n \ (n=1, 2, 3, \cdots)$$
일 때, $\sum\limits_{k=1}^{9}a_k$의 값을 구하시오.

03

수열 $\{a_n\}$에 대하여

$a_1+a_3+a_5+\cdots+a_{2n-1}=\sum\limits_{k=1}^{n}\left(\dfrac{1}{2k-1}-\dfrac{1}{2k}\right)$

$a_2+a_4+a_6+\cdots+a_{2n}=\sum\limits_{k=1}^{n}\left(\dfrac{1}{2k}-\dfrac{1}{2k+1}\right)$

이 성립할 때, $51\sum\limits_{k=1}^{50}a_k$의 값을 구하시오.

$\sum$의 계산

04

등차수열 $\{a_n\}$이 $a_2+a_5+a_8=15$일 때, $\sum\limits_{k=1}^{9}a_k$의 값을 구하시오.

05

좌표평면에서 다음과 같이 x축 위의 두 점 F, F$'$과 점 P$(0, n)$을 꼭짓점으로 하고 $\angle$FPF$'=90°$인 직각이등변삼각형 PF$'$F가 있다. 이 삼각형의 세 변 위에 있는 점 중에서 x좌표와 y좌표가 모두 정수인 점의 개수를 a_n이라 하자. $\sum\limits_{n=1}^{5}a_n$의 값은?

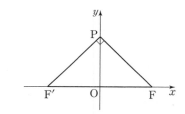

① 40　　② 45　　③ 50　　④ 55　　⑤ 60

06[*]

n이 자연수일 때, x에 대한 이차방정식
$x^2 - n(n+1)x - 2 = 0$의 두 근을 a_n, b_n이라 하자.
$\sum\limits_{n=1}^{10} (1+a_n)(1+b_n)$의 값을 구하시오.

$\sum a_n$에서 a_n 구하기

07

수열 $\{a_n\}$에 대하여 $\sum\limits_{k=1}^{n} a_k = 2n^2 + 3n$일 때,
$\sum\limits_{k=1}^{10} \dfrac{k(a_k-1)}{2}$의 값을 구하시오.

$\sum$에서 주기 이용하기

08

첫째항이 $\dfrac{1}{5}$인 수열 $\{a_n\}$이 모든 자연수 n에 대하여

$$a_{n+1} = \begin{cases} 2a_n & (a_n \le 1) \\ a_n - 1 & (a_n > 1) \end{cases}$$

을 만족시킬 때, $\sum\limits_{n=1}^{20} a_n$의 값은?

① 13 ② 14 ③ 15 ④ 16 ⑤ 17

[2016년 10월 학력평가]

$\sum$와 부분분수

09

수열 $\{a_n\}$은 첫째항이 2이고 공차가 2인 등차수열이고
$S_n = \sum\limits_{k=1}^{n} a_k$일 때, $\sum\limits_{k=1}^{30} \dfrac{1}{S_k}$의 값은?

① $\dfrac{1}{30}$ ② $\dfrac{29}{30}$ ③ $\dfrac{30}{31}$ ④ 1 ⑤ 30

10

자연수 n에 대하여 두 함수
$f(x) = x^2 - (n+1)x + n^2$, $g(x) = n(x-1)$의 그래프의
두 교점의 x좌표를 a_n, b_n이라 할 때, $\sum\limits_{n=1}^{19} \dfrac{100}{a_n b_n}$의 값은?

① 80 ② 85 ③ 90 ④ 95 ⑤ 100

[2012년 7월 학력평가]

Σ의 뜻과 성질

01
| 제한시간 1분 |

$f(x)=x^5+x^3-5x^2+2$이고 $g(x)=\sum\limits_{k=1}^{8} x^k-5$일 때, $g(f(x))$의 상수항은?

① 490   ② 495   ③ 500

④ 505   ⑤ 510

02
| 제한시간 2분 |

$a_1=2$이고 $a_{12}=30$이다. a_1, a_2, $\cdots$, a_m은 이 순서대로 공차가 2인 등차수열이고, a_m, a_{m+1}, $\cdots$, a_{12}는 이 순서대로 공차가 3인 등차수열일 때, $\sum\limits_{k=1}^{12} a_k$의 값은?

① 171   ② 175   ③ 177

④ 180   ⑤ 184

03
| 제한시간 2분 |

등비수열 $\{a_n\}$에서 $\sum\limits_{k=1}^{20} a_k=\sum\limits_{k=1}^{20}\dfrac{1}{a_k}$일 때, $\sum\limits_{k=1}^{20}(a_k a_{21-k})^2$의 값을 구하시오.

04
| 제한시간 1.5분 |

$\sum\limits_{n=1}^{100}\dfrac{1}{n}+\sum\limits_{n=2}^{100}\dfrac{1}{n}+\cdots+\sum\limits_{n=100}^{100}\dfrac{1}{n}$의 값은?

① 1   ② 50   ③ 100

④ 200   ⑤ 500

05
| 제한시간 2분 |

유리함수 $f(x)=\dfrac{8x}{2x-15}$와 수열 $\{a_n\}$에 대하여 $a_n=f(n)$이다. $\sum\limits_{n=1}^{m} a_n\leq 73$을 만족시키는 자연수 m의 최댓값을 구하시오.

[2016년 3월 학력평가]

06*

| 제한시간 2분 |

수열 $\{a_n\}$에 대하여 $\sum\limits_{n=1}^{20} a_n = p$라 할 때, 등식

$2a_n + n = p\ (n \geq 1)$가 성립한다. a_{10}의 값은?

(단, p는 상수이다.)

① $\dfrac{2}{3}$ ② $\dfrac{3}{4}$ ③ $\dfrac{5}{6}$

④ $\dfrac{11}{12}$ ⑤ 1

[2014년 3월 학력평가]

07

| 제한시간 2.5분 |

다음과 같은 수열 $\{a_n\}$에 대하여 $\sum\limits_{k=1}^{30} a_k$의 값을 구하시오.

(가) $a_n = n\ (1 \leq n \leq 5)$
(나) $a_{n+5} = a_n + 5^2\ (n \geq 1)$

08

| 제한시간 2.5분 |

다음 글을 읽고 물음에 답하시오.

$\sum\limits_{k=1}^{n} 1$은 k가 1부터 n까지 변할 때 각각의 k값에 대하여 1을 더하므로 k가 1 이상 n 이하의 값일 때 k값을 결정하는 경우의 수로 생각할 수 있다.

또한 $\sum\limits_{m=2}^{n} \sum\limits_{k=1}^{m-1} 1$은 m이 2 이상 n 이하의 값이고 k는 1 이상 $m-1$ 이하의 값이므로 자연수 $1 \sim n$ 중 두 수를 뽑아 큰 수를 m, 작은 수를 k라 하면 된다. 즉 자연수 $1 \sim n$ 중 두 수를 뽑는 것과 같으므로 $_nC_2 = \dfrac{n(n-1)}{2}$과 같다.

(1) $\sum\limits_{m=2}^{n} (m-1) = \sum\limits_{m=2}^{n} \sum\limits_{k=1}^{\square} 1$에서 $\square$ 안에 들어갈 m에 대한 식을 구하시오.

(2) $\sum\limits_{m=2}^{20} (m-1)$의 값을 구하시오.

(3) $\sum\limits_{m=4}^{12} \left\{ \sum\limits_{l=3}^{m-1} \left(\sum\limits_{k=2}^{l-1} (k-1) \right) \right\}$의 값을 구하시오.

Σ의 계산

09*

| 제한시간 1.5분 |

수열 $\{a_n\}$에 대하여

$a_n = 1 \times n + 3 \times (n-1) + \cdots + (2n-1) \times 1$일 때,

a_{10}의 값을 구하시오.

10

| 제한시간 1.5분 |

$f(x) = x^2$이고 $g(x) = \sum_{k=1}^{10} kx^k$일 때, $f(g(x))$의 전개식에서 x^{10}의 계수를 구하시오.

11

| 제한시간 2분 |

성냥개비를 아래 그림과 같이 놓아서 계단 모양을 만들려고 한다. 그런데 90개를 모두 놓았더니 몇 개가 부족하여 계단을 완성할 수 없었다. 계단을 완성하기 위해 추가로 필요한 성냥개비 개수의 최솟값을 구하시오.

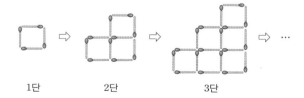

1단　　2단　　3단

12*

| 제한시간 2분 |

좌표평면에서 자연수 n에 대하여 그림과 같이 곡선 $y = x^2$과 직선 $y = \sqrt{n}\,x$가 제1사분면에서 만나는 점을 P_n이라 하자. 점 P_n을 지나고 직선 $y = \sqrt{n}\,x$와 수직인 직선이 x축, y축과 만나는 점을 각각 Q_n, R_n이라 하자.

삼각형 OQ_nR_n의 넓이를 S_n이라 할 때, $\sum_{n=1}^{5} \dfrac{2S_n}{\sqrt{n}}$의 값은?

(단, O는 원점이다.)

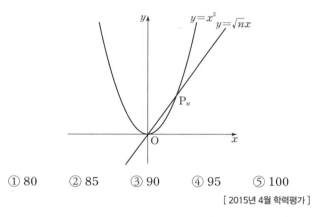

① 80　　② 85　　③ 90　　④ 95　　⑤ 100

[2015년 4월 학력평가]

Σa_n에서 a_n 구하기

13

| 제한시간 2분 |

수열 $\{a_n\}$에서 $\sum_{k=1}^{n} a_k = n^3 + 4n^2 + 3n$일 때, $\dfrac{1}{25} \sum_{k=1}^{10} \dfrac{a_{5k}}{k}$의 값을 구하시오.

① 100　　② 150　　③ 165

④ 175　　⑤ 200

14

| 제한시간 2분 |

두 수열 $\{a_n\}$, $\{b_n\}$에 대하여 $\sum_{k=1}^{n} a_k = an^2 - bn$,

$\sum_{k=1}^{n} b_k = cn^2 + cn$이고 $\sum_{k=1}^{n} a_k b_k = 4n^3 + 2n^2 - 2n$

일 때, 자연수 a, b, c의 합 $a+b+c$의 값을 구하시오.

15

| 제한시간 2분 |

수열 $\{a_n\}$에서 $\sum_{k=1}^{n} \dfrac{3k-1}{k} a_k = 2n^3 + 2n^2$일 때, $\sum_{k=1}^{20} a_k$의

값을 구하시오.

Σ에서 주기 이용하기

16

| 제한시간 1.5분 |

수열 $\{a_n\}$에서 $a_n = \sum_{k=1}^{n} k$이고, b_n은 a_n을 5로 나눈 나머지

이다. $\sum_{k=1}^{30} b_k$의 값을 구하시오.

17

| 제한시간 1.5분 |

수열 $\{a_n\}$에서 3^n을 5로 나눈 나머지를 a_n이라 하자.

$\sum_{n=1}^{100} a_n i^n$의 허수부분의 값은?

① 1   ② 20   ③ 25   ④ 125   ⑤ 200

Σ와 부분분수

18

| 제한시간 1.5분 |

첫째항이 2이고, 각 항이 양수인 수열 $\{a_n\}$의 첫째항부터

제n항까지의 합을 S_n이라 하자.

$\sum_{k=1}^{10} \dfrac{a_{k+1}}{S_k S_{k+1}} = \dfrac{1}{3}$ 일 때, S_{11}의 값은?

① 6   ② 7   ③ 8   ④ 9   ⑤ 10

[2012년 6월 학력평가]

19

| 제한시간 **2분** |

수열 $\{a_n\}$에서 $a_n = \dfrac{n}{n^4 + n^2 + 1}$일 때, $\sum\limits_{n=1}^{10} a_n$의 값은 $\dfrac{q}{p}$이다. 이때 $p+q$의 값을 구하시오.

(단, p, q는 서로소인 자연수)

$\sum$와 여러 가지 문제

20

| 제한시간 **2분** |

수열 $\{a_n\}$에서 다음이 성립할 때, $\sum\limits_{k=1}^{100} a_k$의 최솟값은?

| (가) $a_n \geq n$ | (나) $\sqrt{a_n}$은 자연수 |

① 4995   ② 5000   ③ 5050

④ 5555   ⑤ 5665

21

| 제한시간 **3분** |

수열 $\{a_n\}$을 $a_n = \sum\limits_{k=1}^{n} 2\left[\dfrac{k}{3}\right]$로 정의할 때 $\sum\limits_{k=1}^{20} a_k$의 값을 구하시오. (단, $[x]$는 x보다 크지 않은 가장 큰 정수이다.)

22

| 제한시간 **3분** |

수열 $\{a_n\}$에서 $a_n = x + \dfrac{1}{n}$일 때 $\sum\limits_{k=1}^{20} [a_k] = 128$이 되는 x의 최솟값을 p라 할 때, $8p$의 값을 구하시오.

(단, $[x]$는 x보다 크지 않은 가장 큰 정수이다.)

01 융합형

방정식 $x^3 - 2x - 1 = 0$의 서로 다른 세 근을 α, β, γ라 할 때 $\sum_{k=1}^{n} (\alpha - k)(\beta - k)(\gamma - k) = n - 195$가 되는 자연수 n 값을 구하시오.

02 신경향

수열 $\{a_n\}$에서 $a_n = 2^n$이고 $S_n = \sum_{k=1}^{n} a_k$일 때, $\sum_{n=2}^{10} \dfrac{S_{n-1} + 1}{a_1 \times a_2 \times \cdots \times a_n} = \dfrac{1}{2} - \dfrac{1}{2^N}$ 이다. 이때 자연수 N값 을 구하시오.

03

자연수 n에 대하여 $\left| \left(n + \dfrac{1}{2} \right)^2 - m \right| < \dfrac{1}{2}$ 을 만족시키는 자연수 m을 a_n이라 하자. $\sum_{k=1}^{5} a_k$의 값은?

① 65　　② 70　　③ 75　　④ 80　　⑤ 85

[2016년 3월 학력평가]

04 창의력

a_n을 $\sqrt{n}$에 가장 가까운 정수라 할 때, 다음 물음에 답하 시오.

(1) $a_n = 10$인 n은 몇 개인지 구하시오.

(2) $\sum_{n=1}^{100} a_n$의 값을 구하시오.

05[*]

자연수 n $(n \geq 2)$으로 나누었을 때, 몫과 나머지가 같아지는 자연수를 모두 더한 값을 a_n이라 하자. 예를 들어 4로 나누었을 때, 몫과 나머지가 같아지는 자연수는 5, 10, 15이므로 $a_4 = 5 + 10 + 15 = 30$이다. $a_n > 500$을 만족시키는 자연수 n의 최솟값을 구하시오.

[2009학년도 수능]

06

$a_n = \dfrac{1}{n}$인 수열 $\{a_n\}$에 대하여 $S_n = \displaystyle\sum_{k=1}^{n} a_k$,

$T_n = \displaystyle\sum_{k=1}^{2n} (-1)^{k+1} a_k$일 때, $\dfrac{T_n}{S_{2n} - S_n}$의 값을 구하시오.

07

신유형

p가 자연수일 때 $2^p - 1$은 소수이다. $2^{p-1}(2^p - 1)$의 양의 약수 전체를 $a_1, a_2, \cdots, a_n$이라 할 때, $\displaystyle\sum_{k=1}^{n} \dfrac{1}{a_k}$의 값은?

① 1   ② 2   ③ 3   ④ 4   ⑤ 5

08[*]

수열 $\{a_n\}$에서 다음이 성립할 때, $\displaystyle\sum_{n=1}^{30} a_n$의 값을 구하시오.

> (가) $|a_n| + a_{n+1} = n + 6$ $(n \geq 1)$
>
> (나) $\displaystyle\sum_{n=1}^{40} a_n = 520$

[2014년 10월 학력평가]

09*

그림은 다음과 같은 규칙으로 제 n 행에 n 개의 바둑돌을 놓은 것이다. ($n=1, 2, 3, \cdots$)

> (가) 제1행에는 검은 돌, 제2행에는 흰 돌을 놓는다.
> (나) 각 행에 놓은 바둑돌은 좌우대칭이 되도록 한다.
> (다) 각 행에서 두 검은 돌 사이에는 흰 돌을 두 개 놓는다.
> (라) 각 행에서 흰 돌은 세 개 이상 연속되지 않게 놓는다.

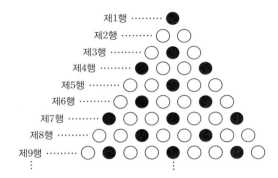

제 n 행에 놓인 검은 돌의 개수를 a_n 이라 할 때, $\sum\limits_{n=1}^{30} a_n$ 의 값은?

① 135　　　② 140　　　③ 145

④ 150　　　⑤ 155

[2009년 3월 학력평가]

10

창의력

자연수인 수열 $\{a_n\}$ 에서 $a_1=1$ 이고, $n \geq 2$ 일 때 a_n 은 아래의 조건에 맞는 최솟값이다.

> (가) a_n 은 $a_1, a_2, \cdots, a_{n-1}$ 중 어떤 항과도 같지 않다.
> (나) $a_1+a_2+\cdots+a_n$ 은 3의 배수가 아니다.

이때 $\sum\limits_{k=1}^{100} a_k$ 의 값을 구하시오.

11

30보다 작은 제곱수 두 개를 이어 붙여 만든 수 중 작은 수부터 나열한 것을 a_1, a_2, a_3, $\cdots$, a_n이라 하자. 예를 들어 $a_1=11$, $a_2=14$, $a_4=19$, $a_4=41$이다. 이때 다음을 구하시오. (단, 같은 제곱수도 이어 붙일 수 있다.)

(1) n값

(2) $\displaystyle\sum_{k=1}^{n} a_k$의 값 (단, n은 (1)에서 구한 값이다.)

12

융합형

$f(x)$가 $x>a$일 때 x값이 커지면 함숫값이 커지고, $x<a$일 때 x값이 커지면 함숫값이 작아지는 함수이면 $f(x)$는 $x=a$에서 최솟값을 가진다. 이때 다음을 구하시오.

(1) $|x-1|+|x-3|+|x-7|$이 최소가 되도록 하는 x의 값

(2) $|x-2|+4|x-3|+|x-5|+|x-6|+|x-8|$이 최소가 되도록 하는 x의 값

(3) $\displaystyle\sum_{k=1}^{10} |x-k| + \sum_{k=2}^{10} |x-k| + \cdots + \sum_{k=10}^{10} |x-k|$가 최소가 되도록 하는 x의 값

13[*]

함수 $f(x)$가 $0 \le x \le 2$에서 $f(x) = |x-1|$이고, 모든 실수 x에 대하여 $f(x) = f(x+2)$를 만족시킬 때, 함수 $g(x)$를 $g(x) = x + f(x)$라 하자. 자연수 n에 대하여 다음 조건을 만족시키는 두 자연수 a, b의 순서쌍 (a, b)의 개수를 a_n이라 할 때, $\sum\limits_{n=1}^{15} a_n$의 값을 구하시오.

(가) $n \le a \le n+2$ (나) $0 < b \le g(a)$

[2015년 3월 학력평가]

14

융합형

부등식 $n < \sum\limits_{k=1}^{80} \dfrac{1}{\sqrt{k}} < n+1$을 만족시키는 자연수 n의 값을 구하려고 한다. 다음 물음에 답하시오.

(1) $\dfrac{2}{\sqrt{k+1}+\sqrt{k}} < \dfrac{1}{\sqrt{k}} < \dfrac{2}{\sqrt{k}+\sqrt{k-1}}$임을 보이시오.

(2) (1)을 이용해 자연수 n의 값을 구하시오.

10 수학적 귀납법

1 수열의 귀납적 정의

수열 $\{a_n\}$을 첫째항 a_1과 이웃하는 두 항 a_n, a_{n+1} $(n=1, 2, 3, \cdots)$ 사이의 관계식으로 정의하는 것을 **수열의 귀납적 정의**라 한다. 이때 두 항 a_n, a_{n+1} 사이의 관계식을 **점화식**이라 한다.

보기 $x_1=2$, $x_{n+1}=\dfrac{1}{x_n+1}$로 정의된 수열 $\{x_n\}$에서 x_4의 값을 구하여라.

풀이 $x_2=\dfrac{1}{3}$, $x_3=\dfrac{1}{\dfrac{1}{3}+1}=\dfrac{3}{4}$, $x_4=\dfrac{1}{\dfrac{3}{4}+1}=\dfrac{4}{7}$

참고

수열을 귀납적으로 정의할 때 이웃한 세 항 사이의 관계가 필요하다면 첫째항과 둘째항의 값이 함께 있어야 모든 항의 값을 정할 수 있다.

예 $a_1=1$, $a_2=1$, $a_{n+2}=a_{n+1}+a_n$ $(n=1, 2, 3, \cdots)$

2 등차수열의 귀납적 정의

수열 $\{a_n\}$에서 $n=1, 2, 3, \cdots$일 때 $\boldsymbol{a_{n+1}-a_n=d}$(일정한 값)으로 주어진 점화식은 공차가 $\boldsymbol{d}$인 등차수열 $\{a_n\}$을 나타낸다.

※ 세 항 사이의 관계가 점화식 $a_{n+1}-a_n=a_{n+2}-a_{n+1}$ 또는 $2a_{n+1}=a_n+a_{n+2}$로 주어진 수열 $\{a_n\}$은 연속한 세 항 a_n, a_{n+1}, a_{n+2}에서 a_{n+1}이 등차중항이므로 등차수열을 나타낸다.

보기 $a_1=4$, $a_2=7$, $a_{n+2}-a_{n+1}=a_{n+1}-a_n$ $(n=1, 2, 3, \cdots)$으로 정의된 수열 $\{a_n\}$에서 $a_k=1000$이 되는 자연수 k값을 구하여라.

풀이 $a_{n+2}-a_{n+1}=a_{n+1}-a_n$에서 수열 $\{a_n\}$은 등차수열이다.
공차는 $a_2-a_1=7-4=3$, 첫째항은 $a_1=4$
$\therefore a_n=4+(n-1)\times3=3n+1$
이때 $a_k=3k+1=1000$에서 $k=\boldsymbol{333}$

참고

$n=1, 2, 3, \cdots$일 때 다음과 같은 점화식으로 주어진 수열은 $\left\{\dfrac{1}{a_n}\right\}$이 등차수열을 이룬다.

- $\dfrac{2}{a_{n+1}}=\dfrac{1}{a_n}+\dfrac{1}{a_{n+2}}$
- $\dfrac{1}{a_{n+1}}-\dfrac{1}{a_n}=\dfrac{1}{a_{n+2}}-\dfrac{1}{a_{n+1}}$

※ 이때 수열 $\{a_n\}$을 조화수열이라 한다.

3 등비수열의 귀납적 정의

수열 $\{a_n\}$에서 $n=1, 2, 3, \cdots$일 때 $\boldsymbol{a_{n+1}\div a_n=r}$(일정한 값)으로 주어진 점화식은 공비가 $\boldsymbol{r}$인 등비수열 $\{a_n\}$을 나타낸다.

※ 세 항 사이의 관계가 점화식 $a_{n+1}\div a_n=a_{n+2}\div a_{n+1}$ 또는 $a_{n+1}^{2}=a_n a_{n+2}$로 주어진 수열 $\{a_n\}$은 연속한 세 항 a_n, a_{n+1}, a_{n+2}에서 a_{n+1}이 등비중항이므로 등비수열을 나타낸다.

보기 $a_1=4$, $a_2=6$, $a_{n+2}\div a_{n+1}=a_{n+1}\div a_n$ $(n=1, 2, 3, \cdots)$으로 정의된 수열 $\{a_n\}$에서 a_{99}를 구하여라.

풀이 $a_{n+2}\div a_{n+1}=a_{n+1}\div a_n$에서 수열 $\{a_n\}$은 등비수열이다.
첫째항은 $a_1=4$, 공비는 $\dfrac{a_2}{a_1}=\dfrac{3}{2}$ $\quad \therefore a_n=4\times\left(\dfrac{3}{2}\right)^{n-1}$
이때 $a_{99}=4\times\left(\dfrac{3}{2}\right)^{98}=\dfrac{3^{98}}{2^{96}}$

보충

등차중항과 등비중항으로 주어진 점화식일 경우, 첫째항과 둘째항의 값을 알아야 모든 항의 값을 정할 수 있다.

4 점화식에서 일반항 구하기

① $a_{n+1}=a_n+f(n)$ 꼴 점화식

⇨ $n=1, 2, 3, \cdots, n-1$을 대입해 얻은 등식을 변끼리 더한다.

② $a_{n+1}=a_n \times f(n)$ 꼴 점화식

⇨ $n=1, 2, 3, \cdots, n-1$을 대입해 얻은 등식을 변끼리 곱한다.

③ $a_{n+1}=pa_n+q$ (단, $pq \neq 0$, $p \neq 1$) 꼴 점화식

⇨ $a_{n+1}-\alpha=p(a_n-\alpha)$로 변형하여 수열 $\{a_n-\alpha\}$는 첫째항이 $a_1-\alpha$, 공비가 p인 등비수열임을 이용한다.

※ $pa_{n+2}+qa_{n+1}+ra_n=0$ 꼴 점화식에서 $p+q+r=0$이면
$p(a_{n+2}-a_{n+1})=r(a_{n+1}-a_n)$ 꼴로 고쳐 등비수열 $\{a_{n+1}-a_n\}$의 일반항을 구한 다음 계차수열을 이용한다.

참고 계차수열

수열 $\{a_n\}$에 대하여 $b_n=a_{n+1}-a_n$ (n은 자연수) 을 수열 $\{a_n\}$의 **계차**라 하고, 계차로 이루어진 수열 $\{b_n\}$을 수열 $\{a_n\}$의 **계차수열**이라 한다.

$$\{a_n\}: a_1, a_2, a_3, \cdots, a_n, a_{n+1}$$
$$\{b_n\}: \ \ b_1, \ b_2, \ \cdots, \ \ b_n$$
$$b_1=a_2-a_1, \ b_2=a_3-a_2, \cdots, b_n=a_{n+1}-a_n$$

이때 $a_2=a_1+b_1$, $a_3=a_1+b_1+b_2$, $\cdots$처럼 생각할 수 있으므로

$$a_n=a_1+b_1+b_2+\cdots+b_{n-1}=a_1+\sum_{k=1}^{n-1} b_k$$

보기 다음과 같이 정의된 수열 $\{a_n\}$에서 일반항 a_n을 구하여라. (단, $n=1, 2, 3, \cdots$)

(1) $a_1=1$, $a_{n+1}=a_n+3n$ (2) $a_1=1$, $a_{n+1}=a_n \times 2^n$

(3) $a_1=4$, $a_{n+1}=\dfrac{1}{2}a_n+1$

풀이 (1) 주어진 점화식에 $n=1, 2, 3, \cdots, n-1$을 차례로 대입하면
$a_2=a_1+3\times1$, $a_3=a_2+3\times2$, $\cdots$, $a_n=a_{n-1}+3\times(n-1)$
위 등식을 같은 변끼리 더하면
$a_2+a_3+\cdots+a_n=a_1+a_2+\cdots+a_{n-1}+3(1+2+\cdots+n-1)$

$a_n-a_1=3 \times \dfrac{(n-1)n}{2}$ $\therefore a_n=\dfrac{3n^2-3n+2}{2}$

(2) 주어진 점화식에 $n=1, 2, 3, \cdots, n-1$을 차례로 대입하면
$a_2=a_1 \times 2^1$, $a_3=a_2 \times 2^2$, $\cdots$, $a_n=a_{n-1} \times 2^{n-1}$
위 등식을 같은 변끼리 곱하면
$a_2 \times a_3 \times \cdots \times a_n=a_1 \times a_2 \times \cdots \times a_{n-1} \times 2^{\{1+2+\cdots+(n-1)\}}$

$a_n=a_1 \times 2^{\frac{n(n-1)}{2}}$ $\therefore a_n=2^{\frac{n(n-1)}{2}}$

(3) $a_{n+1}=\dfrac{1}{2}a_n+1$을 $a_{n+1}-2=\dfrac{1}{2}(a_n-2)$로 고치면

수열 $\{a_n-2\}$는 첫째항이 $a_1-2=2$, 공비가 $\dfrac{1}{2}$인 등비수열이므로

$a_n-2=2 \times \left(\dfrac{1}{2}\right)^{n-1}$ $\therefore a_n=2+\left(\dfrac{1}{2}\right)^{n-2}$

다른 풀이

(1) 점화식 $a_{n+1}=a_n+3n$에서 $a_{n+1}-a_n=3n$이 므로 수열 $\{a_n\}$의 계차수열을 $b_n=3n$으로 생각하면

$a_n=a_1+\sum_{k=1}^{n-1} 3k$

$=1+\dfrac{3n(n-1)}{2}=\dfrac{3n^2-3n+2}{2}$

참고 분수 꼴 점화식의 활용

주어진 점화식에 대하여 역수를 취하거나 이웃한 두 항끼리의 곱, 즉 $a_n a_{n+1}$로 나눠 본다.

예 $a_1=2$, $a_{n+1}=\dfrac{a_n}{1+3a_n}$에서 각 변의 역수를 취하면 $\dfrac{1}{a_{n+1}}=\dfrac{1}{a_n}+3$

즉 수열 $\left\{\dfrac{1}{a_n}\right\}$은 첫째항이 $\dfrac{1}{2}$, 공차가 3인 등차수열이므로

$\dfrac{1}{a_n}=\dfrac{1}{2}+(n-1)\times3=\dfrac{6n-5}{2}$

$\therefore a_n=\dfrac{2}{6n-5}$

---

5 수학적 귀납법

자연수 n에 대한 명제 $p(n)$이 임의의 자연수 n에 대하여 성립함을 증명하려면 다음을 이용한다.

(ⅰ) $n=1$일 때, $p(n)$이 성립한다.

(ⅱ) $n=k$일 때, $p(n)$이 성립하면 $n=k+1$일 때도 $p(n)$이 성립한다.

이와 같은 방법으로 자연수 n에 대한 명제 $p(n)$이 성립함을 증명하는 것을 **수학적 귀납법**이라 한다.

STEP 1 | 1등급 준비하기

규칙을 찾는 점화식

01

$a_1=1$, $a_2=4$, $a_{n+2}-a_{n+1}+a_n=0$ $(n=1, 2, 3, \cdots)$으로 정의된 수열 $\{a_n\}$에 대하여 a_{1000}의 값은?

① -4 ② -3 ③ -1

④ 3 ⑤ 4

등차수열을 이용하는 점화식

02

$a_1=1$, $a_n a_{n+1}=a_n-a_{n+1}$ $(n=1, 2, 3, \cdots)$으로 정의된 수열 $\{a_n\}$에 대하여 a_{20}의 값은?

① 0 ② $\dfrac{1}{20}$ ③ $\dfrac{1}{2}$

④ $\dfrac{19}{20}$ ⑤ 20

$a_{n+1}=a_n+f(n)$ 꼴 점화식

03*

$a_1=2$, $a_{n+1}=a_n+3^n$ $(n=1, 2, 3, \cdots)$으로 정의된 수열 $\{a_n\}$에 대하여 a_5의 값을 구하시오.

$a_{n+1}=a_n \times f(n)$ 꼴 점화식

04*

$a_1=3$, $a_{n+1}=\dfrac{2n-1}{2n+1}a_n$ $(n=1, 2, 3, \cdots)$으로 정의된 수열 $\{a_n\}$에 대하여 a_{20}의 값을 구하시오.

$a_{n+1}=pa_n+q$ 꼴 점화식

05

$a_{n+1}=2a_n+3$ $(n=1, 2, 3, \cdots)$, $a_9=2557$로 정의된 수열 $\{a_n\}$에 대하여 a_1의 값을 구하시오.

06

$a_1=1$, $9a_na_{n+1}=a_n-2a_{n+1}$ $(n=1, 2, 3, \cdots)$으로 정의된 수열 $\{a_n\}$에서 $\dfrac{1}{a_8}$의 값을 구하시오.

점화식 구하기

07*

평면에 직선 n개를 그었을 때 직선들끼리 만나서 생기는 교점 수의 최댓값을 a_n이라 하자. 다음을 구하시오.

(1) 평면에 직선 $n-1$개가 그어져 있을 때, 직선 하나를 더 그어 새로 생기는 교점 수의 최댓값

(2) $n \geq 2$일 때 a_n과 a_{n-1}의 관계식

(3) a_{12}의 값

수학적 귀납법

08

다음은 n이 자연수일 때, 모든 자연수 n에 대하여

$$\sum_{k=1}^{n} k(k+1) = \frac{1}{3}n(n+1)(n+2)$$

이 성립함을 증명한 것이다.

> (ⅰ) $n=1$일 때
> (좌변)$=2$, (우변)$=2$이므로 성립한다.
> (ⅱ) $n=m$일 때
> $$\sum_{k=1}^{m} k(k+1) = \frac{1}{3}m(m+1)(m+2)$$
> 이 성립한다고 가정하면
> $$\sum_{k=1}^{m+1} k(k+1)$$
> $$= \sum_{k=1}^{m} k(k+1) + \boxed{\text{(가)}}$$
> $$= \frac{1}{3}m(m+1)(m+2) + \boxed{\text{(가)}}$$
> $$= \frac{1}{3}(m+1)(m+2)(m+\boxed{\text{(나)}})$$
> $$\therefore \sum_{k=1}^{m+1} k(k+1) = \frac{1}{3}(m+1)(m+2)(m+\boxed{\text{(나)}})$$
> 따라서 모든 자연수 n에 대하여 성립한다.

위 증명에서 (가)에 들어갈 식을 $f(m)$, (나)에 들어갈 수를 a라 할 때, $f(11)+a$의 값은?

① 156   ② 157   ③ 158

④ 159   ⑤ 160

규칙을 찾는 점화식

01
| 제한시간 1분 |

$a_1 = a_2 = 1$, $a_{n+1} = -2|a_n| + |a_{n-1}|$ $(n = 2, 3, \cdots)$으로 정의된 수열 $\{a_n\}$에서 $a_1 + a_2 + \cdots + a_{30}$의 값은?

① -26 ② -12 ③ -2

④ 20 ⑤ 32

02*
| 제한시간 2분 |

$a_1 = \dfrac{3}{2}$, $a_{n+1} = \dfrac{3a_n - 2}{a_n}$ $(n = 1, 2, 3, \cdots)$로 정의된 수열 $\{a_n\}$에서 a_{10}의 값은?

① $\dfrac{1023}{511}$ ② $\dfrac{1025}{511}$ ③ $\dfrac{1023}{513}$

④ $\dfrac{1025}{513}$ ⑤ $\dfrac{1021}{255}$

03*
| 제한시간 2.5분 |

그림과 같이 직사각형에서 세로를 각각 이등분하는 점 2개를 연결하는 선분을 그린 그림을 [그림 1]이라 하자.

[그림 1]을 $\dfrac{1}{2}$만큼 축소시킨 도형을 [그림 1]의 오른쪽 맨 아래 꼭짓점을 하나의 꼭짓점으로 하여 오른쪽에 이어 붙인 그림을 [그림 2]라 하자.

이와 같이 3 이상의 자연수 k에 대하여 [그림 1]을 $\dfrac{1}{2^{k-1}}$만큼 축소시킨 도형을 [그림 $k-1$]의 오른쪽 맨 아래 꼭짓점을 하나의 꼭짓점으로 하여 오른쪽에 이어 붙인 그림을 [그림 k]라 하자.

자연수 n에 대하여 [그림 n]에서 왼쪽 맨 위 꼭짓점을 A_n, 오른쪽 맨 아래 꼭짓점을 B_n이라 할 때, 점 A_n에서 점 B_n까지 선을 따라 최단거리로 가는 경로의 수를 a_n이라 하자. a_7의 값을 구하시오.

[2013년 9월 모의평가]

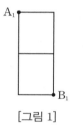 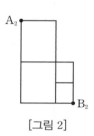 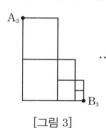

[그림 1] [그림 2] [그림 3]

등차수열을 이용하는 점화식

04
| 제한시간 2분 |

수열 $\{a_n\}$에서 $a_1=2$, $a_{n+1}=2a_n+2^n$일 때, 다음 물음에 답하시오.

(1) $b_n=\dfrac{a_n}{2^n}$이라 할 때, b_n을 n에 대한 식으로 나타내시오.

(2) a_7의 값을 구하시오.

05
| 제한시간 1.5분 |

모든 항이 양수인 수열 $\{a_n\}$에서 $S_n=a_1+a_2+\cdots+a_n$이고, $a_1=1$, $a_n=\sqrt{S_n}+\sqrt{S_{n-1}}$ $(n\geq2)$일 때, a_8의 값을 구하시오.

등비수열을 이용하는 점화식

06
| 제한시간 1분 |

수열 $\{a_n\}$에서 다음 조건이 성립할 때, a_9의 값을 구하시오.

> (가) $a_1=a_2+3$ (나) $a_{n+1}=-2a_n$ $(n\geq1)$

[2014학년도 수능]

07*
| 제한시간 1.5분 |

$a_1=1$, $a_{n+1}=\dfrac{a_n}{a_n+2}$ (단, $n=1,2,3,\cdots$)으로 정의된 수열 $\{a_n\}$에 대하여 $a_{10}=\dfrac{1}{p}$일 때, 자연수 p값을 구하시오.

08*

| 제한시간 2분 |

수열 $\{a_n\}$에서 $a_1=2$이고, $n \geq 1$일 때, a_{n+1}은

$\dfrac{1}{n+2} < \dfrac{a_n}{k} < \dfrac{1}{n}$ 을 만족시키는 자연수 k의 개수이다.

a_{10}의 값을 구하시오.

[2013년 6월 모의평가]

09*

| 제한시간 2.5분 |

$a_{n+1}=3a_n+2^n$, $a_1=1$ $(n=1,\ 2,\ 3,\ \cdots)$로 정의된 수열 $\{a_n\}$에 대하여 다음을 구하시오.

(1) $a_{n+1}-\alpha \times 2^{n+1}=3(a_n-\alpha \times 2^n)$이 되는 정수 α

(2) 항 a_5의 값

10

| 제한시간 2분 |

다음은 $a_1=3$, $2a_{n+1}=3a_n-\dfrac{6n+2}{(n+1)!}$ $(n \geq 1)$으로 정의된 수열 $\{a_n\}$의 일반항 a_n을 구하는 과정이다.

주어진 식에 의하여

$$2a_{n+1}=3a_n-\dfrac{6(n+1)-4}{(n+1)!}$$

이다.

$$2a_{n+1}-\dfrac{4}{(n+1)!}=3a_n-3 \times \boxed{\text{(가)}}$$

이므로 $b_n=a_n-\boxed{\text{(가)}}$ 라 하면

$$2b_{n+1}=3b_n$$

이다. $b_{n+1}=\dfrac{3}{2}b_n$이고 $b_1=1$이므로

$$b_n=\boxed{\text{(나)}}$$

이다. 그러므로 $a_n=\boxed{\text{(가)}}+\boxed{\text{(나)}}$ 이다.

위의 (가), (나)에 알맞은 식을 각각 $f(n)$, $g(n)$이라 할 때, $f(3) \times g(3)$의 값은?

[2014년 6월 모의평가]

① 12 ② $\dfrac{7}{12}$ ③ $\dfrac{2}{3}$

④ $\dfrac{3}{4}$ ⑤ $\dfrac{5}{6}$

11

| 제한시간 2.5분 |

어떤 학교에서는 매주 축구 경기와 농구 경기가 벌어지는데, 첫째 주에는 40 %의 학생이 축구 경기를 구경했다. 매주 축구 경기를 본 학생의 40 %가 농구 경기를 보러 가고, 농구 경기를 본 학생의 10 %가 축구 경기를 보러 간다고 한다. 10주째에 축구 경기를 보는 학생은 몇 %인지 구하시오. (단, $5 \div 128 = 0.04$로 계산하며, 모든 학생은 두 경기 중 하나를 반드시 본다.)

12*

| 제한시간 2.5분 |

1, 2, 3, 4, 5로 중복을 허락해 10자리 자연수를 만들 때, 만들어진 모든 10자리 자연수에서 각 자리에 사용한 1의 개수가 홀수인 것이 모두 $\dfrac{p^m - q^m}{2}$개다. 이때 $m + p + q$의 값을 구하시오.

점화식에서 일반항 구하기

13

| 제한시간 2분 |

$a_1 = 1$, $a_2 = 3$, $a_{n+2} - 4a_{n+1} + 3a_n = 0$ $(n = 1, 2, 3, \cdots)$으로 정의된 수열 $\{a_n\}$에 대하여 a_7의 값을 구하시오.

14

| 제한시간 2분 |

$a_1 = 1$, $a_2 = 2$, $a_{n+2} = \dfrac{2a_{n+1} + a_n}{3}$ $(n = 1, 2, 3, \cdots)$으로 정의된 수열 $\{a_n\}$에 대하여 다음을 구하시오.

(1) $b_n = a_{n+1} - a_n$이라 할 때, 수열 $\{b_n\}$의 일반항

(2) 수열 $\{a_n\}$의 일반항

15
| 제한시간 **2분** |

수열 $\{a_n\}$에서 $a_1=1$이고, 첫째항부터 제n항까지의 합 $S_n=n^2a_n$일 때 $101S_{100}$의 값을 구하시오.

17
| 제한시간 **2분** |

두 수열 $\{a_n\}$, $\{b_n\}$에 대하여 다음이 성립할 때, a_{33}의 값을 구하시오.

> (가) $a_nb_{n+1}=a_{n+1}b_n$ (나) $b_n=3n+1$ (다) $a_1=1$

16*
| 제한시간 **2분** |

수직선 위의 두 점 $P_1(1)$, $P_2(3)$에 대하여 $\overline{P_nP_{n-1}}$을 $1:4$로 외분하는 점을 P_{n+1}이라 할 때, P_6의 좌표는 $\dfrac{b}{a}$이다. 이때 $b-a$의 값을 구하시오. (단, $n\geq2$이고, a, b는 서로소이다.)

18
| 제한시간 **2분** |

세 문자 A, B, C를 중복 사용해서 일렬로 나열하는데 A는 연속해서 나열할 수 없다고 한다. 문자 n개를 일렬로 나열하는 경우의 수를 a_n이라 하면 두 정수 p, q에 대하여 $a_{n+1}=pa_n+qa_{n-1}$이 성립한다. 이때 p, q의 합 $p+q$의 값을 구하시오.

19

| 제한시간 3분 |

다음은 $a_1=1$, $a_2=5$이고, 모든 자연수 n에 대하여

$$a_{n+2}=\begin{cases}a_{n+1}-2a_n & (n\text{이 홀수})\\6a_{n+1}-a_n & (n\text{이 짝수})\end{cases}$$

인 수열 $\{a_n\}$의 일반항 a_n을 구하는 과정이다.

주어진 식에서 모든 자연수 n에 대하여

$a_{2n+1}=a_{2n}-2a_{2n-1}$ ······ ㉠

$a_{2n+2}=6a_{2n+1}-a_{2n}$ ······ ㉡

$a_{2n+3}=a_{2n+2}-2a_{2n+1}$ ······ ㉢

이므로 ㉠, ㉡, ㉢을 연립하여 정리하면

$a_{2n+3}-a_{2n+1}=2(a_{2n+1}-a_{2n-1})$

이고, ㉠에서 $n=1$일 때 $a_3=3$이므로

$a_{2n+1}-a_{2n-1}=\boxed{\text{(가)}}$ $(n\geq1)$

이다. 따라서

$a_{2n-1}=\boxed{\text{(나)}}$ $(n\geq1)$

이고, ㉠으로부터

$a_{2n}=a_{2n+1}+2a_{2n-1}$

이므로

$a_{2n}=\boxed{\text{(다)}}$ $(n\geq1)$

이다. 그러므로 모든 자연수 n에 대하여

$a_{2n-1}=\boxed{\text{(나)}}$, $a_{2n}=\boxed{\text{(다)}}$

이다.

위의 (가)에 알맞은 식을 $f(n)$, (나)에 알맞은 식을 $g(n)$, (다)에 알맞은 식을 $h(n)$이라 할 때, $\dfrac{f(5)g(10)}{h(10)-1}$의 값은?

① 4   ② 8   ③ 12

④ 16   ⑤ 20

[2015년 3월 학력평가]

수학적 귀납법

20

| 제한시간 2분 |

다음은 모든 자연수 n에 대하여

$$\frac{4}{3}+\frac{8}{3^2}+\frac{12}{3^3}+\cdots+\frac{4n}{3^n}=3-\frac{2n+3}{3^n} \quad\cdots\cdots(*)$$

이 성립함을 수학적 귀납법으로 증명한 것이다.

<증명>

(i) $n=1$일 때, (좌변)$=\dfrac{4}{3}$, (우변)$=3-\dfrac{5}{3}=\dfrac{4}{3}$이므로 $(*)$이 성립한다.

(ii) $n=k$일 때, $(*)$이 성립한다고 가정하면

$$\frac{4}{3}+\frac{8}{3^2}+\frac{12}{3^3}+\cdots+\frac{4k}{3^k}=3-\frac{2k+3}{3^k}$$

이다.

위 등식의 양변에 $\dfrac{4(k+1)}{3^{k+1}}$을 더하여 정리하면

$$\frac{4}{3}+\frac{8}{3^2}+\frac{12}{3^3}+\cdots+\frac{4k}{3^k}+\frac{4(k+1)}{3^{k+1}}$$

$$=3-\frac{1}{3^k}\left\{(2k+3)-\left(\boxed{\text{(가)}}\right)\right\}$$

$$=3-\frac{\boxed{\text{(나)}}}{3^{k+1}}$$

따라서 $n=k+1$일 때도 $(*)$이 성립한다.

(i), (ii)에 의하여

모든 자연수 n에 대하여 $(*)$이 성립한다.

위의 (가), (나)에 알맞은 식을 각각 $f(k)$, $g(k)$라 할 때, $f(3)\times g(2)$의 값은?

① 36   ② 39   ③ 42

④ 45   ⑤ 48

21[*] | 제한시간 3.5분 |

다음은 모든 자연수 n에 대하여

$$\sum_{k=1}^{n}(2k-1)(2n+1-2k)^2 = \frac{n^2(2n^2+1)}{3}$$

이 성립함을 수학적 귀납법으로 증명한 것이다.

(i) $n=1$일 때, (좌변)$=1$, (우변)$=1$이므로 주어진 등식은 성립한다.

(ii) $n=m$일 때, 등식

$$\sum_{k=1}^{m}(2k-1)(2m+1-2k)^2 = \frac{m^2(2m^2+1)}{3}$$

이 성립한다고 가정하자. $n=m+1$일 때,

$$\sum_{k=1}^{m+1}(2k-1)(2m+3-2k)^2$$

$$= \sum_{k=1}^{m}(2k-1)(2m+3-2k)^2 + \boxed{(가)}$$

$$= \sum_{k=1}^{m}(2k-1)(2m+1-2k)^2$$

$$\quad + \boxed{(나)} \times \sum_{k=1}^{m}(2k-1)(m+1-k) + \boxed{(가)}$$

$$= \frac{(m+1)^2\{2(m+1)^2+1\}}{3}$$

이다. 따라서 $n=m+1$일 때도 주어진 등식이 성립한다.

(i), (ii)에 의하여 모든 자연수 n에 대하여 주어진 등식이 성립한다.

위의 (가)에 알맞은 식을 $f(m)$, (나)에 알맞은 수를 p라 할 때, $f(3)+p$의 값은?

① 11   ② 13   ③ 15

④ 17   ⑤ 19

[2016년 7월 학력평가]

22 | 제한시간 2.5분 |

임의의 자연수 n에 대하여 $2^{3n}-3^n$이 5의 배수임을 수학적 귀납법으로 증명하시오.

23 | 제한시간 2.5분 |

임의의 자연수 n에 대하여 $(3+2\sqrt{2})^n+(3-2\sqrt{2})^n$이 짝수임을 수학적 귀납법으로 증명하시오.

01
신유형

$a_n = 5n+1$, $b_1 = 1$, $b_{n+1} - b_n = n+1$인 두 수열 $\{a_n\}$, $\{b_n\}$이 있다. 자연수 k에 대하여 $a_k \times b_k$의 값이 홀수가 되는 100 이하의 모든 자연수 k값의 합을 구하시오.

02
수열 $\{a_n\}$에서 다음이 성립할 때, $a_k = 0$이 되는 자연수 k값을 구하시오.

> (가) $a_1 = 12$, $a_2 = 8$
>
> (나) $a_{n+1} = a_{n-1} - \dfrac{2}{a_n}$ $(2 \le n \le 49)$

03*
신유형

$a_1 = 1$, $a_2 = 1$, $S_n = a_1 + a_2 + \cdots + a_n$,

$a_{n+1} = 2S_{n-1} - S_n - \dfrac{2}{S_n}$인 수열 $\{a_n\}$에서 a_{1000}의 값을 구하시오.

04
융합형

어떤 마을에 착한 형제가 살고 있다. 형과 동생은 모두 3600만 원씩 가지고 있는데, 어느 날 동생이 형에게 자기 재산의 절반을 줬더니 형은 동생에게 자기 재산의 절반에 60만 원을 더해 다시 돌려줬다. 이 형제가 이와 같은 행동을 네 번 반복한 뒤 형의 재산은 몇 만 원인지 구하시오.

05

좌표평면 위에 n개의 점 A_1, A_2, $\cdots$, A_n이 있고, B_{k+1}은 $\overline{B_k A_{k+1}}$을 $1 : k$ $(k=1, 2, \cdots, n-1)$로 내분하는 점이다. $A_k(k, 2k)$ $(k=1, 2, 3, \cdots, n)$이고 $B_1(1, 2)$일 때, B_{15}의 좌표를 구하시오.

06

양의 실수 x_1, x_2, x_3, $\cdots$, x_n과 임의의 자연수 n에 대하여
$$(x_1+x_2+x_3+\cdots+x_n)\left(\frac{1}{x_1}+\frac{1}{x_2}+\frac{1}{x_3}+\cdots+\frac{1}{x_n}\right)\geq n^2$$
이 성립함을 증명하려 한다. 다음 물음에 답하시오.

(1) $n=1$일 때 성립함을 보이시오.

(2) $1\leq i\leq n$, $1\leq j\leq n$인 두 자연수 i, j에 대하여
$$x_i\times\frac{1}{x_j}+x_j\times\frac{1}{x_i}\geq 2$$
임을 보이시오.

(3) (2)를 이용해 증명을 완성하시오.

07

아래 글을 읽고 다음 물음에 답하시오.

그림처럼 한 점에서 만나지 않도록 세 직선을 그었을 때 생기는 영역 7개 중 색칠한 영역은 넓이가 유한한 부분이고, 색칠하지 않은 나머지 영역 6개는 넓이를 정할 수 없는 부분이 된다. 이제 평면 위에서 임의의 세 직선이 한 개의 삼각형을 만들어내도록 직선을 계속 긋는다고 하자. 예를 들어 이 규칙에 따라 직선을 1개 더 그으면 새로 그은 직선이 나머지 세 직선과 한 번씩 만나므로 교점은 3개이다. 이 세 교점을 A, B, C라 하면 새로 그은 직선은 선분 AB, 선분 BC, 그리고 점 A에서 시작하는 반직선, 점 C에서 시작하는 반직선으로 구분할 수 있다.

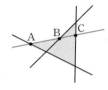

(1) 위 규칙에 따라 $n+1$번째로 그은 직선이 나머지 직선 n개와 만나는 교점은 p개이고, 이 $n+1$번째 직선은 선분 q개, 반직선 r개로 구분한다고 하자. 이때 $p+q+r$를 n에 대한 식으로 나타내시오.

(2) 위 규칙에 따라 직선 n개를 그었을 때 평면은 넓이가 유한한 a_n개의 부분과 넓이를 정할 수 없는 b_n개의 부분으로 나누어진다. 이때 $a_6\times b_6$의 값을 구하시오.

배움으로 행복한 내일을 꿈꾸는
천재교육 커뮤니티 안내 . . .

교재 안내부터 구매까지 한 번에!
천재교육 홈페이지

천재교육 홈페이지에서는 자사가 발행하는 참고서,
교과서에 대한 소개는 물론 도서 구매도 할 수 있습니다.
회원에게 지급되는 별을 모아 다양한 상품 응모에도
도전해 보세요.

구독, 좋아요는 필수! 핵유용 정보 가득한
천재교육 유튜브 <천재TV>

신간에 대한 자세한 정보가 궁금하세요?
참고서를 어떻게 활용해야 할지 고민인가요?
공부 외 다양한 고민을 해결해 줄 채널이 필요한가요?
학생들에게 꼭 필요한 콘텐츠로 가득한 천재TV로 놀러 오세요!

다양한 교육 꿀팁에 깜짝 이벤트는 덤!
천재교육 인스타그램

천재교육의 새롭고 중요한 소식을 가장 먼저 접하고 싶다면?
천재교육 인스타그램 팔로우가 필수!
누구보다 빠르고 재미있게 천재교육의 소식을 전달합니다.
깜짝 이벤트도 수시로 진행되니 놓치지 마세요!

최강

TOT

수학 I

정답과 풀이

천재교육

TOT

TOP

OF THE

TOP

Top of the Top

정답과 풀이

수학 I

01 지수

STEP 1 | 1등급 준비하기

p.6~7

01 ④	02 ②, ④	03 ③	04 9
05 ⑤	06 ②	07 ①	08 ④
09 ④	10 ②		

01 답 ④

GUIDE

	$a>0$	$a=0$	$a<0$
n이 짝수	$\sqrt[n]{a},\ -\sqrt[n]{a}$	0	없다
n이 홀수	$\sqrt[n]{a}$	0	$\sqrt[n]{a}$

ㄴ. n이 짝수일 때, 음의 실수 a의 n제곱근 중에서 실수는 없다.
따라서 옳은 것은 ㄱ, ㄷ

02 답 ②, ④

GUIDE

거듭제곱 중 실수인 것만 구할 경우, '홀수 제곱근'이면 $\sqrt[n]{a}$을 생각하고,
'짝수 제곱근'이면 $\pm\sqrt[n]{a}$를 생각한다.

3^{10}의 다섯제곱근 중에서 실수인 것은 $\sqrt[5]{3^{10}}=3^{\frac{10}{5}}=3^2=9$
또 9의 네제곱근 중에서 실수인 것은
$\pm\sqrt[4]{9}=\pm\sqrt[4]{3^2}=\pm 3^{\frac{2}{4}}=\pm\sqrt{3}$ (복부호는 같은 순서)이므로
$\sqrt{3},\ -\sqrt{3}$
따라서 구하는 수는 $\sqrt{3},\ -\sqrt{3}$이다.

03 답 ③

GUIDE

$2^x=4^y=8^z=k$로 놓아 밑을 갖게 하여 지수끼리 계산한다.

$2^x=4^y=8^z=k$로 놓으면 $k>0$
$2^x=k$에서 $k^{\frac{1}{x}}=2$ $\qquad\qquad$ ……㉠
$4^y=k$에서 $k^{\frac{1}{y}}=4$이므로 $k^{\frac{2}{y}}=4^2=16$ ……㉡
$8^z=k$에서 $k^{\frac{1}{z}}=8$ $\qquad\qquad$ ……㉢
㉠÷㉡×㉢을 하면
$k^{\frac{1}{x}-\frac{2}{y}+\frac{1}{z}}=2\div16\times8=1$ $\quad\therefore\ \dfrac{1}{x}-\dfrac{2}{y}+\dfrac{1}{z}=0$

04 답 9

GUIDE

❶ $a^x a^y=a^{x+y}$ $\qquad\qquad$ ❷ $(a^x)^y=a^{xy}$

$5^{2a+b}=4$이고 $2^{2a-b}=3$이므로
$(5^{2a+b})^{2a-b}=4^{2a-b}=(2^{2a-b})^2=3^2=9$ $\quad\therefore\ 5^{4a^2-b^2}=9$

05 답 ⑤

GUIDE

❶ $(a^p\pm b^q)^2=a^{2p}\pm 2a^p b^q+b^{2q}$ (복부호는 같은 순서)
❷ $(a^p\pm b^q)^3=a^{3p}\pm b^{3q}\pm 3a^p b^q(a^p\pm b^q)$ (복부호는 같은 순서)

$x^3=\left(4^{\frac{1}{3}}-4^{-\frac{1}{3}}\right)^3=4-4^{-1}-3\left(4^{\frac{1}{3}}-4^{-\frac{1}{3}}\right)=\dfrac{15}{4}-3x$
이므로 $4x^3=15-12x$
$\therefore\ 4x^3+12x=15$

06 답 ②

GUIDE

$p^3+q^3\pm 3pq(p\pm q)=(p\pm q)^3$ (복부호는 같은 순서)를 이용한다.

$(x+y)^{\frac{2}{3}}+(x-y)^{\frac{2}{3}}$
$=\left(a+3a^{\frac{2}{3}}b^{\frac{1}{3}}+3a^{\frac{1}{3}}b^{\frac{2}{3}}+b\right)^{\frac{2}{3}}+\left(a-3a^{\frac{2}{3}}b^{\frac{1}{3}}+3a^{\frac{1}{3}}b^{\frac{2}{3}}-b\right)^{\frac{2}{3}}$
$=\left\{\left(a^{\frac{1}{3}}+b^{\frac{1}{3}}\right)^3\right\}^{\frac{2}{3}}+\left\{\left(a^{\frac{1}{3}}-b^{\frac{1}{3}}\right)^3\right\}^{\frac{2}{3}}$
$=\left(a^{\frac{1}{3}}+b^{\frac{1}{3}}\right)^2+\left(a^{\frac{1}{3}}-b^{\frac{1}{3}}\right)^2$
$=2\left(a^{\frac{2}{3}}+b^{\frac{2}{3}}\right)=2$

07 답 ①

GUIDE

밑을 2로 통일한 다음 지수끼리 비교한다.

$A=\sqrt{2\sqrt{2}}=\left(2\times 2^{\frac{1}{2}}\right)^{\frac{1}{2}}=\left(2^{\frac{3}{2}}\right)^{\frac{1}{2}}=2^{\frac{3}{4}}$
$B=\sqrt{2^{\sqrt{2}}}=(2^{\sqrt{2}})^{\frac{1}{2}}=2^{\frac{\sqrt{2}}{2}}$
$C=(\sqrt{2})^{\sqrt{2}}=\left(2^{\frac{1}{2}}\right)^{\sqrt{2}}=2^{\frac{1}{2}\times\sqrt{2}}=2^{\frac{\sqrt{2}}{2}}$
$\dfrac{\sqrt{2}}{2}<\dfrac{3}{4}$이므로 $B=C<A$

08 답 ④

GUIDE

$(\sqrt{26})^a=5\sqrt{2}$, $3^b=2\sqrt[3]{6}$, $5^c=2\sqrt{13}$에서 각 식의 우변에 거듭제곱근이 없어지도록 제곱 또는 세제곱을 해 본다.

$26^a=50$, $27^b=48$, $25^c=52$이므로 $27^b<26^a<25^c$
$\therefore\ b<a<c$

참고

양수 k에 대하여 $27^k>26^k>25^k$이므로 $27^b<26^a<25^c$이려면
$b<a<c$이어야 한다.

09 답 ④

GUIDE

알맞은 차수의 식을 분모와 분자에 곱하여 정리한다.

주어진 식의 분모와 분자에 각각 a^{11}을 곱하면
(주어진 식)$=\dfrac{a^{11}(a^2+a^4+a^6+a^8+a^{10})}{a^{10}+a^8+a^6+a^4+a^2}=a^{11}=2^{\frac{11}{2}}=32\sqrt{2}$

10 답 ②

GUIDE

$$\left(x^{\frac{1}{2}} \pm x^{-\frac{1}{2}}\right)^2 = x + \frac{1}{x} \pm 2$$

$x^2 - 7x + 1 = 0$에서 양변을 x로 나누고 정리하면 $x + \frac{1}{x} = 7$

$\therefore x^2 + \frac{1}{x^2} = \left(x + \frac{1}{x}\right)^2 - 2 = 47$

$\left(x^{\frac{1}{2}} + x^{-\frac{1}{2}}\right)^2 = x + \frac{1}{x} + 2 = 9$에서 $x^{\frac{1}{2}} + x^{-\frac{1}{2}} = 3 \ (\because \ x > 0)$

$\therefore \dfrac{x^{\frac{1}{2}} + x^{-\frac{1}{2}}}{x^2 + x^{-2}} = \dfrac{3}{47}$

STEP 2	1등급 굳히기		p. 8~11
01 ①	**02** 30	**03** ⑤	**04** 16
05 13	**06** ⑤	**07** ①	**08** ⑤
09 2	**10** 18	**11** 1	**12** 5
13 5	**14** ③	**15** ③, ⑤	**16** 0
17 7	**18** A	**19** ①	**20** ②

01 답 ①

GUIDE

❶ $x \neq 0$일 때 $\dfrac{a}{b} = \dfrac{ax}{bx}$

❷ $x^{\frac{a}{b}} = \sqrt[b]{x^a}$

$a > 0$이고 r, s가 유리수일 때, $r = \dfrac{m}{n}$, $s = \dfrac{p}{q}$ (단, m, n, p, q는 정수, $n > 0$, $q > 0$)로 놓으면

$$a^r \div a^s = a^{\frac{m}{n}} \div a^{\frac{p}{q}} = a^{\frac{mq}{nq}} \div a^{\frac{np}{nq}}$$
$$= \frac{a^{\frac{mq}{nq}}}{a^{\frac{np}{nq}}} = \frac{\sqrt[nq]{a^{mq}}}{\sqrt[nq]{a^{np}}}$$
$$= \sqrt[nq]{a^{mq-np}} = a^{\frac{mq-np}{nq}} = a^{\frac{m}{n} - \frac{p}{q}} = a^{r-s}$$

02 답 30

GUIDE

❶ $(abc)^n$을 정수$^{(분수)}$ 꼴의 곱으로 바꾼다.

❷ 곱이 자연수가 되는 지수 조건을 찾는다.

$a = 3^{\frac{1}{6}}$, $b = 7^{\frac{1}{5}}$, $c = 11^{\frac{1}{2}}$이므로

$(abc)^n = \left(3^{\frac{1}{6}} \times 7^{\frac{1}{5}} \times 11^{\frac{1}{2}}\right)^n = 3^{\frac{n}{6}} \times 7^{\frac{n}{5}} \times 11^{\frac{n}{2}}$

$3^{\frac{n}{6}} \times 7^{\frac{n}{5}} \times 11^{\frac{n}{2}}$이 자연수가 되려면 $\dfrac{n}{6}$, $\dfrac{n}{5}$, $\dfrac{n}{2}$이 모두 자연수

이어야 한다.

따라서 최소의 자연수 n은 6, 5, 2의 최소공배수인 30이다.

03 답 ⑤

GUIDE

양수 x, y에 대하여 $xy = 1$이고 $x < 1$이면 $y > 1$이다.

ㄱ. $a^{\frac{1}{3}} b^{\frac{1}{4}} c^{\frac{1}{12}} = 1$의 양변을 12제곱하면

$\left(a^{\frac{1}{3}} b^{\frac{1}{4}} c^{\frac{1}{12}}\right)^{12} = a^4 b^3 c = 1$

이때 $0 < a < b < c$이므로 $c > 1$이고, $a^4 b^3 < 1$ (×)

ㄴ. $a^4 b^3 c = 1$의 양변에 $\dfrac{b}{a}$를 곱하면

$a^4 b^3 c \times \dfrac{b}{a} = a^3 b^4 c = \dfrac{b}{a} > 1 \ (\because \ 0 < a < b)$ (○)

ㄷ. ㄴ에서 $a^3 b^4 c > 1$의 양변을 $\dfrac{1}{12}$ 제곱하면

$(a^3 b^4 c)^{\frac{1}{12}} = a^{\frac{1}{4}} b^{\frac{1}{3}} c^{\frac{1}{12}} = \sqrt[4]{a} \sqrt[3]{b} \sqrt[12]{c} > 1$ (○).

참고

ㄱ에서 $0 < c \leq 1$이면 $a^4 < 1$, $b^3 < 1$이므로 $a^4 b^3 c < 1$일 수밖에 없다.

04 답 16

GUIDE

❶ 거듭제곱근을 유리수 지수로 바꾼다.

❷ $a = (a^2)^{\frac{1}{2}} = (a^3)^{\frac{1}{3}} = (a^4)^{\frac{1}{4}} = \cdots$이면 a는 자연수의 제곱근임을 이용한다.

$\left(\sqrt[3]{3^5}\right)^{\frac{1}{2}} = \left(3^{\frac{5}{3}}\right)^{\frac{1}{2}} = 3^{\frac{5}{6}}$

이때 $3^{\frac{5}{6}} = (3^5)^{\frac{1}{6}} = (3^{10})^{\frac{1}{12}} = (3^{15})^{\frac{1}{18}} = \cdots = (3^{80})^{\frac{1}{96}}$이므로

$\left(\sqrt[3]{3^5}\right)^{\frac{1}{2}}$은 3^5의 6제곱근, 3^{10}의 12제곱근, 3^{15}의 18제곱근, $\cdots$, 3^{80}

의 96제곱근과 같다.

따라서 구하는 n은 6, 12, 18, $\cdots$, 96이므로 16개이다.

다른 풀이

$N = \left(\left(\sqrt[3]{3^5}\right)^{\frac{1}{2}}\right)^n = 3^{\frac{5n}{6}}$

여기서 N이 자연수이려면 $\dfrac{5n}{6}$은 0 이상의 정수이어야 한다.

$\therefore n = 6k \ (k = 1, 2, 3, \cdots, 16 \ \because \ 2 \leq n \leq 100)$

따라서 16개이다.

05 답 13

GUIDE

$\sqrt[4]{\dfrac{n}{2}}$과 $\sqrt[3]{\dfrac{n}{3}}$에서 n이 각각 어떤 꼴이어야 자연수가 되는지 생각한다.

$\sqrt[4]{\dfrac{n}{2}}$과 $\sqrt[3]{\dfrac{n}{3}}$이 모두 자연수이려면

$\sqrt[4]{\dfrac{n}{2}}$에서 $n = 2^{4a+1} \times p^4$ (a, p는 자연수)

$\sqrt[3]{\dfrac{n}{3}}$에서 $n = 3^{3b+1} \times q^3$ (b, q는 자연수)

꼴이어야 한다.

이때 $2^{4a+1} \times p^4 = 3^{3b+1} \times q^3$에서 p는 3의 배수, q는 2의 배수이어야 하므로

구하는 n의 최솟값은 $a=2$, $b=1$, $p=3$, $q=8$일 때,

$n=2^9 \times 3^4$

따라서 $\alpha=9$, $\beta=4$이므로 $\alpha+\beta=13$

참고
$n=2^{4a+1} \times p^4 = 3^{3b+1} \times q^3$에서 가장 작은 자연수 n을 구하는 경우이므로
(i) $a=1$, $b=1$ (ii) $a=1$, $b=2$ (iii) $a=2$, $b=1$인 경우에서 확인한다.
(i) $a=1$, $b=1$일 때
  $2^5 \times p^4 = 3^4 \times q^3$에서 $p=3$일 때
  $q^3 = 2^5$이 되는 2의 배수 q는 존재하지 않는다.
(ii) $a=1$, $b=2$일 때
  $2^5 \times p^4 = 3^7 \times q^3$에서 $p^4 = 3^7$, $q^3 = 2^5$이 되는 3의 배수 p와 2의 배수 q는 존재하지 않는다.
(iii) $a=2$, $b=1$일 때
  $2^9 \times p^4 = 3^4 \times q^3$에서 $p=3$일 때
  $q^3 = 2^9$인 2의 배수 $q = 2^3 = 8$
  이때 $n = 2^9 \times 3^4$으로 문제의 조건을 만족시킨다.

06 답 ⑤
GUIDE
❶ $x^{\frac{1}{\alpha}} = y^{-\frac{1}{\beta}} = z^{\frac{2}{\gamma}} = k$로 놓고 밑을 같게 한다.
❷ (산술평균)≥(기하평균)을 이용한다.

$x^{\frac{1}{\alpha}} = y^{-\frac{1}{\beta}} = z^{\frac{2}{\gamma}} = k$라 하면 $k>0$

$x = k^{\alpha}$, $y = k^{-\beta}$, $z = k^{\frac{\gamma}{2}}$

$xz^2 + 9y^2 = k^{\alpha}k^{\gamma} + 9k^{-2\beta} = k^{\alpha+\gamma} + 9k^{-2\beta}$

$\qquad = k^{2\beta} + \dfrac{9}{k^{2\beta}} \geq 2\sqrt{9} = 6$

07 답 ①
GUIDE
❶ $2^a = 3^b = k$로 놓고 2^{a-1}, 3^{b-1}을 구해 본다.
❷ a, b가 양수인 경우와 음수인 경우로 나눠 생각한다.

ㄱ. $2^a = 3^b = k$라 하면 $k>0$이고,

  $2^{a-1} - 3^{b-1} = \dfrac{k}{2} - \dfrac{k}{3} = \dfrac{k}{6} > 0$

  $\therefore 2^{a-1} > 3^{b-1}$ (○)

ㄴ. $2^a = 3^b$에서 $a < b < 0$ 또는 $0 < b < a$

  $a < b < 0$일 때 $6^a < 6^b$ (×)

ㄷ. $a < b < 0$일 때 $a \times 3^b < b \times 2^a$ (×)

참고
$2^a = 3^b$에서 $a < b < 0$ 또는 $0 < b < a$임을 다음 그림에서 확인할 수 있다.

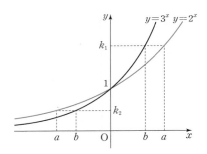

08 답 ⑤
GUIDE
$1 + \dfrac{1}{4}(a - a^{-1})^2 = \dfrac{1}{4}(a + a^{-1})^2$

$1 + x^2 = 1 + \dfrac{1}{4}\left(1001^{\frac{2}{n}} - 2 + 1001^{-\frac{2}{n}}\right)$

$\qquad = \dfrac{1}{4}\left(1001^{\frac{2}{n}} + 2 + 1001^{-\frac{2}{n}}\right)$

$\qquad = \left\{\dfrac{1}{2}\left(1001^{\frac{1}{n}} + 1001^{-\frac{1}{n}}\right)\right\}^2$

에서 $\sqrt{1+x^2} = \dfrac{1}{2}\left(1001^{\frac{1}{n}} + 1001^{-\frac{1}{n}}\right)$

$x - \sqrt{1+x^2} = \dfrac{1}{2}\left(1001^{\frac{1}{n}} - 1001^{-\frac{1}{n}}\right) - \dfrac{1}{2}\left(1001^{\frac{1}{n}} + 1001^{-\frac{1}{n}}\right)$

$\qquad = -1001^{-\frac{1}{n}} = -\left(\dfrac{1}{1001}\right)^{\frac{1}{n}}$

$\therefore (x - \sqrt{1+x^2})^n = \left\{-\left(\dfrac{1}{1001}\right)^{\frac{1}{n}}\right\}^n = (-1)^n \times \dfrac{1}{1001}$

$\qquad = -\dfrac{1}{1001}$ (∵ n은 홀수)

09 답 2
GUIDE
❶ $2(2^{2x} + 2^{-2x}) = (2^{2x} + 2^{-2x}) + (2^{2x} + 2^{-2x})$
  $\qquad = (2^x + 2^{-x})^2 + (2^x - 2^{-x})^2$
❷ 실수 a, b에 대하여 $a^2 + b^2 = 0$이면 $a=0$, $b=0$

$t^2 + (2^{x+1} + 2^{-x+1})t + (2^{2x+1} + 2^{-2x+1})$

$= t^2 + 2(2^x + 2^{-x})t + 2(2^{2x} + 2^{-2x})$

$= t^2 + 2(2^x + 2^{-x})t + (2^{2x} + 2^{-2x}) + (2^{2x} + 2^{-2x})$

$= t^2 + 2(2^x + 2^{-x})t + (2^{2x} + 2 + 2^{-2x}) + (2^{2x} - 2 + 2^{-2x})$

$= t^2 + 2(2^x + 2^{-x})t + (2^x + 2^{-x})^2 + (2^x - 2^{-x})^2$

$= (t + 2^x + 2^{-x})^2 + (2^x - 2^{-x})^2 = 0$

그런데 $t + 2^x + 2^{-x}$, $2^x - 2^{-x}$가 모두 실수이므로

$t + 2^x + 2^{-x} = 0$, $2^x - 2^{-x} = 0$

이때 $x=0$, $t=-2$이고, $\beta=0$, $\alpha=-2$ $\quad \therefore \beta-\alpha=2$

다른 풀이
$2^x + 2^{-x} = A$ $(A \geq 2)$로 놓으면

(주어진 식) $= (t+A)^2 + A^2 - 4 = 0$에서

$(t+A)^2 \geq 0$, $A^2 - 4 \geq 0$이므로 $A=2$, $t=-2$를 구할 수 있다.

10 답 18

GUIDE

$\left(a^{\frac{1}{3}}+b^{\frac{1}{3}}\right)^3=a+b+3(ab)^{\frac{1}{3}}\left(a^{\frac{1}{3}}+b^{\frac{1}{3}}\right)$ 이고, $(ab)^{\frac{1}{3}}=64^{\frac{1}{3}}=4$

$x^3=\left(a^{\frac{1}{3}}+b^{\frac{1}{3}}\right)^3=a+b+3a^{\frac{1}{3}}b^{\frac{1}{3}}\left(a^{\frac{1}{3}}+b^{\frac{1}{3}}\right)$

$\qquad =18+3\sqrt[3]{64}\times\left(a^{\frac{1}{3}}+b^{\frac{1}{3}}\right)=18+12x$

따라서 $x^3-12x=18$

11 답 1

GUIDE

$x^3=16$이므로 $2<x<3$이고 $\dfrac{1}{3}<x^{-1}<\dfrac{2}{5}$

(i) $x^3=16$이므로 $2<x<3$

  이때 $\dfrac{1}{3}<x^{-1}<\dfrac{1}{2}$

  즉 $\dfrac{7}{3}<x+x^{-1}<\dfrac{7}{2}$에서 $\dfrac{7}{6}<\dfrac{x+x^{-1}}{2}<\dfrac{7}{4}$

  $\therefore\left[\dfrac{x+x^{-1}}{2}\right]=1$

(ii) $\dfrac{49}{9}<x^2+x^{-2}+2<\dfrac{49}{4}$, $\dfrac{31}{9}<x^2+x^{-2}<\dfrac{41}{4}$

  $\dfrac{31}{108}<\dfrac{1}{12}(x^2+x^{-2})<\dfrac{41}{48}$

  $\therefore\left[\dfrac{1}{12}(x^2+x^{-2})\right]=0$

따라서 구하는 값은 $1+0=1$

12 답 5

GUIDE

$(a^p\pm b^q)^2=a^{2p}\pm2a^pb^q+b^{2q}$ (복부호는 같은 순서)
$(a^p\pm b^q)^3=a^{3p}\pm b^{3q}\pm3a^pb^q(a^p\pm b^q)$ (복부호는 같은 순서)

$5^{2x}-5^{x+1}=-1$의 양변을 5^x으로 나누면

$5^x-5=-5^{-x}$, 즉 $5^x+5^{-x}=5$이므로

$\dfrac{5^{3x}+5^{-3x}-5}{5^{2x}+5^{-2x}-2}=\dfrac{(5^x+5^{-x})^3-3\times5^x\times5^{-x}(5^x+5^{-x})-5}{(5^x+5^{-x})^2-4}$

$\qquad =\dfrac{5^3-3\times5-5}{5^2-4}=5$

참고

$5^x=t$로 놓고 $t+\dfrac{1}{t}=5$를 이용해도 된다.

13 답 5

GUIDE

$\dfrac{2}{2^{-2a}+1}+\dfrac{2}{2^{2a}+1}$ 와 $\dfrac{2}{2^{-a}+1}+\dfrac{2}{2^a+1}$ 를 한 묶음으로 생각한다.

$\dfrac{2}{2^{-2a}+1}\times\dfrac{2^{2a}}{2^{2a}}=\dfrac{2^{2a+1}}{2^{2a}+1}$ 이므로

$\dfrac{2}{2^{-2a}+1}+\dfrac{2}{2^{2a}+1}=\dfrac{2^{2a+1}+2}{2^{2a}+1}=\dfrac{2(2^{2a}+1)}{2^{2a}+1}=2$

$\dfrac{2}{2^{-a}+1}\times\dfrac{2^a}{2^a}=\dfrac{2^{a+1}}{2^a+1}$ 이므로

$\dfrac{2}{2^{-a}+1}+\dfrac{2}{2^a+1}=\dfrac{2^{a+1}+2}{2^a+1}=\dfrac{2(2^a+1)}{2^a+1}=2$

따라서

$\dfrac{2}{2^{-2a}+1}+\dfrac{2}{2^{-a}+1}+\dfrac{2}{2^0+1}+\dfrac{2}{2^a+1}+\dfrac{2}{2^{2a}+1}$

$=\dfrac{2}{2^{-2a}+1}+\dfrac{2}{2^{2a}+1}+\dfrac{2}{2^{-a}+1}+\dfrac{2}{2^a+1}+\dfrac{2}{2^0+1}$

$=2+2+1=5$

14 답 ③

GUIDE

42^{a+b}와 42^{b-1}을 각각 구한다.

(i) $42^a=7$, $42^b=3$을 변변 곱하면 $42^{a+b}=21$

(ii) $42^b=3$의 양변을 42로 나누면 $42^{b-1}=\dfrac{3}{42}=\dfrac{1}{14}$

  역수를 취하면 $42^{1-b}=14$

  다시 양변을 $\dfrac{1}{1-b}$ 제곱하면 $42=14^{\frac{1}{1-b}}$

  따라서 $14^{\frac{a+b}{1-b}}=\left(14^{\frac{1}{1-b}}\right)^{a+b}=42^{a+b}=21$
  $\underbrace{}_{(i)}$

다른 풀이

$42^a=7\rightarrow a=\log_{42}7$

$42^b=3\rightarrow b=\log_{42}3$

$\dfrac{a+b}{1-b}=\dfrac{\log_{42}7+\log_{42}3}{1-\log_{42}3}=\dfrac{\log_{42}21}{\log_{42}14}=\log_{14}21$

$\therefore 14^{\frac{a+b}{1-b}}=14^{\log_{14}21}=21$

15 답 ③, ⑤

GUIDE

주어진 조건을 이용해 $x^{a+1}=a$를 x, y로 나타낸 본다.

$x=a^{\frac{1}{a+1}}$, $y=a^{\frac{a}{a+1}}$ $\quad\therefore xy=a$

따라서 $x^{a+1}=a$에서 $x^{xy+1}=xy$이므로

$x^{xy}=y$ $\qquad\therefore x^x=y^{\frac{1}{y}}$

참고

$x=a^{\frac{1}{a+1}}$, $y=a^{\frac{a}{a+1}}$ 를 이용해 ①, ②, ④를 확인하면 항상 성립하지 않음을 알 수 있다.

16 ⓐ 0

GUIDE

$2^{(a-1)(d-1)}$과 $2^{(b-1)(c-1)}$을 각각 구해 본다.

$2^{a-1}\times 5^{b-1}=1$에서 $2^{a-1}=5^{-(b-1)}$이므로

$(2^{a-1})^{d-1}=\{5^{-(b-1)}\}^{d-1}$

$\therefore 2^{(a-1)(d-1)}=5^{-(b-1)(d-1)}$ ······㉠

같은 방법으로 $2^{c-1}=5^{-(d-1)}$에서

$2^{(c-1)(b-1)}=5^{-(d-1)(b-1)}$ ······㉡

㉠÷㉡에서 $2^{(a-1)(d-1)-(c-1)(b-1)}=1=2^0$

따라서 $(a-1)(d-1)-(b-1)(c-1)=0$

다른 풀이

밑을 바꾸어 계산해도 마찬가지이다.

$5^{b-1}=2^{1-a}$에서 $5^{(b-1)(c-1)}=2^{(1-a)(c-1)}$ ······㉠

$5^{d-1}=2^{1-c}$에서 $5^{(d-1)(a-1)}=2^{(1-c)(a-1)}$ ······㉡

㉡÷㉠ : $5^{(d-1)(a-1)-(b-1)(c-1)}=1=5^0$

$\therefore (a-1)(d-1)(b-1)(c-1)=0$

17 ⓐ 7

GUIDE

$b+\dfrac{1}{a}$과 $b-\dfrac{1}{a}$을 밑이 a인 지수 꼴로 정리한다.

$\left(b+\dfrac{1}{a}\right)^{\frac{1}{y}}=\left(b-\dfrac{1}{a}\right)^{\frac{1}{x}}=a^{\frac{1}{xy}}$에서 $b+\dfrac{1}{a}=a^{\frac{1}{x}}$, $b-\dfrac{1}{a}=a^{\frac{1}{y}}$

$\therefore \left(b+\dfrac{1}{a}\right)\left(b-\dfrac{1}{a}\right)=a^{\frac{1}{x}}\times a^{\frac{1}{y}}=a^{\frac{x+y}{xy}}=a^{\frac{2xy}{xy}}=a^2$

즉 $b^2-\dfrac{1}{a^2}=a^2$이므로 $b^2=a^2+\dfrac{1}{a^2}=\left(a+\dfrac{1}{a}\right)^2-2=7$

18 ⓐ A

GUIDE

82^{20}과 241^{15}의 크기를 직접 비교하기 어려우므로 $A<C$, $C<B$이면 $A<B$임을 이용한다.

※ $82=3^4+1$, $241=3^5-2$

$82=81+1=3^4+1$, $241=243-2=3^5-2$

이때 $82^{20}>81^{20}=3^{80}$이고, $241^{15}<243^{15}=3^{75}$

따라서 $82^{20}>3^{80}>3^{75}>241^{15}$

$\therefore A>B$

19 ⓐ ①

GUIDE

1보다 큰 두 양수에서 $(작은 수)^a=(큰 수)^b$이면 $a>b$이다.

$3^x=4^y=12^z$에서 $3^{12x}=4^{12y}=12^{12z}$

$\therefore (3^4)^{3x}=(4^3)^{4y}=(12)^{12z}$

$\therefore 81^{3x}=64^{4y}=12^{12z}$

$\therefore 3x<4y<12z$

20 ⓐ ②

GUIDE

주어진 수를 모두 12제곱근으로 고쳐서 비교한다.

$\sqrt[3]{3}=\sqrt[12]{3^4}=\sqrt[12]{81}$, $\sqrt[4]{7}=\sqrt[12]{7^3}=\sqrt[12]{343}$,

$\sqrt[6]{\sqrt{9}}=\sqrt[6]{9}=\sqrt[12]{9^2}=\sqrt[12]{81}$, $\sqrt[3]{\sqrt{12}}=\sqrt[6]{12}=\sqrt[12]{12^2}=\sqrt[12]{144}$에서

$\sqrt[3]{3}=\sqrt[3]{\sqrt{9}}<\sqrt[3]{\sqrt{12}}<\sqrt[4]{7}$이므로

$A\cap B=\{x|\sqrt[3]{\sqrt{9}}<x<\sqrt[3]{\sqrt{12}}\}=\{x|\sqrt[12]{81}<x<\sqrt[12]{144}\}$

따라서 $\sqrt[12]{n}\in(A\cap B)$를 만족시키는 자연수 n은 82부터 143까지 모두 62개이다.

STEP 3 | 등급 뛰어넘기   p. 12~13

01 $\dfrac{a+b}{1+ab}$	02 50	03 ②	04 ②
05 8개	06 5	07 ⑤	
08 (1) 3 (2) 640만 달러			

01 ⓐ $\dfrac{a+b}{1+ab}$

GUIDE

$x=2^{\sqrt{2}}$, $y=2^{\sqrt{3}}$으로 치환하면 $4^{\sqrt{2}+\sqrt{3}}=x^2y^2$이므로 x^2, y^2을 구한다.

$x=2^{\sqrt{2}}$, $y=2^{\sqrt{3}}$이라 하면

$a=\dfrac{x-x^{-1}}{x+x^{-1}}=\dfrac{x^2-1}{x^2+1}$ $\therefore x^2=\dfrac{1+a}{1-a}$

같은 방법으로

$b=\dfrac{y-y^{-1}}{y+y^{-1}}=\dfrac{y^2-1}{y^2+1}$ $\therefore y^2=\dfrac{1+b}{1-b}$

$\therefore \dfrac{4^{\sqrt{2}+\sqrt{3}}-1}{4^{\sqrt{2}+\sqrt{3}}+1}=\dfrac{2^{2\sqrt{2}}\times 2^{2\sqrt{3}}-1}{2^{2\sqrt{2}}\times 2^{2\sqrt{3}}+1}=\dfrac{x^2y^2-1}{x^2y^2+1}$

$=\dfrac{\dfrac{1+a}{1-a}\times\dfrac{1+b}{1-b}-1}{\dfrac{1+a}{1-a}\times\dfrac{1+b}{1-b}+1}$

$=\dfrac{a+b}{1+ab}$

02 답 50

GUIDE

$P=2^k \times 3^l \times Q$로 나타낼 때, k, l의 값을 구한다.

$P=1 \times 2 \times 3 \times \cdots \times 100=2^k \times 3^l \times Q$

(Q는 2, 3과 서로소인 자연수)라 하면

100 이하인 자연수 중

(i) 2의 배수의 개수 $\left[\dfrac{100}{2}\right]=50$

　2^{2}의 배수의 개수 $\left[\dfrac{100}{2^2}\right]=25$

　2^{3}의 배수의 개수 $\left[\dfrac{100}{2^3}\right]=12$

　2^{4}의 배수의 개수 $\left[\dfrac{100}{2^4}\right]=6$

　2^{5}의 배수의 개수 $\left[\dfrac{100}{2^5}\right]=3$

　2^{6}의 배수의 개수 $\left[\dfrac{100}{2^6}\right]=1$

　$\therefore k=50+25+12+6+3+1=97$

(ii) 3의 배수의 개수 $\left[\dfrac{100}{3}\right]=33$

　3^{2}의 배수의 개수 $\left[\dfrac{100}{3^2}\right]=11$

　3^{3}의 배수의 개수 $\left[\dfrac{100}{3^3}\right]=3$

　3^{4}의 배수의 개수 $\left[\dfrac{100}{3^4}\right]=1$

　$\therefore l=33+11+3+1=48$

즉 $\dfrac{P}{(2^a \times 3)^\beta}=2^{97-\alpha\beta} \times 3^{48-\beta} \times Q$이므로

β의 최댓값 $b=48$, 이때 α의 최댓값 $a=2$

따라서 $a+b=48+2=50$

1등급 NOTE

$[x]$가 x를 넘지 않는 가장 큰 정수일 때 1부터 n까지의 자연수 중 k의 배수의 개수는 $\left[\dfrac{n}{k}\right]$, k^2의 배수는 $\left[\dfrac{n}{k^2}\right]$, k^3의 배수는 $\left[\dfrac{n}{k^3}\right]$, $\cdots$ 처럼 구한다.

03 답 ②

GUIDE

❶ $3^{2^n} \times 3^{2^n}=3^{2^n+2^n}=3^{2 \times 2^n}=3^{2^{n+1}}$　　예 $3^{2^5}=3^{2^4} \times 3^{2^4}=(3^{2^4})^2$

❷ 1보다 큰 자연수 n에 대하여 $\dfrac{n}{1-n^2}=\dfrac{1}{1-n}-\dfrac{1}{1-n^2}$

$\dfrac{3}{1-3^2}+\dfrac{3^2}{1-3^{2^2}}+\dfrac{3^{2^2}}{1-3^{2^3}}+\cdots+\dfrac{3^{2^{999}}}{1-3^{2^{1000}}}$

$=\left(\dfrac{1}{1-3}-\dfrac{1}{1-3^2}\right)+\left(\dfrac{1}{1-3^2}-\dfrac{1}{1-3^{2^2}}\right)$

$+\left(\dfrac{1}{1-3^{2^2}}-\dfrac{1}{1-3^{2^3}}\right)+\cdots+\left(\dfrac{1}{1-3^{2^{999}}}-\dfrac{1}{1-3^{2^{1000}}}\right)$

$=\dfrac{1}{1-3}-\dfrac{1}{1-3^{2^{1000}}}$

$=-\dfrac{1}{2}-\dfrac{1}{1-3^{2^{1000}}}$

따라서 $a=-\dfrac{1}{2}$, $b=1000$이므로 $2a+b=999$

1등급 NOTE

$\dfrac{n}{1-n^2}=\dfrac{1+n-1}{1-n^2}=\dfrac{1+n}{1-n^2}-\dfrac{1}{1-n^2}=\dfrac{1}{1-n}-\dfrac{1}{1-n^2}$

04 답 ②

GUIDE

	$a>0$	$a=0$	$a<0$
n이 짝수	$\sqrt[n]{a}$, $-\sqrt[n]{a}$	0	없다
n이 홀수	$\sqrt[n]{a}$	0	$\sqrt[n]{a}$

ㄱ. k가 짝수, a가 음수이면 $f(a, k)=0$이다. (○)

ㄴ. 주어진 조건은 $f(a+3, 2n)=f((a+1)(a+3), 2n-1)$ 이때 $a=-3$이면 성립한다. (○)

ㄷ. $a>0$일 때 n이 짝수이면 $f(a, n)=2$, $f(a^2, n+1)=1$이므로 $1+f(a, n) \le f(a^2, n+1)$은 성립하지 않는다. (×)

참고

ㄴ. $f(a_1, 2n)=f(a_2, 2n+1)$인 경우는 $a_1=a_2=0$일 때이다.

ㄷ. n과 a값에 따라 $1+f(a, n) \le f(a^2, n+1)$의 성립 여부를 다음과 같이 정리할 수 있다.

	n이 짝수	n이 홀수
$a>0$	×	○
$a=0$	×	×
$a<0$	○	○

05 답 8개

GUIDE

❶ $27^{\frac{1}{3}}=3$, $64^{\frac{1}{3}}=4$를 이용해 $\left[30^{\frac{1}{3}}\right]$의 값을 구한다.

❷ $\left[a^{\frac{1}{3}}\right]$와 $\left[(30-a)^{\frac{1}{3}}\right]$의 값은 1, 2 중 하나이다.

$3=27^{\frac{1}{3}}<30^{\frac{1}{3}}<64^{\frac{1}{3}}=4$이므로 $\left[30^{\frac{1}{3}}\right]=3$

$1 \le a \le 29$이므로 $1 \le \left[a^{\frac{1}{3}}\right] \le 3$, $1 \le \left[(30-a)^{\frac{1}{3}}\right] \le 3$이다.

(i) $\left[a^{\frac{1}{3}}\right]=1$, $\left[(30-a)^{\frac{1}{3}}\right]=2$일 때

　$1 \le a^{\frac{1}{3}}<2$에서 $1 \le a<8$

　$2 \le (30-a)^{\frac{1}{3}}<3$에서 $8 \le 30-a<27$, $3<a \le 22$

　따라서 $3<a<8$이므로 구하는 자연수는 4, 5, 6, 7

(ii) $\left[a^{\frac{1}{3}}\right]=2$, $\left[(30-a)^{\frac{1}{3}}\right]=1$일 때

　$2 \le a^{\frac{1}{3}}<3$에서 $8 \le a<27$

$1 \leq (30-a)^{\frac{1}{3}} < 2$에서 $1 \leq 30-a < 8$, $22 < a \leq 29$

따라서 $22 < a < 27$이므로 구하는 자연수는 23, 24, 25, 26

(i), (ii)에서 조건을 맞는 자연수 a는 8개

채점 기준	배점
1 $\left[30^{\frac{1}{3}}\right]$의 값과 $\left[a^{\frac{1}{3}}\right]$ 값의 범위 구하기	30%
2 자연수 a의 개수 구하기	70%

06 답 5

GUIDE

$9^x + 4^y = 5$에서 $3^{2x} + 2^{2y} = 5$이고, 3^x, 2^y이 공통으로 쓰이므로 코시-슈바르츠 부등식을 이용한다.

$9^x + 4^y = 5$에서 $3^{2x} + 2^{2y} = 5$

코시-슈바르츠 부등식에서

$(1 \times 3^x + 2 \times 2^y)^2 \leq (1^2 + 2^2)\{(3^x)^2 + (2^y)^2\} = 5 \times 5 = 25$

$\therefore 3^x + 2^{y+1} \leq 5$ (단, 등호는 $3^x = 2^{y-1}$일 때 성립)

따라서 $3^x + 2^{y+1}$의 최댓값은 5

참고

$3^x = a$, $2^y = b$로 놓으면 $a^2 + b^2 = 5$일 때 $a + 2b$의 최댓값을 구하는 문제이므로 $(a^2 + b^2)(1^2 + 2^2) \geq (a+2b)^2$을 이용할 수 있다.

07 답 ⑤

GUIDE

$\left[\sqrt{k} + \dfrac{1}{2}\right] = n$이면 $n \leq \sqrt{k} + \dfrac{1}{2} < n+1$에서

$n - \dfrac{1}{2} \leq \sqrt{k} < n + \dfrac{1}{2}$ $\therefore n^2 - n + \dfrac{1}{4} \leq k \leq n^2 + n + \dfrac{1}{4}$

ㄱ. $\sqrt{5} = 2.2 \times \times \times$이므로 $\left[\sqrt{5} + \dfrac{1}{2}\right] = [2.7 \times \times \times] = 2$ (◯)

ㄴ. $\left[\sqrt{k} + \dfrac{1}{2}\right] = n$이라 하면 $n^2 - n + \dfrac{1}{4} \leq k < n^2 + n + \dfrac{1}{4}$

이때 $\left[\sqrt{k} + \dfrac{1}{2}\right] = n$인 자연수 k의 개수는

$n^2 + n - (n^2 - n + 1) + 1 = 2n$이므로 $1 \leq k \leq 30$에 대하여

$\left[\sqrt{30} + \dfrac{1}{2}\right] = \left[5.4 \times \times + \dfrac{1}{2}\right] = 5$이므로 다음과 같이 정리할 수 있다.

$\left[\sqrt{k} + \dfrac{1}{2}\right]$의 값	1	2	3	4	5	계
k 개수	2	4	6	8	10	30
계	1×2	2×4	3×6	4×8	5×10	110

$\therefore \left[\sqrt{1} + \dfrac{1}{2}\right] + \left[\sqrt{2} + \dfrac{1}{2}\right] + \left[\sqrt{3} + \dfrac{1}{2}\right] + \cdots + \left[\sqrt{30} + \dfrac{1}{2}\right]$

$= 1 \times 2 + 2 \times 4 + 3 \times 6 + 4 \times 8 + 5 \times 10 = 110$ (◯)

ㄷ. $\left[\sqrt{a} - \dfrac{1}{2}\right] = \left[\sqrt{a} + \dfrac{1}{2}\right] - 1$이므로

$\left[\sqrt{a} + \dfrac{1}{2}\right] + \left[\sqrt{a} - \dfrac{1}{2}\right] = 2\left[\sqrt{a} + \dfrac{1}{2}\right] - 1 = 3$

$\therefore \left[\sqrt{a} + \dfrac{1}{2}\right] = 2$

ㄴ에서 $\left[\sqrt{a} + \dfrac{1}{2}\right] = 2$가 되는 자연수 a는 4개이다. (◯)

참고

$\left[\sqrt{a} - \dfrac{1}{2}\right] = n$이라 하면 $n \leq \sqrt{a} - \dfrac{1}{2} < n+1$에서

$n + \dfrac{1}{2} < \sqrt{a} < n + \dfrac{3}{2}$, 이때 $n+1 \leq \sqrt{a} + \dfrac{1}{2} < n+2$이므로

$\left[\sqrt{a} + \dfrac{1}{2}\right] = n+1$ $\therefore \left[\sqrt{a} + \dfrac{1}{2}\right] - \left[\sqrt{a} - \dfrac{1}{2}\right] = 1$

08 답 (1) 3 (2) 640만 달러

GUIDE

$3 \times 4^{5-n}$과 2^{1-n}의 크기를 비교한다.

(1) 2^{8-n}이 $3 \times 4^{5-n}$보다 작아야 하므로

$\dfrac{3 \times 4^{5-n}}{2^{8-n}} = 3 \times 2^{2-n} > 1$에서 $2^n < 12$ $\therefore n \leq 3$

따라서 n의 최댓값은 3

(2) A국은 2^7만 달러로 3×4^4만 달러인 X를 얻을 수 있으므로

$3 \times 4^4 - 2^7 = 5 \times 2^7 = 640$(만 달러)

02 로그

01 답 ②

GUIDE

$\log_a b$가 정의되려면 $a>0$, $a\neq1$, $b>0$

(i) 밑 조건에서 $(k-4)^2>0$, $(k-4)^2\neq1$

　따라서 $k\neq4$, $k\neq3$, $k\neq5$

(ii) 진수 조건에서 $kx^2+kx+1>0$

　$k=0$이면 $kx^2+kx+1=1>0$

　$k>0$이면 $D=k^2-4k<0$, $k(k-4)<0$, $0<k<4$

(i), (ii)에서 정수 k는 0, 1, 2로 3개

주의

kx^2+kx+1이 이차식이라는 조건이 없으므로 $k=0$인 경우를 빠뜨리지 않도록 한다.

02 답 ⑤

GUIDE

주어진 그래프에서 $\log_2 x=X$, $\log_4 y=Y$라 하면 $Y=\frac{1}{4}X$

그림에서 $\log_4 y=\frac{1}{4}\log_2 x$이므로

$\log_2 y=\frac{1}{2}\log_2 x=\log_2\sqrt{x}$　　$\therefore y=f(x)=\sqrt{x}$

$4^{[f(x)]}=16$에서 $[\sqrt{x}]=2$

즉 $2\leq\sqrt{x}<3$에서 $4\leq x<9$

따라서 조건에 맞는 x는 4, 5, 6, 7, 8이고, 그 합은 30

03 답 ①

GUIDE

밑 변환 공식과 로그의 성질을 이용해 두 등식에서 밑이 같은 로그로 나타낸다.

$2^x=\log_3\sqrt{2}\times\log_2 5$

　　$=\frac{1}{2}\log_3 2\times\log_2 5=\frac{1}{2}\log_3 5$

$\frac{2^y}{4}=\log_3 5-\log_3\sqrt{5}$

　　$=\log_3 5-\frac{1}{2}\log_3 5=\frac{1}{2}\log_3 5$

$\therefore 2^x=\frac{2^y}{4}=2^{y-2}$

따라서 $x=y-2$이므로 $x-y=-2$

04 답 ①

GUIDE

❶ $\log_x ab=\log_x a+\log_x b$

❷ $\log_x \frac{b}{a}=\log_x b-\log_x a$

$ab=9$에서 $\log_3 ab=\log_3 a+\log_3 b=\log_3 9=2$

$\log_3 \frac{b}{a}=4$에서 $\log_3 b-\log_3 a=4$

두 식을 연립하여 풀면 $\log_3 a=-1$, $\log_3 b=3$

따라서 $4\log_3 a+2\log_3 b=-4+6=2$

05 답 9

GUIDE

❶ $\log_2 7=\frac{\log_5 7}{\log_5 2}=\log_5 7\times\log_2 5$

❷ 주어진 방정식의 좌변을 x에 대하여 인수분해한다.

$x^2-x(\log_2 5+\log_5 7)+\log_2 7=0$,

$(x-\log_2 5)(x-\log_5 7)=0$

따라서 주어진 이차방정식의 두 근은 $\log_2 5$, $\log_5 7$이다.

$\log_5 7<\log_5 25=2=\log_2 4<\log_2 5$이므로

$\alpha=\log_5 7$, $\beta=\log_2 5$

$\therefore 5^\alpha+5^{\frac{1}{\beta}}=5^{\log_5 7}+5^{\frac{1}{\log_2 5}}=7+5^{\log_5 2}=7+2=9$

06 답 ①

GUIDE

밑 변환 공식을 이용해 $\log_{66}44$를 밑이 3인 로그로 나타낸다.

$\log_2 3=a$, $\log_3 11=b$이므로 $\log_3 2=\frac{1}{a}$

$\log_{66}44=\frac{\log_3 44}{\log_3 66}=\frac{\log_3(2^2\times11)}{\log_3(2\times3\times11)}$

　　　　$=\frac{2\log_3 2+\log_3 11}{\log_3 2+\log_3 3+\log_3 11}$

　　　　$=\frac{\frac{2}{a}+b}{\frac{1}{a}+1+b}=\frac{ab+2}{ab+a+1}$

07 답 $B<A<C$

GUIDE

❶ $\sqrt[3]{64}<\sqrt[3]{65}<\sqrt[3]{125}$

❷ $\log 1000<\log 2345<\log 10000$

$\sqrt[3]{64}<\sqrt[3]{65}<\sqrt[3]{125}$, 즉 $4<\sqrt[3]{65}<5$이므로 $4<A<5$

$\log 1000<\log 2345<\log 10000$,

즉 $3<\log 2345<4$이므로 $3<B<4$

또 $C=4^{\log_4 5}=5$

따라서 $B<A<C$

08 ② ②

GUIDE

$\log_4 64 < \log_4 100 < \log_4 256$에서 $\log_4 100$의 정수부분은 3

$\log_4 64 < \log_4 100 < \log_4 256$, 즉 $3 < \log_4 100 < 4$에서

$x=3$이고, $y=\log_4 100-3=\log_2 10-3$이므로

$$\frac{2^x+2^y}{2^{-x}+2^{-y}}=\frac{2^3+2^{\log_2 10-3}}{2^{-3}+2^{3-\log_2 10}}$$

$$=\frac{2^3+10\times 2^{-3}}{2^{-3}+2^3\times\frac{1}{10}} \quad \Leftarrow \text{분모, 분자에 } 2^3\times 10 \text{ 곱하기}$$

$$=\frac{2^6\times 10+100}{10+2^6}$$

$$=\frac{10(10+2^6)}{10+2^6}=10$$

09 ⑤

GUIDE

$\log x-[\log x]$는 $\log x$의 소수부분을 뜻한다.

$10^{-2} < \dfrac{2}{25} < 10^{-1}$이므로 $\left[\log \dfrac{2}{25}\right]=-2$

$10^2 < 125 < 10^3$이므로 $[\log 125]=2$

$f\left(\dfrac{2}{25}\right)+f(125)$

$=\log \dfrac{2}{25}-\left[\log \dfrac{2}{25}\right]+\log 125-[\log 125]$

$=\log \dfrac{2}{25}+2+\log 125-2$

$=\log\left(\dfrac{2}{25}\times 125\right)$

$=1$

10 ①

GUIDE

$N=100$을 대입해 T_1을 구하고, $N=1000$을 대입해 T_2를 구한다.

자료 100개를 처리할 때 시간복잡도 T_1은

$\dfrac{T_1}{100}=\log 100$에서 $T_1=200$

자료 1000개를 처리할 때 시간복잡도 T_2는

$\dfrac{T_2}{1000}=\log 1000$에서 $T_2=3000$

따라서 $\dfrac{T_2}{T_1}=\dfrac{3000}{200}=15$

STEP 2	1등급 굳히기		p. 18~21
01 ⑤	**02** ④	**03** 25	**04** 36
05 ③	**06** ⑤	**07** 90	**08** 4
09 ⑤	**10** ③	**11** ①	**12** ④
13 2	**14** ①	**15** 13	**16** $\sqrt{26}$
17 ④	**18** ⑤	**19** ②	

01 ⑤

GUIDE

❶ 귀류법을 이용한다.

❷ $(ab)^x=a^x b^x$

$\log_{15}(3^m\times 5^n)$이 (가) 유리수 라 가정하면

서로소인 두 정수 a, b에 대하여

$\log_{15}(3^m\times 5^n)=\dfrac{b}{a}$ (단, $a\neq 0$)로 쓸 수 있다.

로그의 정의에 따라 $3^m\times 5^n=15^{\frac{b}{a}}$이고,

$3^{am}\times 5^{an}=15^b=3^b\times 5^b$, $3^{am-b}\times 5^{an-b}=1$

따라서 $am-b=an-b=0$

이때 $am=$ (나) an 이고, $m\neq n$이므로 (다) $a=0$

이것은 가정에 모순이므로 $\log_{15}(3^m\times 5^n)$은 무리수이다.

02 ④

GUIDE

$\log_{a+b}c+\log_{a-b}c=\dfrac{1}{\log_c(a+b)}+\dfrac{1}{\log_c(a-b)}$

$\log_{a+b}c+\log_{a-b}c=k(\log_{a+b}c)(\log_{a-b}c)$

$\dfrac{1}{\log_c(a+b)}+\dfrac{1}{\log_c(a-b)}=\dfrac{k}{\log_c(a+b)\times\log_c(a-b)}$

$\dfrac{\log_c(a+b)+\log_c(a-b)}{\log_c(a+b)\times\log_c(a-b)}=\dfrac{k}{\log_c(a+b)\times\log_c(a-b)}$

이때 $a^2=b^2+c^2$이므로

$k=\log_c(a+b)+\log_c(a-b)=\log_c(a^2-b^2)=\log_c c^2=2$

다른 풀이

양변을 $\log_{a+b}c\times\log_{a-b}c$로 나누면

$k=\dfrac{1}{\log_{a-b}c}+\dfrac{1}{\log_{a+b}c}=\log_c(a-b)+\log_c(a+b)$

에서 $a^2=b^2+c^2$임을 이용한다.

03 25

GUIDE

❶ 이차방정식의 근과 계수의 관계를 이용한다.

❷ $\log_a\sqrt{b}$, $\log_b\sqrt{a}$를 밑이 5인 로그로 변환한다.

근과 계수의 관계에서

$\log_5 a+\log_5 b=9$, $\log_5 a\times\log_5 b=3$이므로

$$\log_a \sqrt{b} + \log_b \sqrt{a} = \frac{\frac{1}{2}\log_5 b}{\log_5 a} + \frac{\frac{1}{2}\log_5 a}{\log_5 b}$$

$$= \frac{(\log_5 a)^2 + (\log_5 b)^2}{2\log_5 a \times \log_5 b}$$

$$= \frac{(\log_5 a + \log_5 b)^2 - 2\log_5 a \times \log_5 b}{2\log_5 a \times \log_5 b}$$

$$= \frac{9^2 - 2 \times 3}{2 \times 3} = \frac{25}{2}$$

$$\therefore 2(\log_a \sqrt{b} + \log_b \sqrt{a}) = 25$$

04 답 36

GUIDE

$\log a_1 + \log a_2 + \cdots + \log a_n = \log(a_1 \times a_2 \times \cdots \times a_n)$

$5000 = 2^3 \times 5^4$의 모든 양의 약수가 $a_1, a_2, \cdots, a_n$ $(n=20)$이므로
$a_1 \times a_2 \times \cdots \times a_n = 2^{30} \times 5^{40}$

$[\log a_1 + \log a_2 + \cdots + \log a_n]$
$= [\log(a_1 \times a_2 \times \cdots \times a_n)]$
$= [\log(2^{30} \times 5^{40})]$
$= [30\log 2 + 40\log 5]$
$= [30\log 2 + 40(1 - \log 2)]$
$= [40 - 10\log 2]$
$= [40 - 10 \times 0.3010]$
$= [36.99]$
$= 36$

1등급 NOTE

자연수 N의 모든 약수가 작은 것부터 $a_1, a_2, \cdots, a_k$일 때
(i) N이 제곱수가 아닌 경우
  $N = a_1 \times a_k = a_2 \times a_{k-1} = \cdots = a_{\frac{k}{2}} \times a_{\frac{k}{2}+1}$이므로
  N의 모든 약수의 곱은 $N^{\frac{k}{2}}$
(ii) N이 제곱수인 경우
  $N = a_1 \times a_k = a_2 \times a_{k-1} = \cdots = \left(a_{\frac{k+1}{2}}\right)^2$이므로
  N의 모든 약수의 곱은 $N^{\frac{k+1}{2}} \div a_{\frac{k+1}{2}}$
  이때 $a_{\frac{k+1}{2}} = N^{\frac{1}{2}}$이므로
  $N^{\frac{k+1}{2}} \div a_{\frac{k+1}{2}} = N^{\frac{k+1}{2}} \div N^{\frac{1}{2}} = N^{\frac{k}{2}}$

따라서 약수가 k개인 자연수 N의 모든 약수의 곱은 $N^{\frac{k}{2}}$이다.
문제에서 $5000 = 2^3 \times 5^4$이므로
약수는 모두 $(3+1)(4+1) = 20$(개)
$\therefore a_1 \times a_2 \times \cdots \times a_n = 5000^{\frac{20}{2}} = (2^3 \times 5^4)^{10} = 2^{30} \times 5^{40}$

05 답 ③

GUIDE

❶ $x^3 + 2x^2 + 1 = (x-1)(x+1)Q(x) + ax + b$

❷ $0 < R(x) < 1$에서 $1 < 10^{R(x)} < 10$이므로 5로 나눌 때 나머지가 3인 경우는 $10^{R(x)} = 3$ 또는 $10^{R(x)} = 8$

$x^3 + 2x^2 + 1 = (x-1)(x+1)Q(x) + R(x)$라 하고
$R(x) = ax + b$라 하면
$f(1) = 4 = R(1)$, $f(-1) = 2 = R(-1)$에서 $R(x) = x + 3$
이때 $0 < R(x) < 1$에서 $1 < 10^{R(x)} < 10$이므로
$10^{R(x)} = 10^{x+3} = 3$에서 $x = -3 + \log 3$
$10^{R(x)} = 10^{x+3} = 8$에서 $x = -3 + \log 8$
따라서 구하는 값은
$(-3 + \log 3) + (-3 + \log 8) = -6 + \log 24$

06 답 ⑤

GUIDE

$a\log_5 2 + b\log_5 3 + c = \log_5(2^a \times 3^b \times 5^c)$

$\log_5 n = a\log_5 2 + b\log_5 3 + c$에서 $n = 2^a \times 3^b \times 5^c$이고
n이 홀수이므로 $a = 0$, $n = 3^b \times 5^c$
이때 조건에 맞는 정수 n은 다음과 같이 구할 수 있다.

	3^0	3^1	3^2	3^3
5^0	×	×	×	27
5^1	×	15	45	×
5^2	25	×	×	×

따라서 $\alpha = 4$, $\beta = 15$, $\gamma = 45$이므로 $\alpha + \beta + \gamma = 64$

07 답 90

GUIDE

$a = 3^\alpha$, $b = 3^\beta$ (단, α, β는 자연수)로 놓고 α, β의 관계식을 찾는다.

$a = 3^\alpha$, $b = 3^\beta$ (단, α, β는 자연수)라 하면
$\log_3 \frac{b}{a} = \frac{\log_3 b}{\log_3 a}$에서 $\log_3 \frac{3^\beta}{3^\alpha} = \frac{\log_3 3^\beta}{\log_3 3^\alpha}$, $\beta - \alpha = \frac{\beta}{\alpha}$

이때 $\beta - \alpha$가 정수이므로 $\frac{\beta}{\alpha}$도 정수이다.

즉 $\beta = k\alpha$ (단, k는 정수)로 놓으면
$k\alpha - \alpha = \frac{k\alpha}{\alpha} = k$, $\alpha = \frac{k}{k-1}$에서
$k = 2$, $\alpha = 2$, $\beta = 4$ ($\because \alpha$는 자연수)
따라서 $a = 3^2$, $b = 3^4$이므로 $a + b = 3^2 + 3^4 = 90$

08 답 4

GUIDE

❶ $\log_4 p = \log_{10} q = \log_{25}(4p + 3q) = k$라 두고, p, q를 k에 대해 정리한다.

❷ $\frac{q}{p}$에 대한 이차방정식을 푼다.

$\log_4 p = \log_{10} q = \log_{25}(4p + 3q) = k$라 두면
$\begin{cases} p = 4^k & \cdots\cdots \text{㉠} \\ q = 10^k & \cdots\cdots \text{㉡} \\ 4p + 3q = 25^k & \cdots\cdots \text{㉢} \end{cases}$

$\textcircled{\small L}\div\textcircled{\small ㄱ}$에서 $\dfrac{q}{p}=\left(\dfrac{5}{2}\right)^k$

$\textcircled{\small ㄷ}\div\textcircled{\small ㄱ}$에서 $4+\dfrac{3q}{p}=\left(\dfrac{5}{2}\right)^{2k}=\left(\dfrac{q}{p}\right)^2\left(\because\left(\dfrac{5}{2}\right)^k=\dfrac{q}{p}\right)$

$\left(\dfrac{q}{p}\right)^2-\dfrac{3q}{p}-4=0,\ \left(\dfrac{q}{p}-4\right)\left(\dfrac{q}{p}+1\right)=0$

$p,\ q$가 모두 양수이므로 $\dfrac{q}{p}=4$

09 답 ⑤

GUIDE

$n\le\log_a25<n+1$이면 $[\log_a25]=n$ (단, n은 정수)

$\log_{25}25=1,\ \log_5 25=\log_5 5^2=2$이고
$3^2=9<25<27=3^3,\ 4^2=16<25<64=4^3$이므로
$[\log_3 25]=[\log_4 25]=[\log_5 25]=2$
$2^4=16<25<32=2^5$이므로 $[\log_2 25]=4$
따라서
$[2,\ 25]+[3,\ 25]+[4,\ 25]+\cdots+[25,\ 25]$
$=[\log_2 25]+[\log_3 25]+[\log_4 25]+\cdots+[\log_{25} 25]$
$=1\times4+3\times2+20\times1$
$=30$

10 답 ③

GUIDE

$[\log 2^n]=\alpha$이면 $\alpha\le\log 2^n<\alpha+1$이고,
$10^\alpha\le2^n<10^{\alpha+1}$(단, α는 정수)

$1\le n\le3$일 때, $f(1)=f(2)=f(3)=0$
$4\le n\le6$일 때, $f(4)=f(5)=f(6)=1$
$7\le n\le9$ 일 때, $f(7)=f(8)=f(9)=2$
$10\le n\le13$ 일 때, $f(10)=f(11)=f(12)=f(13)=3$
$f(1)+f(2)+\cdots+f(10)+f(11)=15<16$이므로
k의 최댓값은 11이다.

11 답 ①

GUIDE

$\log x-[\log x]$는 $\log x$의 소수부분을 나타낸다.

㈎에서 $\log x<0$
㈐에서 $([\log x]-3)([\log x]+2)=0$이므로
$[\log x]=-2\ (\because\log x<0)$
㈏에서
$\log x-[\log x]=\log\dfrac{1}{2}-\left[\log\dfrac{1}{2}\right]=-\log2+1=\log5$
즉 $\log x=-2+\log5=\log\dfrac{5}{100}=\log\dfrac{1}{20}$
$\therefore x=\dfrac{1}{20}$

12 답 ④

GUIDE

$[\log x],\ [\log y]$에 대한 정수 조건의 부정방정식을 세운다.

$[\log x]\times[\log y]=[\log x]-[\log y]+2$에서 $[\log x]$와 $[\log y]$
는 정수이고,
$([\log x]+1)([\log y]-1)=1$이므로
(ⅰ) $[\log x]+1=1,\ [\log y]-1=1$일 때
  $[\log x]=0,\ [\log y]=2$에서
  $0\le\log x<1,\ 2\le\log y<3$이므로
  $1\le x<10,\ 100\le y<1000$
(ⅱ) $[\log x]+1=-1,\ [\log y]-1=-1$일 때
  $[\log x]=-2,\ [\log y]=0$에서
  $-2\le\log x<-1,\ 0\le\log y<1$이므로
  $\dfrac{1}{100}\le x<\dfrac{1}{10},\ 1\le y<10$
따라서 좌표평면 위에 영역을 나타내면 다음과 같다.

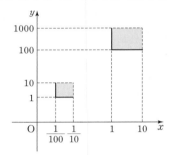

$\therefore$ (구하는 넓이)$=\dfrac{9}{100}\times9+9\times900=8100.81$

13 답 2

GUIDE

양변에 2를 곱해 나가면서 $b_1,\ b_2,\ b_3,\ \cdots$의 값을 차례로 구한다.

양변에 2를 곱하면
$2\log_5 2=\log_5 4=b_1+\dfrac{b_2}{2}+\dfrac{b_3}{2^2}+\dfrac{b_4}{2^3}+\cdots$
$0<\log_5 4<1$이므로 $b_1=0$
다시 양변에 2를 곱하면
$2\log_5 4=\log_5 16=b_2+\dfrac{b_3}{2}+\dfrac{b_4}{2^2}+\cdots$
$1<\log_5 16<2$이므로 $b_2=1$
따라서 $\log_5 16-1=\log_5\dfrac{16}{5}=\dfrac{b_3}{2}+\dfrac{b_4}{2^2}+\cdots$
또 양변에 2를 곱하면
$2\log_5\dfrac{16}{5}=\log_5\left(\dfrac{16}{5}\right)^2=b_3+\dfrac{b_4}{2}+\cdots$
$1<\log_5\left(\dfrac{16}{5}\right)^2<2$이므로 $b_3=1$
$\therefore b_1+b_2+b_3=2$

14 답 ①

GUIDE

(산술평균)$\geq$(기하평균)임을 이용한다.

(기하평균)$\leq$(산술평균)에서

$$\sqrt{\log_2 a \times \log_2 b} \leq \frac{\log_2 a + \log_2 b}{2}$$
$$= \frac{\log_2 ab}{2} = \frac{\log_2 72}{2} = \frac{3 + 2\log_2 3}{2}$$

(단, 등호는 $\log_2 a = \log_2 b$, 즉 $a = b = 6\sqrt{2}$일 때 성립한다.)

15 답 13

GUIDE

$\log_x y = \log_y x$이면 $\dfrac{\log y}{\log x} = \dfrac{\log x}{\log y}$ 이다.

$\log_x y = \log_y x$에서 $\dfrac{\log y}{\log x} = \dfrac{\log x}{\log y}$, $(\log x)^2 = (\log y)^2$

즉 $(\log x - \log y)(\log x + \log y) = 0$에서

x, y가 서로 다르므로 $\log x + \log y = 0$이고, $xy = 1$, $y = \dfrac{1}{x}$

$$\therefore xy + 3x + 12y = 1 + 3x + \frac{12}{x} \geq 1 + 2\sqrt{3x \times \frac{12}{x}} = 13$$

(단, 등호는 $3x = \dfrac{12}{x} = 6$, 즉 $x = 2$, $y = \dfrac{1}{2}$일 때 성립한다.)

다른 풀이

$\log_x y = \log_y x$에서 $(\log_x y)^2 = 1$이고, $x \neq y$이므로

$\log_x y = -1$, 즉 $y = \dfrac{1}{x}$ 을 얻을 수 있다.

16 답 $\sqrt{26}$

GUIDE

$\log x = A$, $\log y = B$, $\log z = C$라 하면
$A^2 + B^2 + C^2 = 1$일 때 $A + 3B + 4C$의 최댓값을 구하는 문제로 생각할 수 있다.

코시−슈바르츠 부등식에서

$$(\log x + 3\log y + 4\log z)^2$$
$$\leq (1^2 + 3^2 + 4^2)\{(\log x)^2 + (\log y)^2 + (\log z)^2\}$$
$$= 26 \times 1 = 26$$

(단, 등호는 $\log x = \dfrac{\log y}{3} = \dfrac{\log z}{4}$일 때 성립한다.)

$$\therefore \log x + 3\log y + 4\log z \leq \sqrt{26}$$

LECTURE

코시−슈바르츠 부등식에서
$$(ax + by + cz)^2 \leq (a^2 + b^2 + c^2)(x^2 + y^2 + z^2)$$

17 답 ④

GUIDE

❶ $\log_3 x = X$, $\log_3 y = Y$로 치환한다.
❷ 원과 직선의 관계를 이용한다.

$\log_3 x = X$, $\log_3 y = Y$로 두면 $X^2 + Y^2 = 2X + 4Y$에서
$$(X - 1)^2 + (Y - 2)^2 = 5$$
또 $\log_3 x^2 y = 2X + Y = k$라 하면
원 $(X - 1)^2 + (Y - 2)^2 = 5$에 직선 $2X + Y = k$가 접할 때
k의 최댓값을 구할 수 있다.
점 $(1, 2)$에서 직선 $2X + Y = k$까지 거리가 원의 반지름 길이와 같으므로

$$\sqrt{5} = \frac{|2 + 2 - k|}{\sqrt{2^2 + 1^2}} \qquad \therefore k = -1, \ k = 9$$

k값, 즉 $\log_3 x^2 y$의 최댓값이 9이므로 $x^2 y$의 최댓값은 3^9

참고

$(X - 1)^2 + (Y - 2)^2 = 5$를 만족시키는 점 (X, Y)의 자취는 중심이 $(1, 2)$이고, 반지름 길이가 $\sqrt{5}$인 원이다. 즉 이 원 위의 점 중에서 $2X + Y$가 최대가 되는 경우를 찾는 문제이다.

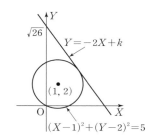

18 답 ⑤

GUIDE

선분 길이의 합의 최솟값을 구할 때는 평행이동, 대칭이동 등을 이용하여 하나의 선분을 만드는 것을 생각한다.

두 근이 $\alpha = \log_3 6 = 1 + \log_3 2$, $\beta = 1 - \log_{\sqrt{3}} \sqrt{2} = 1 - \log_3 2$이므로 $A(1 + \log_3 2, \ 1 - \log_3 2)$, $B(1 - \log_3 2, \ 1 + \log_3 2)$
점 A를 x축에 대하여 대칭이동한 점을 A'이라 하고, 점 B를 y축에 대하여 대칭이동한 점을 B'이라 하면
$\overline{AP} + \overline{PQ} + \overline{QB}$의 최솟값은 $\overline{A'B'}$이다.

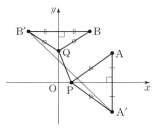

$A'(1 + \log_3 2, \ -1 + \log_3 2)$,
$B'(-1 + \log_3 2, \ 1 + \log_3 2)$
이므로
$$\overline{A'B'} = \sqrt{(-2)^2 + 2^2} = 2\sqrt{2}$$

19 답 ②

GUIDE

❶ 문제에 주어진 식에서 변하지 않는 값과 변하는 값을 파악한다.

❷ 조건이 바뀜에 따라 변하는 값들의 관계를 알아본다.

약물 A의 흡수율과 배설률을 각각 K_A, E_A라 하고,
약물 B의 흡수율과 배설률을 각각 K_B, E_B라 하자.

주어진 조건에 의하여

$K_A = K_B$, $E_A = \frac{1}{2}K_A$, $E_B = \frac{1}{4}K_B$이므로

약물 A에서

$$3 = c \times \frac{\log K_A - \log E_A}{K_A - E_A} = c \times \frac{\log K_A - \log \frac{1}{2}K_A}{K_A - \frac{1}{2}K_A}$$

$$= c \times \frac{\log 2}{\frac{1}{2}K_A} = c \times \frac{2\log 2}{K_A}$$

$$\therefore \frac{c}{K_A} = \frac{3}{2\log 2}$$

약물 B에서

$$c \times \frac{\log K_B - \log E_B}{K_B - E_B} = c \times \frac{\log K_A - \log \frac{1}{4}K_A}{K_A - \frac{1}{4}K_A}$$

$$= c \times \frac{\log 4}{\frac{3}{4}K_A} = \frac{c}{K_A} \times \frac{8\log 2}{3}$$

$$= \frac{3}{2\log 2} \times \frac{8\log 2}{3} = 4$$

따라서 $a = 4$

STEP 3 | 1등급 뛰어넘기   p. 22~23

01 ④	02 121	03 17	04 207
05 4개	06 258	07 5	

01 답 ④

GUIDE

각 경우에 대하여 반례가 있는지 따져 본다.

① [반례] $a = \frac{\log_5 8}{\log_2 3}$, $b = 0$ (×)

② [반례] $a = 2^2$, $b = 2^3$이면 $\log_a b = \frac{3}{2}$ (×)

③ 소수 a, b에 대하여 $\log_a b$가 유리수이면 $a = b$인 경우뿐이므로 $\log_a b = 1$ (×)

④ $a\log_2 3 + b\log_2 7 + c = \log_2(3^a \times 7^b \times 2^c)$이고
$42 = 2 \times 3 \times 7$이므로 $3^a \times 7^b \times 2^c = 2 \times 3 \times 7$인 자연수 a, b, c의 순서쌍은 $(1, 1, 1)$뿐이다. (○)

⑤ $(3^{\log_7 5})^{\log_a 7} = 5$의 양변을 $\log_2 a$제곱 하면 $3^{\log_7 5} = 5^{\log_7 a}$,
즉 $3^{\log_7 5} = a^{\log_7 5}$이고, $\log_7 5 > 0$이므로 $a = 3$ (×)

참고

$(3^{\log_7 5})^{\log_a 7} = (5^{\log_7 3})^{\log_a 7} = 5^{\log_7 3 \times \log_a 7} = 5^{\log_a 3} = 5$

$\log_a 3 = 1$에서 $a = 3$을 구해도 된다.

02 답 121

GUIDE

N의 맨 앞 자리 수는 $\log N$의 소수부분에서 찾고, N의 자리수는 $\log N$의 정수부분에서 구한다.

$\log 2^{10n} = 10n\log 2 = 10n \times 0.30103$

$\qquad = n \times 3.0103 = 3n + n \times 0.0103$ ······ ㉠

에서 맨 앞자리 수가 1이 아닌 경우는

$n \times 0.0103 \geq \log 2$, $n \geq \frac{0.30103}{0.0103} = 29.2$

이므로 n의 최솟값 $p = 30$

또 ㉠에서

$\log 2^{10p} = 3p + p \times 0.0103 = 90.309$

이므로 2^{10p}은 91자리 자연수이다.

$\therefore M = 91$

따라서 $p + M = 30 + 91 = 121$

참고

❶ 맨 앞자리 수가 1이 아닌 간단한 수 2000을 생각하면
$\log 2000 = \log(10^3 \times 2) = 3 + \log 2$
맨 앞자리 수가 1인 간단한 수 1200을 생각하면
$\log 1200 = \log(10^3 \times 1.2) = 3 + \log 1.2$
따라서 A의 맨 앞자리 수가 1이 아니려면 $\log A$의 소수부분이 $\log 2$ 이상이면 된다.

❷ $2^{290} ≒ 1.99 \times 10^{87}$, $2^{300} ≒ 2.04 \times 10^{90}$이다.

03 답 17

GUIDE

❶ $a^{\log_b c} = c^{\log_b a}$, $a^{\log_a b} = b$

❷ $a = 3^{\log_5 2} = 3^p = 5^q = (2^{\log_{30} 3})^r$에서 p, q, r를 구한다.

$a^{\log_2 5} = 3$에서 $a = (a^{\log_2 5})^{\log_5 2} = 3^{\log_5 2}$이고,

$a = 3^p$이므로 $p = \log_5 2$

$a = 3^{\log_5 2} = 5^q$에서 $q = \log_5 3^{\log_5 2} = \log_5 2 \times \log_5 3$

$a = 3^{\log_5 2} = (2^{\log_{30} 3})^r$에서 양변에 밑이 2인 로그를 취하면

$\log_2(2^{\log_{30} 3})^r = \log_2 3^{\log_5 2}$

$r\log_{30} 3 = \log_5 2 \times \log_2 3 = \log_5 3$

$\therefore r = \frac{\log_5 3}{\log_{30} 3} = \frac{\log_3 30}{\log_3 5} = \log_5 30$

따라서 $x^2 - \log_5 30 x + \log_5 2 \times \log_5 15 = 0$에서

$(x - \log_5 2)(x - \log_5 15) = 0$

$\therefore 5^\alpha + 5^\beta = 5^{\log_5 2} + 5^{\log_5 15} = 2 + 15 = 17$

$p+q=\log_5 2+\log_5 2\times\log_5 3=\log_5 2(1+\log_5 3)$
$\qquad=\log_5 2\times\log_5 15$

04 답 207

$x-[x]=y-[y]$이면 $x-y=[x]-[y]$
이때 $[x]-[y]$가 정수이므로 $x-y$도 정수이다.

⒟의 $[\log a]-\log a=[\log a^2 b]-\log a^2 b$에서
$\log a^2 b-\log a=\log ab=[\log a^2 b]-[\log a]=(\text{정수})$
$\log ab$가 정수이므로 $ab=10^n$ (단, n은 자연수)
마찬가지로 $[\log a]-\log a=[\log c]-\log c$에서
$\log c-\log a=[\log c]-[\log a]=(\text{정수})$
$\log\dfrac{c}{a}$가 정수이므로 $c=a\times10^k$ (단, k는 자연수)

(i) $ab=10$일 때
$a=1$, $b=10$인 경우, $c=1\times10^k>b^2=100$이 되는 c는 존재하지 않는다.
$a=2$, $b=5$인 경우, $c=2\times10^k>b^2=25$에서 $c=200$
$a=5$ 또는 $a=10$이면 $a^2<b$인 조건에 어긋난다.

(ii) $ab=100$일 때
$a\ge5$이면 $b\le20$이어서 $a^2<b$인 조건에 어긋난다.
$a\le2$이면 $b\ge50$이고, $c=a\times10^k>b^2=2500$이 되는 c는 존재하지 않는다.

(iii) $ab\ge1000$일 때
$a^2 b^2\ge10^6$, $b^3>a^2 b^2\ge10^6$, $c>b^2>10000$이므로 조건에 맞는 순서쌍은 존재하지 않는다.

(i), (ii), (iii)에서 구하는 순서쌍은 $(2, 5, 200)$ 1개뿐이고,
구하는 값은 $2+5+200=207$이다.

05 답 4개

❶ $f(p)=\log_3 p-[\log_3 p]$
❷ 소수부분이 0일 때와 0이 아닐 때로 구한다.
❸ 소수부분이 0일 때를 기준으로 p값의 범위를 나눈다.

$\log_3\dfrac{p}{3}$와 $\log_3\dfrac{3}{p}$의 소수부분이 모두 0인 경우는 3^3, 3^4

(i) $10\le p<27$일 때 $\left[\log_3\dfrac{p}{3}\right]=1$, $\left[\log_3\dfrac{3}{p}\right]=-2$

$f\left(\dfrac{p}{3}\right)=\log_3\dfrac{p}{3}-1=\log_3\dfrac{p}{3^2}$

$f\left(\dfrac{3}{p}\right)=\log_3\dfrac{3}{p}-(-2)=\log_3\dfrac{3^3}{p}$

즉 $\dfrac{p}{3^2}=\dfrac{3^3}{p}$에서 $p=3^{\frac{5}{2}}$

(ii) $27<p<81$일 때 $\left[\log_3\dfrac{p}{3}\right]=2$, $\left[\log_3\dfrac{3}{p}\right]=-3$

$f\left(\dfrac{p}{3}\right)=\log_3\dfrac{p}{3}-2=\log_3\dfrac{p}{3^3}$

$f\left(\dfrac{3}{p}\right)=\log_3\dfrac{3}{p}-(-3)=\log_3\dfrac{3^4}{p}$

즉 $\dfrac{p}{3^3}=\dfrac{3^4}{p}$에서 $p=3^{\frac{7}{2}}$

(iii) $81<p\le100$일 때 $\left[\log_3\dfrac{p}{3}\right]=3$, $\left[\log_3\dfrac{3}{p}\right]=-4$

$f\left(\dfrac{p}{3}\right)=\log_3\dfrac{p}{3}-3=\log_3\dfrac{p}{3^4}$

$f\left(\dfrac{3}{p}\right)=\log_3\dfrac{3}{p}-(-4)=\log_3\dfrac{3^5}{p}$

즉 $\dfrac{p}{3^4}=\dfrac{3^5}{p}$에서 $p=3^{\frac{9}{2}}$이고, $3^{\frac{9}{2}}>100$이다.

따라서 가능한 실수 p는 $3^{\frac{5}{2}}$, 3^3, $3^{\frac{7}{2}}$, 3^4로 4개

(i) $10\le p<27$인 적당한 p값을 대입한다. 예를 들면 $p=15$일 때
$\log_3\dfrac{3}{15}=\log_3\dfrac{1}{5}=-\log_3 5=-1.\times\times$ $\quad\therefore\left[\log_3\dfrac{3}{p}\right]=-2$

(ii) $27<p<81$인 적당한 p값을 대입한다. 예를 들면 $p=30$일 때
$\log_3\dfrac{3}{30}=\log_3\dfrac{1}{10}=-\log_3 10=-2.\times\times$ $\quad\therefore\left[\log_3\dfrac{3}{p}\right]=-3$

06 답 258

❶ $y=x^{\frac{b}{a}}$ (a, b는 정수, $a\ne0$)
❷ $1<\dfrac{b}{a}<2$

$1<x<y<x^2<1000$에서 $x<32$

$\log_x y=\dfrac{b}{a}$ (a, b는 양의 정수, $a\ne0$)로 놓으면 $y=x^{\frac{b}{a}}$

즉 $1<x<x^{\frac{b}{a}}<x^2<1000$에서 $1<\dfrac{b}{a}<2$

(i) $a=2$일 때 $b=3$, 즉 $x^{\frac{3}{2}}$이 정수여야 하므로 x는 제곱수

x	4	9	16	25
$y(x^{\frac{3}{2}})$	8	27	64	125

(ii) $a=3$일 때 $3<b<6$, 즉 $x^{\frac{4}{3}}$, $x^{\frac{5}{3}}$이 정수여야 하므로 x는 세제곱수

x	8	27
$y(x^{\frac{4}{3}})$	16	81
$y(x^{\frac{5}{3}})$	32	243

(iii) $a=4$일 때 $4<b<8$, 즉 $x^{\frac{5}{4}}$, $x^{\frac{7}{4}}$이 정수여야 하므로 x는 네제곱수

x	16
$y(x^{\frac{5}{4}})$	32
$y(x^{\frac{7}{4}})$	128

따라서 $x=4$, $y=8$일 때 $x+y$의 최솟값은 12,
$x=27$, $y=243$일 때 $x+y$의 최댓값은 270
$\therefore \alpha-\beta=270-12=258$

참고

a가 5 이상이면 x가 오제곱수, 육제곱수, …이어야 하고
$x<32$인 오제곱수, 육제곱수, …는 존재하지 않는다.

07 ⑤ 5

GUIDE

철수와 영희의 속력이 같으므로 철수가 트랙을 돈 거리와 영희가 트랙을 돈 거리가 같아야 한다.

철수와 영희가 트랙을 도는 속력을 v라 하고,
철수가 길이 $1+\log 5$ 트랙을 돈 횟수가 x, 길이 $1+\log 2$ 트랙을 돈 횟수가 y이므로 철수가 출발점으로 돌아오는 데 걸린 시간은

$$\frac{x(1+\log 5)+y(1+\log 2)}{v}$$

$$=\frac{x(2-\log 2)+y(1+\log 2)}{v}=\frac{(2x+y)+(-x+y)\log 2}{v}$$

영희가 길이 $\log 5$ 트랙을 돈 횟수를 $2k$, 길이 $1+\log 2$ 트랙을 돈 횟수를 k라 하면 영희가 출발점으로 돌아오는 데 걸린 시간은

$$\frac{2k\log 5+k(1+\log 2)}{v}=\frac{2k(1-\log 2)+k(1+\log 2)}{v}$$

$$=\frac{3k-k\log 2}{v}$$

철수와 영희가 만나려면

$$\frac{(2x+y)+(-x+y)\log 2}{v}=\frac{3k-k\log 2}{v}$$

$$(2x+y)+(-x+y)\log 2=3k-k\log 2$$

이때 x, y, k가 모두 정수이고, $\log 2$는 무리수이므로

$$\begin{cases}2x+y=3k \\ -x+y=-k\end{cases}$$ 에서 $x=\frac{4}{3}k$, $y=\frac{1}{3}k$

x, y를 모두 자연수로 만드는 k의 최솟값은 3이다.
이때 $x=4$, $y=1$이므로 $x+y=5$

참고

❶ 두 사람의 속력이 같으므로 이동한 거리가 같으면 만나게 된다. 따라서
$x(1+\log 5)+y(1+\log 2)=2k\log 5+k(1+\log 2)$
로 놓고 시작해도 된다.

❷ $\log 2$가 무리수임을 귀류법을 이용해 다음과 같이 보일 수 있다.
$\log 2$가 유리수라 가정하면 $\log 2>0$이므로
$\log 2=\frac{q}{p}$ (단, p, q는 서로소인 자연수) 꼴로 나타낼 수 있다.
이때 $2=10^{\frac{q}{p}}$에서 $2^p=2^q\times 5^q$
즉 $2^{p-q}=5^q$이 되어 모순이다.
(좌변은 분수 또는 짝수이고 우변은 홀수이다.)
따라서 $\log 2$는 무리수이다.

---

03 지수함수와 로그함수

STEP 1 | 등급 준비하기 p. 26~27

01 1	02 ㄱ, ㄴ	03 ④	04 ②
05 16	06 1	07 $\log_2 5$	08 ④
09 2	10 ②	11 6	

01 ⑤ 1

GUIDE

❶ y축에 대한 대칭이동 ⇨ x의 부호를 바꾼다.
❷ x축 방향으로 -2만큼, y축 방향으로 4만큼 평행이동
⇨ x 대신 $x+2$, y 대신 $y-4$를 대입한다.

$y=2^x$의 그래프를 y축에 대하여 대칭이동하면 $y=2^{-x}$
$y=2^{-x}$의 그래프를 x축 방향으로 -2만큼, y축 방향으로 4만큼 평행이동하면 $y-4=2^{-(x+2)}$

정리하면 $y=\left(\frac{1}{2}\right)^{x+2}+4=\frac{1}{4}\times\left(\frac{1}{2}\right)^x+4$

$y=a\left(\frac{1}{2}\right)^x+b$와 비교하면 $a=\frac{1}{4}$, $b=4$

$\therefore ab=\frac{1}{4}\times 4=1$

02 ⑤ ㄱ, ㄴ

GUIDE

그래프를 그려 놓고 생각해 본다. 또 ㄷ에서 $3=4^{\log_4 3}$임을 이용해 분자를 1로 고쳐 본다.

ㄱ. 함수 $y=\frac{1}{4^x}$의 그래프에서 점근선이 $y=0$이므로 임의의 양수 a에 대하여 직선 $y=a$와 한 점에서 만난다. (○)

ㄴ. 함수 $y=\frac{1}{4^x}$의 그래프는 임의의 양수 a에 대하여 직선 $y=ax$와 한 점에서 만난다. (○)

ㄷ. $3=4^{\log_4 3}$이므로

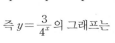

$$\frac{3}{4^x}=\frac{4^{\log_4 3}}{4^x}=\frac{1}{4^{x-\log_4 3}}$$

즉 $y=\frac{3}{4^x}$의 그래프는

$y=\frac{1}{4^x}$의 그래프를 x축

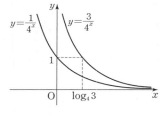

방향으로 $\log_4 3$만큼 평행이동한 것이므로 두 곡선

$y=\frac{3}{4^x}$, $y=\frac{1}{4^x}$은 서로 만나지 않는다. (×)

LECTURE

함수 $y=\frac{k}{a^x}$ $(k>0)$의 그래프는 $y=\frac{1}{a^x}$의 그래프를 x축 방향으로 $\log_a k$만큼 평행이동한 것과 같다.

03 답 ④

GUIDE

❶ 함수 $y=|2^{x-a}-b|$의 그래프는 함수 $y=2^{x-a}-b$의 그래프에서 x축 아랫부분을 x축에 대하여 대칭이동한 것이다.

❷ 함수 $y=2^{x-a}-b$의 그래프의 점근선은 $y=-b$이다.

함수 $y=|2^{x-a}-b|$는
$x \geq k$일 때 $y=2^{x-a}-b$이고,
$x < k$일 때 $y=-2^{x-a}+b$이다.
곡선 $y=-2^{x-a}+b$의 점근선이
$y=b$이므로 $b=3$

이때 함수 $y=2^{x-a}-3$의 그래프가 $(\log_2 12, 3)$을 지나므로
$3=2^{\log_2 12-a}-3$, $2^{\log_2 12} \times 2^{-a}=6$, $12 \times 2^{-a}=6$에서 $a=1$
한편 $|2^{x-1}-3|=0$이 되는 x값을 k라 했으므로
$|2^{k-1}-3|=0$에서 $2^{k-1}=3$
$\therefore k=\log_2 3+1=\log_2 6$

04 답 ②

GUIDE

① $0 \leq x \leq 3$에서 $g(x)$의 최솟값과 최댓값을 구한다.

② $h(x)=2^{g(x)}$에서 (밑)>1이므로 $g(x)$가 최소일 때 $h(x)$도 최소이고, $g(x)$가 최대일 때 $h(x)$도 최대이다.

$g(x)=x^2-2x+2=(x-1)^2+1$
즉 $0 \leq x \leq 3$에서 $1 \leq g(x) \leq 5$이므로
$h(x)=(f \circ g)(x)=2^{g(x)}$에서 $2^1 \leq 2^{g(x)} \leq 2^5$
따라서 $m=2$, $M=32$ $\therefore M+m=34$

05 답 16

GUIDE

$y=3^x \times 2^{-2x+2}$을 정리해 $y=ka^x$ 꼴로 고쳐 a값을 확인한다.

$y=3^x \times 2^{-2x+2}=3^x \times \dfrac{2^2}{2^{2x}}=4 \times \left(\dfrac{3}{4}\right)^x$

$0<$(밑)<1인 함수 $y=4 \times \left(\dfrac{3}{4}\right)^x$은

x값이 커질 때 함숫값은 작아지므로 $-1 \leq x \leq 1$에서
$x=1$일 때 최소이고, $x=-1$일 때 최대이다.

$m=4 \times \left(\dfrac{3}{4}\right)^1=3$, $M=4 \times \left(\dfrac{3}{4}\right)^{-1}=\dfrac{16}{3}$

$\therefore m \times M=16$

06 답 1

GUIDE

그래프 위의 두 점 A, B의 y좌표가 같음을 이용한다. 또 점 A의 x좌표를 a라 하면 점 B의 x좌표는 $a+2$이다.

$\overline{AB}=2$이므로 오른쪽 그림과 같이
두 점 A, B의 x좌표를 각각
a, $a+2$ $(a>1)$라 하면

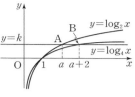

$k=\log_2 a=\log_4 (a+2)$
$\quad =\dfrac{1}{2}\log_2 (a+2)$
$\quad =\log_2 \sqrt{a+2}$ $\quad \therefore a=\sqrt{a+2}$
$a^2=a+2$, $(a-2)(a+1)=0$에서 $a=2$ $(\because a>1)$
$\therefore k=\log_2 2=1$

07 답 $\log_2 5$

GUIDE

점 S의 좌표를 $(s, 0)$이라 하면 $\overline{SP}=3$에서 $\log_2 s=3$이다.

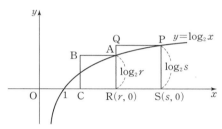

위 그림과 같이 정사각형 PQRS의 한 변의 길이가 3이므로
$\overline{SP}=3$
이때 점 S의 좌표를 $(s, 0)$이라 하면 $\log_2 s=3$ $\quad \therefore s=2^3=8$
또 $\overline{RS}=3$이므로 점 R의 좌표를 $(r, 0)$이라 하면 $r=5$
정사각형 ABCR의 한 변의 길이는 $\overline{RA}$이므로
$\overline{RA}=\log_2 r=\log_2 5$

08 답 ④

GUIDE

$y=\log_a x$ 꼴 함수가 평행이동하거나 x축, y축, 직선 $y=x$에 대하여 대칭이동하여 $y=\log_2 x$ 또는 $y=2x$의 그래프와 겹쳐지려면 밑이 2나 $\dfrac{1}{2}$이면 된다.

ㄱ. $y=\log_2 x$의 그래프를 $y=x$에 대하여 대칭이동하면 $y=2^x$의 그래프와 겹쳐지고, 이것을 y축에 대하여 대칭이동한 다음 x축 방향으로 -1만큼 평행이동하면 $y=2^{-(x+1)}=2^{-x-1}$의 그래프가 된다. (○)

ㄴ. $y=5 \times 2^x=2^{\log_2 5} \times 2^x=2^{x+\log_2 5}$의 그래프는 $y=2^x$의 그래프를 x축 방향으로 $-\log_2 5$만큼 평행이동하면 겹쳐진다. (○)

ㄷ. 함수 $y=\log_4 x^2$의 정의역은 $x^2>0$에서 $x \neq 0$이고, $\log_4 x^2=\log_4 (-x)^2$이므로 $y=\log_4 x^2$의 그래프는 y축에 대하여 대칭이다. 즉 $x>0$일 때 $y=\log_4 x^2=\log_2 x$이고, $x<0$일 때 $y=\log_4 x^2=\log_2 (-x)$이므로 겹쳐지지 않는다.
(×)

LECTURE

$y=\log_a x^2$의 그래프와 $y=2\log_a x$의 그래프 $(a>1)$

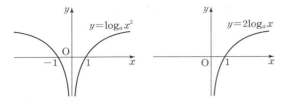

09 🔢 2

GUIDE

$y=x^{4-\log_2 x}$의 양변에 밑이 2인 로그를 취하고, $\log_2 x=t$로 치환한다.

$y=x^{4-\log_2 x}$의 양변에 밑이 2인 로그를 취하면

$\log_2 y=(4-\log_2 x)\log_2 x$에서 $\log_2 x=t$라 하면

$\log_2 y=-t^2+4t=-(t-2)^2+4$

즉 $t=2$일 때, $\log_2 y$의 최댓값은 4이다.

이때 $\log_2 x=2$에서 $x=4$이므로 $a=4$

또 $\log_2 y=4$에서 $y=2^4=16$이므로 $M=16$

$\therefore \log_a M=\log_4 16=\log_4 4^2=2$

10 🔢 ②

GUIDE

$\log_3 x=t$로 놓고 구한 t에 대한 이차함수에서 t가 실수 전체에서 정의되므로 꼭짓점의 좌표를 확인한다.

$y=(\log_3 x)^2+a\log_{27} x^2+b=(\log_3 x)^2+\dfrac{2a}{3}\log_3 x+b$이고

$\log_3 x=t$로 놓으면

$y=t^2+\dfrac{2}{3}at+b=\left(t+\dfrac{a}{3}\right)^2+b-\dfrac{a^2}{9}$이므로

y는 $t=-\dfrac{a}{3}$일 때 최솟값 $b-\dfrac{a^2}{9}$을 가진다.

즉 $t=-\dfrac{a}{3}=\log_3\dfrac{1}{3}=-1$일 때 최솟값이 1이므로

$-\dfrac{a}{3}=-1, b-\dfrac{a^2}{9}=1$

따라서 $a=3, b=2$ $\therefore 2a+b=8$

11 🔢 6

GUIDE

❶ $y=2x$의 역함수는 $y=\dfrac{x}{2}$이고 $y=2^x$의 역함수는 $y=\log_2 x$이다.

❷ $2^x=x^2$의 양변에 밑이 2인 로그를 취해 보자.

$2^x=x^2$의 양변에 밑이 2인 로그를 취하면 $x=2\log_2 x$이므로

주어진 방정식의 근은 $\dfrac{x}{2}=\log_2 x$의 근과 같다.

이때 두 함수 $y=2x$와 $y=2^x$의 교점이 $(1, 2)$, $(2, 4)$이므로

그 역함수인 $y=\dfrac{x}{2}$와 $y=\log_2 x$의 교점은 그림처럼

$(2, 1)$, $(4, 2)$이다.

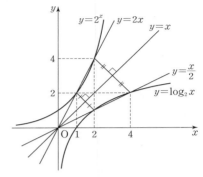

따라서 방정식 $\dfrac{x}{2}=\log_2 x$, 즉 $2^x=x^2$의 해는 $x=2, 4$이고,

그 합은 6이다.

STEP 2 | 1등급 굳히기   p. 28~33

01 ④	02 ⑤	03 ⑤	04 ①
05 3	06 20	07 ①	08 ③
09 -7	10 $\dfrac{1}{4}$	11 ②	12 13
13 ②	14 ㄴ	15 ①	16 2
17 8	18 7	19 1	20 ②
21 ①	22 ㄱ, ㄷ	23 ⑤	24 3
25 ①	26 82	27 1	

01 🔢 ④

GUIDE

$f(x)=3^x$의 그래프와 직선 $y=\sqrt{2}-1$의 교점의 좌표가 $(2a, \sqrt{2}-1)$이므로 $f(2a)=3^{2a}=\sqrt{2}-1$임을 이용한다.

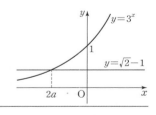

교점의 좌표가 $(2a, \sqrt{2}-1)$이므로 $3^{2a}=\sqrt{2}-1$이다.

$\dfrac{f(3a)+f(-3a)}{f(a)+f(-a)}=\dfrac{3^{3a}+3^{-3a}}{3^a+3^{-a}}$ ⇦ 분모, 분자에 3^a 곱하기

$=\dfrac{3^{4a}+3^{-2a}}{3^{2a}+1}=\dfrac{(\sqrt{2}-1)^2+\dfrac{1}{\sqrt{2}-1}}{\sqrt{2}-1+1}$

$=\dfrac{3-2\sqrt{2}+\sqrt{2}+1}{\sqrt{2}}=2\sqrt{2}-1$

다른 풀이

$3^a = x$, $3^{-a} = y$로 놓으면 $xy = 1$이고

$$\frac{f(3a) + f(-3a)}{f(a) + f(-a)} = \frac{3^{3a} + 3^{-3a}}{3^a + 3^{-a}} = \frac{x^3 + y^3}{x + y}$$

$$= \frac{(x+y)(x^2 - xy + y^2)}{x + y}$$

$$= x^2 - xy + y^2 = 3^{2a} - 1 + 3^{-2a}$$

$$= \sqrt{2} - 1 - 1 + \frac{1}{\sqrt{2} - 1}$$

$$= \sqrt{2} - 2 + \sqrt{2} + 1 = 2\sqrt{2} - 1$$

---

02 답 ⑤

GUIDE

$f(x) = \dfrac{3^{2x} - 1}{2 \times 3^x}$ 에서 분모, 분자를 3^x으로 나눈 것, 즉 $f(x) = \dfrac{3^x - 3^{-x}}{2}$ 라 하면 보기의 내용을 확인하기 편리하다.

ㄱ. $f(x) = \dfrac{3^{2x} - 1}{2 \times 3^x} = \dfrac{3^x - 3^{-x}}{2}$ 이고, $f(-x) = \dfrac{3^{-x} - 3^x}{2}$

  $\therefore f(-x) = -f(x)$ (○)

ㄴ. $\{f(x)\}^2 - \{g(x)\}^2 = \left(\dfrac{3^x - 3^{-x}}{2}\right)^2 - \left(\dfrac{3^x + 3^{-x}}{2}\right)^2$

  $= -1$ (○)

ㄷ. $3^x > 0$이고 $3^{-x} > 0$이므로 (산술평균)≥(기하평균)에서

  $3^x + 3^{-x} \geq 2\sqrt{3^x \times 3^{-x}} = 2$

  $\therefore g(x) = \dfrac{3^x + 3^{-x}}{2} \geq 1$ (○)

ㄹ. $f(x)g(x) = \dfrac{3^x - 3^{-x}}{2} \times \dfrac{3^x + 3^{-x}}{2} = \dfrac{3^{2x} - 3^{-2x}}{4}$

  $= \dfrac{1}{2} f(2x)$ (○)

---

03 답 ⑤

GUIDE

ㄱ. $(a, b) \in A$이면 $7^a = b$임을 나타내므로 $7^a = b$를 적당히 변형하면 $7^{\frac{a}{2}} = \sqrt{b}$가 되는지 확인한다. 나머지도 같은 방법으로 확인한다.

ㄱ. $(a, b) \in A$에서 $7^a = b$이므로 양변을 $\dfrac{1}{2}$ 제곱하면

  $(7^a)^{\frac{1}{2}} = 7^{\frac{a}{2}} = \sqrt{b}$ $\therefore \left(\dfrac{a}{2}, \sqrt{b}\right) \in A$ (○)

ㄴ. $(-a, b) \in A$에서 $7^{-a} = b$이므로 양변을 -1제곱하면

  $(7^{-a})^{-1} = b^{-1}$, 즉 $7^a = \dfrac{1}{b}$ $\therefore \left(a, \dfrac{1}{b}\right) \in A$ (○)

ㄷ. [반례] $a = 1$, $b = -7$이면 $7^{2 \times 1} = (-7)^2$이므로

  $(2 \times 1, (-7)^2) \in A$이지만 $7^1 \neq -7$이므로

  $(1, -7) \notin A$ (×)

ㄹ. $7^a = b$, $7^{a+c} = bd$에서 같은 변끼리 나누면 $7^c = d$

  $\therefore (c, d) \in A$ (○)

참고

ㄷ에서 $(2a, b^2) \in A$이므로 $b \neq 0$이다.

또 $b > 0$이면 $(a, b) \in A$이지만 $b < 0$이면 $(a, b) \notin A$이다.

---

04 답 ①

GUIDE

$\overline{AP} = a$로 놓고 P, Q의 y좌표를 구해 $\overline{PQ} = 6$임을 이용한다.

$\overline{AP} = a$라 하면 $\overline{BQ} = 3a$이다.

이때 점 P의 y좌표는 2^a, 점 Q의 y좌표는 2^{3a}이므로 $\overline{PQ} = 6$에서

$2^{3a} - 2^a = 6$, 즉 $(2^a - 2)\{(2^a)^2 + 2 \times 2^a + 3\} = 0$

$(2^a)^2 + 2 \times 2^a + 3 > 0$이므로 $2^a = 2$ $\therefore a = 1$

따라서 원 O_1의 넓이는 π

참고

$2^a = t$ $(t > 0)$로 치환하면 $t^3 - t = 6$, $(t - 2)(t^2 + 2t + 3) = 0$

---

05 답 3

GUIDE

$A\left(k, 2\sqrt{3} - \dfrac{3^k + 3^{-k}}{2}\right)$, $B(k, 3^k)$에서 $\overline{AB}$의 길이는 y좌표의 차와 같다.

$f(x) = 2\sqrt{3} - \dfrac{3^x + 3^{-x}}{2}$ 과 $g(x) = 3^x$, $x = k$를 좌표평면 위에 나타내면 그림과 같다.

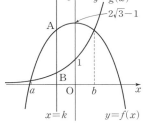

$\overline{AB} = 2\sqrt{3} - \dfrac{3^k + 3^{-k}}{2} - 3^k$

  $= 2\sqrt{3} - \dfrac{3 \times 3^k + 3^{-k}}{2}$

이때 $\dfrac{3 \times 3^k + 3^{-k}}{2} \geq \sqrt{3 \times 3^k \times 3^{-k}} = \sqrt{3}$

(단, 등호는 $3 \times 3^k = 3^{-k}$, 즉 $k = -\dfrac{1}{2}$일 때 성립한다.)

이므로 $\overline{AB}$의 최댓값은 $\sqrt{3}$이다. $\therefore M^2 = 3$

---

06 답 20

GUIDE

❶ $y = b^{x-2}$의 그래프는 $y = b^x$의 그래프를 x축 방향으로 2만큼 평행이동한 것이다.

❷ ABCD가 정사각형이므로 $\overline{AB} = \overline{BC} = \overline{CD}$이다.

$y = b^{x-2}$의 그래프는 $y = b^x$의 그래프를 x축 방향으로 2만큼 평행이동한 것이므로 $\overline{BC} = 2$

즉 점 B의 x좌표는 2이다.

이때 $\overline{DC} = 2$에서 $b^4 - b^2 = 2$,

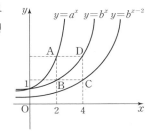

$(b^2+1)(b^2-2)=0$ ∴ $b^2=2$ (∵ $b^2>0$)

또 $\overline{AB}=2$에서 $a^2-b^2=2$ ∴ $a^2=b^2+2=4$

따라서 $a^4+b^4=(a^2)^2+(b^2)^2=4^2+2^2=20$

07 ⓐ ①

$A=\dfrac{2^a-2}{a}=\dfrac{(2^a-1)-1}{a-0}$ 처럼 생각하면 A는 점 P와 점 $(0,1)$을 잇는

직선의 기울기와 같다. B,C에서도 기울기를 생각하자.

R$(0,1)$, S$(1,0)$이라 하면

$A=\dfrac{2^a-2}{a}=\dfrac{(2^a-1)-1}{a-0}$

$=(\overline{PR}$의 기울기$)$

$B=\dfrac{2^b-2}{b}=\dfrac{(2^b-1)-1}{b-0}$

$=(\overline{QR}$의 기울기$)$

$C=\dfrac{2^b-1}{b-1}=\dfrac{(2^b-1)-0}{b-1}=(\overline{QS}$의 기울기$)$

∴ $A<B<C$

08 ⓐ ③

$a^{\log_b c}=c^{\log_b a}$이므로 $x^{\log 5}=5^{\log x}$임을 이용한다. (치환해도 좋다.)

$y=5^{\log x}\times x^{\log 5}-2(5^{\log x}+x^{\log 5})+10$

$=5^{\log x}\times 5^{\log x}-2(5^{\log x}+5^{\log x})+10$

$=(5^{\log x})^2-4\times 5^{\log x}+10$

$=(5^{\log x}-2)^2+6$

따라서 $5^{\log x}=2$일 때 함수 y의 최솟값은 6

09 ⓐ -7

$f(x)$값이 커지는 구간에서는 $f(x+1)-f(x)>0$이고, $f(x)$값이 작아지는 구간에서는 $f(x+1)-f(x)<0$이다.

$f(x+1)-f(x)=0.7^{x+1}(x+11)-0.7^x(x+10)$

$\qquad\qquad\qquad =0.7^x(-2.3-0.3x)$

이때 $x=-8$이면 $f(-7)-f(-8)=0.7^{-8}(-2.3+2.4)>0$

$x=-7$이면 $f(-6)-f(-7)=0.7^{-7}(-2.3+2.1)<0$이므로

$-8<x<-7$ 구간에서는 $f(x)$값이 커지고, $-7<x<-6$ 구간에서는 $f(x)$값이 작아진다.

따라서 $f(x)$가 최대가 되는 정수 x값은 -7

10 ⓐ $\dfrac{1}{4}$

$g(x)=|x|+|x-1|+|x-2|$라 하면 $y=g(x)$의 그래프는 $x=0$, $x=1$, $x=2$에서 꺾이며, 그 중 가운데인 $x=1$일 때 최솟값을 가진다.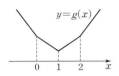

$g(x)=|x|+|x-1|+|x-2|$라 하면

지수함수 $f(x)=\left(\dfrac{1}{2}\right)^{g(x)}$의 밑이 1보다 작으므로

$g(x)$가 최소일 때 $f(x)$는 최대이다.

즉 $x=1$일 때 $g(x)$의 최솟값이 2이므로 $f(x)\le\left(\dfrac{1}{2}\right)^2=\dfrac{1}{4}$

11 ⓐ ②

x가 정수가 아닐 때 $x=n+\alpha$ (n은 정수, $0<\alpha<1$)라 하면 $[x]=n$, $[-x]=-n-1$이므로 $y=3^n+3^{-n-1}$에 n 대신 간단한 정수를 대입해 보면서 최솟값을 찾는다.

(ⅰ) x가 정수일 때 $[x]=x$, $[-x]=-x$이므로

$\quad y=3^x+3^{-x}\ge 2\sqrt{3^x\times 3^{-x}}=2$ (단, 등호는 $x=0$일 때 성립)

$\quad$ ∴ $y\ge 2$

(ⅱ) $x=n+\alpha$ (n은 정수, $0<\alpha<1$)일 때

$\quad [x]=n$, $[-x]=-n-1$이므로 $y=3^n+3^{-n-1}$

$\quad n=-1$ 또는 0일 때, $y=1+\dfrac{1}{3}=\dfrac{4}{3}$

$\quad n\le-2$ 또는 $n\ge 1$일 때, $y>3$

$\quad$ ∴ $y\ge\dfrac{4}{3}$

(ⅰ), (ⅱ)에서 y의 최솟값은 $\dfrac{4}{3}$

12 ⓐ 13

$f(x)$는 x값이 커질수록 함숫값이 커지므로
❶ $h(x)$가 x값이 커질수록 함숫값도 커지는 함수
❷ $g(x)$는 x값이 커질수록 함숫값이 작아지는 함수
일 때, $g(f(x))$와 $h(f(x))$는 문제의 조건을 만족시킨다.

$f(x)$는 x값이 커질수록 함숫값이 커지므로

$g(f(x))$가 x값이 커질수록 함숫값이 작아지는 함수가 되려면

$g(x)$가 x값이 커질수록 함숫값이 작아지는 함수이어야 한다.

$0<-\dfrac{1}{16}a^2+\dfrac{1}{2}a<1$ ……㉠

$h(f(x))$가 x값이 커질수록 함숫값도 커지는 함수가 되려면

$h(x)$가 x값이 커질수록 함숫값도 커지는 함수이어야 한다.

$a^2-4a-4>1$ ……㉡

㉠에서 $a\ne 4$, $0<a<8$, ㉡에서 $a<-1$, $a>5$

㉠, ㉡의 공통 범위 $(5<a<8)$에 있는 자연수는 6, 7이므로

합은 13

13 답 ②

GUIDE

❶ 두 점 P, Q의 y좌표는 1이다.

❷ 두 함수 $y=\log_2\sqrt{kx}$와 $y=\log_4\dfrac{x}{k}$는 평행이동하면 서로 포개어진다.

P의 좌표는 $\left(\dfrac{4}{k},\ 1\right)$이고, Q의 좌표는 $(4k,\ 1)$이므로

$\overline{PQ}=4k-\dfrac{4}{k}=6$에서 $k=2$ ($\because k>1$)

따라서 R의 좌표는 $(2,\ 0)$, S의 좌표는 $(8,\ 2)$이므로

$\overline{RS}^2=(8-2)^2+(2-0)^2=40$

참고

$y=\log_2\sqrt{kx}=\dfrac{1}{2}\log_2 x+\dfrac{1}{2}\log_2 k$

$y=\log_4\dfrac{x}{k}=\log_{2^2}\dfrac{x}{k}=\dfrac{1}{2}\log_2 x-\dfrac{1}{2}\log_2 k$

이므로 $y=\log_2\sqrt{kx}$의 그래프는 $y=\log_4\dfrac{x}{k}$의 그래프를 y축 방향으로 $\log_2 k$만큼 평행이동한 것이다.　　∴ $\overline{PR}=\overline{SQ}=\log_2 k$

14 답 ㄴ

GUIDE

ㄷ. $0<a<1$일 때 $\log_a x<0$이면 $x>1$이고, $\log_a x>1$이면 $0<x<a$이다.

ㄱ. $f\left(\dfrac{1}{a}\right)=\log_a\left|\log_a\dfrac{1}{a}\right|=\log_a 1=0$ (×)

ㄴ. $\log_a|\log_a x|=1$이면 $|\log_a x|=a$

　　즉 $\log_a x=-a$ 또는 $\log_a x=a$에서 $x=a^{-a}$ 또는 $x=a^a$

　　　　　　　　　　　　　　　　　　　　　　　(○)

ㄷ. $0<a<1$에서 $\log_a|\log_a x|<0$이므로 $|\log_a x|>1$

　　즉 $\log_a x<-1$ 또는 $\log_a x>1$이므로

　　$x>\dfrac{1}{a}$ 또는 $0<x<a$ (×)

15 답 ①

GUIDE

직선 $y=x$와 $y=\log_2 x$의 그래프를 이용한다.

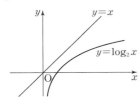

ㄱ. $y=x$의 그래프는 항상 $y=\log_2 x$의 그래프 위에 있다.

　　즉 $\log_2 x<x$가 항상 성립하므로 $\dfrac{\log_2 x}{x}<1$ (○)

ㄴ. [반례] $x=2$일 때, $\dfrac{\log_2 2}{2-1}=1$ (×)

ㄷ. [반례] $x=1$일 때, $\dfrac{\log_2(1+1)}{1}=1$ (×)

다른 풀이

두 점을 잇는 직선의 기울기를 이용할 수 있다.

ㄱ. (좌변)$=\dfrac{\log_2 x-\log_2 1}{x-0}$ 은

두 점 $(x,\ \log_2 x)$와 $(0,\ 1)$

을 지나는 직선의 기울기이

고, 이것은 그림처럼 항상 1

보다 작다.

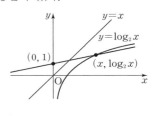

ㄴ. (좌변)$=\dfrac{\log_2 x-\log_2 1}{x-1}$ 은

두 점 $(x,\ \log_2 x)$와 $(1,\ 1)$

을 지나는 직선의 기울기이

고. 이 값은 모든 실수에 대

응한다.

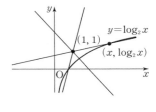

ㄷ. (좌변)$=\dfrac{\log_2(x+1)-\log_2 1}{(x+1)-1}$ 은 두 점

$(x+1,\ \log_2(x+1))$과 $(1,\ 1)$을 지나는 직선의 기울기이고,

이 값은 모든 실수에 대응한다.

16 답 2

GUIDE

$y=a^x-b$와 $y=\log_a(x+b)$가 서로 역함수 관계임을 생각한다.

이때 교점의 좌표는 직선 $y=x$를 이용한다.

방정식 $2^x-k=\log_2(x+k)$의 해는

함수 $y=2^x-k$의 그래프와 함

수 $y=\log_2(x+k)$의 그래프

에서 교점의 x좌표와 같고 그

값이 2이므로 교점의 좌표는

$(2,\ 2)$이다.

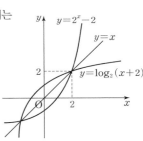

$(2,\ 2)$가 $y=2^x-k$의 그래프

위의 점이므로 $2=2^2-k$에서 $k=2$

주의

함수 $y=2^x-2$의 그래프와 함수 $y=\log_2(x+2)$의 그래프의 교점은 두

개 존재하고, 모두 직선 $y=x$ 위에 있다.

1등급 NOTE

함수 $y=f(x)$가 x값이 커질 때 y값도 커지는 함수이면 $y=f(x)$의 그래프와 그 역함수 $y=g(x)$의 그래프의 교점은 직선 $y=x$에만 존재한다.

함수 $y=f(x)$가 x값이 커질 때 y값이 작아지는 함수이면 $y=f(x)$의 그래프와 그 역함수 $y=g(x)$의 그래프의 교점은 직선 $y=x$ 밖에도 존재할 수 있다.

17 ⓐ 8

GUIDE

$a=p$일 때 $f(x)=a^x$의 그래프와 $g(x)=\log_a x$의 그래프가 접한다고 하면 $a<p$, $a=p$, $a>p$ 세 가지 경우에서 그래프 개형을 생각해 본다.

[그림 2]처럼 $f(x)=a^x$의 그래프와 $g(x)=\log_a x$의 그래프가 접할 때의 x값을 p라 하면 $a<p$일 때 두 그래프는 [그림 1]처럼 서로 다른 두 점에서 만난다. 또 [그림 3]처럼 $a>p$일 때 두 그래프는 만나지 않는다.

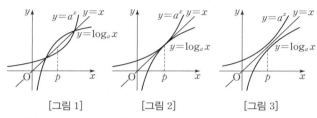

[그림 1]　　　　[그림 2]　　　　[그림 3]

그런데 $1.44<p<1.45$이므로
$N(1.1)=N(1.2)=N(1.3)=N(1.4)=2$
$N(1.5)=N(1.6)=\cdots=N(2)=0$
$\therefore N(1.1)+N(1.2)+N(1.3)+\cdots+N(2)=8$

18 ⓐ 7

GUIDE

직선의 기울기가 $-\dfrac{3}{5}$이고,

$34=3^2+5^2$이므로 어떤 도형을 x축 방향으로 ± 5만큼, y축 방향으로 ∓ 3만큼 평행이동하면 직선이 잘린 부분의 길이는 항상 $\sqrt{34}$이다. (복부호는 같은 순서)

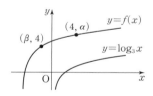

$y=\log_3 x$의 그래프를 x축 방향으로 -5만큼, y축 방향으로 3만큼 평행이동하면 조건에 맞는 $y=f(x)$의 그래프가 된다.
즉 $f(x)=\log_3(x+5)+3$에서
$f(4)=\alpha$, $f(\beta)=4$이므로
$\log_3(4+5)+3=\alpha$
$4=\log_3(\beta+5)+3$
따라서 $\alpha=5$, $\beta=-2$이므로
$\alpha-\beta=5-(-2)=7$

19 ⓐ 1

GUIDE

$y=\log_2 x$와 $y=2^x$의 그래프는 직선 $y=x$에 대해 대칭이므로 점 (a, b)는 원과 곡선 $y=2^x$의 접점이고, 원과 곡선 $y=\log_2 x$의 접점의 좌표는 (b, a)이다. 이때 두 점을 지나는 직선의 기울기가 -1임을 이용한다.

$y=2^x$의 그래프와 $y=\log_2 x$의 그래프는 직선 $y=x$에 대하여 대칭이고, 이 두 그래프에 동시에 접하는 원의 중심은 이 직선 위에 있다.

또 원과 곡선의 접점에서 그은 접선끼리도 $y=x$에 대하여 대칭이고 접선이 서로 평행하므로 각 접선의 기울기는 1이다. 이때 두 접점 $A(a, b)$, $B(b, a)$를 지나는 직선의 기울기가 -1이다.

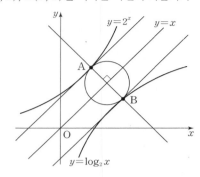

$\dfrac{a-b}{b-a}=\dfrac{\log_2 b-2^a}{b-a}=-1$에서 $\log_2 b-2^a=a-b$

$\therefore a+2^a=b+\log_2 b$

따라서 $\dfrac{b+\log_2 b}{a+2^a}=1$

참고

원과 $y=2^x$의 그래프에서 접점의 좌표가 (a, b)이므로 $b=2^a$이다.
또 대칭이동한 점 (b, a)는 $y=\log_2 x$ 위의 점이므로 $a=\log_2 b$이다.
즉 두 접점을 $A(a, 2^a)$, $B(b, \log_2 b)$로 생각할 수 있다.

다른 풀이

지수함수 $y=2^x$와 로그함수 $y=\log_2 x$는 서로 역함수이므로 두 접점은 $(a, 2^a)$, $(b, \log_2 b)$이고 $a=\log_2 b$, $b=2^a$이다.

따라서 $\dfrac{b+\log_2 b}{a+2^a}=\dfrac{b+a}{a+b}=1$

20 ⓐ ②

GUIDE

$f(x)=\log_2 x$, $g(x)=\log_{\frac{1}{2}} x$, $h(x)=2-x$라 하면 세 그래프와 그 교점은 다음과 같다.

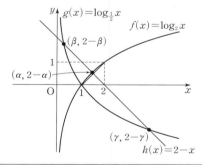

ㄱ. $g\left(\dfrac{1}{4}\right)=2$, $h\left(\dfrac{1}{4}\right)=\dfrac{7}{4}$이므로 $\beta>\dfrac{1}{4}$ (◯)

ㄴ. 두 점 $(1, 0)$, $(\alpha, \log_2 \alpha)$를 지나는 직선의 기울기가 1보다 크고, 두 점 $(0, 0)$, $(\alpha, \log_2 \alpha)$를 지나는 직선의 기울기는 1보다 작다.

즉 $1 < \dfrac{\log_2 \alpha}{\alpha-1}$, $\dfrac{\log_2 \alpha}{\alpha} < 1$이므로 $\alpha-1 < \log_2 \alpha$, $\log_2 \alpha < \alpha$

$\therefore \alpha-1 < \log_2 \alpha < \alpha$ (○)

ㄷ. $g(4) = -2$, $h(4) = -2$이므로 $\gamma = 4$

즉 $(4, -2)$에서 직선 $y=x$까지 거리는 $\dfrac{|4+2|}{\sqrt{1^2+1^2}} = 3\sqrt{2}$

(×)

참고

두 점 $(1, 0)$, $(2, 1)$을 지나는 직선의 기울기가 1이므로 이것을 기준으로 비교한다.

21 답 ①

GUIDE

ㄴ과 ㄷ에서 주어진 범위에 따라 원점과 점 $(a, f(a))$를 지나는 직선의 기울기와 원점과 점 $(b, f(b))$를 지나는 직선의 기울기를 비교한다.

ㄱ. 곡선 $y=f(x)$와 직선 $y=x$는 점 $(1, 1)$에서 만난다.
그림과 같이 $a>1$일 때 두 점 $(a, f(a))$, $(1, 1)$을 지나는 직선의 기울기인
$\dfrac{f(a)-1}{a-1} < 1$ (○)

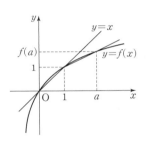

ㄴ. $\dfrac{f(a)}{a}$ 는 원점과 점 $(a, f(a))$를 지나는 직선의 기울기이고,
$\dfrac{f(b)}{b}$ 는 원점과 점 $(b, f(b))$를 지나는 직선의 기울기이다.
그림에서 $\dfrac{f(a)}{a} > \dfrac{f(b)}{b}$ 이고,
$ab>0$이므로 $bf(a) > af(b)$이다. (×)

ㄷ. $0<a<b$일 때, ㄴ처럼 생각하면 $\dfrac{f(a)}{a} > \dfrac{f(b)}{b}$ 이다.

즉 $\dfrac{\log_2 (a+1)}{a} > \dfrac{\log_2 (b+1)}{b}$ 이므로

$\log_2 (a+1)^{\frac{1}{a}} > \log_2 (b+1)^{\frac{1}{b}}$ 에서

$(a+1)^{\frac{1}{a}} > (b+1)^{\frac{1}{b}}$ (×)

다른 풀이

ㄱ. $a>1$일 때 $f(a)<a$이므로 $f(a)-1<a-1$
양변을 양수인 $a-1$로 나누면 $\dfrac{f(a)-1}{a-1} < \dfrac{a-1}{a-1} = 1$

22 답 ㄱ, ㄷ

GUIDE

주어진 내용을 그림으로 나타내면 다음과 같다.

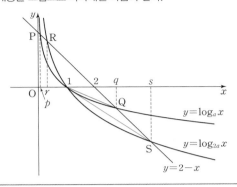

ㄱ. 그림에서 $p<r<1<q<s$이므로 $pq<rs$ (○)

ㄴ. p, q는 곡선 $y=\log_a x$와 직선 $y=2-x$의 교점의 x좌표이므로
$\log_a p = 2-p$에서 $p = a^{2-p}$ ...... ㉠
$\log_a q = 2-q$에서 $q = a^{2-q}$ ...... ㉡
㉡÷㉠에서 $a^{p-q} = \dfrac{q}{p}$ (×)

ㄷ. $\dfrac{\log_{2a} s}{s-1}$ 는 $(1, 0)$과 점 S를 지나는 직선의 기울기이고,
$\dfrac{\log_a q}{q-1}$ 는 $(1, 0)$과 점 Q를 지나는 직선의 기울기이다.

그림에서 $\dfrac{\log_{2a} s}{s-1} < \dfrac{\log_a q}{q-1}$ 이고, 이때 $q-1>0$, $s-1>0$
이므로 $(q-1)\log_{2a} s < (s-1)\log_a q$ (○)

23 답 ⑤

GUIDE

❶ $f(0) = a\log_{1001} b = 0$이므로 $b=1$이고,
$f(1000) = a\log_{1001}(1000+b) = 100$이므로 $a=100$이다.
$\therefore f(x) = 100\log_{1001}(x+1)$

❷ 두 점 $(\alpha, f(\alpha))$, $(k, f(k))$를 지나는 직선의 기울기가
$\dfrac{f(\alpha)-f(k)}{\alpha-k}$ 임을 생각한다.

ㄱ. $a+b = 100+1 = 101$ (○)

ㄴ. $\log(x+b) = \log(x+1)$이고,
$a\log_{1001}(x+b) = 100\log_{1001}(x+1)$
$= \dfrac{100}{\log 1001}\log(x+1)$

이므로 $a\log_{1001}(x+b)$는 $\log(x+b)$의 $\dfrac{100}{\log 1001}$ 배이다.
(○)

ㄷ. $f(x) = 100\log_{1001}(x+1)$의 그래프는 다음 그림
(ㄹ 참조)과 같은 모양이므로 $f(\alpha) = 50$이면 $\alpha < 50$ (○)

ㄹ. $\alpha = k$이면 $f(\alpha) - f(k) = \alpha - k$가 성립한다.
또 $\alpha \neq k$이면 그래프에서 두 점 $(\alpha, f(\alpha))$와 $(k, f(k))$를

지나는 직선의 기울기, 즉 $\dfrac{f(\alpha)-f(k)}{a-k}=1$인 점 $(k, f(k))$

가 존재함을 확인할 수 있으므로 $f(\alpha)-f(k)=\alpha-k$가 성립한다. ($\bigcirc$)

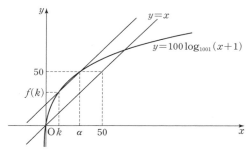

참고

ㄷ. $\log_{1001}51 ≒ 0.57$이므로 $f(50)=100\log_{1001}51 ≒ 57$이다. 즉 $x=50$일 때 $y=f(x)$의 그래프는 직선 $y=x$보다 위에 있다.

24 달 3

GUIDE

$f(x)=|x-3|+3$이라 놓고, $f(x)$값의 범위를 구한다.

$y=\log_3(|x-3|+3)$ $(-3\le x\le 4)$
에서 $f(x)=|x-3|+3$으로
놓으면 $f(x)=|x-3|+3$의
그래프는 그림과 같으므로
$3\le f(x)\le 9$, 즉
$\log_3 3\le \log_3 f(x)\le \log_3 9$에서
$1\le y\le 2$
따라서 y의 최댓값 $M=2$, 최솟값 $m=1$이므로 $M+m=3$

25 달 ①

GUIDE

$\log_2 x^{\log_3 x}=\log_3 x\times\log_2 x=\log_3 2\times\log_2 x\times\log_2 x$

$y=\log_2 x^{\log_3 x}-4\log_3 2\times\log_2 4x$
$=\log_3 x\times\log_2 x-4\log_3 2\times(2+\log_2 x)$
$=\log_3 2\times(\log_2 x)^2-4\log_3 2\times(2+\log_2 x)$
$=\log_3 2\times\{(\log_2 x)^2-4\times(2+\log_2 x)\}$
$=\log_3 2\times\{(\log_2 x-2)^2-12\}$
이때 $2\le x\le 128$에서 $1\le \log_2 x\le 7$이므로
y의 최솟값은 $\log_2 x=2$일 때 $-12\log_3 2$이고,
최댓값은 $\log_2 x=7$일 때 $13\log_3 2$이다.
$\therefore M+m=13\log_3 2-12\log_3 2=\log_3 2$

26 달 82

GUIDE

$\log_3 x=X$, $\log_3 y=Y$, $xy=t$ 처럼 치환을 이용해 등식을 변형해 본다.

$(\log_3 x)^2+(\log_3 y)^2=\log_3 x^2+\log_2 y^2$에서
$\log_3 x=X$, $\log_3 y=Y$라 하면
$X^2+Y^2=2X+2Y$
$\therefore (X-1)^2+(Y-1)^2=(\sqrt{2})^2$ $\cdots\ \bigcirc$
$xy=t$로 놓고 이 식의 양변에 밑이 3인 로그를 취하면
$\log_3 xy=\log_3 x+\log_3 y=\log_3 t$
$\therefore X+Y=\log_3 t$ $\cdots\ \bigcirc$
이때 원 $\bigcirc$과 직선 $\bigcirc$의 교점이
존재해야 하므로
원 $\bigcirc$의 중심 $(1, 1)$에서 직선
$\bigcirc$에 이르는 거리가 원 $\bigcirc$의 반
지름의 길이가 $\sqrt{2}$보다 작거나 같
아야 한다.

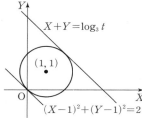

즉 $\dfrac{|1+1-\log_3 t|}{\sqrt{1+1}}\le\sqrt{2}$에서 $|\log_3 t-2|\le 2$
$-2\le\log_3 t-2\le 2$, $0\le\log_3 t\le 4$
$3^0\le t\le 3^4$ $\therefore 1\le xy\le 81$
따라서 xy의 최솟값 $m=1$, 최댓값 $M=81$이므로
$m+M=82$

27 달 1

GUIDE

$2^x+2^{-x+4}=2^4(2^{x-4}+2^{-x})$이므로 $\log_2(2^{x-4}+2^{-x})=t$로 치환하는 것을 생각한다. 이때 (산술평균)$\ge$(기하평균)임을 이용해 t 값의 범위를 구한다.

$2^{x-4}>0$, $2^{-x}>0$이므로
$\log_2(2^{x-4}+2^{-x})\ge\log_2 2\sqrt{2^{x-4}\times 2^{-x}}=\log_2\dfrac{1}{2}=-1$
(단, 등호는 $2^{x-4}=2^{-x}$, 즉 $x=2$일 때 성립)
$y=\{\log_2(2^{x-4}+2^{-x})\}^2-4\log_2(2^x+2^{-x+4})+21$
$=\{\log_2(2^{x-4}+2^{-x})\}^2-4\log_2 2^4(2^{x-4}+2^{-x})+21$
$=\{\log_2(2^{x-4}+2^{-x})\}^2-4\{\log_2 2^4+\log_2(2^{x-4}+2^{-x})\}+21$
$\log_2(2^{x-4}+2^{-x})=t$로 치환하면 $t\ge -1$이고
$y=t^2-4(t+4)+21=(t-2)^2+1$
따라서 $t=2$일 때 y의 최솟값은 1

01 ⑤	**02** ③	**03** ⑤	**04** 5
05 ⑤	**06** 59	**07** ㄱ, ㄴ, ㄷ	**08** 2개
09 ②	**10** ⑤	**11** 2개	**12** ②

01 답 ⑤

GUIDE

$\dfrac{1}{101}+\dfrac{110}{101}=1$, $\dfrac{2}{101}+\dfrac{99}{101}=1$, $\cdots$이므로

$f(x)+f(1-x)$ 꼴임을 이용한다.

ㄱ. $f\left(\dfrac{1}{2}\right)=\dfrac{9^{\frac{1}{2}}}{9^{\frac{1}{2}}+3}=\dfrac{3}{3+3}=\dfrac{1}{2}$ (○)

ㄴ. $f(x)+f(1-x)=\dfrac{9^x}{9^x+3}+\dfrac{3}{3+9^x}=1$ (○)

ㄷ. $f\left(\dfrac{1}{101}\right)+f\left(\dfrac{2}{101}\right)+\cdots+f\left(\dfrac{100}{101}\right)$

$=\left\{f\left(\dfrac{1}{101}\right)+f\left(\dfrac{100}{101}\right)\right\}+\left\{f\left(\dfrac{2}{101}\right)+f\left(\dfrac{99}{101}\right)\right\}$

$\quad+\cdots+\left\{f\left(\dfrac{50}{101}\right)+f\left(\dfrac{51}{101}\right)\right\}$

$=\underbrace{1+1+\cdots+1}_{50개}$ ($\because$ ㄴ)

$=50$ (○)

ㄹ. $g(x)+g(1-x)=\dfrac{2^x+3x}{2^x+2^{1-x}+3}+\dfrac{2^{1-x}+3(1-x)}{2^{1-x}+2^x+3}=1$

이므로 ㄷ과 같은 방법으로 생각하면 된다. (○)

참고

$f(1-x)=\dfrac{9^{1-x}}{9^{1-x}+3}=\dfrac{\dfrac{9}{9^x}}{\dfrac{9}{9^x}+3}=\dfrac{3}{3+9^x}$

1등급 NOTE

$h(x)=\dfrac{f(2a-x)}{f(x)+f(2a-x)}$ 라 할 때,

$h(2a-x)=\dfrac{f(x)}{f(2a-x)+f(x)}$ 이므로 $h(x)+h(2a-x)=1$이다.

따라서 $y=h(x)$의 그래프는 점 $\left(a,\dfrac{1}{2}\right)$에 대하여 대칭이다.

특히 $f(x)=r^x$ 꼴인 형태이면 $h(x)=\dfrac{r^{2a-x}}{r^x+r^{2a-x}}=\dfrac{r^{2a}}{r^{2x}+r^{2a}}$ 가 되어

문제에서 주어진 꼴이 나타난다.

02 답 ③

GUIDE

$f(x)=a^x+k$에서 $f(1)=1$, $f(5)=5$이므로 $a>1$임을 알 수 있다.

두 점 $(1,1)$, $(5,5)$를 지나는 곡선 $y=f(x)$의 그래프와 직선 $y=x$를

함께 그려 놓고 조건에 맞는 p값에 대하여 참, 거짓을 따진다.

$f(1)=1$, $f(5)=5$이므로 지수함수 $f(x)=a^x+k$는 x값이 커질

수록 y값도 커진다. 즉 $a>1$이므로 다음과 같은 그림에서 생각할

수 있다.

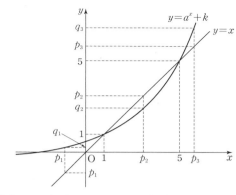

그림에서 $p<1$일 때를 p_1, $1<p<5$일 때를 p_2, $p>5$일 때를 p_3

으로 p의 값을 구분하면

ㄱ. $p<1$일 때, 곡선 $y=f(x)$가 직선 $y=x$ 위쪽에 있으므로

$p<q$이다. (×)

ㄴ. $1<p<5$일 때, 직선 $y=x$가 곡선 $y=f(x)$ 위쪽에 있으므로

$p>q$이다. (×)

ㄷ. $p>5$일 때, 곡선 $y=f(x)$가 직선 $y=x$ 위쪽에 있으므로

$p<q$이다. (×)

03 답 ⑤

GUIDE

각각의 경우에서 $f(x+1)-f(x)$을 구한 것이 지수함수나 로그함수일

때 (밑)>1이면 x값이 커질 때 함숫값도 커지는 함수이고, $0<$(밑)<1

이면 x값이 커질 때 함숫값은 작아지는 함수이다.

ㄱ. $f(x+1)-f(x)=3^{x+1}-3^x=2\times 3^x$

즉 x가 커지면 $f(x+1)-f(x)$의 값도 커진다. (○)

ㄴ. $f(x+1)-f(x)=\left(\dfrac{1}{3}\right)^{x+1}-\left(\dfrac{1}{3}\right)^x=-\dfrac{2}{3}\left(\dfrac{1}{3}\right)^x$

즉 x가 커지면 $f(x+1)-f(x)$의 값도 커진다. (○)

ㄷ. $f(x+1)-f(x)=\log_{10}(x+1)-\log_{10}x=\log_{10}\dfrac{x+1}{x}$

이때 x가 커지면 $\dfrac{x+1}{x}$은 작아지므로 $\log_{10}\dfrac{x+1}{x}$의 값도

작아진다. (×)

ㄹ. $a>1$이면 $f(x)=a^x$이고, $0<a<1$이면 $f(x)=\left(\dfrac{1}{a}\right)^x$이다.

두 경우 모두 x가 커지면 $f(x+1)-f(x)$의 값도 커진다.

($\because$ ㄱ과 ㄴ) (○)

참고

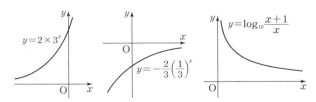

04 답 5

GUIDE

$\log\sqrt{x-5}=0$이 되는 값 $x=6$과 $\log\dfrac{\sqrt{x-5}}{2}=0$이 되는 값 $x=9$를 기준으로 x값의 범위를 나누어 생각한다. (※ 진수 조건에서 $x>5$)

(i) $5<x<6$일 때

$$f(x)=-\log\sqrt{x-5}-\log\frac{\sqrt{x-5}}{2}+\log\frac{5}{2}=\log\frac{5}{x-5}$$

이므로 $g(x)=10^{\log\frac{5}{x-5}}=\dfrac{5}{x-5}$

(ii) $6\leq x<9$일 때

$$f(x)=\log\sqrt{x-5}-\log\frac{\sqrt{x-5}}{2}+\log\frac{5}{2}=\log 5$$이므로

$g(x)=10^{\log 5}=5$

(iii) $x\geq 9$일 때

$$f(x)=\log\sqrt{x-5}+\log\frac{\sqrt{x-5}}{2}+\log\frac{5}{2}=\log\frac{5(x-5)}{4}$$

이므로 $g(x)=10^{\log\frac{5(x-5)}{4}}=\dfrac{5(x-5)}{4}$

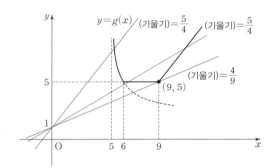

따라서 $y=g(x)$의 그래프와 $y=mx+1$의 그래프가 서로 다른 두 점에서 만나기 위한 m값의 범위가 $\dfrac{4}{9}<m<\dfrac{5}{4}$이므로

$p=\dfrac{4}{9}$, $q=\dfrac{5}{4}$ $\therefore 9pq=9\times\dfrac{4}{9}\times\dfrac{5}{4}=5$

05 답 ⑤

GUIDE

$y=|\log_3 x|$의 그래프는 $0<x<1$일 때는 $y=-\log_3 x$의 그래프와 같고, $x\geq 1$일 때는 $y=\log_3 x$의 그래프와 같다.

$y=|\log_3 x|$의 그래프와 두 직선 $y=-x+n$, $y=-x+n+1$과 그 교점을 나타내면 다음과 같다.

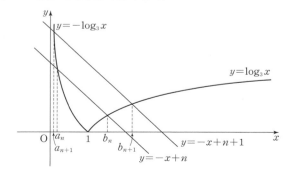

ㄱ. a_2는 $y=-x+2$와 $y=|\log_3 x|$가 만날 때의 x좌표이므로 그래프에서 $a_2<\dfrac{1}{2}$임을 확인할 수 있다.

$$\left(\because \left|\log_3\frac{1}{2}\right|<-\frac{1}{2}+2\right)\ (\bigcirc)$$

ㄴ. 그림과 같이 $a_n>a_{n+1}$이고 $b_n<b_{n+1}$이다.

$\therefore a_{n+1}-b_{n+1}<a_n-b_n$ $(\bigcirc)$

ㄷ. $y=|\log_3 x|$의 그래프와 직선 $y=-x+n$의 교점의 y좌표에서 $\log_3 b_n=-b_n+n$

즉 $b_n=n-\log_3 b_n$이고, $1<b_n<n$이므로

$n-\log_3 n<n-\log_3 b_n=b_n$

$\therefore n-\log_3 n<b_n<n$ $(\bigcirc)$

06 답 59

GUIDE

❶ 모든 실수 x에 대하여 $f(x+3)=f(x)$이므로 $f(x)$는 주기가 3인 주기함수이다. 따라서 $0\leq x<3$에서 구한 그래프를 x축 방향으로 3만큼씩 계속 평행이동해서 나타낼 수 있다.

❷ 함수 $y=g(x)$의 그래프가 특정한 점을 지날 때 교점이 몇 개인지 확인한다.

$f(x)$는 주기가 3인 주기함수이다.

또 $g(x)=4^{kx}=(4^k)^x$에서 $k>0$이므로 $4^k>1$, 즉 (밑)>1이다.

이때 k값에 따라 $y=4^{kx}$의 그래프와 $y=f(x)$의 그래프를 그리면 다음과 같다.

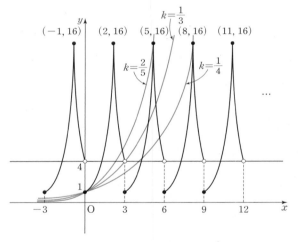

위 그림에서 항상 점 $(0, 1)$을 지나는 $g(x)=4^{kx}$의 그래프가

(i) $(5, 16)$을 지날 때 $4^{5k}=16$에서 $k=\dfrac{2}{5}$

(ii) $(3, 4)$를 지날 때 $4^{3k}=4$에서 $k=\dfrac{1}{3}$

(iii) $(8, 16)$을 지날 때 $4^{8k}=16$에서 $k=\dfrac{1}{4}$

따라서 실근이 3개일 때는 $k=\dfrac{2}{5}$, $\dfrac{1}{4}<k\leq\dfrac{1}{3}$이므로

$\alpha=\dfrac{2}{5}$, $\beta=\dfrac{1}{4}$, $\gamma=\dfrac{1}{3}$

$\therefore 60(\alpha+\beta+\gamma)=60\left(\dfrac{2}{5}+\dfrac{1}{4}+\dfrac{1}{3}\right)=59$

함수 $y=f(x)$의 그래프와 함수 $y=g(x)$의 그래프에서

- $k>1 \Rightarrow$ 교점 1개
- $k=1 \Rightarrow$ 교점이 무수히 많다.
- $\dfrac{2}{5}<k<1 \Rightarrow$ 교점 2개
- $k=\dfrac{2}{5},\ \dfrac{1}{4}<k\le\dfrac{1}{3} \Rightarrow$ 교점 3개
- $k\le\dfrac{1}{4} \Rightarrow$ 교점은 4개 이상 (k값에 따라 변한다.)

07 답 ㄱ, ㄴ, ㄷ

GUIDE

$y=f(x)$와 $y=f^{-1}(x)$, $y=g(x)$와 $y=g^{-1}(x)$의 그래프는 각각 $y=x$에 대하여 대칭이므로 하나의 좌표평면에 모두 함께 나타내면 대소 비교가 쉽다.

ㄱ. 그림에서 $f(x)=\log_{3a}x$와 $g(x)=(2a)^x$ 모두 $0<(밑)<1$인 경우이므로 $0<2a<1$, $0<3a<1$

$\therefore 0<a<\dfrac{1}{3}$ (○)

ㄴ. $y=f^{-1}(x)$는 $y=f(x)$의 역함수이므로 $f^{-1}(x)=(3a)^x$

$y=g^{-1}(x)$는 $y=g(x)$의 역함수이므로 $g^{-1}(x)=\log_{2a}x$

$y=f(x)$와 $y=f^{-1}(x)$, $y=g(x)$와 $y=g^{-1}(x)$의 그래프를 좌표평면에 함께 나타내면 다음과 같다.

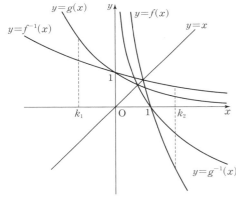

따라서 $k<0$일 때, $f^{-1}(k)<g(k)$ (○)

ㄷ. 위 그림에서
$f(k)<g^{-1}(k)<g(k)<f^{-1}(k)$ (○)

08 답 2개

GUIDE

함수 $y=f(x)$는 주기가 2인 함수이므로 $-1\le x<1$에서 구한 그래프를 x축 방향으로 2만큼씩 계속 평행이동해서 나타낼 수 있다.

(i) $n=1$일 때 $\log_2 3<2<\log_2 5$이므로
$y=\log_2 x$와 $y=f(x)$의 교점은 3개

(ii) $n=2$일 때 $\log_4 15<2<\log_4 17$이므로
$y=\log_4 x$와 $y=f(x)$의 교점은 15개

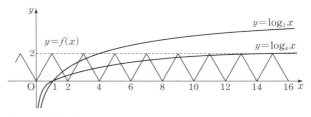

(iii) $n=3$일 때 $\log_8 63<2<\log_8 65$이므로
$y=\log_8 x$와 $y=f(x)$의 교점은 63개

같은 방법으로 생각하면
$\log_{2^n}\{(2^n)^2-1\}<2<\log_{2^n}\{(2^n)^2+1\}$이므로
$y=\log_{2^n}x$와 $y=f(x)$의 교점의 개수 $a_n=(2^n)^2-1$

따라서 $15\le(2^n)^2-1\le255$에서 $2\le n<4$이므로
자연수 n은 모두 2개

09 답 ②

GUIDE

ㄱ. $f(\sqrt{3})=a^{\sqrt{3}}$, $g(-\sqrt{3})=b^{\sqrt{3}}$

ㄴ. $\dfrac{a^\alpha-1}{\alpha}=(\overline{AB}의\ 기울기)$, $\dfrac{b^{-\beta}-1}{\beta}=(\overline{AC}의\ 기울기)$

$1<b<a$이고, $k>1$이므로 그림과 같이 나타낼 수 있다.

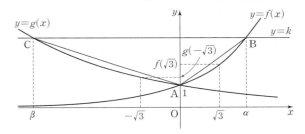

$A(0,1)$, $B(\alpha,a^\alpha)$, $C(\beta,b^{-\beta})$이라 하면

ㄱ. $a>b$이므로 $f(\sqrt{3})>g(-\sqrt{3})$이다. (○)

ㄴ. $\dfrac{a^\alpha-1}{\alpha}=(\overline{AB}의\ 기울기)$, $\dfrac{b^{-\beta}-1}{\beta}=(\overline{AC}의\ 기울기)$

즉 $\left|\dfrac{a^\alpha-1}{\alpha}\right|>\left|\dfrac{b^{-\beta}-1}{\beta}\right|$이므로 $\dfrac{a^\alpha-1}{|\alpha|}>\dfrac{b^{-\beta}-1}{|\beta|}$에서

$|\beta|(a^\alpha-1)>(b^{-\beta}-1)|\alpha|$

$\therefore |\beta|a^\alpha-|\alpha|\left(\dfrac{1}{b}\right)^\beta>|\beta|-|\alpha|$ (○)

ㄷ. $\dfrac{\alpha+2\beta}{3}=\dfrac{1}{3}\alpha+\dfrac{2}{3}\beta$는 두 점 $(\alpha,0)$, $(\beta,0)$를 잇는 선분을 $2:1$로 내분하는 점의 x좌표이다.

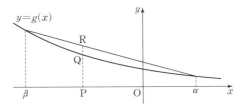

그림에서 $\overline{PQ}<\overline{PR}$이므로
$g\left(\dfrac{1}{3}\alpha+\dfrac{2}{3}\beta\right)<\dfrac{1}{3}g(\alpha)+\dfrac{2}{3}g(\beta)$ (×)

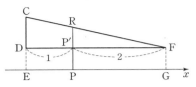

$3 : \overline{CD} = 2 : \overline{RP'}$이고, $\overline{CD} = g(\beta) - g(\alpha)$이므로

$3\overline{RP'} = 2g(\beta) - 2g(\alpha)$에서 $\overline{RP'} = \dfrac{2g(\beta) - 2g(\alpha)}{3}$

이때 $\overline{PR} = \overline{PP'} + \overline{RP'} = g(\alpha) + \dfrac{2g(\beta) - 2g(\alpha)}{3} = \dfrac{1}{3}g(\alpha) + \dfrac{2}{3}g(\beta)$

10 답 ⑤

GUIDE

$y = 3^x$과 $y = \log_3 x$는 서로 역함수이므로 그래프가 직선 $y = x$에 대하여 대칭이다. 이때 $y = 2 - x$와 $y = \log_3 x$의 교점이 (x_2, y_2)이므로 $y = 2 - x$와 $y = 3^x$의 교점이 (y_2, x_2)임을 이용한다.

문제에서 주어진 내용을 그림으로 나타내면 다음과 같다.

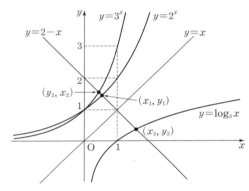

ㄱ. 그림에서 $y_2 < x_1$임을 확인할 수 있다. (○)

ㄴ. 두 점 (x_1, y_1), (y_2, x_2)가 $y = 2 - x$ 위의 점이므로

$\dfrac{x_2 - y_1}{y_2 - x_1} = -1$ ∴ $y_2 - x_1 = y_1 - x_2$ (○)

ㄷ. 두 점 (x_1, y_1), (x_2, y_2)가 $y = 2 - x$ 위의 점이므로

$y_1 = 2 - x_1$, $y_2 = 2 - x_2$에서

$x_1 y_1 - x_2 y_2$

$= x_1(2 - x_1) - x_2(2 - x_2)$

$= 2x_1 - x_1^2 - 2x_2 + x_2^2$

$= 2(x_1 - x_2) - (x_1^2 - x_2^2)$

$= (x_1 - x_2)\{2 - (x_1 + x_2)\} > 0$ (○)

$(\because x_1 - x_2 < 0, \ x_1 + x_2 > 2)$

참고

점 (x_2, y_2)가 $y = 2 - x$ 위의 점이므로 $x_2 + y_2 = 2$

또 그림에서 $x_1 > y_2$

따라서 $x_1 + x_2 > y_2 + x_2 = 2$

다른 풀이

ㄷ. $xy = k$의 그래프를 그려 보면 (x_1, y_1)을 지날 때가 (x_2, y_2)를 지날 때보다 k값이 크다.

∴ $x_1 y_1 > x_2 y_2$

11 답 2개

GUIDE

두 원의 중심이 각각 서로 역함수 관계인 $y = 2^x$, $y = \log_2 x$ 위에 있고 크기가 같으므로 서로 외접하려면 접점이 $y = x$ 위에 있어야 한다. 즉 두 원의 중심은 $y = x$에 대해 대칭이다.

※ A$(a, 2^a)$의 $y = x$에 대한 대칭점인 $(2^a, a)$가 원 O_2의 중심이므로 B$(b, \log_2 b)$ 대신 B$(2^a, a)$라 생각한다.

서로 외접하는 두 원의 접점이 $y = x$ 위에 있고, 두 원의 중심은 $y = x$에 대해 대칭이다. 즉 다음 그림과 같이 조건의 내용을 나타낼 수 있다.

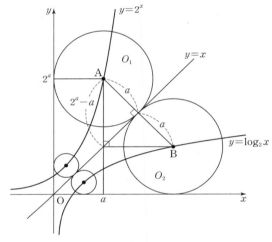

두 원의 중심의 좌표가 $(a, 2^a)$, $(2^a, a)$이고, 중심 사이의 거리가 반지름 길이의 합과 같으므로

$\sqrt{2}(2^a - a) = 2a$ ∴ $2^a = (\sqrt{2} + 1)a$

$f(x) = 2^x$, $g(x) = (\sqrt{2} + 1)x$라

하고 그래프를 그려 보면

$f(0) > g(0)$, $f(1) < g(1)$이므로 $0 < x < 1$ 범위에 교점이 있고,

또 $f(2) < g(2)$, $f(3) > g(3)$이므로 $2 < x < 3$ 범위에 교점이 있다. 즉 서로 다른 두 점에서 만남을 알 수 있다.

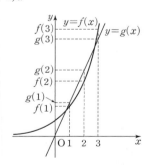

따라서 a값은 2개 있다.

12 답 ②

GUIDE

$[\log_2 x] = ($정수$)$가 되는 x값을 기준으로 범위를 나누어 $f(x)$를 구한다.

※ 진수 조건에서 $x > 0$임을 생각한다.

$\vdots$

$\dfrac{1}{4}\leq x<\dfrac{1}{2}$일 때, $-2\leq \log_2 x<-1$이므로 $f(x)=\log_2 x+2$

$\dfrac{1}{2}\leq x<1$일 때, $-1\leq \log_2 x<0$이므로 $f(x)=\log_2 x+1$

$1\leq x<2$일 때, $0\leq \log_2 x<1$이므로 $f(x)=\log_2 x$

$2\leq x<4$일 때, $1\leq \log_2 x<2$이므로 $f(x)=\log_2 x-1$

$4\leq x<8$일 때, $2\leq \log_2 x<3$이므로 $f(x)=\log_2 x-2$

$\vdots$

따라서 $y=f(x)$의 그래프는 다음 그림과 같다.

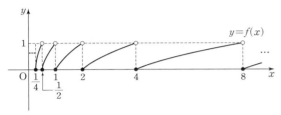

ㄱ. 함수 $y=f(x)$의 치역은 $\{y\,|\,0\leq y<1\}$이다. (○)

ㄴ. $0<k<1$일 때, $f(x)=0$인 x값은 $\dfrac{1}{4}$, $\dfrac{1}{8}$, $\dfrac{1}{16}$, $\cdots$로 무수히

　　많다. 즉 함수 $y=f(x)$의 그래프와 직선 $y=-x+k$의 교점

　　은 무수히 많다. (○)

ㄷ. n이 -1 이상일 때 방정식 $f(x)=-\dfrac{x}{2^n}+2$는 반드시 정수

　　해를 갖지만, n이 -1보다 작을 때는 정수 해가 없다. (×)

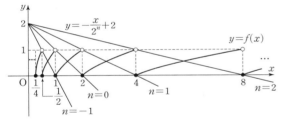

주의

$n\geq 2$일 때 $\dfrac{1}{2^{n+1}}\leq x<\dfrac{1}{2^n}$을 생각하면 $0<x<\dfrac{1}{4}$인 범위에서 그릴 수 있는 $y=f(x)$의 그래프는 무수히 많다.

---

04 지수·로그 방정식과 부등식

STEP 1 | 1등급 준비하기 　　　　　　　　　　p. 40~41

01 0	**02** ④	**03** ②	**04** 1개
05 10	**06** 3개	**07** 4	**08** ④
09 15	**10** 14	**11** 35	**12** ①

01 　달 0

GUIDE

$(\sqrt{4}+\sqrt{3})(\sqrt{4}-\sqrt{3})=1$이므로 $\sqrt{4}+\sqrt{3}=a$라 하면 주어진 방정식은 $a^x+a^{-x}=2$와 같다.

$\sqrt{4}+\sqrt{3}=a$라 하면 $\sqrt{4}-\sqrt{3}=a^{-1}$이므로 주어진 방정식은 $a^x+a^{-x}=2$와 같고, 이 방정식의 양변에 a^x을 곱해 정리하면 $(a^x)^2-2a^x+1=0$에서 $a^x=1$ 　　∴ $x=0$

02 　달 ④

GUIDE

❶ $3^x=t\ (t>0)$로 놓고 구한 근이 3^α, 3^β이다.
❷ $9^\alpha+9^\beta=(3^\alpha)^2+(3^\beta)^2$

$3^x=t\ (t>0)$라 하면 주어진 방정식은 $t^2-11t+28=0$
즉 $(t-4)(t-7)=0$에서 $t=4$ 또는 $t=7$
따라서 $3^\alpha=4$, $3^\beta=7$로 놓으면
$9^\alpha+9^\beta=(3^\alpha)^2+(3^\beta)^2=16+49=65$

03 　달 ②

GUIDE

$8^{\frac{x}{3}}=(2^3)^{\frac{x}{3}}=2^x$, $3^{2y+1}=3\times 3^{2y}=3\times 9^y$이므로 연립방정식에서 2^x, 9^y을 각각 다른 문자로 치환한다.

$2^{x+3}+9^{y+1}=35$, $8^{\frac{x}{3}}+3^{2y+1}=5$에서
$2^x=a$, $9^y=b$로 치환하면 $(a>0, b>0)$
$8a+9b=35$ 　　……㉠
$a+3b=5$ 　　……㉡

㉠, ㉡을 연립해서 풀면 $a=4$, $b=\dfrac{1}{3}$

즉 $2^x=4$에서 $x=2$, $3^{2y}=\dfrac{1}{3}$에서 $y=-\dfrac{1}{2}$

∴ $\alpha\beta=2\times\left(-\dfrac{1}{2}\right)=-1$

04 　달 1개

GUIDE

$\log_a x=0$이면 로그의 정의에서 $x=1$이고, $a>0$, $a\neq 1$이다.

$\log_{f(x)} g(x)=0$에서 $g(x)=1$이고 $f(x)>0$, $f(x)\neq 1$이다.
그림에서 $g(x)=1$인 x값을 α, β, γ라 하면

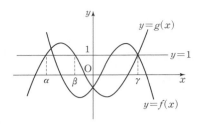

$x=\alpha$일 때 $f(\alpha)>0$이므로 α는 $\log_{f(x)} g(x)=0$의 근이다.

$x=\beta$일 때 $f(\beta)<0$이므로 β는 $\log_{f(x)} g(x)=0$의 근이 아니다.

$x=\gamma$일 때 $f(\gamma)=1$이므로 γ는 $\log_{f(x)} g(x)=0$의 근이 아니다.

따라서 방정식 $\log_{f(x)} g(x)=0$의 근은 1개

05 ⓐ 10
GUIDE

$(\log_2 x)^2-4\log_2 x-2=0$의 두 근이 α, β이면 $\log_2 x=t$로 치환한 방정식 $t^2-4t-2=0$의 두 근은 $\log_2 \alpha$, $\log_2 \beta$이다. 이것과 근과 계수의 관계를 이용한다.

$(\log_2 x)^2-4\log_2 x-2=0$의 두 근이 α, β이므로 $\log_2 x=t$로 치환한 방정식 $t^2-4t-2=0$의 두 근은 $\log_2 \alpha$, $\log_2 \beta$이다.

이차방정식의 근과 계수의 관계에서

$\log_2 \alpha+\log_2 \beta=4$, $\log_2 \alpha \times \log_2 \beta=-2$

또 $(\log_2 x)^2-a\log_2 x+b=0$의 두 근이 $\dfrac{2}{\alpha}$, $\dfrac{2}{\beta}$이므로

$\log_2 x=k$로 치환한 방정식 $k^2-ak+b=0$의 두 근은

$\log_2 \dfrac{2}{\alpha}=1-\log_2 \alpha$, $\log_2 \dfrac{2}{\beta}=1-\log_2 \beta$이다.

마찬가지로 근과 계수의 관계에서

$(1-\log_2 \alpha)+(1-\log_2 \beta)=2-(\log_2 \alpha+\log_2 \beta)=-2=a$

$(1-\log_2 \alpha)(1-\log_2 \beta)$

$=1-(\log_2 \alpha+\log_2 \beta)+\log_2 \alpha \times \log_2 \beta$

$=-5=b$

$\therefore ab=(-2)\times(-5)=10$

06 ⓐ 3개
GUIDE

$\log_2 x+\log_2 y=\log_2 xy$이므로 $\log_2 xy=(\log_2 xy)^2$을 이용한다. 이때 진수 조건에서 $x>0$, $y>0$임을 주의한다.

$\log_2 xy=(\log_2 xy)^2$에서 $\log_2 xy=0$ 또는 $\log_2 xy=1$

$\therefore xy=1$ 또는 $xy=2$

$x>0$, $y>0$에서

$xy=1$, 즉 $y=\dfrac{1}{x}$과 $x^2+y^2=4$의

교점은 2개

$xy=2$, 즉 $y=\dfrac{2}{x}$와 $x^2+y^2=4$의

교점은 1개

따라서 순서쌍 (x, y)는 모두 3개

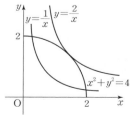

참고

$y=\dfrac{2}{x}$를 $x^2+y^2=4$에 대입하면 $x>0$, $y>0$에서 해는 $x=\sqrt{2}$, $y=\sqrt{2}$로 하나만 존재한다. 즉 서로 접한다.

※ 판별식을 생각해도 된다.

07 ⓐ 4
GUIDE

$0<a<1$일 때 $a^{f(x)}>a^{g(x)}$의 해는 $f(x)<g(x)$이다.

$0<$ (밑) <1이므로

$\left(\dfrac{1}{3}\right)^{f(x)}>\left(\dfrac{1}{3}\right)^{g(x)}$의 해는

$f(x)<g(x)$

오른쪽 그래프에서 $f(x)<g(x)$인

x값의 범위는 $1<x<3$이다.

따라서 $p=1$, $q=3$이므로 $p+q=4$

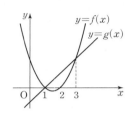

08 ⓐ ④
GUIDE

모든 실수 x에 대하여 이차부등식 $ax^2+bx+c>0$이 성립하려면 $a>0$이고, $D=b^2-4ac<0$이어야 한다.

모든 실수 x에 대하여 $3x^2-(3^a+3)x+(3^a+3)>0$이려면

이차항의 계수가 양수이므로 판별식 $D<0$에서

$D=(3^a+3)^2-4\times3(3^a+3)<0$

$3^a+3=t$ $(t>3)$이라 하면 $t^2-12t<0$에서 $3<t<12$

즉 $3<3^a+3<12$에서 $0<3^a<9$ $\therefore a<2$

$a<2$인 범위에 있는 가장 큰 정수는 1

09 ⓐ 15
GUIDE

❶ $2^{f(x)}\leq8$에서 $f(x)\leq3$

❷ $f(x)\leq3$의 해가 $x\leq-4$이므로 $f(-4)=3$임을 이용한다.

$y=f(x)$는 일차함수이므로

$f(x)=ax+b$라 하면

$f(-5)=-5a+b=0$ $\cdots\cdots$ ㉠

$2^{f(x)}\leq8=2^3$에서

$f(x)\leq3$의 해가 $x\leq-4$이므로

오른쪽 그림에서 $f(-4)=3$이다.

$f(-4)=-4a+b=3$ $\cdots\cdots$ ㉡

㉠, ㉡을 연립해서 풀면 $a=3$, $b=15$이므로 $f(0)=b=15$

10 ⓐ 14
GUIDE

$\log_{0.1} f(x)\leq\log_{0.1} g(x)$에서 $f(x)\geq g(x)$

이때 진수 조건도 함께 생각한다.

$\log_{0.1} f(x) \le \log_{0.1} g(x)$에서

$f(x) \ge g(x)$이므로

두 그래프에서

$-3 \le x \le 5$ ...... ㉠

(진수)>0이므로

$f(x)>0$에서

$-2<x<6$ ...... ㉡

$g(x)>0$에서 $x>1$ ...... ㉢

㉠, ㉡, ㉢의 공통 범위 $1<x \le 5$에 포함된 모든 정수의 합은

$2+3+4+5=14$

11 답 35

GUIDE
❶ (밑)>0, (밑)$\ne 1$이고 (진수)>0

❷ 밑인 $x-2$값의 범위를 생각한다.

※ 밑 조건과 진수 조건에서 x값의 범위를 정할 수 있다.

이때 (밑)>1인지 $0<$(밑)<1인지 확인할 수 있다. 즉 $x-2>1$인

경우, $0<x-2<1$인 경우로 나누지 않도록 한다.

밑 조건에서 $x-2>0$, $x-2 \ne 1$이므로 $x>2$, $x \ne 3$ ...... ㉠

진수 조건에서 $-2x+5>0$이므로 $x<\dfrac{5}{2}$ ...... ㉡

㉠, ㉡에서 공통 범위는 $2<x<\dfrac{5}{2}$ ...... ㉢

이때 밑인 $x-2$의 범위는 $0<x-2<\dfrac{1}{2}$이므로

부등식 $\log_{x-2}(-2x+5) \ge 1$에서 $-2x+5 \le x-2$

$\therefore x \ge \dfrac{7}{3}$ ...... ㉣

㉢과 ㉣의 공통 범위는 $\dfrac{7}{3} \le x < \dfrac{5}{2}$ $\therefore 6pq=6 \times \dfrac{7}{3} \times \dfrac{5}{2}=35$

12 답 ①

GUIDE
❶ (진수)>0에서 x값의 범위를 구한다.

❷ $\log_5(x-1) \le \log_5\left(\dfrac{1}{2}x+k\right)$에서 $x-1 \le \dfrac{1}{2}x+k$이다.

(진수)>0이므로 $x-1>0$에서 $x>1$

또 k가 자연수이므로 $x>1$일 때 $\dfrac{1}{2}x+k>0$은 항상 성립한다.

즉 진수 조건에서 $x>1$ ...... ㉠

또 (밑)>1이므로 $\log_5(x-1) \le \log_5\left(\dfrac{1}{2}x+k\right)$에서

$x-1 \le \dfrac{1}{2}x+k$, $\dfrac{1}{2}x \le k+1$

$\therefore x \le 2(k+1)$ ...... ㉡

㉠, ㉡에서 $1<x \le 2(k+1)$이고, 이 범위에 속한 정수 x값이 3

개이므로 $2(k+1)-1=2k+1=3$에서 $k=1$

STEP 2 | 1등급 굳히기 p. 42~46

01 ③	02 12	03 12	04 1
05 2	06 5	07 ④	
08 (1) $x=32$, $y=64$ (2) $x=3$, $y=\dfrac{100}{3}$			09 11
10 ③	11 1	12 6	13 ③
14 17	15 ③	16 100	17 $k \ge -1$
18 64	19 3	20 10개	21 ①
22 ⑤	23 55		

01 답 ③

GUIDE
$(2^x-5)+(4^x-1)=4^x+2^x-6$이므로 $2^x-5=a$, $4^x-1=b$로 치환하면 주어진 식은 $a^3+b^3=(a+b)^3$이다.

$2^x-5=a$, $4^x-1=b$로 치환하면 주어진 식은

$a^3+b^3=(a+b)^3$, 즉 $(a+b)^3-(a^3+b^3)=3ab(a+b)=0$

이때 $a=0$ 또는 $b=0$ 또는 $a+b=0$이고,

$a=0$, 즉 $2^x=5$에서 $x=\log_2 5$

$b=0$, 즉 $4^x=1$에서 $x=0$

$a+b=0$, 즉 $4^x+2^x-6=0$에서 $2^x=2$ $\therefore x=1$

따라서 모든 실수 x값의 합은 $\log_2 5+0+1=\log_2 10$

참고
$4^x+2^x-6=0$에서 $2^x=t$ $(t>0)$라 하면

$t^2+t-6=0$, $(t-2)(t+3)=0$ $\therefore t=2$

따라서 $2^x=2$에서 $x=1$

02 답 12

GUIDE
두 함수 f, g가 서로 역함수 관계일 때 $(f \circ g)(x)=x$임을 이용하면 $f(g(3^{x+2}+36))=3^{x+2}+36$이다.

$f(x)=\dfrac{1}{2}\log_3 x$의 역함수 $g(x)=3^{2x}$이고,

$f(g(3^{x+2}+36))=3^{x+2}+36$이므로 $3^{2x}=3^{x+2}+36$

즉 $(3^x-12)(3^x+3)=0$에서 $3^x=12$ $(\because 3^x>0)$

따라서 $x=\log_3 12$이므로 $A=12$

03 답 12

GUIDE
❶ $2^x=p$, $3^y=q$로 놓고 한 문자에 대하여 정리한다.

❷ $a>0$, $b>0$에서 $a+b$의 최솟값을 구하는 경우이므로

(산술평균)$\ge$(기하평균)을 생각한다.

$2^x=p$, $3^y=q$ $(p>0, q>0)$라 하면 주어진 연립방정식은

$4p-aq=0$에서 $q=\dfrac{4p}{a}$ ...... ㉠

$bp-9q=0$에 ㉠을 대입하면 $bp-\dfrac{36p}{a}=0$

즉 $p\left(b-\dfrac{36}{a}\right)=0$에서 $b=\dfrac{36}{a}$ $\therefore ab=36$

이때 $a>0$, $b>0$이므로 $a+b\geq 2\sqrt{ab}=2\sqrt{36}=12$

따라서 $a+b$의 최솟값은 12

다른 풀이

$\begin{cases} 4p-aq=0 \\ bp-9q=0 \end{cases}$이 $p>0$, $q>0$에서

해를 가지려면 오른쪽 그림과 같이 제1사분
면에서 두 직선의 기울기가 같아야 하므로,

$\dfrac{4}{b}=\dfrac{a}{9}$ $\therefore ab=36$

04 답 1

GUIDE

$3^x=t$로 치환한 이차방정식 $3^{2a}t^2-2\times 3^b t+3^{2a+2}=0$이 중근을 가진
다. 즉 $D=0$이다.

$9^{x+a}-2\times 3^{x+b}+3^{2a+2}=0$에서 $3^x=t$로 놓으면

$3^{2a}t^2-2\times 3^b t+3^{2a+2}=0$

이때 $D=(3^b)^2-3^{4a+2}=0$에서 $3^{2b}=3^{4a+2}$ $\therefore b=2a+1$

$9^{x+a}-2\times 3^{x+b}+3^{2a+2}=0$에 $b=2a+1$을 대입하면

$9^{x+a}-2\times 3^{x+2a+1}+3^{2a+2}=3^{2a}(3^x-3)^2=0$

따라서 $3^x=3$이므로 $x=1$

참고

$3^{2a}t^2-2\times 3^b t+3^{2a+2}=0$에서 t가 양수인 한 근과 0 이하인 한 근을 가지
는 경우도 생각할 수 있지만 두 근의 곱이 양수이므로 이런 경우는 없다.

05 답 2

GUIDE

❶ $a^{2x}+pa^x+q=0$의 두 근을 α, β라 하면 $a^x=t$로 치환한 이차방정식
$t^2+pt+q=0$의 두 근은 a^α, a^β이다.

❷ 이차방정식 $x^2+px+q=0$의 두 근은 k, $\dfrac{8}{k}$이다.

$a^{2x}+pa^x+q=0$의 두 근을 α, β라 하면 $\alpha+\beta=3$이다.

$a^x=t$로 치환하면 주어진 지수방정식은 $t^2+pt+q=0$이고,

이 이차방정식의 두 근은 a^α, a^β 또는 k, $\dfrac{8}{k}$이다.

이때 두 근의 곱은 $a^\alpha\times a^\beta=a^{\alpha+\beta}=a^3=k\times\dfrac{8}{k}=8$

$\therefore a=2$

06 답 5

GUIDE

❶ $2^x+2^{-x}=t$ $(t\geq 2)$라 하면 $4^x+4^{-x}=(2^x+2^{-x})^2-2=t^2-2$이다.

❷ 이차방정식 $ax^2+bx+c=0$이 $x\geq p$에서 근을 가지지 않는 경우는
$D<0$이거나 $x<p$에서 실근이 존재할 때이다.

$2^x+2^{-x}=t$ $(t\geq 2)$라 하면

주어진 지수방정식은 $t^2-kt+8=0$로 나타낼 수 있으므로

$t\geq 2$에서 이 이차방정식의 실근이 존재하지 않으려면

(i) $D=k^2-32<0$, 즉 $-4\sqrt{2}<k<4\sqrt{2}$이거나

(ii) $D=k^2-32\geq 0$일 때 $f(t)=t^2-kt+8$이라 하면

  $\dfrac{k}{2}<2$, $f(2)=4-2k+8>0$이면 된다. $\therefore k\leq -4\sqrt{2}$

(i), (ii)의 합범위인 $k<4\sqrt{2}$에서 정수 k의 최댓값은 5

참고

$2^x>0$, $2^{-x}>0$이므로 (산술평균)$\geq$(기하평균)에서
$2^x+2^{-x}\geq 2\sqrt{2^x\times 2^{-x}}=2$

07 답 ④

GUIDE

$2^{f(x)}=4^a=2^{2a}$에서 $f(x)=2a$이므로
이때 좌변은 포물선이고, 우변은 x축에 평행한 직선이다.

$2^{f(x)}-2^{2a}=0$에서 $f(x)=2a$ $\therefore (x-a)^2=2a-2$

즉 방정식 $2^{f(x)}-4^a=0$의 실근의 개수는 포물선 $y=(x-a)^2$과
직선 $y=2a-2$의 교점의 개수와 같으므로 a값의 범위에 따라
구할 수 있다.

ㄱ. $a<0$일 때, [그림 1] 같은 꼴이므로
  $(x-a)^2+2=2a$의 실근은 없다. (○)

ㄴ. $0<a<1$일 때, [그림 2] 같은 꼴이므로
  $(x-a)^2+2=2a$의 실근은 없다. (×)

ㄷ. $a>1$일 때, [그림 3] 같은 꼴이므로
  $(x-a)^2+2=2a$의 실근은 두 개이다. (○)

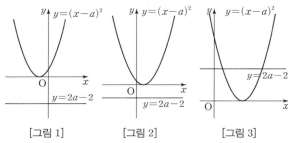

[그림 1]   [그림 2]   [그림 3]

08 답 (1) $x=32$, $y=64$ (2) $x=3$, $y=\dfrac{100}{3}$

GUIDE

(1) $\log_2 x=t$, $\log_2 y=s$로 치환한다.

(2) $2^x=t$, $\log xy=s$로 치환한다.

(1) $\log_2 x=t$, $\log_2 y=s$라 하면

  주어진 방정식은 $\begin{cases} t+s=11 & \cdots\cdots \text{㉠} \\ 3\left(\dfrac{s}{t}+\dfrac{t}{s}\right)=\dfrac{61}{10} & \cdots\cdots \text{㉡} \end{cases}$

  ㉡에서 $\dfrac{3\{(t+s)^2-2ts\}}{ts}=\dfrac{3(121-2ts)}{ts}=\dfrac{61}{10}$

$$\therefore ts = 30$$

$\bigcirc$과 $ts=30$에서 $t=5$, $s=6$이므로

$x=32$, $y=64$ $(\because x<y$에서 $\log_2 x < \log_2 y)$

(2) $2^x = t$, $\log xy = s$라 하면

주어진 방정식은 $\begin{cases} t^2 + s^2 = 68 & \cdots\cdots \bigcirc \\ t + s = 10 & \cdots\cdots \bigcirc \end{cases}$

$\bigcirc$, $\bigcirc$을 연립하면

$t=8$, $s=2$ $(\because x \neq 1)$ $\therefore x=3$, $y=\dfrac{100}{3}$

09 답 11

GUIDE

$\log_2 a = X$, $\log_2 b = Y$, $\log_2 c = Z$라 놓고 세 방정식을 변끼리 더한다.

$\log_2 a = X$, $\log_2 b = Y$, $\log_2 c = Z$라 하면

$\begin{cases} X + Y + (Y + Z) = 4 \\ Y + Z + (Z + X) = 5 \\ Z + X + (X + Y) = 7 \end{cases}$

세 식을 변끼리 더하면 $4(X+Y+Z)=16$

$\therefore X+Y+Z=4$

즉 $X=3$, $Y=0$, $Z=1$이므로 $a=8$, $b=1$, $c=2$

따라서 $a+b+c=11$

10 답 ③

GUIDE

통신장치 P에서 $b = \left(\dfrac{1+0.32}{\log_2 l^3} \right) \times R$ $\cdots\cdots \bigcirc$

통신장치 Q에서 $4b = \left(\dfrac{1+k}{\log_2 l} \right) \times R$ $\cdots\cdots \bigcirc$

$\bigcirc \times 4 = \bigcirc$이므로 $4\left(\dfrac{1+0.32}{\log_2 l^3} \right) \times R = \left(\dfrac{1+k}{\log_2 l} \right) \times R$

$4 = \dfrac{3(1+k)}{1.32}$ $\therefore k = 0.76$

11 답 1

GUIDE

❶ $2^x + 2^{-x} = X$라 하면

$X = 2^x + 2^{-x} \geq 2\sqrt{2^x \times 2^{-x}} = 2$ (단, 등호는 $x=0$일 때 성립)이다.

❷ $2^{2x+1} + 2^{-2x+1} = 2(2^x + 2^{-x})^2 - 4 = 2X^2 - 4$

$2^x + 2^{-x} = X$ $(X \geq 2)$, $\log y = Y$라 하면 주어진 방정식은

$Y^2 + 2XY + 2(X^2 - 2) = 0$, 즉 $(X+Y)^2 + X^2 = 4$이다.

이때 $(X+Y)^2 \geq 0$, $X^2 \geq 4$이므로

$X+Y=0$, $X=2$, 즉 $X=2$, $Y=-2$에서 $x=0$, $y=\dfrac{1}{100}$

$\therefore 100(\alpha + \beta) = 100\left(0 + \dfrac{1}{100} \right) = 1$

12 답 6

GUIDE

$\log(x-1) + \log(4-x) = \log(a-x)$에서 진수 조건과 함께 방정식을 정리한 $(x-1)(4-x) = a-x$의 뜻을 그래프에서 생각한다.

$\log(x-1) + \log(4-x) = \log(a-x)$에서

$(x-1)(4-x) = a-x$

이때 진수 조건에서 $1 < x < 4$이고, $x < a$

$y = (x-1)(4-x)$ $(1<x<4)$ $\cdots\cdots \bigcirc$

$y = -x+a$ $(x<a)$ $\cdots\cdots \bigcirc$

라 하면 포물선 $\bigcirc$과 직선 $\bigcirc$이

교점을 갖기 위한 a값의 범위는

(i) 포물선 $\bigcirc$과 직선 $\bigcirc$이 접할 때

$(x-1)(4-x) = -x+a$, 즉

$x^2 - 6x + 4 + a = 0$의 판별식

을 D라 하면

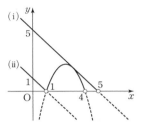

$\dfrac{D}{4} = 9 - (4+a) = 0$에서 $a=5$

(ii) 직선 $\bigcirc$이 점 $(1, 0)$을 지날 경우

$\bigcirc$에 $x=1$, $y=0$을 대입하면 $0=-1+a$ $\therefore a=1$

(i), (ii)에서 주어진 방정식이 적어도 한 개의 실근을 가지도록 하는 상수 a값의 범위는 $1 < a \leq 5$

13 답 ③

GUIDE

$(3+2\sqrt{2})^x = t$라 하면 $(3+2\sqrt{2})(3-2\sqrt{2}) = 1$이므로

$3 - 2\sqrt{2} = \dfrac{1}{3+2\sqrt{2}}$에서 $(3-2\sqrt{2})^x = \left(\dfrac{1}{3+2\sqrt{2}} \right)^x = \dfrac{1}{t}$

$(3+2\sqrt{2})^x = t$ $(t>0)$라 하면 주어진 부등식은 $t + \dfrac{1}{t} \leq 6$

$t^2 - 6t + 1 \leq 0$을 풀면 $3 - 2\sqrt{2} \leq t \leq 3 + 2\sqrt{2}$

즉 $(3+2\sqrt{2})^{-1} \leq (3+2\sqrt{2})^x \leq (3+2\sqrt{2})^1$

$\therefore -1 \leq x \leq 1$

따라서 이 범위에 있는 정수 x는 3개

14 답 17

GUIDE

$3^{x+2} \times 3^{-2} = 3^x$, $3^{x-p} \times 3^p = 3^x$이므로 $(3^{x+2} - 1)$에 3^{-2}을 곱하고, $(3^{x-p} - 1)$에 3^p을 곱한다.

주어진 부등식의 양변에 $3^{-2} \times 3^p$을 곱하면

$(3^x - 3^{-2})(3^x - 3^p) \leq 0$

p가 자연수이므로 $3^{-2} \leq 3^x \leq 3^p$ $\therefore -2 \leq x \leq p$

$-2 \leq x \leq p$를 만족시키는 정수 x는 $-2, -1, 0, 1, \cdots, p$이므로

$p + 3 = 20$ $\therefore p = 17$

15 답 ③

$a \leq a^x b^{1-x} \leq b$을 $a \leq a^x b^{1-x}$과 $a^x b^{1-x} \leq b$으로 구분해서 푼다.
이때 양변을 무엇으로 나눌 때 밑이 같아지는지 생각해 본다.

(i) $a \leq a^x b^{1-x}$에서 양변을 a로 나누면

$1 \leq a^{x-1} b^{1-x}$, 즉 $1 \leq \left(\dfrac{a}{b}\right)^{x-1}$

이때 $0 < \dfrac{a}{b} < 1$이므로 $x-1 \leq 0$ ∴ $x \leq 1$

(ii) $a^x b^{1-x} \leq b$에서 양변을 b로 나누면

$a^x b^{-x} \leq 1$, 즉 $\left(\dfrac{a}{b}\right)^x \leq 1$

이때 $0 < \dfrac{a}{b} < 1$이므로 $x \geq 0$

(i), (ii)에서 $0 \leq x \leq 1$

다른 풀이

❶ $0 < a < b$이므로 $a^{1-x} \leq b^{1-x}$, 즉 다음 세 가지 경우에서 생각할 수 있다.

$0 < a < b < 1$인 경우는 [그림 1]과 같고, $0 < a < 1 < b$인 경우는 [그림 2]와 같다. 또 $1 < a < b$인 경우는 [그림 3]과 같다.
세 경우 모두 $a^{1-x} \leq b^{1-x}$가 성립하는 것은 $x \leq 1$일 때이다.

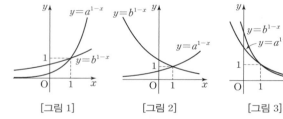

[그림 1]　　　　[그림 2]　　　　[그림 3]

❷ $a^x b^{-x} \leq 1$, 즉 $a^x \leq b^x$도 ❶처럼 그래프에서 생각할 수 있다.

16 답 100

부등식의 양변에 로그를 취한 이차부등식이 항상 성립하는 경우이므로 판별식을 생각한다.

양변에 상용로그를 취하면 $\log 10^{x^2+2\log a} \geq \log a^{-2x}$

$x^2 + 2\log a \geq -2x \log a$

∴ $x^2 + 2x\log a + 2\log a \geq 0$

이 부등식이 모든 실수 x에 대하여 성립하려면
$D \leq 0$이어야 하므로

$\dfrac{D}{4} = (\log a)^2 - 2\log a = \log a(\log a - 2) \leq 0$

즉 $0 \leq \log a \leq 2$에서 $1 \leq a \leq 100$

따라서 양의 정수 a의 최댓값은 100

17 답 $k \geq -1$

주어진 부등식의 양변에 2^x을 곱한 다음 우변을 이항한 식에서 $2^x = t$로 치환한다.

$2^x + \dfrac{k+1}{2^{x-1}} > -4$의 양변에

2^x을 곱해 정리하면

$(2^x)^2 + 4 \times 2^x + 2k + 2 > 0$

이때 $2^x = t \ (t > 0)$라 하고,

$f(t) = t^2 + 4t + 2k + 2$라 하면

$t > 0$에서 항상 $f(t) > 0$이려면

$f(0) \geq 0$이면 된다.

$2k + 2 \geq 0$ ∴ $k \geq -1$

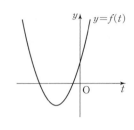

1등급 NOTE

❶ $k > -1$이 아니라 $k \geq -1$임을 주의한다. 부등식을 푼 결과에서 등호를 포함하는지 헷갈리면 등호를 포함한 값을 대입해서 확인한다.
❷ 축의 위치가 $t = -2$로 고정된 경우이다.

18 답 64

$2^x = t$라 하면 부등식 $t^2 - pt + 4q < 0$이 $2 < t < 4$인 모든 실수 t에 대하여 성립하는 조건을 구하면 된다.

$2^x = t$로 치환하고 $f(t) = t^2 - pt + 4q$
라 하면 $2 < t < 4$인 실수 t에 대하여
$f(t) < 0$이려면 오른쪽 그림처럼
$f(2) \leq 0$, $f(4) \leq 0$이면 된다.

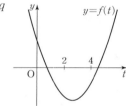

$f(2) = 4 - 2p + 4q \leq 0$에서

$p - 2q \geq 2$ …… ㉠

$f(4) = 16 - 4p + 4q \leq 0$에서

$p - q \geq 4$ …… ㉡

㉠+㉡ : $2p - 3q \geq 6$ (등호는 $p = 6$, $q = 2$일 때 성립)

따라서 $2^{2p-3q} \geq 2^6 = 64$이므로 최솟값은 64

19 답 3

$1 < \log_2 A - \log_2 \dfrac{1}{B} < 2$는 $1 < \log_2 AB < 2$에서 $2 < AB < 4$
이때 AB가 자연수이면 $AB = 3$이다.

$1 < \log_2(x-2) - \log_2 \dfrac{1}{3-y} < 2$를 풀면

$2 < (x-2)(3-y) < 4$ ∴ $(x-2)(3-y) = 3$

진수 조건에서 $x-2 > 0$, $3-y > 0$이므로 $x = 5$, $y = 2$

따라서 $x - y = 3$

진수 조건과 자연수 조건에서 $y=1$, 2이므로 이 값을 대입해서 x 값을 구한다.

20 답 10개

$\log_x y \geq 1$임을 이용해 $x=2, 3, 5, 7$일 때, 가능한 y값을 생각해 본다.

$x>1$, $y>1$이므로 $\log_x y>0$, $\log_y x>0$이다.

$\log_x y=\dfrac{1}{\log_y x}$이므로 부등식 $\log_x y \geq \log_y x$의 양변에

$\log_x y$를 곱하면 $(\log_x y)^2 \geq 1$

따라서 $\log_x y \geq 1$이고, $x \leq y$

10보다 작은 소수는 2, 3, 5, 7이므로 (x, y)의 순서쌍은

$x=2$일 때, $y=2, 3, 5, 7$ ⇨ 4개

$x=3$일 때, $y=3, 5, 7$ ⇨ 3개

$x=5$일 때, $y=5, 7$ ⇨ 2개

$x=7$일 때, $y=7$ ⇨ 1개

따라서 주어진 부등식의 해가 되는 순서쌍은 모두 10개

21 답 ①

$\log_4(\log_2 x)$에서 진수는 $\log_2 x$이고, 이때도 진수 조건을 생각한다.
또 $A \cap B=B$에서 $B \subset A$이다.

진수 조건에서 $\log_2 x>0$ ∴ $x>1$

$1=\log_4 4$이므로 $\log_4(\log_2 x) \leq \log_4 4$

즉 $\log_2 x \leq 4$에서 $x \leq 16$ ∴ $A=\{x \mid 1<x \leq 16\}$

$x^2-5ax+4a^2=(x-a)(x-4a)<0$에서 a는 자연수이므로

$a<x<4a$ ∴ $B=\{x \mid a<x<4a\}$

$A \cap B=B$이면 $B \subset A$이므로 $a \geq 1$, $4a \leq 16$

∴ $1 \leq a \leq 4$

이 범위에 있는 자연수 a는 1, 2, 3, 4로 모두 4개

22 답 ⑤

❶ $m<8$이면 $\left|\log \dfrac{m}{8}\right|=-\log \dfrac{m}{8}$, $m \geq 8$이면 $\left|\log \dfrac{m}{8}\right|=\log \dfrac{m}{8}$

❷ m, n이 모두 자연수임을 이용한다.

(i) $1 \leq m \leq 7$일 때 $\log \dfrac{m}{8}<0$이므로 주어진 부등식은

$\log \dfrac{n}{2}-\log \dfrac{m}{8}=\log \dfrac{4n}{m} \leq 0$ ∴ $m \geq 4n$

$n \geq 2$이면 $1 \leq m \leq 7$에서 자연수 m이 존재하지 않는다.

즉 $n=1$일 때, $m=4, 5, 6, 7$이므로 가능한 순서쌍은 4개

(ii) $m \geq 8$일 때 $\log \dfrac{m}{8} \geq 0$이므로 주어진 부등식은

$\log \dfrac{n}{2}+\log \dfrac{m}{8}=\log \dfrac{mn}{16} \leq 0$ ∴ $mn \leq 16$

$n \geq 3$이면 $m \geq 8$에서 자연수 m이 존재하지 않는다.

$n=2$이면 $m=8$이므로 가능한 순서쌍은 1개

$n=1$이면 $m=8, 9, \cdots, 16$이므로 가능한 순서쌍은 9개

(i), (ii)에서 가능한 모든 순서쌍은 14개

23 답 55

축이 $x=1$인 이차함수 그래프의 개형을 그려 보고 어떤 경우일 때 부등식의 해에서 정수는 1만 포함하는지 생각해 본다.

$\log(50-5x^2)>\log 10(a-x)$에서 $50-5x^2>10(a-x)$이고,
정리하면 $5x^2-10x+10a-50<0$

$f(x)=5x^2-10x+10a-50$라 하면
$y=f(x)$ 그래프의 축이 $x=1$이므로
오른쪽 그림과 같은 경우일 때 부등식의 해에 정수는 1만 포함된다.

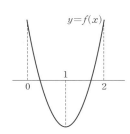

즉 $f(1)<0$, $f(2) \geq 0$이어야 한다.

$f(1)=10a-55<0$에서 $a<\dfrac{11}{2}$,

$f(2)=10a-50 \geq 0$에서 $a \geq 5$ ∴ $5 \leq a<\dfrac{11}{2}$

따라서 $2pq=2 \times 5 \times \dfrac{11}{2}=55$

진수 조건에서 $-\sqrt{10}<x<\sqrt{10}$, $x<a$이고, 이는 위 부등식의 해를 구하는 데 영향을 주지 않는다.

STEP 3	1등급 뛰어넘기		p.47~49
01 3	**02** -7	**03** 6	**04** 3
05 3	**06** 11개	**07** 6	**08** $a \geq \dfrac{25}{3}$
09 ②	**10** 17		

01 답 3

다음과 같이 두 곡선 $y=2^{x-a}$, $y=2^{-x+a}$의 그래프는 직선 $x=a$에 대하여 대칭이다.

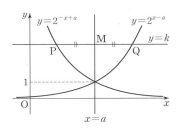

방정식 $2^{x-a}=2^{-x+a}$의 해가 $x=a$이므로 두 곡선의 교점의 x좌표가 a이고, 선분 PQ의 중점의 x좌표가 3이므로 $a=3$이다.
즉 방정식 $2^{x-3}+2^{-x+3}=2$에서 $2^{x-3}=t$로 치환한 방정식은
$t+\dfrac{1}{t}=2$, $(t-1)^2=0$ $\therefore t=1$

따라서 $2^{x-3}=1$에서 $x=3$

02 _답 -7

$y=2^{|x|}$의 그래프는 오른쪽 그림과 같으므로 $2^{|x|}=t$에서 $t>1$이면 근이 두 개, $t=1$이면 근이 한 개이다.
따라서 주어진 방정식이 서로 다른 세 실근을 가지려면 $t>1$, $t=1$인 두 경우를 생각한다.

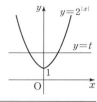

$2^{|x|}=t$ $(t\geq1)$이라 하면 주어진 방정식은 $t^2-8t-k=0$
이때 $t>1$이면 x값은 2개, $t=1$이면 x값은 1개, $t<1$이면 x값은 존재하지 않는다.
즉 주어진 지수방정식이 서로 다른 세 실근을 가지려면 이차방정식 $t^2-8t-k=0$의 두 근 중 한 근은 1이고, 다른 한 근은 1보다 커야 한다.
따라서 $t=1$을 대입하면 $1-8-k=0$ $\therefore k=-7$

> **참고**
> $|x|=\alpha, \beta$ $(\alpha>0, \beta>0)$이면 서로 다른 네 실근을 가지고
> $|x|=\alpha$ $(\alpha>0)$이면 서로 다른 두 실근을 가진다.
> 따라서 서로 다른 세 실근이 존재하는 경우는 $|x|=\alpha$, $|x|=0$일 때다.
> $|x|=0$을 대입하면 $k=-7$을 바로 구할 수 있다.

03 _답 6

> **GUIDE**
> $a^x=t$ $(t>0)$이라 하면 주어진 방정식은 $t^2-kt+4=0$이 되고, 이 방정식이 양수인 두 근, 즉 $x>0$인 근을 가지려면 $x>0$일 때, $a^x>1$이므로 $t>1$인 두 근을 가지면 된다.

$a^x=t$로 치환한 방정식 $t^2-kt+4=0$이 $t>1$인 두 근을 가져야 한다. 즉 $f(t)=t^2-kt+4$라 할 때,
(i) $D=k^2-16\geq0$에서
  $k\leq-4$ 또는 $k\geq4$
(ii) $f(1)=1-k+4>0$에서 $k<5$
(iii) (축)$=\dfrac{k}{2}>1$에서 $k>2$

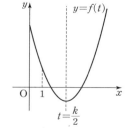

(i)~(iii)에서 공통 범위는 $4\leq k<5$
이때 주어진 방정식의 두 근이 α, β이므로 $f(t)=0$의 두 근은 a^α, a^β이고,
$a^\alpha+a^\beta=k$, $a^\alpha a^\beta=4$이다.

$p=a^{\alpha-\beta}+a^{\beta-\alpha}=\dfrac{a^\alpha}{a^\beta}+\dfrac{a^\beta}{a^\alpha}=\dfrac{(a^\alpha+a^\beta)^2-2a^\alpha a^\beta}{a^\alpha a^\beta}=\dfrac{k^2-8}{4}$
이므로 $2\leq p<\dfrac{17}{4}$ $\therefore 2\leq[p]\leq4$
따라서 $M+m=4+2=6$

04 _답 3

> **GUIDE**
> 방정식 $9^x=3^x+2$의 해가 점 M의 x좌표이다. 또 선분 PQ의 중점이 M임을 이용해 연립방정식을 세운다.

점 M의 x좌표는 방정식 $9^x=3^x+2$의 해와 같다.
$(3^x)^2-3^x-2=0$
$(3^x-2)(3^x+1)=0$
$3^x>0$이므로 $3^x=2$에서 $x=\log_3 2$
$\therefore M(\log_3 2, 4)$
점 P, Q를 각각 $P(p, 9^p)$,
$Q(q, 3^q+2)$ (단, $p\neq\log_3 2$)라 하면
$\overline{PQ}$의 중점이 $M(\log_3 2, 4)$이므로

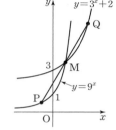

$\dfrac{p+q}{2}=\log_3 2$에서 $q=\log_3 4-p$ ······ ㉠

$\dfrac{9^p+3^q+2}{2}=4$에서 $9^p+3^q=6$ ······ ㉡

㉠을 ㉡에 대입하면 $9^p+3^{\log_3 4-p}=6$에서 $9^p+4\times3^{-p}=6$
$3^p=s$라 하면 $s^2+\dfrac{4}{s}-6=0$에서
$s^3-6s+4=0$, $(s-2)(s^2+2s-2)=0$
$\therefore s=2$ 또는 $s=-1+\sqrt{3}$ $(\because s=3^p>0)$
즉 $3^p=2$ 또는 $3^p=-1+\sqrt{3}$
이때 $p\neq\log_3 2$이므로 $3^p=-1+\sqrt{3}$
따라서 $(3^p+1)^2=3$

05 _답 3

> **GUIDE**
> ❶ 2^x과 3^y을 다른 문자로 치환하여 얻은 연립방정식의 해가 가질 수 있는 값의 범위를 생각해서 푼다.
> ❷ $k=0$, $k>0$, $k<0$일 때로 나누어 생각한다.

$2^x=X$, $3^y=Y$라 하면 $2^{x+2}+3^y=8$에서
$4X+Y=8$, 즉 $Y=-4X+8$ ······ ㉠
$4^x\times k+3^y=3$에서 $kX^2+Y=3$, 즉 $Y=-kX^2+3$ ······ ㉡
$X>0$, $Y>0$이므로 $0<X<2$
(i) $k<0$일 때 [그림 1]처럼 $0<X<2$에서 연립방정식 ㉠, ㉡의 실근 α가 항상 존재한다.
(ii) $k=0$일 때 [그림 2]처럼 $0<X<2$에서 연립방정식 ㉠, ㉡의 실근 α가 존재한다.

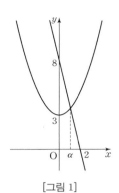
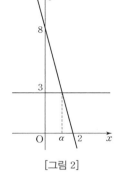

[그림 1]   [그림 2]

(iii) $k>0$일 때 $f(X)=-kX^2+3$

이라 하면 오른쪽 그림처럼

$f(2)\leq0$일 때 $0<X<2$에서 연립방정식의 실근은 없고,

$f(2)>0$이면 $0<X<2$에서 연립방정식의 실근이 존재한다.

즉 $f(2)=-4k+3>0$에서

$k<\dfrac{3}{4}$ $\therefore 0<k<\dfrac{3}{4}$

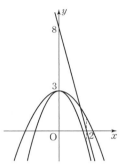

(i), (ii), (iii)에서 $k<\dfrac{3}{4}$이므로 $4p=4\times\dfrac{3}{4}=3$

다른 풀이

$k\leq0$이면 $0<X<2$인 실근이 존재하므로 $k>0$일 때만 생각해 보자.

이때 ㉠, ㉡을 연립한 이차방정식 $kX^2-4X+5=0$의 근이 $0<X<2$인 범위에 존재하기 위한 k값의 범위를 포물선 $y=kX^2$과 직선 $y=4X-5$의 교점이 $0<X<2$에 있는 것으로 생각해서 풀 수 있다. 직선 $y=4X-5$가 $(2, 3)$을 지나므로 포물선 $y=kX^2$이 $(2, 3)$을 지날 때의 $k=\dfrac{3}{4}$이다.

따라서 $0<k<\dfrac{3}{4}$일 때 문제에서 주어진 조건을 만족시킨다.

$k=\dfrac{3}{4}$일 때 $0<k<\dfrac{3}{4}$일 때 $k>\dfrac{3}{4}$일 때

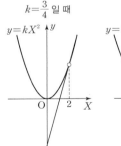
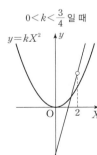
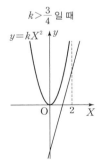

참고

포물선 $y=kX^2$과 직선 $y=4X-5$가 접할 때는 $k=\dfrac{4}{5}$이고, 이 경우 $X=\dfrac{5}{2}$가 되어 $0<X<2$인 범위에 속하지 않는다.

---

06 ᠍ 11개

GUIDE

$2^x+2^{-x}=t$라 하면 $4^x+4^{-x}=t^2-2$이므로 주어진 방정식을 t에 대한 이차방정식으로 나타내고, 이 이차방정식이 서로 다른 두 실근을 가지는 것을 생각한다.

$2^x+2^{-x}=t$라 하면 $t=2^x+2^{-x}\geq2\sqrt{2^x\times2^{-x}}=2$이고, 이때 $4^x+4^{-x}=t^2-2$이므로 주어진 방정식을 t에 대하여 나타내면

$t^2-at+b-2=0$ …… ㉠

주어진 방정식이 서로 다른 네 실근을 가지려면 이차방정식 ㉠은 2보다 큰 서로 다른 두 실근을 가져야 한다.

$f(t)=t^2-at+b-2$라 하면

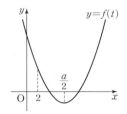

(i) $f(2)=4-2a+b-2>0$에서

$2a-2<b$

(ii) (축)$=\dfrac{a}{2}>2$에서 $a>4$

(iii) $D=a^2-4(b-2)>0$에서 $b<\dfrac{a^2}{4}+2$

(i)~(iii)에서 $a>4$, $2a-2<b<\dfrac{a^2}{4}+2$

$a=5$일 때 $8<b<\dfrac{33}{4}$인 정수 b는 없다.

$a=6$일 때 $10<b<11$인 정수 b는 없다.

$a=7$일 때 $12<b<\dfrac{57}{4}$인 정수 $b=13, 14$ ⇨ 2쌍

$a=8$일 때 $14<b<18$인 정수 $b=15, 16, 17$ ⇨ 3쌍

$a=9$일 때 $16<b<\dfrac{89}{4}$인 정수 $b=17, 18, 19, 20$ ⇨ 4쌍

$a=10$일 때 $18<b<27$인 정수 $b=19, 20$ ⇨ 2쌍

$a\geq11$이면 $20<b$이므로 없다.

따라서 조건에 맞는 순서쌍 (a, b)는 모두 11개

참고

$y=2^x+2^{-x}$의 그래프는 오른쪽 그림처럼 y축과 평행한 직선 $y=t$ ($t>2$)와 서로 다른 두 점에서 만나지만 직선 $y=2$와 한 점에서 만난다. 따라서 중근은 하나로 센다는 조건을 생각하면

$2^x+2^{-x}=t$로 치환한 방정식 $t^2-2-at+b=0$의 두 근이 모두 2보다 클 때 서로 다른 네 실근을 가진다.

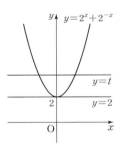

---

07 ᠍ 6

GUIDE

좌표평면 위에 $y=\dfrac{1}{x}$, $y=x^2$의 그래프와 기울기가 1인 직선을 그려 본다.

$\log_x y - \log_y x^2 - 1 = 0$을 풀면

$y = x^2$, $y = \dfrac{1}{x}$ $(x > 0, y > 0, x \neq 1, y \neq 1)$

또 $x - y + k = 0$, 즉 $y = x + k$는 기울기가 1인 직선이다.
기울기가 1인 직선이 $y = x^2$과 접할 때는

$x^2 = x + k$에서 $D = 1 + 4k = 0$ $\quad \therefore k = -\dfrac{1}{4}$

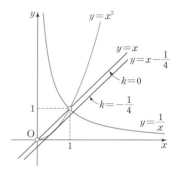

$x > 0$에서 직선 $y = x + k$는 k값에 관계없이 곡선 $y = \dfrac{1}{x}$과 한 점

에서 만나므로 다음과 같이 k값에 따라 $f(k)$를 정리할 수 있다.

(i) $k < -\dfrac{1}{4}$이면 $f(k) = 1$

(ii) $k = -\dfrac{1}{4}$이면 $f\left(-\dfrac{1}{4}\right) = 2$

(iii) $-\dfrac{1}{4} < k < 0$이면 $f(k) = 3$

(iv) $k = 0$이면 $f(0) = 0$

(v) $k > 0$이면 $f(k) = 2$

$\therefore f\left(-\dfrac{1}{2}\right) + f\left(-\dfrac{1}{5}\right) + f(0) + f\left(\dfrac{1}{4}\right) = 1 + 3 + 0 + 2 = 6$

주의

로그의 진수와 밑수 조건에서 $x > 0$, $y > 0$, $x \neq 1$, $y \neq 1$이므로 그래프는 원점과 점 $(1, 1)$을 지나지 않는다. 따라서 $k = 0$일 때, 즉 직선 $y = x$와 두 곡선은 만나지 않는다.

08 답 $a \geq \dfrac{25}{3}$

GUIDE

㉮에서 $\log_a b = \dfrac{1}{\log_b a}$임을 이용한다.

㉯에서 $a^{\log_c b} = b^{\log_c a}$임을 이용한다.

부등식 ㉮에서

$1 + \dfrac{1}{\log_3 x} - \dfrac{2}{\log_5 x} < 0 \iff 1 + \log_x 3 - \log_x 25 < 0$

$\iff \log_x \dfrac{3x}{25} < 0$

(i) $x > 1$일 때, $0 < \dfrac{3x}{25} < 1$, 즉 $0 < x < \dfrac{25}{3}$ $\quad \therefore 1 < x < \dfrac{25}{3}$

(ii) $0 < x < 1$일 때, $\dfrac{3x}{25} > 1$, 즉 $x > \dfrac{25}{3}$이므로 해는 없다.

(i), (ii)에서 $1 < x < \dfrac{25}{3}$ $\quad$ ······ ㉠

부등식 ㉯에서 $\left(\dfrac{1}{3}\right)^{a \log_3 2} = 3^{-a \log_3 2} = 2^{-a} = \left(\dfrac{1}{2}\right)^a$이므로

$\left(\dfrac{1}{2}\right)^a < \left(\dfrac{1}{2}\right)^{x(x-a+1)}$, 즉 $a > x(x - a + 1)$

$\therefore (x + 1)(x - a) < 0$

(i) $a < -1$이면 $a < x < -1$이고, ㉠과 공통 범위가 없다.

(ii) $a = -1$이면 $(x + 1)^2 < 0$이 되어 해가 없다.

(iii) $a > -1$이면 $-1 < x < a$이고, ㉠이 모두 이 범위에 속하려면

$\quad a \geq \dfrac{25}{3}$가 되어야 한다.

따라서 $a \geq \dfrac{25}{3}$

채점 기준	배점
① 부등식 ㉮ 풀기	30%
② 부등식 ㉯를 이차부등식 꼴로 나타내기	20%
③ a값의 범위 구하기	50%

다른 풀이

부등식 ㉮는 다음과 같이 풀 수도 있다.

$1 + \dfrac{\log 3}{\log x} - \dfrac{2 \log 5}{\log x} < 0$과 같고, 이 부등식의 양변에

$(\log x)^2$을 곱한 $\log x \{\log x - (2 \log 5 - \log 3)\} < 0$에서

$0 < \log x < \log \dfrac{25}{3}$ $\quad \therefore 1 < x < \dfrac{25}{3}$

참고

$\log x$는 양수일 수도 있고 음수일 수도 있지만 $(\log x)^2$은 항상 양수이므로 부등식의 양변에 $(\log x)^2$을 곱하면 부등호의 방향이 바뀌지 않는다.

09 답 ②

GUIDE

$\log x = n + \alpha$ (n은 자연수, $0 \leq \alpha < 1$)라 하면
$\log x^2 = 2n + 2\alpha$, $\log x^3 = 3n + 3\alpha$이므로 $2\alpha = 1$, $3\alpha = 1$, $3\alpha = 2$인 α값을 기준으로 범위를 나눈다.

$\log x = n + \alpha$ (n은 자연수, $0 \leq \alpha < 1$)라 하면
$\log x^2 = 2n + 2\alpha$, $\log x^3 = 3n + 3\alpha$이므로 α값의 범위를 다음과 같이 나누어 생각하면

(i) $0 \leq \alpha < \dfrac{1}{3}$일 때

$\quad [\log x] + [\log x^2] + [\log x^3] = n + 2n + 3n = 6n$에서
$\quad 7 < 6n < 10$이 되는 자연수 n은 존재하지 않는다.

(ii) $\dfrac{1}{3}\le\alpha<\dfrac{1}{2}$ 일 때 $[\log x^2]=2n$, $[\log x^3]=3n+1$이므로

$[\log x]+[\log x^2]+[\log x^3]=n+2n+3n+1=6n+1$

에서 $7<6n+1<10$이 되는 자연수 n은 존재하지 않는다.

(iii) $\dfrac{1}{2}\le\alpha<\dfrac{2}{3}$ 일 때 $[\log x^2]=2n+1$, $[\log x^3]=3n+1$이므로

$[\log x]+[\log x^2]+[\log x^3]=n+2n+1+3n+1$
$=6n+2$

에서 $7<6n+2<10$이 되는 자연수 $n=1$

(iv) $\dfrac{2}{3}\le\alpha<1$일 때 $[\log x^2]=2n+1$, $[\log x^3]=3n+2$이므로

$[\log x]+[\log x^2]+[\log x^3]=n+2n+1+3n+2$
$=6n+3$

에서 $7<6n+3<10$이 되는 자연수 $n=1$

(i)~(iv)에서 $\log x=1+\alpha$ $\left(\dfrac{1}{2}\le\alpha<1\right)$이므로 $\dfrac{3}{2}\le\log x<2$

따라서 $10\sqrt{10}\le x<100$에서 조건에 맞는 자연수 x는 32, 33, $\cdots$, 99로 모두 68개 ($\because$ $3.1<\sqrt{10}<3.2$)

10 🔵 17

GUIDE

진수 조건에서 $\alpha>0$, $\beta>0$이므로 α, β가 두 근인 이차방정식 $ax^2-2ax+1=0$의 두 실근은 모두 양수이다.

이차방정식 $ax^2-2ax+1=0$의 두 실근이 모두 양수이려면

(i) $\dfrac{D}{4}=a^2-a\ge0$에서 $a<0$ 또는 $a\ge1$ ($\because$ $a\ne0$)

(ii) $\alpha+\beta=\dfrac{2a}{a}=2>0$

(iii) $\alpha\beta=\dfrac{1}{a}>0$, 즉 $a>0$

(i), (ii), (iii)에서 공통 범위는 $a\ge1$ ······ ㉠

또 부등식 $|\log_2\alpha-\log_2\beta|\le1$을 풀면

$\left|\log_2\dfrac{\alpha}{\beta}\right|\le1$, 즉 $-1\le\log_2\dfrac{\alpha}{\beta}\le1$에서 $\dfrac{1}{2}\le\dfrac{\alpha}{\beta}\le2$

이때 $\beta=2-\alpha$이므로 $\dfrac{1}{2}\le\dfrac{\alpha}{2-\alpha}\le2$

부등식의 각 변에 양수인 $2-\alpha$를 곱하면 ($\because$ $2-\alpha=\beta>0$)

$1-\dfrac{1}{2}\alpha\le\alpha\le4-2\alpha$ $\therefore$ $\dfrac{2}{3}\le\alpha\le\dfrac{4}{3}$

(iii)에서 $\dfrac{1}{a}=\alpha\beta=\alpha(2-\alpha)$
$=-(\alpha-1)^2+1$

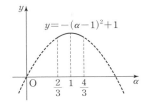

$\dfrac{2}{3}\le\alpha\le\dfrac{4}{3}$에서 $\dfrac{8}{9}\le\dfrac{1}{a}\le1$

즉 $1\le a\le\dfrac{9}{8}$ ······ ㉡

㉠, ㉡에서 $1\le a\le\dfrac{9}{8}$이므로 $8(m+M)=8\left(1+\dfrac{9}{8}\right)=17$

---

05 삼각함수

STEP 1 | 1등급 준비하기   p. 52~53

01 ③	02 ③	03 ①	04 8
05 2	06 ④	07 ⑤	08 -7
09 (1) -1 (2) $2\sqrt{2}$		10 ①	11 ④

01 🔵 ③

GUIDE

두 각 α, β에 대한 동경이 일치하면 $\alpha-\beta=2n\pi$ (단, n은 정수)임을 이용한다.

각 2θ를 나타내는 동경과 각 5θ를 나타내는 동경이 일치하므로

$5\theta-2\theta=3\theta=2n\pi$ (단, n은 정수) $\therefore$ $\theta=\dfrac{2n\pi}{3}$

$\pi<\theta<2\pi$이므로 $\pi<\dfrac{2n\pi}{3}<2\pi$에서 $n=2$ $\therefore$ $\theta=\dfrac{4}{3}\pi$

따라서 $\cos\theta=\cos\dfrac{4}{3}\pi=-\dfrac{1}{2}$

1등급 NOTE

두 동경이 일치하거나 일직선을 이루는 경우이면 두 동경의 차를 생각하고, 두 동경이 좌표축 또는 직선 $y=\pm x$에 대하여 대칭이면 두 동경의 합을 생각한다.

02 🔵 ③

GUIDE

부채꼴의 둘레 길이에서 구한 l을 부채꼴의 넓이 $S=\dfrac{1}{2}rl$에 대입한다.

둘레 길이 $2r+l=28$에서 $l=28-2r$

넓이 $S=\dfrac{1}{2}r(28-2r)=-r^2+14r=-(r-7)^2+49$

이므로 $r=7$일 때 넓이가 최대이고, 이때 $l=14$

따라서 $l=r\theta=14$에서 $\theta=2$

$\therefore$ $r+l-\theta=7+14-2=19$

참고

둘레 길이가 일정한 부채꼴은 중심각의 크기 θ가 2(라디안)일 때, 넓이가 최대이다. $2r+l=k$ (k는 상수)일 때, 부채꼴의 넓이 S는

$S=\dfrac{1}{2}r(k-2r)=-r^2+\dfrac{k}{2}r=-\left(r-\dfrac{k}{4}\right)^2+\dfrac{k^2}{16}$

이므로 $r=\dfrac{k}{4}$일 때 넓이 S가 최대이다.

$2r+r\theta=k$에 $r=\dfrac{k}{4}$를 대입하면 $\dfrac{k}{2}+\dfrac{k}{4}\theta=k$ $\therefore$ $\theta=2$

※$\theta=2$임을 이용해 r, l의 값을 바로 구해도 된다.

03 🔵 ①

GUIDE

4등분한 호에 대한 각 중심각의 크기가 같으므로 $\angle COE=\dfrac{2}{4}\angle AOB$

$\angle COE = \dfrac{2}{4}\angle AOB = \dfrac{\pi}{3}$이므로

삼각형 COE는 정삼각형이고, 넓이는 $\dfrac{\sqrt{3}}{4}\times 1^2 = \dfrac{\sqrt{3}}{4}$

부채꼴 OAB의 넓이는 $\dfrac{1}{2}\times 1^2 \times \dfrac{2}{3}\pi = \dfrac{\pi}{3}$이므로

색칠한 부분의 넓이는 $\dfrac{\pi}{3} - \dfrac{\sqrt{3}}{4}$

---

04 답 8

$\angle ADB = \theta$이므로 $\sin\theta = \dfrac{\overline{AC}}{\overline{AD}}$이고, $\overline{AD}$ 길이는 피타고라스 정리를 이용한다.

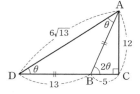

$\overline{AB}^2 = 5^2 + 12^2 = 169$에서
$\overline{AB} = 13$, $\overline{DB} = \overline{AB} = 13$
$\overline{AD}^2 = 18^2 + 12^2 = 468$에서
$\overline{AD} = 6\sqrt{13}$
이때 △ADB가 이등변삼각형이
므로 $\angle ADB = \angle DAB = \theta$
따라서 $\sin\theta = \dfrac{\overline{AC}}{\overline{AD}} = \dfrac{12}{6\sqrt{13}} = \dfrac{2}{\sqrt{13}}$이므로
$26\sin^2\theta = 26 \times \dfrac{4}{13} = 8$

---

05 답 2

$8^2 + 15^2 = 17^2$이므로 중심이 원점이고 반지름 길이가 17인 원과 직선
$y = -\dfrac{15}{8}x$의 교점에서 생각한다.

중심이 원점이고, 반지름 길이가
17인 원과 직선이 만나는 점을
A라 하면 $A(-8, 15)$
이때 $\cos\theta = -\dfrac{8}{17}$,
$\tan\theta = -\dfrac{15}{8}$이므로
$8\left(\tan\theta - \dfrac{1}{\cos\theta}\right) = 8\left(-\dfrac{15}{8} + \dfrac{17}{8}\right) = 2$

---

06 답 ④

❶ $1 + 2\sin\theta\cos\theta = (\sin\theta + \cos\theta)^2$
❷ $\sqrt{a^2} = |a|$이고, $a > 0$일 때, $\sqrt[n]{a^n} = a$이다.

θ가 제3사분면의 각이므로 $-1 < \sin\theta < 0$, $-1 < \cos\theta < 0$
또 $1 + 2\sin\theta\cos\theta = (\sin\theta + \cos\theta)^2$이므로
$\sqrt{1 + 2\sin\theta\cos\theta} + \sqrt[4]{(\cos\theta + 1)^4} + \sqrt[3]{(\sin\theta + 1)^3}$
$= \sqrt{(\sin\theta + \cos\theta)^2} + \sqrt[4]{(\cos\theta + 1)^4} + \sqrt[3]{(\sin\theta + 1)^3}$
$= -(\sin\theta + \cos\theta) + (\cos\theta + 1) + (\sin\theta + 1) = 2$

---

07 답 ⑤

진수 조건에서 $\tan\theta > 0$, $\sin\theta < 0$, $\cos\theta < 0$임을 생각한다.

$\tan\theta > 0$, $\sin\theta < 0$, $\cos\theta < 0$이므로 θ는 제3사분면의 각이다.
즉 $2n\pi + \pi < \theta < 2n\pi + \dfrac{3}{2}\pi$에서 $n\pi + \dfrac{\pi}{2} < \dfrac{\theta}{2} < n\pi + \dfrac{3}{4}\pi$
따라서 n이 짝수이면 $\dfrac{\theta}{2}$는 제2사분면의 각이고
n이 홀수이면 $\dfrac{\theta}{2}$는 제4사분면의 각이므로 항상 $\tan\dfrac{\theta}{2} < 0$이다.

---

08 답 -7

이차방정식의 근과 계수의 관계와 $\sin^2\theta + \cos^2\theta = 1$을 이용한다.

$\sin\theta + \cos\theta = \dfrac{\sqrt{2}}{4}$, $\sin\theta\cos\theta = \dfrac{a}{16}$이고
$\sin^2\theta + \cos^2\theta = 1$이므로
$(\sin\theta + \cos\theta)^2 = \sin^2\theta + \cos^2\theta + 2\sin\theta\cos\theta$에서
$\dfrac{1}{8} = 1 + 2\times\dfrac{a}{16}$ ∴ $a = -7$

---

09 답 (1) -1　(2) $2\sqrt{2}$

주어진 식의 양변을 제곱해 얻은 $\sin\theta\cos\theta$의 값을 이용한다.

(1) $\sin\theta + \cos\theta = -1$ …… ㉠의 양변을 제곱해 정리하면
　　$\sin\theta\cos\theta = 0$, 즉 $\sin\theta = 0$ 또는 $\cos\theta = 0$
　(ⅰ) $\sin\theta = 0$일 때,
　　　㉠에서 $\cos\theta = -1$이므로
　　　$\sin^{999}\theta + \cos^{999}\theta = (-1)^{999} = -1$
　(ⅱ) $\cos\theta = 0$일 때,
　　　㉠에서 $\sin\theta = -1$이므로
　　　$\sin^{999}\theta + \cos^{999}\theta = (-1)^{999} = -1$
　(ⅰ), (ⅱ)에서 $\sin^{999}\theta + \cos^{999}\theta = -1$

(2) $\dfrac{1}{\cos\theta}\left(\tan\theta + \dfrac{1}{\tan^2\theta}\right)$
$= \dfrac{1}{\cos\theta}\left(\dfrac{\sin\theta}{\cos\theta} + \dfrac{\cos^2\theta}{\sin^2\theta}\right)$
$= \dfrac{\sin\theta}{\cos^2\theta} + \dfrac{\cos\theta}{\sin^2\theta} = \dfrac{\sin^3\theta + \cos^3\theta}{\sin^2\theta\cos^2\theta}$
$= \dfrac{(\sin\theta + \cos\theta)(\sin^2\theta - \sin\theta\cos\theta + \cos^2\theta)}{\sin^2\theta\cos^2\theta}$
이고, $\sin\theta + \cos\theta = \sqrt{2}$의 양변을 제곱해 정리하면
$\sin\theta\cos\theta = \dfrac{1}{2}$이므로 (주어진 식) $= \dfrac{\sqrt{2}\left(1 - \dfrac{1}{2}\right)}{\left(\dfrac{1}{2}\right)^2} = 2\sqrt{2}$

10 답 ①

❶ θ가 예각이라 생각하고, 각의 변환 방법을 이용한다.

❷ $\sin(\pi+\theta)=-\sin\theta$이므로 $\sin^2(\pi+\theta)=\sin^2\theta$이다.

$$\sin\left(\frac{\pi}{2}-\theta\right)=\cos\theta,\ \sin\left(\frac{\pi}{2}+\theta\right)=\cos\theta,$$

$$\sin^2(\pi+\theta)=\sin^2\theta$$

$$\sin(\pi-\theta)=\sin\theta,\ \tan^2(\pi-\theta)=\tan^2\theta,$$

$$\cos\left(\frac{\pi}{2}+\theta\right)=-\sin\theta$$

$$\therefore\ \frac{\sin\left(\frac{\pi}{2}-\theta\right)}{\sin\left(\frac{\pi}{2}+\theta\right)\sin^2(\pi+\theta)}+\frac{\sin(\pi-\theta)}{\cos\left(\frac{\pi}{2}+\theta\right)\tan^2(\pi-\theta)}$$

$$=\frac{1}{\sin^2\theta}-\frac{\cos^2\theta}{\sin^2\theta}=1$$

11 답 ④

GUIDE

원에 내접하는 사각형에서 대각 한 쌍의 크기 합이 180°이므로
$A+C=\pi,\ B+D=\pi$에서 $C=\pi-A,\ D=\pi-B$

ㄱ. $\sin A+\sin B+\sin C+\sin D$
   $=\sin A+\sin B+\sin(\pi-A)+\sin(\pi-B)$
   $=2(\sin A+\sin B)>0\ (\because\ 0<A<\pi,\ 0<B<\pi)\ (\times)$

ㄴ. $\cos A+\cos B+\cos C+\cos D$
   $=\cos A+\cos B+\cos(\pi-A)+\cos(\pi-B)$
   $=\cos A+\cos B-\cos A-\cos B=0\ (\bigcirc)$

ㄷ. $\tan A+\tan B+\tan C+\tan D$
   $=\tan A+\tan B+\tan(\pi-A)+\tan(\pi-B)$
   $=\tan A+\tan B-\tan A-\tan B=0\ (\bigcirc)$

STEP 2 | 1등급 굳히기   p. 54~58

01 ③	**02** 35	**03** 136π	**04** ③
05 ②	**06** ④	**07** ③	**08** ④
09 ③	**10** ①	**11** ④	**12** 2
13 2	**14** ⑤	**15** 45	**16** (1) 91 (2) 23
17 ①	**18** ④	**19** (1) $\frac{1}{2}$ (2) 1001	
20 ⑤			

01 답 ③

GUIDE

(부채꼴 OAB의 넓이)$=2\triangle AOC$

부채꼴 OAB의 넓이는 $\frac{1}{2}\times3^2\times\frac{\pi}{6}=\frac{3}{4}\pi$

(삼각형 OAC의 높이)$=3\sin\frac{\pi}{6}=\frac{3}{2}$이므로

선분 OC의 길이를 x라 하면

(삼각형 OAC의 넓이)$=\frac{1}{2}\times x\times\frac{3}{2}=\frac{3}{4}x$

따라서 $\frac{3}{4}\pi=2\times\frac{3}{4}x$에서 $x=\frac{\pi}{2}$

02 답 35

GUIDE

벨트와 바퀴가 닿은 두 부분의 길이는 부채꼴의 호의 길이와 같음을 생각한다.

그림과 같이 색칠해서 나타낸 직각삼각형에서
$\overline{HO}:\overline{HO'}:\overline{OO'}=5:5\sqrt{3}:10=1:\sqrt{3}:2$이므로

$$\angle HOO'=\frac{\pi}{3},\ \angle HO'O=\frac{\pi}{6}$$

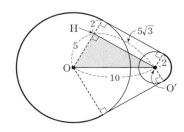

(큰 원과 닿은 부분의 길이)$=7\times\frac{4}{3}\pi=\frac{28}{3}\pi$

(작은 원과 닿은 부분의 길이)$=2\times\frac{2}{3}\pi=\frac{4}{3}\pi$

따라서 벨트와 바퀴가 닿은 두 부분의 길이의 합은 $\frac{32}{3}\pi$이므로

$a=3,\ b=32$ $\therefore\ a+b=35$

03 답 136π

GUIDE

원뿔대의 전개도에서 생각한다.

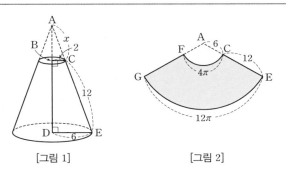

[그림 1]   [그림 2]

[그림 1]에서 $\triangle ABC$와 $\triangle ADE$의 닮음비가 $1:3$이므로
$\overline{AC}=6$

따라서 원뿔대 옆면은 [그림 2]와 같다.

이때 $\overparen{FC}=4\pi$, $\overparen{GE}=12\pi$이므로 구하려는 넓이는

$4\pi+36\pi+\dfrac{1}{2}\times18\times12\pi-\dfrac{1}{2}\times6\times4\pi=136\pi$

주의

원뿔대의 겉넓이를 구해야 하므로 두 밑면의 넓이도 생각해야 한다.

04 답 ③

GUIDE

밑면의 둘레 길이를 이용해 부채꼴 중심각의 크기를 구한다.

밑면의 둘레 길이는

$\pi\times\dfrac{4\theta}{\pi}=4\theta$이므로 옆면을

전개한 부채꼴의 중심각 크기는 2θ이다. 이때 점 P_1, P_2를 전개도에 나타내면 오른쪽 그림과 같다.

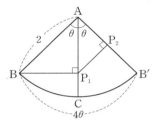

$\triangle ABP_1$에서 $\overline{AP_1}=2\cos\theta$

따라서 $\triangle AP_1P_2$에서 $\overline{P_1P_2}=2\sin\theta\cos\theta$

참고

부채꼴 호의 양 끝점이 B이므로 (원뿔에서 점 B와 포개진다.) 부채꼴 호를 이등분하는 점을 C라 생각하면 $\angle BAC=\angle B'AC$

05 답 ②

GUIDE

❶ 좌표평면에서 각 조건에 맞는 두 동경을 그려서 생각한다.
❷ 직선 $y=-x$에 대한 대칭은 직선과 동경이 예각을 이루는 경우에서 생각하면 좀 더 쉽다.

ㄱ. 삼각함수의 정의에 따라 동경의 위치가 같은 두 각의 삼각함수 값은 서로 같다. (○)

ㄴ. [그림 1]처럼 생각하면 각 $-\theta$를 나타내는 동경과 단위원이 만나는 점의 좌표는 $(x,-y)$이다. (×)

ㄷ. 호의 길이 $l=r\theta$에서 $r=2l$이면 $\theta=\dfrac{1}{2}$이다. (○)

ㄹ. [그림 2]처럼 생각하면 $\alpha=2l\pi+\dfrac{\pi}{2}+\cdot$, $\beta=2m\pi+\pi-\cdot$

$\therefore \alpha+\beta=2n\pi+\dfrac{3}{2}\pi$ (l, m, n은 정수) (×)

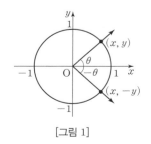

[그림 1]

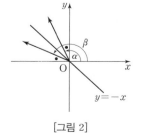

[그림 2]

06 답 ④

GUIDE

두 각 α, β에 대한 두 동경이 직선 $y=x$에 대하여 대칭이면 $\alpha+\beta=2n\pi+\dfrac{\pi}{2}$ (단, n은 정수)임을 이용한다.

각 θ를 나타내는 동경과 각 9θ를 나타내는 동경이 직선 $y=x$에 대하여 대칭이므로 $9\theta+\theta=2n\pi+\dfrac{\pi}{2}$ (단, n은 정수)

$10\theta=\left(2n+\dfrac{1}{2}\right)\pi$에서 $\theta=\dfrac{(4n+1)\pi}{20}$ ...... ㉠

이때 $\dfrac{\pi}{2}<\theta<\pi$이므로 $\dfrac{\pi}{2}<\dfrac{(4n+1)\pi}{20}<\pi$에서

$n=3,4$ ...... ㉡

㉡을 각각 ㉠에 대입하면 $\theta=\dfrac{13}{20}\pi$ 또는 $\theta=\dfrac{17}{20}\pi$

따라서 모든 θ값의 합은 $\dfrac{13}{20}\pi+\dfrac{17}{20}\pi=\dfrac{3}{2}\pi$

07 답 ③

GUIDE

제1사분면의 각이므로 $\theta=2n\pi+\alpha$ (단, α는 예각)라 하면 $\dfrac{\theta}{3}=\dfrac{2n\pi}{3}+\dfrac{\alpha}{3}$에서 정수 n이 $3m$, $3m+1$, $3m+2$ (단, m은 정수)인 경우 각각에 대하여 생각한다.

$\theta=2n\pi+\alpha$ $\left(단, n은 정수, 0<\alpha<\dfrac{\pi}{2}\right)$에서 $\dfrac{\theta}{3}=\dfrac{2n\pi}{3}+\dfrac{\alpha}{3}$

이고 정수 n을 $3m$, $3m+1$, $3m+2$ (단, m은 정수)로 나누어 생각하자.

(i) $n=3m$일 때 $\dfrac{\theta}{3}=2m\pi+\dfrac{\alpha}{3}$에서

$0<\dfrac{\alpha}{3}<\dfrac{\pi}{6}$이므로 $\dfrac{\theta}{3}$는 제1사분면의 각이다.

(ii) $n=3m+1$일 때 $\dfrac{\theta}{3}=2m\pi+\dfrac{2\pi}{3}+\dfrac{\alpha}{3}$에서

$\dfrac{2\pi}{3}<\dfrac{2\pi}{3}+\dfrac{\alpha}{3}<\dfrac{5\pi}{6}$이므로 $\dfrac{\theta}{3}$는 제2사분면의 각이다.

(iii) $n=3m+2$일 때 $\dfrac{\theta}{3}=2m\pi+\dfrac{4\pi}{3}+\dfrac{\alpha}{3}$에서

$\dfrac{4\pi}{3}<\dfrac{4\pi}{3}+\dfrac{\alpha}{3}<\dfrac{3\pi}{2}$이므로 $\dfrac{\theta}{3}$는 제3사분면의 각이다.

(i)~(iii)에서 $\dfrac{\theta}{3}$가 제2사분면의 각일 때는

$\dfrac{\theta}{3}=2m\pi+\dfrac{2\pi}{3}+\dfrac{\alpha}{3}$이고, $\dfrac{\theta}{6}=m\pi+\dfrac{\pi}{3}+\dfrac{\alpha}{6}$

이때 정수 m을 $2k$, $2k+1$ (단, k는 정수)로 나누어 생각하면

$m=2k$일 때 $\dfrac{\theta}{6}=2k\pi+\dfrac{\pi}{3}+\dfrac{\alpha}{6}$에서

$\dfrac{\pi}{3}<\dfrac{\pi}{3}+\dfrac{\alpha}{6}<\dfrac{5\pi}{12}$이므로 $\dfrac{\theta}{6}$는 제1사분면의 각이다.

또 $m=2k+1$일 때 $\dfrac{\theta}{6}=2k\pi+\dfrac{4\pi}{3}+\dfrac{\alpha}{6}$에서

$\dfrac{4\pi}{3} < \dfrac{4\pi}{3} + \dfrac{\alpha}{6} < \dfrac{17\pi}{12}$ 이므로 $\dfrac{\theta}{6}$ 는 제3사분면의 각이다.

따라서 $\dfrac{\theta}{6}$ 는 제1사분면 또는 제3사분면의 각이다.

08 답 ④

GUIDE

A의 좌표가 $(\cos\theta, \sin\theta)$이고, $\angle COD = \pi - \theta$

$A(\cos\theta, \sin\theta)$, $\sin\theta > 0$, $\cos\theta < 0$이므로 $\overline{OB} = -\cos\theta$

또 $\angle COD = \pi - \theta$이므로 직각삼각형 OBC에서

$\cos(\pi-\theta) = -\cos\theta = \dfrac{\overline{OC}}{\overline{OB}} = \dfrac{\overline{OC}}{-\cos\theta}$

$\therefore \overline{OC} = \cos^2\theta$

직각삼각형 OCD에서 $\sin(\pi-\theta) = \sin\theta = \dfrac{\overline{CD}}{\overline{OC}} = \dfrac{\overline{CD}}{\cos^2\theta}$

$\therefore \overline{CD} = \cos^2\theta\sin\theta$

다른 풀이

$\overline{BC} = -\cos\theta\sin\theta$이므로

$\overline{CD} = \overline{BC}\sin\left(-\dfrac{\pi}{2}+\theta\right) = \cos^2\theta\sin\theta$

09 답 ③

GUIDE

두 점 A, B의 좌표를 구한다. 각 α를 나타내는 동경이 제2사분면 위에 있고, 각 β를 나타내는 동경은 제3사분면 위에 있다.

점 $A(-3, 1)$, 점 $B(-3, -1)$이므로

$\sin\alpha = \dfrac{1}{\sqrt{10}}$, $\cos\beta = -\dfrac{3}{\sqrt{10}}$

$\therefore \dfrac{1}{\sin\alpha} + \dfrac{1}{\cos\beta} = \sqrt{10} + \left(-\dfrac{\sqrt{10}}{3}\right) = \dfrac{2\sqrt{10}}{3}$

10 답 ①

GUIDE

❶ 점 P의 좌표는 $(\cos\theta, \sin\theta)$이다.

❷ 색칠한 부분의 넓이는 삼각형 POR의 넓이에서 부채꼴 OPQ의 넓이를 뺀 것과 같다.

$A(0, 1)$, $P(\cos\theta, \sin\theta)$이므로 직선 AP의 방정식은

$y = \dfrac{\sin\theta - 1}{\cos\theta}x + 1$이고, 이때 점 R의 좌표는 $\left(\dfrac{\cos\theta}{1-\sin\theta}, 0\right)$

따라서 색칠한 부분의 넓이는

$\dfrac{1}{2} \times \dfrac{\cos\theta}{1-\sin\theta} \times \sin\theta - \dfrac{1}{2} \times 1^2 \times \theta$

$= \dfrac{1}{2}\left(\dfrac{\cos\theta\sin\theta}{1-\sin\theta} - \theta\right)$

11 답 ④

GUIDE

삼각함수의 정의를 이용해 $\overline{BC}$ 길이와 $\overline{OD}$ 길이를 구하면 $\triangle CDO$의 넓이를 알 수 있다.

$\triangle CBO$에서 $\overline{BC} = \tan(\pi-\theta) = -\tan\theta$

$\triangle ADO$에서 $\angle OAD = 90°$이므로 $\cos(\pi-\theta) = \dfrac{1}{\overline{OD}}$

$\therefore \overline{OD} = \dfrac{1}{\cos(\pi-\theta)} = -\dfrac{1}{\cos\theta}$

따라서 색칠한 부분의 넓이는

$(\triangle CDO$의 넓이$) - ($부채꼴 OAB의 넓이$)$

$= \dfrac{1}{2}(-\tan\theta) \times \left(-\dfrac{1}{\cos\theta}\right) - \dfrac{1}{2} \times 1^2 \times (\pi-\theta)$

$= \dfrac{1}{2}\left(\dfrac{\sin\theta}{\cos^2\theta} - \pi + \theta\right)$

다른 풀이

원 위의 점 (x_1, y_1)에서 원 $x^2 + y^2 = r^2$에 그은 접선의 방정식이 $x_1x + y_1y = r^2$이므로 단위원 위의 점 $A(\cos\theta, \sin\theta)$에서 그은 접선의 방정식은 $x\cos\theta + y\sin\theta = 1$

이때 $D\left(\dfrac{1}{\cos\theta}, 0\right)$이므로 $\overline{OD} = -\dfrac{1}{\cos\theta}$

($\because \theta$가 제2사분면의 각이므로 $\cos\theta < 0$, $-\cos\theta > 0$)

12 답 2

GUIDE

$(\sin^2\theta + \cos^2\theta)^2$을 이용해 $\sin\theta\cos\theta$의 값을 구한다.

$\sin^4\theta + \cos^4\theta = (\sin^2\theta + \cos^2\theta)^2 - 2\sin^2\theta\cos^2\theta$이므로

$1 - 2\sin^2\theta\cos^2\theta = \dfrac{1}{2}$, $\sin^2\theta\cos^2\theta = \dfrac{1}{4}$

$\therefore \sin\theta\cos\theta = \pm\dfrac{1}{2}$

그런데 $0 < \theta < \dfrac{\pi}{2}$에서 $\sin\theta > 0$, $\cos\theta > 0$이므로

$\sin\theta\cos\theta = \dfrac{1}{2}$

$\tan^3\theta + \dfrac{1}{\tan^3\theta} = \left(\tan\theta + \dfrac{1}{\tan\theta}\right)^3 - 3\left(\tan\theta + \dfrac{1}{\tan\theta}\right)$

이때

$\tan\theta + \dfrac{1}{\tan\theta} = \dfrac{\sin\theta}{\cos\theta} + \dfrac{\cos\theta}{\sin\theta} = \dfrac{\sin^2\theta + \cos^2\theta}{\sin\theta\cos\theta}$

$= \dfrac{1}{\sin\theta\cos\theta} = 2$

$\therefore \tan^3\theta + \dfrac{1}{\tan^3\theta} = 2^3 - 3 \times 2 = 2$

13 답 2

GUIDE

점 C에서 지름 AB에 내린 수선의 발을
H라 하면 $\overline{OH}=\cos\theta$, $\overline{CH}=\sin\theta$이고
$\overline{AH}=1+\cos\theta$

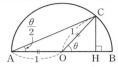

$\triangle$AHC에서 $f(\theta)=\tan\dfrac{\theta}{2}=\dfrac{\sin\theta}{1+\cos\theta}$이므로

$$f(\theta)+\dfrac{1}{f(\theta)}=\dfrac{\sin\theta}{1+\cos\theta}+\dfrac{1+\cos\theta}{\sin\theta}$$
$$=\dfrac{\sin^2\theta+(1+\cos\theta)^2}{\sin\theta(1+\cos\theta)}$$
$$=\dfrac{2(1+\cos\theta)}{\sin\theta(1+\cos\theta)}$$
$$=\dfrac{2}{\sin\theta}$$

따라서 $m=2$

14 답 ⑤

GUIDE

$x-1=\cos\theta$, $y=\sin\theta$의 양변을 각각 제곱한 것을 생각한다.

$\cos^2\theta+\sin^2\theta=1$에서 $(x-1)^2+y^2=1$

$0\le\theta\le\dfrac{\pi}{2}$에서 $0\le\cos\theta\le1$이므로

$1\le1+\cos\theta\le2$

$\therefore 1\le x\le2$

또 $0\le\sin\theta\le1$이므로 $0\le y\le1$

따라서 오른쪽 그림에서 점 P의

자취 길이는 $\dfrac{\pi}{2}$

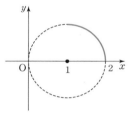

참고

원 $(x-1)^2+y^2=1$에서 $1\le x\le2$, $0\le y\le1$인 범위에 속하는 원의 둘레
부분만 생각한다.

15 답 45

GUIDE

빗변의 삼등분점 D, E에서 변 AB에 그은 수선의 발은 $\overline{AB}$의 삼등분점
이고, 변 BC에 그은 수선의 발은 $\overline{BC}$의 삼등분점이다.
따라서 $\overline{AB}=3a$, $\overline{BC}=3b$라 놓을 수 있다.

그림과 같이 F, G를 변 AB의 삼등분점, H, I를 변 BC의 삼등분
점이라 하고, $\overline{AB}=3a$, $\overline{BC}=3b$라 놓으면
$\overline{AF}=\overline{FG}=\overline{GB}=a$, $\overline{BH}=\overline{HI}=\overline{IC}=b$이다.

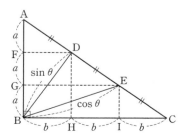

직각삼각형 DBH에서 $\sin^2\theta=4a^2+b^2$ …… ㉠
직각삼각형 EBI에서 $\cos^2\theta=a^2+4b^2$ …… ㉡

㉠과 ㉡을 변끼리 더하면 $1=5(a^2+b^2)$, $a^2+b^2=\dfrac{1}{5}$

이때 $\overline{AC}^2=9(a^2+b^2)=\dfrac{9}{5}$

따라서 $p=5$, $q=9$이므로 $pq=45$

16 답 (1) 91 (2) 23

GUIDE

(1) $\sin(90°-\alpha)=\cos\alpha$를 이용한다.

(2) $\tan(90°-\theta)=\dfrac{1}{\tan\theta}$ 을 이용한다.

(1) $\sin^2 1°+\sin^2 2°+\cdots+\sin^2 90°$
$=(\sin^2 1°+\sin^2 89°)+(\sin^2 2°+\sin^2 88°)+\cdots$
$\quad+(\sin^2 44°+\sin^2 46°)+\sin^2 45°+\sin^2 90°$
$=(\sin^2 1°+\cos^2 1°)+(\sin^2 2°+\cos^2 2°)+\cdots$
$\quad+(\sin^2 44°+\cos^2 44°)+\sin^2 45°+\sin^2 90°$
$=1\times44+\sin^2 45°+\sin^2 90°$
$=44+\dfrac{1}{2}+1=\dfrac{91}{2}$

$\therefore 2(\sin^2 1°+\sin^2 2°+\cdots+\sin^2 90°)=91$

(2) $\left(\dfrac{1}{\sin^2 1°}+\dfrac{1}{\sin^2 2°}+\cdots+\dfrac{1}{\sin^2 23°}\right)$
$\quad-(\tan^2 67°+\tan^2 68°+\cdots+\tan^2 89°)$
$=\left(\dfrac{1}{\sin^2 1°}+\cdots+\dfrac{1}{\sin^2 23°}\right)-\left(\dfrac{1}{\tan^2 23°}+\cdots+\dfrac{1}{\tan^2 1°}\right)$
$=\left(\dfrac{1}{\sin^2 1°}+\cdots+\dfrac{1}{\sin^2 23°}\right)-\left(\dfrac{\cos^2 23°}{\sin^2 23°}+\cdots+\dfrac{\cos^2 1°}{\sin^2 1°}\right)$
$=\left(\dfrac{1}{\sin^2 1°}-\dfrac{\cos^2 1°}{\sin^2 1°}\right)+\cdots+\left(\dfrac{1}{\sin^2 23°}-\dfrac{\cos^2 23°}{\sin^2 23°}\right)$
$=\dfrac{1-\cos^2 1°}{\sin^2 1°}+\cdots+\dfrac{1-\cos^2 23°}{\sin^2 23°}$
$=\dfrac{\sin^2 1°}{\sin^2 1°}+\cdots+\dfrac{\sin^2 23°}{\sin^2 23°}$
$=1\times23=23$

1등급 NOTE

$\sin^2\theta+\cos^2\theta=1$에서 양변을 $\sin^2\theta$로 나누면 $1+\dfrac{1}{\tan^2\theta}=\dfrac{1}{\sin^2\theta}$

따라서 $\dfrac{1}{\sin^2\theta}-\dfrac{1}{\tan^2\theta}=1$

17 답 ①

GUIDE

$f(a)+f(b)+f(c)=f(ab)+f(c)=f(abc)$처럼 생각한다.

$f(ab)=f(a)+f(b)$에 $a=1$, $b=1$을 대입하면 $f(1)=0$
$f(a)+f(b)=f(ab)$에서
$f(\tan 1°)+f(\tan 5°)+f(\tan 9°)+\cdots+f(\tan 89°)$
$=f(\tan 1°\times\tan 5°\times\tan 9°\times\cdots\times\tan 89°)$

이고, $\tan\theta \times \tan(90°-\theta)=1$이므로

$$\tan 1° \times \tan 89° = \tan 5° \times \tan 85° = \cdots$$
$$= \tan 41° \times \tan 49° = 1$$

$$\therefore f(\tan 1° \times \tan 5° \times \tan 9° \times \cdots \times \tan 89°)$$
$$= f(\tan 45°) = f(1) = 0$$

참고

1, 5, 9, 13, $\cdots$, 89에서 합이 90인 것끼리 짝지으면

$(1, 89), (5, 85), (9, 81), \cdots, (41, 49)$이므로 남는 것이 45이다.

1등급 NOTE

양의 실수 전체에서 정의된 함수 $f(x)$가 두 양수 a, b에 대하여 $f(ab)=f(a)+f(b)$이면 $f(x)=\log_c x$ $(c>0, c\neq 1)$로 생각해도 된다.

18 답 ④

GUIDE

$\sin\left(\dfrac{\pi}{2}\pm\theta\right)=\cos\theta$이고 주어진 삼각형에서 $\overline{AB}=\sqrt{x}$이므로

$x=\cos^2\theta$

$$\dfrac{\sin^2\theta}{\sin\left(\dfrac{\pi}{2}+\theta\right)-x} - \dfrac{\sin^2\theta}{\sin\left(\dfrac{\pi}{2}-\theta\right)+x}$$

$$= \dfrac{\sin^2\theta}{\cos\theta-\cos^2\theta} - \dfrac{\sin^2\theta}{\cos\theta+\cos^2\theta}$$

$$= \sin^2\theta\left(\dfrac{1}{\cos\theta-\cos^2\theta} - \dfrac{1}{\cos\theta+\cos^2\theta}\right)$$

$$= \sin^2\theta \times \dfrac{2\cos^2\theta}{\cos^2\theta(1-\cos^2\theta)} = 2$$

다른 풀이

$\cos^2\theta=x$, $\sin^2\theta=1-x$, $\cos\theta=\sqrt{x}$를 주어진 식에 대입해서 풀어도 된다.

19 답 (1) $\dfrac{1}{2}$ (2) 1001

GUIDE

❶ $f(\cos x)$를 알아야 하므로 x에 $\left(\dfrac{\pi}{2}-x\right)$를 대입해 본다.

❷ $\sin\left(\dfrac{\pi}{2}-x\right)=\cos x$, $\cos\left(\dfrac{\pi}{2}-x\right)=\sin x$

(1) $f(\sin x)=\cos 4x$의 양변에 x 대신 $\left(\dfrac{\pi}{2}-x\right)$를 대입하면

$$f\left\{\sin\left(\dfrac{\pi}{2}-x\right)\right\} = \cos 4\left(\dfrac{\pi}{2}-x\right)$$

$$\therefore f(\cos x) = \cos(2\pi-4x) = \cos(-4x) = \cos 4x$$

이때 $f(\sin x)+f(\cos x)=2\cos 4x=1$에서

$$\cos 4x = \dfrac{1}{2}$$

(2) $f\left\{\cos\left(\dfrac{\pi}{2}-x\right)\right\} = \sin 1001\left(\dfrac{\pi}{2}-x\right)$에서

$$f(\sin x) = \sin 1001\left(\dfrac{\pi}{2}-x\right)$$

$$= \sin\left(500\pi + \dfrac{\pi}{2} - 1001x\right)$$

$$= \sin\left(\dfrac{\pi}{2} - 1001x\right) = \cos 1001 x$$

즉 $f(\sin x)=\cos 1001 x$에서 $m=1001$

20 답 ⑤

GUIDE

❶ $A+B+C=\pi$에서 $\dfrac{A+B}{2} = \dfrac{\pi}{2} - \dfrac{C}{2}$

❷ $\tan\theta \times \tan\left(\dfrac{\pi}{2}-\theta\right)=1$

❸ $\sin(-\theta)=-\sin\theta$, $\sin(\pi+\theta)=-\sin\theta$

A, B, C가 삼각형의 세 내각의 크기이므로 $A+B+C=\pi$

ㄱ. $\dfrac{A+B}{2} = \dfrac{\pi}{2} - \dfrac{C}{2}$에서

$$\cos\dfrac{A+B}{2} = \cos\left(\dfrac{\pi}{2} - \dfrac{C}{2}\right) = \sin\dfrac{C}{2}\ (\bigcirc)$$

ㄴ. $\tan\dfrac{A+B}{2} = \tan\left(\dfrac{\pi}{2} - \dfrac{C}{2}\right) = \dfrac{1}{\tan\dfrac{C}{2}}$이므로

$$\tan\dfrac{A+B}{2}\tan\dfrac{C}{2} = 1\ (\bigcirc)$$

ㄷ. $A+B+C=\pi$에서 $-C=A+B-\pi$이므로

$A+2B-C=A+2B+A+B-\pi=2A+3B-\pi$

$$\sin(A+2B-C) = \sin(2A+3B-\pi)$$
$$= -\sin\{\pi-(2A+3B)\}$$
$$= -\sin(2A+3B)$$

$$\therefore \sin(A+2B-C) + \sin(2A+3B) = 0\ (\bigcirc)$$

다른 풀이

ㄷ. $A+2B-C+(A+B+C)=2A+3B$이므로

$A+2B-C=\theta$라 두면 $2A+3B=\pi+\theta$이다.

$$\sin(A+2B-C) + \sin(2A+3B)$$
$$= \sin\theta + \sin(\pi+\theta)$$
$$= \sin\theta - \sin\theta = 0$$

01 ①	**02** 4	**03** 38	**04** 2
05 24	**06** ④	**07** ②	**08** ⑤
09 36			

01 답 ①

GUIDE

적도 위의 두 지점 A, B는 같은 평면에 있다. 두 지점 사이의 거리는 $\widehat{AB}$의 길이와 같고, 이것을 이용에 부채꼴 중심각의 크기를 구한다.

그림과 같이 $\angle AOB = \alpha°$라 하면

$$\widehat{AB} = 6400 \times \frac{\pi}{180}\alpha = 4800 \ (\text{km})$$

에서 $\alpha = 45 \ (\because \pi = 3)$

즉 두 지점 A, B 사이의 경도 차이가
45°이므로 시차는 3시간

다른 풀이

적도(원) 위의 두 지점 A, B를 잇는 호에 대한 중심각의 크기를 θ 라디안이라 하면

$$\theta = \frac{l}{r} = \frac{4800}{6400} = \frac{3}{4}$$

$\frac{3}{4}$ 라디안을 육십분법으로 고치면 $\frac{180°}{\pi} \times \frac{3}{4} = \frac{135°}{\pi}$

문제의 조건에서 $\pi = 3$으로 계산하므로
육십분법의 각으로는 45°

02 답 4

GUIDE

원 C_2의 반지름의 길이를 r라 하면 $\tan\theta = \frac{r}{AP}$이므로 r를 θ의 삼각함수로 나타낸다.

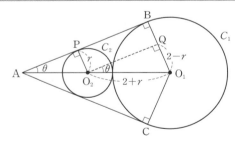

원 C_2의 중심 O_2에서 선분 O_1B에 내린 수선의 발을 Q라 하면
$\angle O_1 O_2 Q = \theta$

$$\sin\theta = \frac{2-r}{2+r}$$에서 $r = \frac{2-2\sin\theta}{1+\sin\theta}$ ...... ㉠

$$\tan\theta = \frac{r}{\overline{AP}}$$에서 $\overline{AP} = \frac{r}{\tan\theta}$ ...... ㉡

㉠, ㉡에서 $\overline{AP} = f(\theta) = \frac{1}{\tan\theta} \times \frac{2-2\sin\theta}{1+\sin\theta}$이므로

$$f\left(\frac{\pi}{6}\right) = \sqrt{3} \times \frac{2-1}{1+\frac{1}{2}} = \frac{2\sqrt{3}}{3}$$

$$f\left(\frac{\pi}{3}\right) = \frac{1}{\sqrt{3}} \times \frac{2-\sqrt{3}}{1+\frac{\sqrt{3}}{2}} = \frac{14-8\sqrt{3}}{\sqrt{3}}$$

$$f\left(\frac{\pi}{6}\right) \times f\left(\frac{\pi}{3}\right) = \frac{2\sqrt{3}}{3} \times \frac{14-8\sqrt{3}}{\sqrt{3}} = \frac{28}{3} - \frac{16}{3}\sqrt{3}$$

따라서 $a = \frac{28}{3}$, $b = -\frac{16}{3}$이므로 $a+b = 4$

03 답 38

GUIDE

❶ $P(r\cos\theta, r\sin\theta)$는 중심이 원점, 반지름 길이는 r인 원과 θ를 나타내는 동경의 교점을 나타낸다.

❷ $k = 3$일 때 $f(3) = 1$이므로 $P_3(-1, 0)$이다.

$f(1) = 1$, $f(2) = 2$, $f(x+2) = f(x)$이므로
$f(3) = f(5) = f(7) = \cdots = 1$, $f(2) = f(4) = f(6) = \cdots = 2$

또 $\frac{k\pi}{3}$는 자연수 k가 커짐에 따라
$\frac{\pi}{3}$만큼씩 증가한다.

따라서 $f(k)$는 주기가 2이고

$2\pi = \frac{6}{3}\pi$이므로

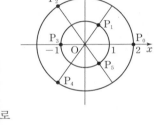

점 P_k와 점 P_{k+6}는 같다.
$P_k(-1, 0)$인 k가 6개 존재하므로
$P_3(-1, 0)$, $P_9(-1, 0)$, $P_{15}(-1, 0)$, $P_{21}(-1, 0)$, $P_{27}(-1, 0)$,
$P_{33}(-1, 0)$에서 $33 \leq k < 39$이어야 한다.
이때 $1 \leq k \leq n$이므로 자연수 n의 최댓값은 38이다.

04 답 2

GUIDE

$\max\{|x|, |y|\} \leq \pi$를 나타내는 영역은 오른쪽 그림과 같고, $-\pi \leq x \leq \pi$, $-\pi \leq y \leq \pi$에서 $\sin x \tan y > 0$인 경우를 나누어서 생각한다.

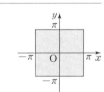

(i) $\sin x > 0$이고, $\tan y > 0$일 때
$\sin x > 0$에서 $0 < x < \pi$이고
$\tan y > 0$에서
$-\pi < y < -\frac{\pi}{2}$, $0 < y < \frac{\pi}{2}$
이므로 오른쪽 그림과 같다.

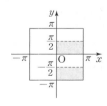

(ii) $\sin x < 0$이고, $\tan y < 0$일 때
$\sin x < 0$에서 $-\pi < x < 0$이고
$\tan y < 0$에서
$-\frac{\pi}{2} < y < 0$, $\frac{\pi}{2} < y < \pi$
이므로 오른쪽 그림과 같다.

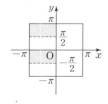

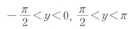

(i), (ii)에서 S가 나타내는 영역은 오른쪽
그림과 같으므로 색칠한 부분의 넓이는

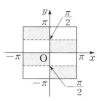

$$4 \times \pi \times \frac{\pi}{2} = 2\pi^2$$

따라서 $k=2$

참고

$|x|$, $|y|$에 대하여 $|y| \leq |x|$인 경우, $|y| > |x|$인 두 가지 경우로 나눌
수 있다. 여기서 $|y| \leq |x|$인 경우만 확인해 보자.
$|y| \leq |x|$일 때 $\max\{|x|, |y|\} = |x|$이므로 $|y| \leq |x|$에서

(i) $x \geq 0$, $y \geq 0$일 때 $y \leq x$

(ii) $x \geq 0$, $y < 0$일 때 $-y \leq x$, 즉 $y \geq -x$

(iii) $x < 0$, $y \geq 0$일 때 $y \leq -x$

(iv) $x < 0$, $y < 0$일 때 $-y \leq -x$, 즉 $y \geq x$

위 (i)~(iv)와 $|x| \leq \pi$의 공통 영역은 그림
과 같다.

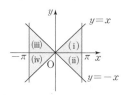

※ $|y| > |x|$인 경우는 그림에서 색칠하지 않은 부분과 $|y| \leq \pi$의 공통
영역과 같다.

---

05 답 24

GUIDE

❶ $\theta = \dfrac{\pi}{23}$이면 $23\theta = \pi$이므로 $24\theta = \pi + \theta$, $25\theta = \pi + 2\theta$, $\cdots$,
$45\theta = \pi + 22\theta$에서 $\cos(\pi + \alpha) = -\cos\alpha$임을 이용한다.

❷ $\theta = \dfrac{\pi}{46}$이면 $23\theta = \dfrac{\pi}{2}$이므로 $24\theta = \dfrac{\pi}{2} + \theta$, $25\theta = \dfrac{\pi}{2} + 2\theta$, $\cdots$,
$45\theta = \dfrac{\pi}{2} + 22\theta$에서 $\sin\left(\dfrac{\pi}{2} + \alpha\right) = \cos\alpha$임을 이용한다.

$\theta = \dfrac{\pi}{23}$이면 $24\theta = \pi + \theta$이므로 $\cos 24\theta = \cos(\pi + \theta) = -\cos\theta$

마찬가지로 $\cos 25\theta = -\cos 2\theta$, $\cdots$, $\cos 45\theta = -\cos 22\theta$에서
$\cos\theta + \cos 24\theta = \cos 2\theta + \cos 25\theta = \cdots$
$\qquad\qquad\qquad = \cos 22\theta + \cos 45\theta = 0$이므로

$a = \cos\theta + \cos 2\theta + \cos 3\theta + \cdots + \cos 44\theta + \cos 45\theta$
$\quad = \cos 23\theta = \cos \pi = -1$

$\theta = \dfrac{\pi}{46}$이면 $24\theta = \dfrac{\pi}{2} + \theta$이므로

$\sin^2 24\theta = \sin^2\left(\dfrac{\pi}{2} + \theta\right) = \cos^2\theta$

마찬가지로 $\sin^2 25\theta = \cos^2 2\theta$, $\cdots$, $\sin^2 45\theta = \cos^2 22\theta$에서
$\sin^2\theta + \sin^2 24\theta = \sin^2 2\theta + \sin^2 25\theta = \cdots$
$\qquad\qquad\qquad = \sin^2 22\theta + \sin^2 45\theta = 1$이므로

$b = \sin^2\theta + \sin^2 2\theta + \sin^2 3\theta + \cdots + \sin^2 44\theta + \sin^2 45\theta$
$\quad = 22 + \sin^2 23\theta = 23$

그러므로 $b - a = 23 - (-1) = 24$

---

06 답 ④

GUIDE

$x^4 - 2x^3 - x^2 - 2x + 1 = 0$이 상반계수 방정식이다. 즉 이 사차방정식에
서 얻은 두 이차방정식 각각을 $x^2 - 2\cos\theta x + 1 = 0$과 연립해서 푼다.

$$x^2 - 2\cos\theta\, x + 1 = 0 \quad \cdots\cdots \ \text{㉠}$$

$x^4 - 2x^3 - x^2 - 2x + 1 = 0$에서 양변을 x^2으로 나누면

$$x^2 - 2x - 1 - \frac{2}{x} + \frac{1}{x^2} = 0$$

$$\left(x + \frac{1}{x}\right)^2 - 2\left(x + \frac{1}{x}\right) - 3 = 0$$

$x + \dfrac{1}{x} = A$로 치환하면

$A^2 - 2A - 3 = 0$에서 $A = -1$ 또는 $A = 3$

(i) $x + \dfrac{1}{x} = 3$일 때 $x^2 - 3x + 1 = 0$ $\quad \cdots\cdots \ \text{㉡}$

$\qquad$ ㉠$-$㉡ : $(3 - 2\cos\theta)x = 0$

$\qquad$ 이때 $x \neq 0$, $\cos\theta \neq \dfrac{3}{2}$이므로 해는 없다.

(ii) $x + \dfrac{1}{x} = -1$일 때 $x^2 + x + 1 = 0$ $\quad \cdots\cdots \ \text{㉢}$

$\qquad$ ㉠$-$㉢ : $(-1 - 2\cos\theta)x = 0$

$\qquad$ $x \neq 0$이므로 $\cos\theta = -\dfrac{1}{2}$

(i), (ii)에서 $\cos\theta = -\dfrac{1}{2}$이고, $\dfrac{\pi}{2} < \theta < \pi$이므로 $\theta = \dfrac{2}{3}\pi$

$\therefore \tan\theta = -\sqrt{3}$

다른 풀이

$x^2 - 2\cos\theta x + 1 = 0$에서 $2\cos\theta = x + \dfrac{1}{x}$

이를 $\left(x + \dfrac{1}{x}\right)^2 - 2\left(x + \dfrac{1}{x}\right) - 3 = 0$에 대입하여 정리하면

$(2\cos\theta + 1)(2\cos\theta - 3) = 0$

$\therefore \cos\theta = -\dfrac{1}{2} \ (\because -1 < \cos\theta < 0)$

---

07 답 ②

GUIDE

$20\theta = \dfrac{3}{2}\pi$이므로 $\sin(20\theta - \alpha) = \sin\left(\dfrac{3}{2}\pi - \alpha\right) = -\cos\alpha$

$\sin 19\theta = -\cos\theta$, $\sin 18\theta = -\cos 2\theta$, $\cdots$와 같이 바꿀 수 있다.

$\sin^2\theta - \sin^2 2\theta + \sin^2 3\theta - \sin^2 4\theta$
$\quad + \cdots + \sin^2 19\theta - \sin^2 20\theta$
$= (\sin^2\theta + \sin^2 19\theta) - (\sin^2 2\theta + \sin^2 18\theta)$
$\quad + (\sin^2 3\theta + \sin^2 17\theta) - \cdots + (\sin^2 9\theta + \sin^2 11\theta)$
$\quad - (\sin^2 10\theta + \sin^2 20\theta)$
$= (\sin^2\theta + \cos^2\theta) - (\sin^2 2\theta + \cos^2 2\theta)$
$\quad + (\sin^2 3\theta + \cos^2 3\theta) - \cdots + (\sin^2 9\theta + \cos^2 9\theta)$
$\quad - \sin^2 10\theta - \sin^2 20\theta$
$= 1 - 1 + 1 - 1 + 1 - 1 + 1 - 1 + 1 - \dfrac{1}{2} - 1 = -\dfrac{1}{2}$

$\left(\because \sin^2 10\theta = \sin^2 \dfrac{3}{4}\pi = \dfrac{1}{2}, \ \sin^2 20\theta = \sin^2 \dfrac{3}{2}\pi = 1\right)$

08 답 ⑤

GUIDE

세 점 A, B, P를 지나는 원을 그려 본다. 이 원에서 $\angle$APB의 크기가

$\dfrac{2\pi}{3}$인 점 P의 위치를 생각한다.

※ (원내각의 크기) > (원주각의 크기) > (원외각의 크기)

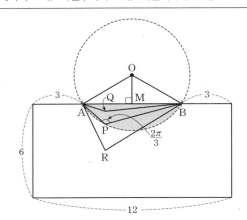

$\angle$APB $=\dfrac{2\pi}{3}$인 점 P에 대하여 그림처럼 세 점 A, B, P를 지나

는 원을 그리면 이 원 밖의 점 R에 대하여 $\angle$ARB $<\dfrac{2\pi}{3}$이고,

이 원 내부의 점 Q에 대하여 $\angle$AQB $>\dfrac{2\pi}{3}$이므로

칠판 전체 모습을 담을 수 없는 영역은 색칠한 부분이다.

이 원의 중심을 O, $\overline{\text{AB}}$의 중점을 M이라 하면

$\angle$AOB $=\dfrac{2\pi}{3}$, $\angle$OMA $=\dfrac{\pi}{2}$, $\angle$OAM $=\dfrac{\pi}{6}$이고,

$\overline{\text{AM}} : \overline{\text{AO}} = \sqrt{3} : 2$이므로 원의 반지름 길이 $\overline{\text{OA}} = 2\sqrt{3}$이다.

따라서 색칠한 부분의 넓이는 부채꼴 OAB의 넓이에서 삼각형

OAB의 넓이를 뺀 것과 같다.

$\therefore \dfrac{1}{2}\times(2\sqrt{3})^2\times\dfrac{2}{3}\pi-\dfrac{1}{2}\times 6\times\sqrt{3}=4\pi-3\sqrt{3}$

참고

❶ 카메라의 최대 시야각이 $\dfrac{2}{3}\pi$이므로 $\angle$APB $>\dfrac{2}{3}\pi$인 영역에서

칠판 양 끝이 잘리게 된다.

❷ 호 AB(긴 것)에 대한 원주각의 크기가 $\angle$APB $=\dfrac{2}{3}\pi$이므로

호 AB(긴 것)에 대한 중심각의 크기는 $\dfrac{4}{3}\pi$이다.

즉 $\angle$AOB $=\dfrac{4}{3}\pi$(큰 것)이므로 $\angle$AOB $=\dfrac{2}{3}\pi$(작은 것)이다.

09 답 36

GUIDE

❶ $P_2(\cos\theta, \sin\theta)$, $P_3(\cos 2\theta, \sin 2\theta)$, $\cdots$, $P_{k+1}(\cos k\theta, \sin k\theta)$, $\cdots$,

$P_1(\cos 18\theta, \sin 18\theta)$이다.

❷ $(\cos k\theta-\cos\theta)^2+(\sin k\theta-\sin\theta)^2=\overline{P_2P_{k+1}}^2$

❸ $\overline{P_kP_{k+9}}$는 단위원의 지름이다.

$(\cos k\theta-\cos\theta)^2+(\sin k\theta-\sin\theta)^2=\overline{P_2P_{k+1}}^2$이므로

구하려는 값은

$\overline{P_2P_3}^2+\overline{P_2P_4}^2+\overline{P_2P_5}^2+\cdots+\overline{P_2P_{18}}^2+\overline{P_2P_1}^2$과 같다. 이때

$\overline{P_2P_{11}}$이 원의 지름이므로

$\overline{P_2P_3}^2+\overline{P_2P_{10}}^2$

$=\overline{P_2P_3}^2+\overline{P_3P_{11}}^2$

$=\overline{P_2P_{11}}^2=4$

$\overline{P_2P_4}^2+\overline{P_2P_9}^2$

$=\overline{P_2P_4}^2+\overline{P_4P_{11}}^2$

$=\overline{P_2P_{11}}^2=4$

$\overline{P_2P_5}^2+\overline{P_2P_8}^2=\overline{P_2P_5}^2+\overline{P_5P_{11}}^2=\overline{P_2P_{11}}^2=4$

$\overline{P_2P_6}^2+\overline{P_2P_7}^2=\overline{P_2P_6}^2+\overline{P_6P_{11}}^2=\overline{P_2P_{11}}^2=4$

$\overline{P_2P_{11}}^2=4$

마찬가지 방법으로 생각하면

$\overline{P_2P_{12}}^2+\overline{P_2P_{13}}^2+\cdots+\overline{P_2P_{18}}^2+\overline{P_2P_1}^2$

$=4+4+4+4$

이므로 구하려는 값은

$(4+4+4+4)+4+(4+4+4+4)=36$

1등급 NOTE

$\overline{P_2P_{11}}^2$과 $\overline{P_2P_{k+1}}^2$ 꼴 16개가 있으므로 합을 $4+8\times 4=36$처럼 생각할

수 있다.

참고

❶ $(\cos k\theta-\cos\theta)^2+(\sin k\theta-\sin\theta)^2$은 점 $P_2(\cos\theta, \sin\theta)$와 점

$P_{k+1}(\cos k\theta, \sin k\theta)$ 사이 거리의 제곱이다.

❷ $\overline{P_2P_{11}}$이 원의 지름이므로

$\triangle P_2P_{10}P_{11}\equiv\triangle P_{11}P_3P_2$, $\triangle P_2P_9P_{11}\equiv\triangle P_{11}P_4P_2$

$\therefore \overline{P_2P_{10}}=\overline{P_3P_{11}}$, $\overline{P_2P_9}=\overline{P_4P_{11}}$

❸ $\overline{P_kP_{k+m}}=\overline{P_nP_{n+m}}$

06 삼각함수의 그래프

STEP 1 | 1등급 준비하기   p. 64~65

01 ⑤	02 ⑤	03 ⑤	04 ④
05 -7π	06 35	07 14	08 ③

09 $0 \le x < \dfrac{\pi}{4}$	10 (1) $\dfrac{\pi}{6} < \theta < \dfrac{5}{6}\pi$ 또는 $\pi < \theta < 2\pi$ (2) $a \le 7$

01 ⑤

GUIDE

삼각함수는 주기함수이므로
$y = \sin a = \sin(2\pi + a) = \sin(4\pi + a) = \cdots$
인 경우를 생각한다.

① $a^x = b^x$에서 $x = 0$일 때 $a \ne b$일 수 있다.
② $\log_a M = \log_b M$에서 $M = 1$일 때 $a \ne b$일 수 있다.
③ $y = \sin x$는 주기함수이므로 $a \ne b$일 수 있다.
④ $y = \tan x$는 주기함수이므로 $a \ne b$일 수 있다.
⑤ $y = 3^x$은 일대일대응이므로 $a = b$이다.
     즉 $3^a = 3^b \Longleftrightarrow a = b$이므로 필요충분조건이다.

02 ⑤

GUIDE

$a > 0$일 때 함수 $y = a\sin(bx + c) + d$의 최댓값은 $a + d$, 최솟값은 $-a + d$이고, 주기는 $\dfrac{2\pi}{|b|}$이다.

최댓값이 2, 최솟값이 -4이므로
$a - 1 = 2$, $-a - 1 = -4$에서 $a = 3$
또 $y = 3\sin\left(\dfrac{1}{2}x + b\right) - 1$의 주기는 4π

$x = \dfrac{2}{3}\pi$일 때 $y = 2$이므로 $\sin\left(\dfrac{\pi}{3} + b\right) = 1$

$\dfrac{\pi}{3} < \dfrac{\pi}{3} + b < \dfrac{4}{3}\pi$에서 $\dfrac{\pi}{3} + b = \dfrac{\pi}{2}$ $\therefore b = \dfrac{\pi}{6}$

$y = 3\sin\left(\dfrac{1}{2}x + \dfrac{\pi}{6}\right) - 1 = -1$에서 $\sin\left(\dfrac{1}{2}x + \dfrac{\pi}{6}\right) = 0$

$\dfrac{1}{2}x + \dfrac{\pi}{6} = 0, \pi, 2\pi, \cdots$를 풀면 $x = -\dfrac{\pi}{3}, \dfrac{5}{3}\pi, \dfrac{11}{3}\pi, \cdots$이므로

점 A의 x좌표를 α라 하면 $\alpha = -\dfrac{\pi}{3} + 4\pi = \dfrac{11}{3}\pi$

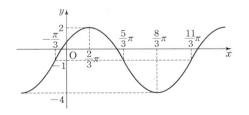

03 ⑤

GUIDE

$f(x) = \tan\left(2x - \dfrac{\pi}{3}\right) + 1 = \tan 2\left(x - \dfrac{\pi}{6}\right) + 1$이므로 함수 $f(x)$의 그래프는 $y = \tan 2x$를 x축 방향으로 $\dfrac{\pi}{6}$만큼, y축 방향으로 1만큼 평행이동한 도형이다.

ㄱ. $y = \tan 2x$는 주기가 $\dfrac{\pi}{2}$인 주기함수이고 평행이동으로 주기는 변하지 않으므로 $f(x)$도 주기가 $\dfrac{\pi}{2}$이다. (○)

ㄴ. $y = \tan x$ 그래프에서 점근선의 방정식은 $x = n\pi + \dfrac{\pi}{2}$이므로 함수 $f(x)$의 점근선의 방정식은 $2x - \dfrac{\pi}{3} = n\pi + \dfrac{\pi}{2}$

     $\therefore x = \dfrac{n\pi}{2} + \dfrac{5\pi}{12}$ (단, n은 정수) (○)

ㄷ. $y = \tan 2x$의 그래프는 원점에 대하여 대칭이므로, $f(x)$의 그래프는 점 $\left(\dfrac{\pi}{6}, 1\right)$에 대하여 대칭이다. 즉 모든 x에 대하여 $f(x) + f\left(\dfrac{\pi}{3} - x\right) = 2$가 성립한다. (○)

1등급 NOTE

함수 $y = f(x)$의 그래프가 점 (a, b)에 대하여 대칭이면 모든 x에 대하여 $f(x) + f(2a - x) = 2b$가 성립한다.

04 ④

GUIDE

$y = \tan x$의 그래프가 점 $\left(\dfrac{\pi}{3}, c\right)$를 지나고, $y = a\sin bx$의 주기가 π이다.

$c = \tan\dfrac{\pi}{3}$에서 $c = \sqrt{3}$이고, $\dfrac{2\pi}{b} = \pi$에서 $b = 2$

이때 $y = a\sin 2x$의 그래프가 점 $\left(\dfrac{\pi}{3}, \sqrt{3}\right)$을 지나므로

$a\sin\dfrac{2}{3}\pi = \sqrt{3}$ $\therefore a = 2$

따라서 $abc = 2 \times 2 \times \sqrt{3} = 4\sqrt{3}$

05 답 -7π

GUIDE

$\sin^2(x + \pi) = \sin^2 x$, $\sin\left(\dfrac{3\pi}{2} - x\right) = -\cos x$임을 이용한다.

$f(x) = 2\sin^2(x + \pi) - 4\sin\left(\dfrac{3\pi}{2} - x\right) - 3$

     $= 2\sin^2 x + 4\cos x - 3$

     $= 2(1 - \cos^2 x) + 4\cos x - 3$

     $= -2\cos^2 x + 4\cos x - 1$

     $= -2(\cos x - 1)^2 + 1$

에서 $-1 \leq \cos x \leq 1$이므로 $\cos x = -1$일 때,

즉 $x = \pi$일 때, $f(x)$의 최솟값은 -7이다.

따라서 $p = \pi$, $q = -7$이므로 $pq = -7\pi$

06 ⓐ 35

GUIDE

$\sin^2 x + \cos^2 x = 1$의 양변을 $\cos^2 x$로 나누어 정리한

$1 + \tan^2 x = \dfrac{1}{\cos^2 x}$ 을 이용한다.

주어진 식을 $\tan x$를 써서 정리하면

$y = -\dfrac{2}{\cos^2 x} + \dfrac{16 \sin x}{\cos x} + 5$

$\quad = -2(1 + \tan^2 x) + 16 \tan x + 5$

$\quad = -2 \tan^2 x + 16 \tan x + 3$

$\quad = -2(\tan x - 4)^2 + 35$

따라서 $\tan x = 4$일 때, 최댓값 35를 가진다.

다른 풀이

$y = -\dfrac{2(\cos^2 x + \sin^2 x)}{\cos^2 x} + \dfrac{16 \sin x}{\cos x} + 5$

$\quad = -2(1 + \tan^2 x) + 16 \tan x + 5$

07 ⓐ 14

GUIDE

주어진 식을 $\tan x$에 대한 이차방정식으로 정리해 해를 구하고, 그때의 $\sin x$ 값과 $\cos x$ 값을 구한다.

주어진 식을 정리하면, $2 \tan^2 x - 3 \tan x + 1 = 0$

$(2 \tan x - 1)(\tan x - 1) = 0$

$0 < x < \dfrac{\pi}{4}$에서 $0 < \tan x < 1$이므로 $\tan x = \dfrac{1}{2}$

$\therefore \sin x = \dfrac{1}{\sqrt{5}}$, $\cos x = \dfrac{2}{\sqrt{5}}$

$\sin x + \cos x = \dfrac{3}{\sqrt{5}} = k$에서 $k^2 = \dfrac{9}{5}$이므로 $p = 5$, $q = 9$

$\therefore p + q = 14$

08 ⓐ ③

GUIDE

$\sin^2 \theta = 1 - \cos^2 \theta$를 이용해 $y = (x - p)^2 + q$ 꼴로 바꿔 나타낸다.

$y = x^2 - 2x \cos \theta - \sin^2 \theta = x^2 - 2x \cos \theta - 1 + \cos^2 \theta$

$\quad = (x - \cos \theta)^2 - 1$

즉 꼭짓점의 좌표는 $(\cos \theta, -1)$

이 점이 직선 $y = 2x$ 위에 있으므로

$2 \cos \theta = -1$, $\cos \theta = -\dfrac{1}{2}$ $\quad \therefore \theta = \dfrac{2}{3}\pi, \dfrac{4}{3}\pi$

따라서 θ값들의 합은 2π

09 ⓐ $0 \leq x < \dfrac{\pi}{4}$

GUIDE

$f(f^{-1}(x)) = x$, 즉 $f(g(x)) = x$임을 이용한다.

주어진 조건에서 $f(2g(x) - \cos x) = x$이므로

$2g(x) - \cos x = g(x)$

$\therefore g(x) = \cos x \ (0 \leq x < \pi)$

따라서 주어진 부등식은

$\cos x > \sin x$이다.

$0 \leq x < \pi$에서 두 그래프를 그려

해를 찾으면 $0 \leq x < \dfrac{\pi}{4}$

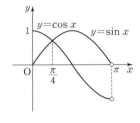

10 ⓐ (1) $\dfrac{\pi}{6} < \theta < \dfrac{5}{6}\pi$ 또는 $\pi < \theta < 2\pi$ (2) $a \leq 7$

GUIDE

(1) $2x^2 + 4x \cos \theta + 2 - \sin \theta = 0$의 판별식 $D < 0$을 이용한다.

(2) $\cos \theta = t$로 치환해 $-1 \leq t \leq 1$에서 생각한다.

(1) 모든 실수 x에 대하여 $2x^2 + 4x \cos \theta + 2 - \sin \theta > 0$이 성립

하려면 이차함수 $y = 2x^2 + 4x \cos \theta + 2 - \sin \theta$가 x축과 만나

지 않아야 하므로

$2x^2 + 4x \cos \theta + 2 - \sin \theta = 0$의 판별식 $D < 0$이어야 한다.

$\dfrac{D}{4} = 4 \cos^2 \theta - 2(2 - \sin \theta)$

$\quad\quad = 4(1 - \sin^2 \theta) - 2(2 - \sin \theta) < 0$

에서 $2 \sin \theta (2 \sin \theta - 1) > 0$이므로

$\sin \theta > \dfrac{1}{2}$ 또는 $\sin \theta < 0$

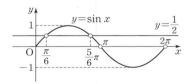

위 그래프에서 θ값의 범위는 $\dfrac{\pi}{6} < \theta < \dfrac{5}{6}\pi$ 또는 $\pi < \theta < 2\pi$

(2) $\cos^2 \theta - 3 \cos \theta - a + 9 \geq 0$에서

$\cos \theta = t$로 놓고 $-1 \leq t \leq 1$에서

$f(t) = t^2 - 3t - a + 9 \geq 0$인 것을

그림처럼 생각하면

(최솟값) $= f(1) \geq 0$이어야 한다.

즉 $f(1) = 1 - 3 - a + 9$

$\quad\quad = 7 - a \geq 0$

에서 $a \leq 7$

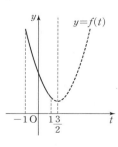

01 ③	**02** ④	**03** ②	**04** ③
05 4	**06** ①	**07** ④	**08** ③
09 21개	**10** 10	**11** 7	**12** 4
13 18	**14** ②	**15** 66개	
16 (1) $k=1$ 또는 $\lvert k \rvert > 2$ (2) $k=\dfrac{1}{4}$ 또는 $-6<k<-2$			
17 256	**18** 24	**19** 77	**20** 7
21 ②	**22** ③		

01 답 ③

GUIDE

두 점 A, B가 $x=\dfrac{\pi}{4}$ 에 대하여 대칭이므로 $\dfrac{\pi}{4}-\alpha=\beta-\dfrac{\pi}{4}$,

즉 $\dfrac{\alpha+\beta}{2}=\dfrac{\pi}{4}$ 가 성립한다. 그래프에서 대칭인 점을 더 찾을 수 있다.

두 점 A, B는 직선 $x=\dfrac{\pi}{4}$ 에 대하여 대칭이므로

$\dfrac{\alpha+\beta}{2}=\dfrac{\pi}{4}$ $\therefore \alpha+\beta=\dfrac{\pi}{2}$ ...... ㉠

두 점 C, D는 직선 $x=\dfrac{3}{4}\pi$ 에 대하여 대칭이므로

$\dfrac{\gamma+\delta}{2}=\dfrac{3}{4}\pi$ $\therefore \gamma+\delta=\dfrac{3}{2}\pi$ ...... ㉡

두 점 B, C는 점 $\left(\dfrac{\pi}{2}, 0\right)$ 에 대하여 대칭이므로

$\dfrac{\beta+\gamma}{2}=\dfrac{\pi}{2}$ $\therefore \beta+\gamma=\pi$ ...... ㉢

㉠, ㉡, ㉢을 변끼리 더하면

$\alpha+2\beta+2\gamma+\delta=(\alpha+\beta)+(\beta+\gamma)+(\gamma+\delta)$

$\qquad\qquad = \dfrac{\pi}{2}+\pi+\dfrac{3}{2}\pi=3\pi$

다른 풀이

두 점 A, D는 점 $\left(\dfrac{\pi}{2}, 0\right)$ 에 대하여 대칭이므로

$\dfrac{\alpha+\delta}{2}=\dfrac{\pi}{2}$ $\therefore \alpha+\delta=\pi$ ...... ㉣

두 점 B, C는 점 $\left(\dfrac{\pi}{2}, 0\right)$ 에 대하여 대칭이므로

$\dfrac{\beta+\gamma}{2}=\dfrac{\pi}{2}$ $\therefore \beta+\gamma=\pi$ ...... ㉤

㉣, ㉤에서

$\alpha+2\beta+2\gamma+\delta=(\alpha+\delta)+2(\beta+\gamma)$

$\qquad\qquad\qquad = \pi+2\pi=3\pi$

02 답 ④

GUIDE

주기가 p인 함수 $f(x)$와 주기가 q인 함수 $g(x)$에 대하여
$y=f(x)+g(x)$의 주기는 p와 q의 정수배에서 생각한다.

ㄱ. 함수 $f(x)$는 주기가 4이고, 함수 $g(x)$는 주기가 π이다.
이때 0이 아닌 임의의 두 정수 m, n에 대하여 $4m \neq n\pi$이므로
$y=f(x)+g(x)$는 주기함수가 아니다. ($\times$)

ㄴ. 함수 $f(x)$와 $g(x)$ 모두 실수 전체를 정의역으로 가진다. 이
때 $f(x)$의 최솟값은 -8이고, $g(x)$의 최댓값은 8이므로 합
은 0이다. (○)

ㄷ. 함수 $f(x)$의 주기가 4이므로 모든 실수 x에 대하여
$f(x)=f(x+4)=f(x+8)=\cdots$이다.
또 $g(x)$는 주기가 π이므로 모든 실수 x에 대하여
$g(x)=g(x+\pi)=g(x+2\pi)=g(x+3\pi)=\cdots$이다. (○)

참고

❶ 0이 아닌 두 정수 m, n에 대하여 4의 정수 배인 $4m$과 π의 정수 배인
$n\pi$가 서로 같아지는 경우가 있으면 $y=f(x)+g(x)$는 주기함수가
되지만 $4m$은 유리수, $n\pi$는 무리수이므로 $4m \neq n\pi$이다.

❷ 모든 실수 x에 대하여 $f(x)=f(x+8)$이 성립한다고 주기가 8이라고
하면 안 된다. $f(x)=f(x+8)$이 성립하는 함수는 많다. 주기가 1, 2,
4, $\cdots$ 모두 가능하다. 모든 실수 x에 대하여 $f(x)=f(x+p)$가 되는
가장 작은 양수 p가 바로 주기이다.

03 답 ②

GUIDE

$f(x)=\cos\dfrac{\pi}{2}x$의 그래프는 다음과 같다.

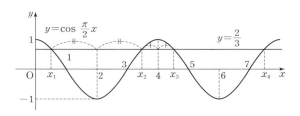

주기가 4이고, 한 주기마다 $y=\dfrac{2}{3}$와 만나는 점은 2개이다.

ㄱ. $121=4\times30+1$이므로 $f(x)=\cos\dfrac{\pi}{2}x$와 $y=\dfrac{2}{3}$가

$0<x<121$에서 만나는 교점은 모두 $2\times30+1=61$(개)
$\therefore n=61$ ($\times$)

ㄴ. $f(x)=\cos\dfrac{\pi}{2}x$의 그래프는 $x=2, 4, 6, 8, \cdots, 120$에 대하여

대칭이다.
즉 $x_1+x_2=4$, $x_2+x_3=8$, $x_3+x_4=12$, $\cdots$,
$x_{k-1}+x_k=4(k-1)$, $\cdots$
이때 $n=61$이므로 $x_{n-1}+x_n=x_{60}+x_{61}=240$ (○)

ㄷ. $f\left(\dfrac{x_1+x_2}{2}+x_3\right)=f(2+x_3)=\cos\dfrac{\pi}{2}(2+x_3)$

$\qquad\qquad = \cos\left(\pi+\dfrac{\pi}{2}x_3\right)=-\cos\dfrac{\pi}{2}x_3$

$\qquad\qquad = -\dfrac{2}{3}\left(\because \cos\dfrac{\pi}{2}x_3=\dfrac{2}{3}\right)$ ($\times$)

04 ❸ ③

GUIDE

오른쪽 그림처럼 $y=\sin x$ 그래프
위의 두 점을 지나는 직선 l을 그려
놓고 생각한다.

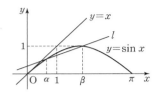

ㄱ. 두 점 $(\alpha, \sin\alpha)$, $(\beta, \sin\beta)$를 연결한 직선의 기울기는 항상

$y=x$의 기울기보다 작으므로 $\dfrac{\sin\beta-\sin\alpha}{\beta-\alpha}<1$

$\therefore \beta-\alpha>\sin\beta-\sin\alpha$ (○)

ㄴ. 원점과 점 $(\alpha, \sin\alpha)$을 연결한 기울기는 원점과 점 $(\beta, \sin\beta)$
를 연결한 기울기보다 항상 크므로 $\beta\sin\alpha>\alpha\sin\beta$ (○)

ㄷ. $x\sin x$는 원점과 점 $(x, \sin x)$을 연결한 선분이 대각선이 되
는 직사각형의 넓이를 나타낸다. 직사각형의 넓이는 x값이
커진다고 무조건 커지는 것은 아니다. (×)

[반례] $\alpha=\dfrac{\pi}{2}$, $\beta=\dfrac{5\pi}{6}$라 하면

$\dfrac{\pi}{2}<\dfrac{5\pi}{6}$이지만

$\dfrac{\pi}{2}\sin\dfrac{\pi}{2}=\dfrac{\pi}{2}>\dfrac{5\pi}{6}\sin\dfrac{5\pi}{6}=\dfrac{5}{12}\pi$

1등급 NOTE

$y=f(x)$의 그래프에서 위로 볼록한 부분과 아래로 볼록한 부분이 있으
면 다음과 같이 정리할 수 있다. 이때 두 점 P, Q는 그래프 위의 점이다.

위로 볼록	아래로 볼록
선분 PQ가 항상 그래프보다 아래쪽에 있다.	선분 PQ가 항상 그래프보다 위쪽에 있다.
점 Q의 x좌표가 커질수록 직선 PQ의 기울기가 작아진다.	점 Q의 x좌표가 커질수록 직선 PQ의 기울기가 커진다.

05 ❸ 4

GUIDE

각의 변환 공식을 이용해 $f(x)=a\cos\left(\dfrac{5\pi}{2}-\dfrac{x}{b}\right)+c$를 가장 간단한 꼴
로 나타낸 다음, 주어진 함숫값, 최솟값, 주기를 이용한다.

$f(x)=a\cos\left(\dfrac{5\pi}{2}-\dfrac{x}{b}\right)+c=a\cos\left(\dfrac{\pi}{2}-\dfrac{x}{b}\right)+c$

$\qquad = a\sin\dfrac{x}{b}+c$

주기가 π이므로 $\dfrac{2\pi}{\dfrac{1}{b}}=2b\pi=\pi$에서 $b=\dfrac{1}{2}$

$\therefore f(x)=a\sin 2x+c$

이때 $a>0$이므로 최솟값은 $-a+c=2$ $\qquad$ ...... ㉠

또 $f\left(\dfrac{5}{12}\pi\right)=8$에서

$f\left(\dfrac{5}{12}\pi\right)=a\sin\dfrac{5}{6}\pi+c=\dfrac{a}{2}+c=8$ $\qquad$ ...... ㉡

㉠, ㉡에서 $a=4$, $c=6$이므로 $f(x)=4\sin 2x+6$

$\therefore f\left(\dfrac{35}{12}\pi\right)=f\left(\dfrac{11}{12}\pi\right)=4\sin\dfrac{11}{6}\pi+6=4\times\left(-\dfrac{1}{2}\right)+6=4$

06 ❸ ①

GUIDE

주어진 그래프를 나타내는 식이 $y=a\sin bt$이므로 최댓값 조건과 주기
조건을 이용해 a값과 b값을 구한다.

$y=a\sin bt$에서 주기는 5, 최대 흡입률(최댓값)은 0.6이므로

$5=\dfrac{2}{b}\pi$에서 $b=\dfrac{2}{5}\pi$이고 $a=0.6$

따라서 $y=0.6\sin\dfrac{2\pi}{5}t$이므로 $-0.3=0.6\sin\dfrac{2\pi}{5}t$,

$\sin\dfrac{2\pi}{5}t=-\dfrac{1}{2}$에서 $\dfrac{2\pi}{5}t=\dfrac{7}{6}\pi$ $\quad\therefore t=\dfrac{35}{12}$(초)

07 ❸ ④

GUIDE

$\sin^2\theta+\cos^2\theta=1$을 이용해 $\sin^4\theta+\cos^4\theta$를 하나의 삼각함수로 나타낸
다음 치환해서 이차식으로 정리한다.

$a=\sin^4\theta+\cos^4\theta=\sin^4\theta+(\cos^2\theta)^2$

$\quad =\sin^4\theta+(1-\sin^2\theta)^2$

$\quad =2\sin^4\theta-2\sin^2\theta+1$

이때 $\sin^2\theta=x$ $(0\le x\le 1)$라 하면

$a=2x^2-2x+1=2\left(x-\dfrac{1}{2}\right)^2+\dfrac{1}{2}$이므로

$0\le x\le 1$에서 최댓값은 1, 최솟값은 $\dfrac{1}{2}$이다.

따라서 $M=1+\dfrac{1}{2}=\dfrac{3}{2}$이므로 $12M=18$

08 ❸ ③

GUIDE

$\cos^2 x=1-\sin^2 x$를 주어진 식에 대입해 $\sin x$에 대하여 정리한 다음
이차함수의 최대, 최소를 이용한다.

주어진 함수를 $\sin x$에 대하여 정리하면
$f(x)=a\cos^2 x+a\sin x+b$

$\qquad =a(1-\sin^2 x)+a\sin x+b$

$$=-a\sin^2 x+a\sin x+a+b$$

이므로 $\sin x=t$라 하면 주어진 함수는

$$y=-at^2+at+a+b=-a(t^2-t)+a+b$$

$$=-a\left(t-\frac{1}{2}\right)^2+\frac{5}{4}a+b$$

$-1\leq t\leq 1$이고 $-a>0$이므로 그림처럼 생각하면

$t=\dfrac{1}{2}$일 때 최솟값이 0이므로

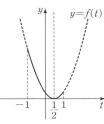

$$\frac{5}{4}a+b=0 \quad\cdots\cdots\ \bigcirc$$

$t=-1$일 때, 최댓값이 9π이므로

$$-a+b=9\pi \quad\cdots\cdots\ \bigcirc$$

$\bigcirc$, $\bigcirc$에서 $a=-4\pi$, $b=5\pi$

즉 $f(x)=-4\pi\cos^2 x-4\pi\sin x+5\pi$이므로

$$f(a+b)=f(\pi)=-4\pi\cos^2\pi-4\pi\sin\pi+5\pi=\pi$$

---

09 ☑ 21개

GUIDE

$\cos^2 x=1-\sin^2 x$를 주어진 식에 대입해 $\sin x$에 대하여 정리한 다음 이차함수의 최대, 최소를 이용한다.

$$f(x)=-2(1-\cos^2 x)+4\cos x+1=2(\cos x+1)^2-3$$

$-1\leq\cos x\leq 1$이므로 $f(x)$의 최솟값은 -3, 최댓값은 5

$f(x)=t \ (-3\leq t\leq 5)$라 하면

$$(g\circ f)(x)=g(f(x))=g(t)=t^2+8t+k$$

$$=(t+4)^2+k-16$$

이므로 최솟값은 $g(-3)=k-15$, 최댓값은 $g(5)=k+65$

이때 조건 $(g\circ f)(x)\geq 0$에서 $k-15\geq 0$, $k\geq 15$이고,

$(g\circ f)(x)\leq 100$에서 $k+65\leq 100$, $k\leq 35$이다.

따라서 $15\leq k\leq 35$이므로 자연수 k는 모두 21개

---

10 ☑ 10

GUIDE

❶ $f(x)$에서 $\sin x$를 다른 문자로 치환한다.

❷ (산술평균)$\geq$(기하평균)임을 이용한다.

(i) $f(x)=\dfrac{5-2\sin x}{\sin x+2}$에서

$\sin x=t \ (0\leq t\leq 1)$로

치환하면

$$y=\frac{5-2t}{t+2}=-2+\frac{9}{t+2}$$

$t=0$일 때, 최댓값 $a=\dfrac{5}{2}$

$t=1$일 때, 최솟값 $b=1$

(ii) $g(x)=\dfrac{36\sin^2 x+1}{3\sin x}=12\sin x+\dfrac{1}{3\sin x}$

$0<x<\pi$일 때 $\sin x>0$이므로 (산술평균)$\geq$(기하평균)에서

$$g(x)=12\sin x+\frac{1}{3\sin x}\geq 2\sqrt{12\sin x\times\frac{1}{3\sin x}}=4$$

$$\left(\text{단, 등호는 }12\sin x=\frac{1}{3\sin x},\ \text{즉 }\sin x=\frac{1}{6}\text{일 때 성립}\right)$$

따라서 $g(x)$의 최솟값 $c=4$

(i), (ii)에서 $abc=\dfrac{5}{2}\times 1\times 4=10$

---

11 ☑ 7

GUIDE

❶ (산술평균)$\geq$(기하평균)을 생각한다.

❷ $\alpha+\beta=\pi-\gamma$이므로 삼각함수의 각의 변환을 생각한다.

$\sin\gamma=\dfrac{a^4+b^4}{4a^2 b^2}=\dfrac{a^2}{4b^2}+\dfrac{b^2}{4a^2}$이고 (산술평균)$\geq$(기하평균)에서

$$\sin\gamma=\frac{a^2}{4b^2}+\frac{b^2}{4a^2}\geq 2\sqrt{\frac{a^2}{4b^2}\times\frac{b^2}{4a^2}}=\frac{1}{2}$$

$$\therefore \frac{1}{2}\leq\sin\gamma\leq 1$$

또 $\alpha+\beta+\gamma=\pi$에서

$$\sqrt{2\cos\left(\frac{5}{2}\pi+\alpha+\beta\right)+5}+2=\sqrt{2\cos\left(\frac{5}{2}\pi+\pi-\gamma\right)+5}+2$$

$$=\sqrt{2\cos\left(\frac{7}{2}\pi-\gamma\right)+5}+2$$

$$=\sqrt{-2\sin\gamma+5}+2$$

이때 $\dfrac{1}{2}\leq\sin\gamma\leq 1$에서 $\sqrt{-2\sin\gamma+5}+2$의 범위를 구하면

$\sin\gamma=\dfrac{1}{2}$일 때, 최댓값이 4이고

$\sin\gamma=1$일 때, 최솟값이 $\sqrt{3}+2$이다.

따라서 최댓값과 최솟값의 합은 $6+\sqrt{3}$이므로

$p=6$, $q=1$ $\quad\therefore p+q=7$

참고

$\sqrt{-2\sin\gamma+5}+2$의 최댓값과 최솟값은 무리함수

$y=\sqrt{-2x+5}+2\left(\dfrac{1}{2}\leq x\leq 1\right)$의 그래프에서 구한다고 생각할 수 있다.

---

12 ☑ 4

GUIDE

$1\leq x\leq 4\sqrt{2}$에서 $\pi\log_2 x$값의 범위를 생각한다.

$1\leq x\leq 4\sqrt{2}$, 즉 $2^0\leq x\leq 2^{\frac{5}{2}}$에서

$$0\leq\pi\log_2 x\leq\frac{5}{2}\pi$$

$\cos(\pi\log_2 x)=-\dfrac{1}{3}$에서 $\pi\log_2 x=t$라 하면

$\cos t = -\dfrac{1}{3}\left(0 \le t \le \dfrac{5}{2}\pi\right)$

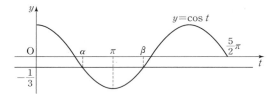

그림에서 방정식의 근을 $t=\alpha,\ \beta\ (\alpha<\beta)$라 하면, 주어진 코사인 함수의 그래프는 $x=\pi$에 대하여 대칭이므로 $\alpha+\beta=2\pi$

이때 $\pi\log_2 x_1=\alpha$, $\pi\log_2 x_2=\beta$

$\therefore \pi(\log_2 x_1+\log_2 x_2)=\pi(\log_2 x_1 x_2)=\alpha+\beta=2\pi$

따라서 두 근의 곱 $x_1 x_2=4$

13 답 18

GUIDE

$\sin^2 x=1-\cos^2 x$임을 이용해 근호 안의 식을 $\cos x$에 대한 이차식으로 정리한다.

방정식을 정리하면 $\sqrt{-(1-\cos^2 x)+\dfrac{1}{2}\cos x+\dfrac{17}{16}}=k$

즉 $\sqrt{\cos^2 x+\dfrac{1}{2}\cos x+\dfrac{1}{16}}=k$에서 $\left|\cos x+\dfrac{1}{4}\right|=k$

$y=\cos x+\dfrac{1}{4}$의 그래프는 $y=\cos x$의 그래프를 y축 방향으로

$\dfrac{1}{4}$만큼 평행이동한 그래프이므로 주기는 2π,

치역은 $\left\{y\,\middle|\,-\dfrac{3}{4}\le y\le\dfrac{5}{4}\right\}$이다.

$y=\left|\cos x+\dfrac{1}{4}\right|$의 그래프는 $y=\cos x+\dfrac{1}{4}$의 그래프에서 $y<0$

인 부분을 x축에 대하여 대칭이동해서 얻은 그래프이므로 다음과 같다.

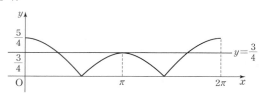

따라서 $y=\left|\cos x+\dfrac{1}{4}\right|$의 그래프와 직선 $y=k$가 서로 다른 세

점에서 만나는 k값은 $k=\dfrac{3}{4}$이므로 $24k=18$

14 답 ②

GUIDE

$\sin x=\dfrac{1}{2}\log_5 x$, 즉 $2\sin x=\log_5 x$에서 $y=2\sin x$, $y=\log_5 x$의 그래프를 함께 그려 교점을 찾는다.

$y=2\sin x$의 최댓값은 2이다.

$\log_5 x=2$에서 $x=25$이고, $8\pi\fallingdotseq 8\times 3.14=25.12$이므로 $y=2\sin x$, $y=\log_5 x$의 그래프를 함께 나타내면 다음과 같다.

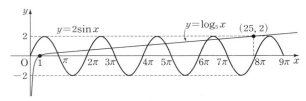

따라서 교점은 모두 7개

15 답 66개

GUIDE

$\dfrac{1}{A}=\dfrac{1}{B}$이면 $A=B$를 이용한다. 단 $AB\ne 0$임을 주의한다.

두 함수 $y=\dfrac{1}{\sin 2x}$와 $y=\dfrac{1}{\cos 3x}$의 그래프의 교점 개수는

$y=\sin 2x$, $y=\cos 3x$의 교점 중 y좌표가 0인 점만 제외하면 된다.

$y=\sin 2x$의 주기는 π이고, $y=\cos 3x$의 주기는 $\dfrac{2}{3}\pi$이므로

$y=\sin 2x$, $y=\cos 3x$의 그래프를 함께 그리면 다음과 같다.

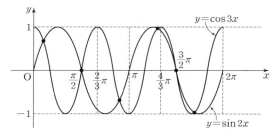

즉 $0\le x<2\pi$에서 두 함수의 그래프의 교점은 6개이고, 이 중에서 y좌표가 0인 점을 제외하면 4개이다.

따라서 $0\le x\le 33\pi$에서 교점은 모두 $16\times 4+2=66$(개)

1등급 NOTE

❶ $y=\sin 2x$, $y=\cos 3x$의 주기는 각각 π, $\dfrac{2}{3}\pi$이므로 공통 주기는 2π이다. 위 풀이처럼 $0\le x<2\pi$까지는 직접 그려 보고 주기를 이용한다.

❷ $\sin 2x=0$에서 $x=\dfrac{\pi}{2},\ \pi,\ \dfrac{3}{2}\pi,\ 2\pi,\ \cdots$

$\cos 3x=0$에서 $x=\dfrac{\pi}{6},\ \dfrac{\pi}{2},\ \dfrac{5}{6}\pi,\ \dfrac{7}{6}\pi,\ \dfrac{3}{2}\pi,\ \cdots$

이므로 $x=\dfrac{\pi}{2},\ \dfrac{3}{2}\pi$일 때 두 그래프가 x축에서 만나는 것을 이용해 그래프를 그린다.

16 답 (1) $k=1$ 또는 $|k|>2$ (2) $k=\dfrac{1}{4}$ 또는 $-6<k<-2$

GUIDE

$\sin x=\alpha\ (-1<\alpha<1)$이면 $0\le x<2\pi$에서 방정식의 근 x는 2개 존재한다. (1)은 인수분해할 수 있는 방정식이고, (2)는 인수분해할 수 없는 방정식임을 생각한다.

(1) $4\sin^2 x-(2k+2)\sin x+k=0$,

$(2\sin x-1)(2\sin x-k)=0$

$\therefore\ \sin x=\dfrac{1}{2}$ 또는 $\sin x=\dfrac{k}{2}$

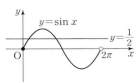

$0\le x<2\pi$에서 $\sin x=\dfrac{1}{2}$의 근이

2개이므로 주어진 방정식이 서로 다른 두 실근을 가지려면,

$\sin x=\dfrac{k}{2}$의 실근이 없거나 $\sin x=\dfrac{1}{2}$의 실근과 같아야 한다.

따라서 $k=1$ 또는 $|k|>2$

(2) $\sin x=t$로 치환하면

주어진 방정식은

$4t^2-2t+k=0$이고,

$f(t)=4t^2-2t+k$

$=4\left(t-\dfrac{1}{4}\right)^2+k-\dfrac{1}{4}$

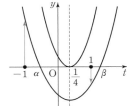

라 하면 $-1<t<1$인 실근 한 개를

가지려면 그림처럼 중근을 가지거나 $f(-1)>0$이고 $f(1)<0$

이어야 한다.

(i) 중근을 가질 때, $k-\dfrac{1}{4}=0$에서 $k=\dfrac{1}{4}$

즉 $t=\sin x=\dfrac{1}{4}$이므로 주어진 방정식은 $0\le x<2\pi$에서

서로 다른 두 실근을 가진다.

(ii) $f(-1)>0$이고 $f(1)<0$일 때, $f(-1)=k+6>0$이고

$f(1)=k+2<0$에서 $-6<k<-2$이다.

즉 $t=\sin x=\alpha$이므로 주어진 방정식은 $0\le x<2\pi$에서

서로 다른 두 실근을 가진다.

1등급 NOTE

❶ (1), (2)는 같은 문제로 보이지만 (1)은 인수분해가 되고 (2)는 인수분해가 되지 않는다. (1)처럼 인수분해되는 경우에는 인수분해하여 근의 개수를 찾는 것이 편하지만 (2)의 경우처럼 인수분해되지 않으면 이차함수의 근의 분리를 이용한다.

❷ 주어진 방정식이 $\sin x=\alpha$이거나 $\sin x=\beta\ (\alpha\neq\beta)$일 때 근은 최대 4개 존재할 수 있으므로 판별식을 이용하지 않도록 한다.

---

17 ❷ 256

GUIDE

❶ $m=144,\ L=10,\ t=2$일 때 $h=20-10\cos\dfrac{4\pi}{\sqrt{144}}$

❷ $m=a,\ L=5\sqrt{2},\ t=2$일 때 $h=20-5\sqrt{2}\cos\dfrac{4\pi}{\sqrt{a}}$

$h=20-10\cos\dfrac{4\pi}{\sqrt{144}}=20-5\sqrt{2}\cos\dfrac{4\pi}{\sqrt{a}}$에서

$\cos\dfrac{4\pi}{\sqrt{a}}=\dfrac{1}{\sqrt{2}}=\dfrac{\sqrt{2}}{2}$

$a\ge 100$이므로 $0<\dfrac{4\pi}{\sqrt{a}}\le\dfrac{4\pi}{\sqrt{100}}=\dfrac{2}{5}\pi$

따라서 $\dfrac{4\pi}{\sqrt{a}}=\dfrac{\pi}{4}$이므로 $\sqrt{a}=16$ $\therefore\ a=256$

---

18 ❷ 24

GUIDE

$y=4\sin\dfrac{1}{4}(x-\pi)$의 그래프는 주기가 8π이고, 최댓값과 최솟값이 각각 $4,\ -4$이며, $y=4\sin\dfrac{1}{4}x$의 그래프를 x축 방향으로 π만큼 평행이동한 것과 같다.

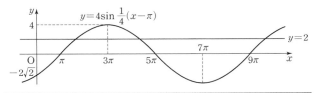

$4\sin\dfrac{1}{4}(x-\pi)=2\left(-\dfrac{\pi}{4}\le\dfrac{x-\pi}{4}\le\dfrac{9}{4}\pi\right)$에서

$\dfrac{x-\pi}{4}$의 값은 $\dfrac{\pi}{6},\ \dfrac{5}{6}\pi,\ \dfrac{13}{6}\pi$

즉 $y=4\sin\dfrac{1}{4}(x-\pi)$의 그래프와 직선 $y=2$의 교점의 x좌표는

$x=\dfrac{5}{3}\pi$ 또는 $x=\dfrac{13}{3}\pi$ 또는 $x=\dfrac{29}{3}\pi$

그러므로 교점의 좌표는 $\left(\dfrac{5}{3}\pi,\ 2\right),\ \left(\dfrac{13}{3}\pi,\ 2\right),\ \left(\dfrac{29}{3}\pi,\ 2\right)$

곡선 위의 점 P와 직선 $y=2$ 사이의 거리를 h라 하면

$\triangle\text{PAB}=\dfrac{1}{2}\times\overline{\text{AB}}\times h$에서 $\overline{\text{AB}}$의 최댓값은 $\dfrac{29}{3}\pi-\dfrac{5}{3}\pi=8\pi$이고

$0<h\le 6$이므로 $\triangle\text{PAB}$ 넓이의 최댓값은 $\dfrac{1}{2}\times 8\pi\times 6=24\pi$

따라서 $k=24$

---

19 ❷ 77

GUIDE

$\overline{\text{OA}}=\overline{\text{OB}}=\overline{\text{OC}}$이므로 점 O를 중심으로 반지름 길이가 $\overline{\text{OA}}$인 원을 그려 중심각 크기가 원주각 크기의 2배임을 이용한다.

점 O를 중심으로 반지름 길이가 $\overline{\text{OA}}$인 원을 그리면 점 B, C도 같은 원 위에 있다.

호 AB에 대하여 $\angle\text{AOB}=2\theta$

이므로 원주각 $\beta=\theta$

호 BC에 대하여 $\angle\text{BOC}=4\theta$

이므로 원주각 $\alpha=2\theta$

즉 $\alpha-\beta=\theta$이므로

$\tan 12(\alpha-\beta)=-\dfrac{\sqrt{3}}{3}$에서 $\tan 12\theta=-\dfrac{\sqrt{3}}{3}$

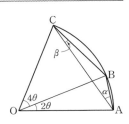

∠AOC가 예각이므로 $0<6\theta<\dfrac{\pi}{2}$에서 $0<12\theta<\pi$이다.

따라서 $12\theta=\dfrac{5}{6}\pi$이므로 $\theta=\dfrac{5}{72}\pi$

∴ $p+q=77$

20 답 7

GUIDE

$\log_2\cos x+\log_4\dfrac{2}{3}<\log_4\sin x$에서 밑을 4로 정리한다.
이때 진수 조건에 주의한다.

진수 조건에서 $\sin x>0$, $\cos x>0$이므로 $0<x<\dfrac{\pi}{2}$ ····· ㉠

$\log_2\cos x+\log_4\dfrac{2}{3}<\log_4\sin x$에서 밑을 4로 같게 하면

$\log_4\cos^2 x+\log_4\dfrac{2}{3}<\log_4\sin x$

$\log_4\dfrac{2}{3}\cos^2 x<\log_4\sin x$

즉 $\dfrac{2}{3}\cos^2 x<\sin x$, $\dfrac{2}{3}(1-\sin^2 x)<\sin x$,

$2\sin^2 x+3\sin x-2>0$

∴ $(2\sin x-1)(\sin x+2)>0$

$\sin x+2>0$이므로 $\sin x>\dfrac{1}{2}$ ····· ㉡

㉠, ㉡에서 $\dfrac{\pi}{6}<x<\dfrac{\pi}{2}$

따라서 $6\alpha=\pi$, $12\beta=6\pi$이므로 $\dfrac{6\alpha+12\beta}{\pi}=7$

21 답 ②

GUIDE

$\sin(|\sin x|)>\dfrac{1}{2}$과 $\sin x>\dfrac{1}{2}$을 비교한다. 삼각방정식이나 삼각부등식에서 특수각을 이용할 수 없는 경우이면 삼각함수 그래프의 대칭성을 생각한다.

$f(|f(x)|)=\sin(|\sin x|)>\dfrac{1}{2}$에서 $\dfrac{\pi}{6}<|\sin x|<\dfrac{5\pi}{6}$

이때 $\dfrac{5\pi}{6}>1$이므로 $\dfrac{\pi}{6}<|\sin x|\le 1$

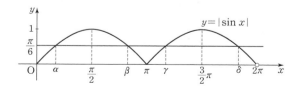

위 그래프에서 α, β는 $x=\dfrac{\pi}{2}$에 대칭이므로 $\alpha+\beta=\pi$

또 γ, δ는 $x=\dfrac{3}{2}\pi$에 대칭이므로 $\gamma+\delta=3\pi$

즉 $\alpha+\beta+\gamma+\delta=4\pi$에서 $\beta+\gamma+\delta=4\pi-\alpha$

$\sin(\beta+\gamma+\delta)=\sin(4\pi-\alpha)=-\sin\alpha=-\dfrac{\pi}{6}$

∴ $\tan(\sin(\beta+\gamma+\delta))=\tan\left(-\dfrac{\pi}{6}\right)=-\dfrac{\sqrt{3}}{3}$

22 답 ③

GUIDE

n초 동안 점 P는 $\dfrac{n}{6}\pi$만큼 움직였으므로 오른쪽 그림처럼 생각하면 $l=r\theta$에서 $\theta=\dfrac{n}{12}\pi$이다.

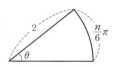

이때 점 P의 좌표를 삼각함수를 써서 나타낸다.

출발 후 n초일 때 점 P의 위치는

$P\left(2\cos\dfrac{n}{12}\pi,\ 2\sin\dfrac{n}{12}\pi\right)$이므로

삼각형 ABP의 넓이는

$f(n)=\dfrac{1}{2}\times 4\times\left|2\cos\dfrac{n}{12}\pi\right|$

$=4\left|\cos\dfrac{n}{12}\pi\right|$

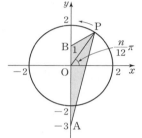

$0<4\left|\cos\dfrac{n}{12}\pi\right|\le 2$에서 $0<\left|\cos\dfrac{n}{12}\pi\right|\le\dfrac{1}{2}$인

자연수 n ($1\le n\le 24$)의 개수를 $\dfrac{n}{12}\pi=x$로 치환한 부등식

$0<|\cos x|\le\dfrac{1}{2}$ $\left(단,\ \dfrac{\pi}{12}\le x\le 2\pi\right)$에서 구할 수 있다.

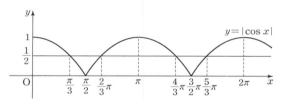

위 그림에서 부등식의 해가

$\dfrac{\pi}{3}\le x\le\dfrac{2}{3}\pi\left(x\ne\dfrac{\pi}{2}\right)$ 또는 $\dfrac{4}{3}\pi\le x\le\dfrac{5}{3}\pi\left(x\ne\dfrac{3}{2}\pi\right)$이므로

$\dfrac{\pi}{3}\le\dfrac{n}{12}\pi\le\dfrac{2}{3}\pi\left(\dfrac{n}{12}\pi\ne\dfrac{\pi}{2}\right)$에서 $4\le n\le 8$ ($n\ne 6$)

$\dfrac{4}{3}\pi\le\dfrac{n}{12}\pi\le\dfrac{5}{3}\pi\left(\dfrac{n}{12}\pi\ne\dfrac{3}{2}\pi\right)$에서 $16\le n\le 20$ ($n\ne 18$)

따라서 $n=4,\ 5,\ 7,\ 8,\ 16,\ 17,\ 19,\ 20$으로 모두 8개

STEP 3 | 1등급 뛰어넘기   p. 72~75

01 3개	**02** π	**03** $1\le a<\dfrac{4}{3}$	**04** 6개
05 ④	**06** 53	**07** ②	**08** 144
09 (1) $\dfrac{\sin\alpha}{\sin\beta}$ (2) $2\sin 1$		**10** 4	
11 (1) 1 (2) 2 (3) 3 (4) 4			
12 (1) 풀이 참조 (2) 풀이 참조		(3) 23	

GUIDE

❶ 주기함수 중 그 주기의 정수 배가 π인 것을 찾는다.

❷ 주기를 구하기 어려우면 $f(x)$에서 x 대신 $x+\pi$를 대입해 $f(x+\pi)=f(x)$인지 확인한다.

※ $f(x)=|\sin px|$, $f(x)=|\cos px|$, $f(x)=|\tan px|$의 주기는 모두 $\dfrac{\pi}{p}$임을 이용한다.

ㄱ. $f(x)=3\sin(4\pi|x|+1)$은 주기함수가 아니다. (×)

ㄴ. $\cos(-x)=\cos x$이므로 $\cos|x|=\cos x$이다.

즉 $f(x)=2|\sin 3x|+|\cos 2|x||=2|\sin 3x|+|\cos 2x|$

에서 $2|\sin 3x|$의 주기는 $\dfrac{\pi}{3}$이고 $|\cos 2x|$는 주기가 $\dfrac{\pi}{2}$이

므로 $f(x)$의 주기는 π이다. (○)

ㄷ. $f(x)=\left|\tan\left(3x-\dfrac{\pi}{2}\right)\right|+2$의 주기는 $\dfrac{\pi}{3}$이므로

$f(x)=f\left(x+\dfrac{\pi}{3}\right)=f\left(x+\dfrac{2}{3}\pi\right)=f(x+\pi)$ (○)

ㄹ. $f(x)=3^{\sin x}-1$의 주기는 2π이므로 $f(x+\pi)\neq f(x)$ (×)

ㅁ. $\cos(\sin(x+\pi))=\cos(-\sin x)=\cos(\sin x)$

$\sin(\sin 2(x+\pi))=\sin(\sin(2x+2\pi))=\sin(\sin 2x)$이므

로 $f(x+\pi)=\cos(\sin x)+\sin(\sin 2x)=f(x)$이다. (○)

참고

❶ $y=\sin|px|$ 꼴 함수는 주기함수가 아니다. 다음은 $y=\sin|x|$의 그래프이다.

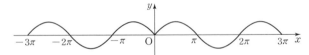

❷ ㄴ.의 함수 $f(x)=2|\sin 3x|+|\cos 2x|$에서 다음과 같이 $f(x+\pi)=f(x)$임을 확인할 수 있다.

$\begin{aligned}f(x+\pi)&=2|\sin 3(x+\pi)|+|\cos 2(x+\pi)|\\&=2|\sin(3x+3\pi)|+|\cos(2x+2\pi)|\\&=2|-\sin 3x|+|\cos 2x|\\&=2|\sin 3x|+|\cos 2x|=f(x)\end{aligned}$

❸ ㄹ.의 함수 $f(x)=3^{\sin x}-1$에서

$f(x+\pi)=3^{\sin(x+\pi)}-1=3^{-\sin x}-1\neq f(x)$

❹ 최소 조건이 없기 때문에 모든 x에 대하여 $f(x+\pi)=f(x)$라 해서 주기가 π인 것은 아니다. 예를 들어 주기가 $\dfrac{\pi}{2}$인 함수 $f(x)$에서도

$f(x)=f\left(x+\dfrac{\pi}{2}\right)=f(x+\pi)$가 성립한다.

1등급 NOTE

$p>0$일 때, 다음 각 함수의 주기를 기억해 두면 편리하다.

· $f(x)=|\sin px|$ ⇨ 주기 $\dfrac{\pi}{p}$

· $f(x)=|\cos px|$ ⇨ 주기 $\dfrac{\pi}{p}$

· $f(x)=|\tan px|$ ⇨ 주기 $\dfrac{\pi}{p}$

· $f(x)=\sin|px|$ ⇨ 주기함수가 아니다.

· $f(x)=\cos|px|$ ⇨ 주기 $\dfrac{2\pi}{p}$

· $f(x)=\tan|px|$ ⇨ 주기함수가 아니다.

· $f(x)=\cos(\sin x)$ ⇨ 주기 π

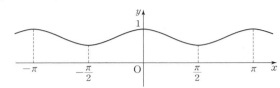

· $f(x)=\sin(\cos x)$ ⇨ 주기 2π

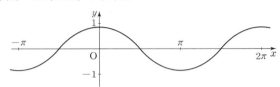

· $f(x)=\sin(\sin x)$ ⇨ 주기 2π

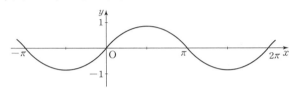

· $f(x)=\cos(\cos x)$ ⇨ 주기 π

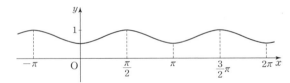

GUIDE

$g(x)=\sqrt{\dfrac{1-\cos 2x}{1+\cos 2x}}$, $h(x)=\dfrac{\tan x}{\sqrt{1+\tan^2 x}}$로 놓고

$g(p_1)=g(0)$, $h(p_2)=h(0)$을 이용한다.

$g(x)=\sqrt{\dfrac{1-\cos 2x}{1+\cos 2x}}$, $h(x)=\dfrac{\tan x}{\sqrt{1+\tan^2 x}}$로 놓고,

함수 $g(x)$의 주기를 p_1, 함수 $h(x)$의 주기를 p_2라 하면

$g(0)=\sqrt{\dfrac{1-\cos 0}{1+\cos 0}}=\sqrt{\dfrac{1-1}{1+1}}=0$이므로

$g(p_1)=\sqrt{\dfrac{1-\cos 2p_1}{1+\cos 2p_1}}=0$에서 $1-\cos 2p_1=0$

$\cos 2p_1=1$이 되는 최소의 양수 $p_1=\pi$

이때 $\begin{aligned}g(x+\pi)&=\sqrt{\dfrac{1-\cos 2(x+\pi)}{1+\cos 2(x+\pi)}}\\&=\sqrt{\dfrac{1-\cos(2x+2\pi)}{1+\cos(2x+2\pi)}}\\&=\sqrt{\dfrac{1-\cos 2x}{1+\cos 2x}}=g(x)\end{aligned}$

이므로 $g(x)$는 주기가 π인 주기함수임을 알 수 있다.

또 $h(p_2)=h(0)=0$이므로 $h(p_2)=\dfrac{\tan p_2}{\sqrt{1+\tan^2 p_2}}=0$에서

$\tan p_2=0$이 되는 최소의 양수 $p_2=\pi$

$h(x+\pi)=\dfrac{\tan(x+\pi)}{\sqrt{1+\tan^2(x+\pi)}}=\dfrac{\tan x}{\sqrt{1+\tan^2 x}}=h(x)$

이므로 $h(x)$도 주기가 π인 주기함수임을 알 수 있다.

따라서 $f(x)=g(x)+h(x)$의 주기는 π

❶ 임의의 실수 x에 대하여 $f(x+p)=f(x)$가 되는 최소의 양수 p를 주기라 한다. 그러나 단순히 $f(x+p)=f(x)$만 보이고 p를 주기라 하면 안 된다. 즉 양수 p가 $f(x+p)=f(x)$인 최솟값을 보여야 한다.

❷ $f(x)$의 주기가 p이므로 임의의 실수 x에 대하여 $f(x+p)=f(x)$이다. 이 식에 $x=0$을 대입하면 $f(p)=f(0)$이다.

❸ $y=\dfrac{\tan x}{\sqrt{1+\tan^2 x}}=\tan x|\cos x|$

이때 $\cos x>0$이면 $y=\sin x$,
$\cos x<0$이면 $y=-\sin x$
따라서 그래프로 나타내면 오른쪽 그림과 같으므로 주기는 π이다.

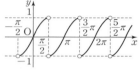

❹ $\sin^2\dfrac{\alpha}{2}=\dfrac{1-\cos\alpha}{2}$, $\cos^2\dfrac{\alpha}{2}=\dfrac{1+\cos\alpha}{2}$에서

$y=\sqrt{\dfrac{1-\cos 2x}{1+\cos 2x}}=\sqrt{\dfrac{\sin^2 x}{\cos^2 x}}=\sqrt{\tan^2 x}=|\tan x|$이므로 주기는 π이다.

(「미적분」과정 삼각함수의 덧셈정리에서 다룹니다.)

03 답 $1\le a<\dfrac{4}{3}$

치환한 식은 $y-ax-2a+1=0$이고, $x^2+y^2=1$도 함께 생각한다. 이때 $-1\le x\le 1$, $0\le y\le 1$임을 주의한다.

$\cos\theta=x$, $\sin\theta=y$로 치환하면

주어진 방정식은 $y-ax-2a+1=0$ ······ ㉠

$\sin^2\theta+\cos^2\theta=1$이므로 $x^2+y^2=1$ ······ ㉡

$0\le\theta\le\pi$이므로 ㉡은

$-1\le x\le 1$, $0\le y\le 1$인 반원이 된다.

따라서 그림처럼 ㉠, ㉡, 즉 직선과 반원이 두 점에서 만나도록 하는 a값의 범위는

$1\le a<\dfrac{4}{3}$

원과 직선이 접할 때는 원점에서 직선 $ax-y+2a-1=0$까지의 거리가 반지름 길이 1과 같으므로 $\dfrac{|2a-1|}{\sqrt{a^2+1}}=1$이다.

$|2a-1|=\sqrt{a^2+1}$의 양변을 제곱해서 정리하면 $3a^2-4a=0$

이때 $a=\dfrac{4}{3}$ $(\because a\ne 0)$

또 $y=a(x+2)-1$에서 직선 ㉠은 항상 정점 $(-2,-1)$을 지나므로 $(-1,0)$을 지날 때의 기울기는 1이다.

04 답 6개

$2\sin\theta\cos\theta+1=2\sin\theta\cos\theta+\sin^2\theta+\cos^2\theta=(\sin\theta+\cos\theta)^2$

※ 좌표평면에서 원과 직선의 교점의 개수를 생각한다.

주어진 식에서 $2\sin\theta\cos\theta+1=\sqrt{2}(\sin\theta+\cos\theta)$

즉 $(\sin\theta+\cos\theta)^2=\sqrt{2}(\sin\theta+\cos\theta)$이므로

$\sin\theta+\cos\theta=0$ 또는 $\sin\theta+\cos\theta=\sqrt{2}$

이때 $\cos\theta=x$, $\sin\theta=y$라 하면

(i) $x+y=0$, $x^2+y^2=1$에서 직선과 원의 교점은 2개이고, $0\le\theta<4\pi$에서 교점에 대응하는 θ 값은 4개

(ii) $x+y=\sqrt{2}$, $x^2+y^2=1$에서 직선과 원이 접하므로 교점은 1개이고, $0\le\theta<4\pi$에서 교점에 대응하는 θ 값은 2개

(i), (ii)에서 주어진 방정식의 서로 다른 근은 모두 6개이다.

05 답 ④

$\sin x=a$, $\cos x=b$로 놓으면 $-1\le a\le 1$, $-1\le b\le 1$이므로 $a^2+b^2=1$과 함께 생각한다.

$\sin x=a$, $\cos x=b$로 놓으면 $-1\le a\le 1$, $-1\le b\le 1$이고,

$a^2+b^2=1$ ······ ㉠

$\dfrac{\cos x-5}{\sin x+2}=\dfrac{b-5}{a+2}=k$로 놓으면

$b-5=k(a+2)$

$\therefore b=k(a+2)+5$ ······ ㉡

이때 k값은 정점 $(-2,5)$를 지나는 직선 ㉡의 기울기와 같으므로 k는 직선이 원에 접할 때, 최댓값과 최솟값을 가진다. 즉 원의 중심에서 직선까지의 거리가 반지름 길이인 1일 때이다.

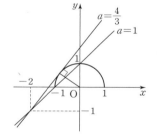

$\dfrac{|2k+5|}{\sqrt{k^2+1}}=1$을 정리한 $3k^2+20k+24=0$의 두 근이 k의 최댓값과 최솟값이므로 근과 계수의 관계에서 두 근의 곱은 8

이 문제는 $\sin x$와 $\cos x$가 같이 있으므로 $\sin x=t$로 치환해도 분수함수로 바뀌지 않는다.

06 답 53

정수 n에 대하여 $[x+n]=[x]+n$이므로 주어진 방정식을 정리해 얻은 결과를 그래프로 나타내어 본다.

$[2\cos x+3]=[2\cos x]+3$에서 $[2\cos x]+3=2\sin 2x+3$

즉 $[2\cos x]=2\sin 2x$에서 $y=[2\cos x]$와 $y=2\sin 2x$의 그래프를 함께 나타내면 다음과 같다.

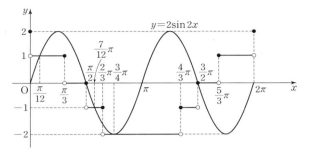

이때 교점의 x좌표는 $\dfrac{1}{12}\pi$, $\dfrac{1}{2}\pi$, $\dfrac{7}{12}\pi$, $\dfrac{3}{4}\pi$, $\dfrac{3}{2}\pi$이므로

합은 $\dfrac{1+6+7+9+18}{12}\pi=\dfrac{41}{12}\pi$

따라서 $p=12$, $q=41$이므로 $p+q=53$

07 　답 ②
GUIDE

$y=\sin x$와 $y=\tan x$는 주기가 각각 2π, π인 주기함수이므로 $f(x)$도 주기가 2π인 주기함수이다. 다음과 같이 $0\le x\le 2\pi$에서 $y=\sin x$와 $y=\tan x$를 함께 그려서 생각한다.

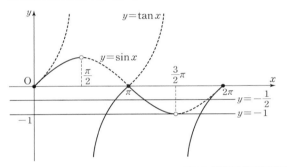

ㄱ. $0<x<\dfrac{\pi}{2}$에서 $\sin x<\tan x$이므로 $f(x)=\sin x$이다. (◯)

ㄴ. $y=f(x)$는 최댓값과 최솟값을 가지지 않는다. (◯)

　※ $y=f\left(\dfrac{\pi}{2}\right)$가 존재하지 않는다.

ㄷ. $a_1=2$, $a_2=a_3=a_3=\cdots=a_{10}=3$이므로

　$a_1+a_2+\cdots+a_{10}=29$이다. (×)

08 　답 144
GUIDE

$y=\sin 3x$와 $y=\cos 3x$는 모두 주기가 $\dfrac{2}{3}\pi$인 주기함수이므로 $y=\max(\sin 3x,\cos 3x)$도 주기가 $\dfrac{2}{3}\pi$인 주기함수이다.

$0\le x\le \dfrac{2}{3}\pi$에서 $y=\sin 3x$와 $y=\cos 3x$의 그래프는 그림과 같다.

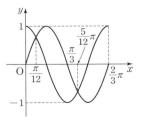

$f(x)=\max(\sin 3x,\cos 3x)$

$=\begin{cases} \cos 3x & \left(0\le x\le \dfrac{\pi}{12},\ \dfrac{5}{12}\pi\le x\le \dfrac{2}{3}\pi\right) \\[2mm] \sin 3x & \left(\dfrac{\pi}{12}<x<\dfrac{5}{12}\pi\right) \end{cases}$

이므로 $0\le x\le\dfrac{2}{3}\pi$에서 $y=f(x)$의 그래프는 그림과 같다.

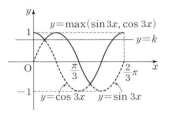

$12\pi=\dfrac{2}{3}\pi\times 18$이므로 $0<x<12\pi$에서

$\max(\sin 3x,\cos 3x)=k$가 서로 다른 54개의 실근을 가지려면 한 주기에 3개의 실근을 가져야 한다. $\sin 3x=\cos 3x$에서

$x=\dfrac{\pi}{12}$이고, 이때 $k=\dfrac{\sqrt{2}}{2}$임을 알 수 있다.

(i) $0\le x\le \dfrac{2}{3}\pi$일 때 $|\max(\sin 3x,\cos 3x)|=\dfrac{\sqrt{2}}{2}$

　의 실근은 그림처럼 4개이므로 $0<x<12\pi$에서 실근은 모두 $4\times 18=72$개이다.

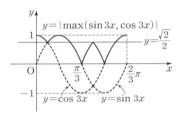

(ii) $0\le x\le \dfrac{2}{3}\pi$일 때 $\max(|\sin 3x|,|\cos 3x|)=\dfrac{\sqrt{2}}{2}$

　의 실근은 그림처럼 4개이므로 $0<x<12\pi$에서 실근은 모두 $4\times 18=72$개이다.

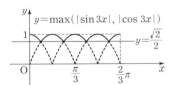

(i), (ii)에서 실근 개수의 합은 $72+72=144$

09 　답 (1) $\dfrac{\sin\alpha}{\sin\beta}$ 　(2) $2\sin 1$
GUIDE

(1) ㈎에 따라 $y=\sin x$, $y=\tan x$, $y=x$의 그래프를 그려 본다.

(2) $f(x)=\sin x$ 그래프 위의 두 점 P, Q를 이은 선분에서 생각한다.

(1) ㈎의 내용대로 $y=\sin x$, $y=\tan x$, $y=x$의 그래프를 그리면 다음과 같다.

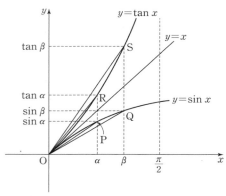

위 그림에서 $y=\sin x$의 그래프는 위로 볼록하므로 ㈏의 설명처럼 선분 OP의 기울기가 선분 OQ의 기울기보다 크다.

즉 $\dfrac{\sin\beta}{\beta}<\dfrac{\sin\alpha}{\alpha}$ $\qquad\therefore\ \dfrac{\alpha}{\beta}<\dfrac{\sin\alpha}{\sin\beta}$ $\quad$ ...... ㉠

또 위 그림에서 $y=\tan x$의 그래프는 아래로 볼록하므로 선분 OS의 기울기가 선분 OR의 기울기보다 더 크다.

즉 $\dfrac{\tan\alpha}{\alpha}<\dfrac{\tan\beta}{\beta}$ $\qquad\therefore\ \dfrac{\tan\alpha}{\tan\beta}<\dfrac{\alpha}{\beta}$ $\quad$ ...... ㉡

㉠, ㉡에서 $\dfrac{\tan\alpha}{\tan\beta}<\dfrac{\alpha}{\beta}<\dfrac{\sin\alpha}{\sin\beta}$

(2) $f(x)=\sin x$, $\mathrm{P}(\alpha,f(\alpha))$, $\mathrm{Q}(\beta,f(\beta))$라 하면 함수 f는 위로 볼록하고 ㈐의 설명처럼 서로 다른 두 점을 연결한 선분보다 함수 f가 항상 위에 있으므로 오른쪽 그림과 같다.

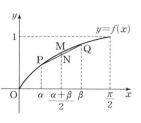

이때 (M의 y좌표) > (N의 y좌표),

즉 $f\!\left(\dfrac{\alpha+\beta}{2}\right)>\dfrac{f(\alpha)+f(\beta)}{2}$이고, $\alpha+\beta=2$이므로

$f\!\left(\dfrac{\alpha+\beta}{2}\right)=f(1)=\sin 1>\dfrac{\sin\alpha+\sin\beta}{2}=\dfrac{f(\alpha)+f(\beta)}{2}$

따라서 $2\sin 1>\sin\alpha+\sin\beta$

10 ❹ 4

GUIDE

$g(f(x))=\sqrt{1+2\sin x\cos x}-\sqrt{1-2\sin x\cos x}$
$\qquad=\sqrt{(\sin x+\cos x)^2}-\sqrt{(\sin x-\cos x)^2}$
$\qquad=|\sin x+\cos x|-|\sin x-\cos x|$
$\qquad=|\sin x-(-\cos x)|-|\sin x-\cos x|$

※ $\sin x+\cos x$의 부호를 판단하기 위해 $\sin x-(-\cos x)$에서 생각한다.

(i) $|\sin x+\cos x|$
$\quad=|\sin x-(-\cos x)|$
에서 $y=\sin x$, $y=-\cos x$
를 그려서 부호를 결정한다.
$y=\sin x$, $y=-\cos x$의
교점의 x좌표는 $\dfrac{3}{4}\pi$

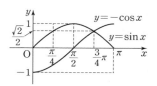

$0\le x\le\dfrac{3}{4}\pi$ ⇨ $\sin x\ge-\cos x$이므로

$|\sin x+\cos x|=\sin x+\cos x$

$\dfrac{3}{4}\pi\le x\le\pi$ ⇨ $\sin x\le-\cos x$이므로

$|\sin x+\cos x|=-(\sin x+\cos x)$

(ii) $|\sin x-\cos x|$는 $y=\sin x$, $y=\cos x$를 그려서 부호를 결정한다.
$y=\sin x$, $y=\cos x$의
교점의 x좌표는 $\dfrac{1}{4}\pi$

$0\le x\le\dfrac{1}{4}\pi$일 때 $\sin x<\cos x$이므로

$|\sin x-\cos x|=\cos x-\sin x$

$\dfrac{1}{4}\pi\le x\le\pi$ ⇨ $\sin x\ge\cos x$이므로

$|\sin x-\cos x|=\sin x-\cos x$

(i), (ii)에서

① $0\le x\le\dfrac{\pi}{4}$일 때

$\quad(g\circ f)(x)=(\sin x+\cos x)-(\cos x-\sin x)=2\sin x$

② $\dfrac{\pi}{4}\le x\le\dfrac{3\pi}{4}$일 때

$\quad(g\circ f)(x)=(\sin x+\cos x)-(\sin x-\cos x)=2\cos x$

③ $\dfrac{3\pi}{4}\le x\le\pi$일 때

$\quad(g\circ f)(x)=-(\sin x+\cos x)-(\sin x-\cos x)$
$\qquad\qquad\qquad=-2\sin x$

①, ②, ③에서 $y=(g\circ f)(x)$의 그래프는 다음과 같다.

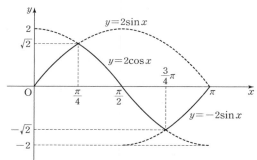

따라서 $y=(g\circ f)(x)$의 최댓값은 $x=\dfrac{\pi}{4}$일 때 $\sqrt2$이고,

최솟값은 $x=\dfrac{3}{4}\pi$일 때 $-\sqrt2$이다.

$\therefore M^2+m^2=2+2=4$

11 ❹ (1) 1 (2) 2 (3) 3 (4) 4

GUIDE

$-\cos^2 x=\sin x-k$에서 $\sin x=t$로 치환한 방정식을 생각한다.

두 함수의 그래프가 만난다는 조건에서 $-\cos^2 x=\sin x-k$

정리하면

$k=-\sin^2 x+\sin x+1$

$t=\sin x\ (-1\le t\le 1)$로 치환

하면

$k=-t^2+t+1$

$\quad=-\left(t-\dfrac{1}{2}\right)^2+\dfrac{5}{4}$

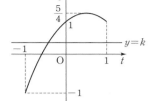

즉 다음과 같이 정리할 수 있다.

(i) $k<-1$ 또는 $k>\dfrac{5}{4}$일 때 ⇨ 근이 없으므로 $f(k)=0$

(ii) $k=-1$일 때 ⇨ $t=-1$에서 $x=\dfrac{3}{2}\pi$로 1개이므로 $f(k)=1$

(iii) $-1<k<1$일 때

⇨ $-1<t<0$인 t값이 1개

이고, 이때 오른쪽 그림

처럼 $\sin x=t$인 x의 값

은 2개이므로 $f(k)=2$

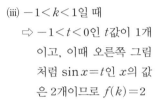

(iv) $k=1$일 때 ⇨ $t=0$ 또는 $t=1$에서 $x=0,\ \dfrac{\pi}{2},\ \pi$로 3개이므로

$\quad f(k)=3$

(v) $1<k<\dfrac{5}{4}$일 때 ⇨ $0<t<\dfrac{1}{2}$인 t값이 1개, $\dfrac{1}{2}<t<1$인 t값이

1개씩 존재하고, 이때 각각의 t값에 대응하는 x값은 2개씩으

로 근은 모두 4개이므로 $f(k)=4$

(vi) $k=\dfrac{5}{4}$일 때 ⇨ $t=\dfrac{1}{2}$에서 $x=\dfrac{\pi}{6},\ \dfrac{5}{6}\pi$로 2개이므로 $f(k)=2$

치환해서 근의 개수를 찾는 문제를 풀 때는 원래 방정식에서 구한 근의

개수와 치환한 방정식에서 구한 근의 개수가 다를 수 있다는 점을 조심해

야 한다.

즉 이 문제에서도 $t=\sin x$라 할 때,

x와 t가 일대일대응을 하지 않는다

는 데 함정이 있다. 그래서 $t=\sin x$

의 그래프와 $k=-t^2+t+1$의 그래

프를 모두 그려 놓고 서로 비교하면

서 $y=f(k)$를 구해야 한다.

※ $y=f(k)$의 그래프는 오른쪽과

같다.

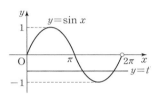

다른 풀이

$y=\sin x-k$와 $y=\cos^2 x$의 그래프를 그려서 생각할 수 있다.

(i) $k=-1$일 때 $f(-1)=1$

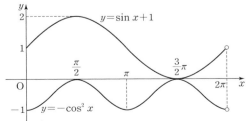

(ii) $k=\dfrac{1}{2}$일 때 $f\left(\dfrac{1}{2}\right)=2$

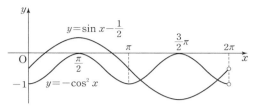

(iii) $k=1$일 때 $f(1)=3$

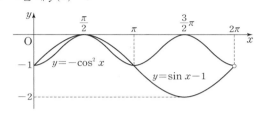

(iv) $k=\dfrac{9}{8}$일 때 $f\left(\dfrac{9}{8}\right)=4$

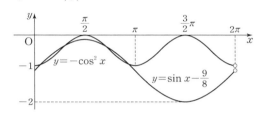

12 ⊕ (1) 풀이 참조　(2) 풀이 참조　(3) 23

GUIDE

주어진 삼각형에서 각 변의 길이를 삼각함수를 써서 나타내 본다. 이때

$\angle COH=2\theta$임을 이용한다.

(1) $\angle ACB=90°$이므로

$\overline{AC}=\overline{AB}\cos\theta=2\cos\theta$,

$\overline{BC}=\overline{AB}\sin\theta=2\sin\theta$

이때 $\angle COH=2\theta$이므로

$\overline{CH}=\overline{OC}\sin 2\theta$

$\quad=\sin 2\theta$　……㉠

$\overline{OH}=\overline{OC}\cos 2\theta=\cos 2\theta$이므로

$\overline{BH}=1-\cos 2\theta$　……㉡

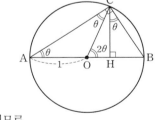

또 직각삼각형 BCH에서 $\angle BCH=\theta$이므로

$\overline{CH}=\overline{BC}\cos\theta=(2\sin\theta)\cos\theta=2\sin\theta\cos\theta$　……㉢

또한 $\overline{BH}=\overline{BC}\sin\theta=(2\sin\theta)\sin\theta=2\sin^2\theta$　……㉣

즉 ㉠, ㉢에서 $\overline{CH}=\sin 2\theta=2\sin\theta\cos\theta$　……㉤

㉡, ㉣에서 $\overline{BH}=1-\cos 2\theta=2\sin^2\theta$이고

$\cos 2\theta=1-2\sin^2\theta$　……㉥

(2) $\tan 2\theta=\dfrac{\sin 2\theta}{\cos 2\theta}$에 ㉤, ㉥을 대입하고, 분모, 분자를 각각

$\cos^2\theta(\ne 0)$로 나누어 정리하면 다음과 같다.

$$\tan 2\theta = \frac{\sin 2\theta}{\cos 2\theta} = \frac{2\sin\theta\cos\theta}{1-2\sin^2\theta} = \frac{\dfrac{2\sin\theta\cos\theta}{\cos^2\theta}}{\dfrac{1}{\cos^2\theta}-\dfrac{2\sin^2\theta}{\cos^2\theta}}$$

$$= \frac{2\tan\theta}{\dfrac{\cos^2\theta+\sin^2\theta}{\cos^2\theta}-2\tan^2\theta}$$

$$= \frac{2\tan\theta}{(1+\tan^2\theta)-2\tan^2\theta} = \frac{2\tan\theta}{1-\tan^2\theta}$$

(3) $\overline{BD}=\overline{CD}$이므로

$\angle COD = \angle DOB = \theta$

이때

$\angle DAB = \dfrac{1}{2}\angle DOB = \dfrac{\theta}{2}$

이고, $\angle ADB = \dfrac{\pi}{2}$이므로

직각삼각형 ADB에서 $\overline{BD}=2\sin\dfrac{\theta}{2}$

사각형 ABDC의 둘레 길이가 $\dfrac{44}{9}$이므로

$\overline{AB}+\overline{BD}+\overline{DC}+\overline{CA}$

$=2+2\sin\dfrac{\theta}{2}+2\sin\dfrac{\theta}{2}+2\cos\theta$

$=2+4\sin\dfrac{\theta}{2}+2\cos\theta$

$=2+4\sin\dfrac{\theta}{2}+2\left(1-2\sin^2\dfrac{\theta}{2}\right)$ ⇐ ㉻ 이용

$=4+4\sin\dfrac{\theta}{2}-4\sin^2\dfrac{\theta}{2}=\dfrac{44}{9}$

이때 $\sin\dfrac{\theta}{2}=x$로 놓고 정리하면 $x^2-x+\dfrac{2}{9}=0$에서

$(3x-1)(3x-2)=0$이므로 $\sin\dfrac{\theta}{2}=\dfrac{1}{3}$ 또는 $\sin\dfrac{\theta}{2}=\dfrac{2}{3}$이다.

그런데 $0<\theta<\dfrac{\pi}{3}$에서 $0<\dfrac{\theta}{2}<\dfrac{\pi}{6}$이므로 $0<\sin\dfrac{\theta}{2}<\dfrac{1}{2}$

$\therefore \sin\dfrac{\theta}{2}=\dfrac{1}{3}$

따라서 $\overline{AC}=2\cos\theta=2\left(1-2\sin^2\dfrac{\theta}{2}\right)=2\left(1-2\times\dfrac{1}{9}\right)=\dfrac{14}{9}$

$\therefore p+q=9+14=23$

---

07 삼각함수의 활용

STEP 1 | 1등급 준비하기   p. 78~79

01 $8\sqrt{3}$	**02** ④	**03** 5	**04** ⑤
05 $\dfrac{3}{2}$ km	**06** ②	**07** $\overline{BC}=\overline{AC}$인 이등변삼각형	
08 $\dfrac{5\sqrt{3}}{2}$	**09** 14	**10** ②	

01   답 $8\sqrt{3}$

GUIDE

삼각형 ABC의 외심 O와 내심 I에 대하여

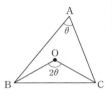 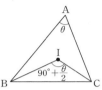

$\angle BOC=2\times60°=120°,\ \angle BIC=90°+\dfrac{60°}{2}=120°$이므로

삼각형 OBC에서 $\dfrac{4}{\sin120°}=2r_1$ $\therefore r_1=\dfrac{4\sqrt{3}}{3}$

삼각형 IBC에서 $\dfrac{4}{\sin120°}=2r_2$ $\therefore r_2=\dfrac{4\sqrt{3}}{3}$

따라서 $3(r_1+r_2)=8\sqrt{3}$

02   답 ④

GUIDE

사인법칙에서 $\dfrac{\overline{AP}}{\sin\theta}=\dfrac{\overline{BP}}{\sin60°}$

$\dfrac{\overline{AP}}{\sin\theta}$ 값이 최소이려면 $\overline{BP}$ 길이가

최소여야 한다.

점 P가 점 B에서 $\overline{AC}$에 내린 수선의

발일 때 $\overline{BP}$ 길이가 최소이고, 이때 직

각이등변삼각형 PBC에서 $\overline{BC}=2$이

므로 $\overline{BP}=\sqrt{2}$

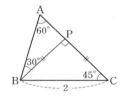

따라서 $\dfrac{\overline{AP}}{\sin\theta}$ 의 최솟값은 $\dfrac{\sqrt{2}}{\dfrac{\sqrt{3}}{2}}=\dfrac{2\sqrt{6}}{3}$

03   답 5

GUIDE

삼각형 ABP에서 코사인법칙을 이용한다.

그림에서 $\overline{BP}=x$라 하면

$\overline{AP}=\overline{CP}=12-x$이므로

삼각형 ABP에서

$\overline{AP}^2=x^2+8^2-2\times x\times8\times\cos60°$

$(12-x)^2=x^2-8x+64$ $\therefore x=5$

따라서 $\overline{BP}=5$

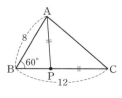

04 답 ⑤

GUIDE

삼각형에서 코사인법칙을 이용할 수 있도록 대각선을 긋는다. 이때 ∠B=120°이므로 대각선 AC를 그어 △ABC와 △ACD에서 코사인법칙을 이용한다.

△ABC에서

$\overline{AC}^2 = 2^2 + 3^2 - 2 \times 2 \times 3 \times \cos 120°$
$= 19$

이므로 $\overline{AC} = \sqrt{19}$

△ACD에서

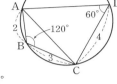

$19 = \overline{AD}^2 + 4^2 - 2 \times \overline{AD} \times 4 \times \cos 60°$

$\overline{AD}^2 - 4\overline{AD} - 3 = 0$ ∴ $\overline{AD} = 2 + \sqrt{7}$ (∵ $\overline{AD} > 0$)

LECTURE

원에 내접하는 사각형에서 마주 보는 두 각 크기의 합은 180°이다.

05 답 $\frac{3}{2}$ km

GUIDE

세 마을을 이은 삼각형 ABC의 외접원의 반지름 길이를 구하기 위해 어느 한 각의 크기에 대한 사인값을 구한다.

$\cos A = \frac{8 + 9 - 1}{2 \times 2\sqrt{2} \times 3} = \frac{2\sqrt{2}}{3}$ 이므로

$\sin A = \frac{1}{3}$

중계소에서 마을까지 거리를 R라 하면

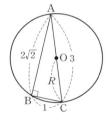

$2R = \frac{\overline{BC}}{\sin A} = \frac{1}{\frac{1}{3}} = 3$ ∴ $R = \frac{3}{2}$

따라서 $\frac{3}{2}$ km

다른 풀이

세 변의 길이 관계에서 $(2\sqrt{2})^2 + 1^2 = 3^2$이므로 △ABC는 빗변이 $\overline{AC}$인 직각삼각형이다. 구하려는 거리는 삼각형 ABC의 외접원의 반지름 길이이므로 $R = \frac{1}{2}\overline{AC} = \frac{3}{2}$ (km)

06 답 ②

GUIDE

a, b, c를 구하여 어느 한 각의 크기에 대한 사인값을 구한다.

세 방정식 $ab = 35$, $bc = 15$, $ca = 21$을 변변 곱하면

$(abc)^2 = (3 \times 5 \times 7)^2$ ∴ $abc = 3 \times 5 \times 7$ (∵ $abc > 0$)

이때 $ab = 35$, $bc = 15$, $ca = 21$에서 $a = 7$, $b = 5$, $c = 3$이므로

$\cos A = \frac{5^2 + 3^2 - 7^2}{2 \times 5 \times 3} = -\frac{1}{2}$ ∴ $\sin A = \frac{\sqrt{3}}{2}$

삼각형 ABC의 외접원의 반지름 길이를 R라 하면

$\frac{a}{\sin A} = 2R$ ∴ $R = \frac{7}{\sqrt{3}}$

따라서 외접원의 넓이는 $\frac{49}{3}\pi$

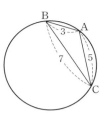

07 답 $\overline{BC} = \overline{AC}$인 이등변삼각형

GUIDE

$\sin^2 x + \cos^2 x = 1$이므로
$\cos^2 x = 1 - \sin^2 x$이고 $\sin^2 x = 1 - \cos^2 x$이다.

$\cos^2 A - 1 + \sin^2 B = 0$에 $\cos^2 A = 1 - \sin^2 A$를 대입하면

$\sin^2 B - \sin^2 A = 0$에서 $\left(\frac{b}{2R}\right)^2 - \left(\frac{a}{2R}\right)^2 = 0$

$\frac{1}{4R^2}(b - a)(b + a) = 0$

이때 $a + b > 0$이므로 $b - a = 0$ ∴ $a = b$

따라서 △ABC에서 $a = \overline{BC}$, $b = \overline{AC}$이므로 $\overline{BC} = \overline{AC}$인 이등변삼각형이다.

08 답 $\frac{5\sqrt{3}}{2}$

GUIDE

$\overline{AP} = 3$, $\overline{AQ} = 4$, $\overline{AR} = 2$이므로 세 삼각형 APQ, AQR, ARP에서 코사인법칙을 써서 $\overline{PQ}$, $\overline{QR}$, $\overline{RP}$의 길이를 구한다.

△APQ에서 $\overline{PQ} = \sqrt{3^2 + 4^2 - 2 \times 3 \times 4 \times \cos 60°} = \sqrt{13}$

△AQR에서 $\overline{QR} = \sqrt{4^2 + 2^2 - 2 \times 4 \times 2 \times \cos 60°} = 2\sqrt{3}$

△ARP에서 $\overline{RP} = \sqrt{2^2 + 3^2 - 2 \times 2 \times 3 \times \cos 60°} = \sqrt{7}$

이때 삼각형 PQR에서

$\cos Q = \frac{13 + 12 - 7}{2 \times \sqrt{13} \times 2\sqrt{3}} = \frac{3\sqrt{3}}{2\sqrt{13}}$이므로 $\sin Q = \frac{5}{2\sqrt{13}}$

따라서 삼각형 PQR의 넓이는

$\frac{1}{2} \times \overline{PQ} \times \overline{QR} \times \sin Q = \frac{1}{2} \times \sqrt{13} \times 2\sqrt{3} \times \frac{5}{2\sqrt{13}} = \frac{5\sqrt{3}}{2}$

09 답 14

GUIDE

세 변의 길이가 a, b, c인 삼각형의 넓이 S는

❶ $s = \frac{a + b + c}{2}$ 를 이용하여 $S = \sqrt{s(s-a)(s-b)(s-c)}$

❷ 외접원의 반지름 길이가 R일 때 $S = \frac{abc}{4R}$

❸ 내접원의 반지름 길이가 r일 때 $S = \frac{r}{2}(a + b + c)$

$s = \frac{6 + 10 + 14}{2} = 15$라 하면 삼각형의 넓이 S는

$S = \sqrt{15(15 - 6)(15 - 10)(15 - 14)} = 15\sqrt{3}$

외접원의 반지름 길이를 R, 내접원의 반지름 길이를 r라 하면

$S=\dfrac{abc}{4R}=15\sqrt{3}$에서 $R=\dfrac{14}{\sqrt{3}}$

또 $S=\dfrac{1}{2}r(a+b+c)=15\sqrt{3}$에서 $r=\sqrt{3}$

따라서 $Rr=14$

10 답 ②

❶ 대각선의 길이와 코사인법칙을 이용해 평행사변형에서 이웃한 두 변의 길이를 각각 구한다.

❷ 평행사변형의 넓이를 나타내는 두 가지 방법을 이용한다.

$\overline{AB}=a$, $\overline{BC}=b$라 하면

$\overline{AC}^2=a^2+b^2-2ab\cos 60°$에서 $a^2+b^2-ab=3$

$\overline{BD}^2=a^2+b^2-2ab\cos 120°$에서 $a^2+b^2+ab=7$

두 방정식을 연립해서 정리하면 $ab=2$

평행사변형 ABCD의 넓이에서

$ab\sin 60°=\dfrac{1}{2}\overline{AC}\times\overline{BD}\sin\theta$

$\therefore \sin\theta=\dfrac{2\sqrt{7}}{7}$

STEP 2 | 1등급 굳히기

p. 80~83

01 12π	02 ①	03 26	04 31
05 ①	06 ③	07 $\overline{AB}=\overline{AC}$인 이등변삼각형	
08 2	09 ④	10 $3\sqrt{10}$	11 ③
12 12	13 $135\sqrt{3}$	14 20	15 204
16 0	17 $4\sqrt{30}$		

01 답 12π

❶ ∠DCB와 ∠DBC의 크기를 구해 ∠CDB의 크기를 구한다.

❷ 사인법칙을 이용해 변 BC의 길이를 구한다.

∠DCB=∠DBC=∠A=30°이므로

∠CDB=120°

이때 삼각형 ABC에서

$2\times 6=\dfrac{\overline{BC}}{\sin 30°}$ 이므로 $\overline{BC}=6$

삼각형 CBD의 외접원의 반지름 길이를 R라 하면

$2R=\dfrac{\overline{BC}}{\sin 120°}$ $\therefore R=2\sqrt{3}$

따라서 삼각형 CBD의 외접원의 넓이는 12π

원의 접선과 현이 이루는 각

오른쪽 그림에서 직선 PT는 원 O의 접선이고 점 T는 접점일 때 ∠ABT=∠ATP

02 답 ①

❶ $\sin\theta\geq\dfrac{\sqrt{3}}{2}$ 에서 θ의 범위를 구한다.

❷ $\sin\theta=\dfrac{\sqrt{3}}{2}$ 을 이용해 객석을 나타낸다.

$\sin\theta\geq\dfrac{\sqrt{3}}{2}$에서 $\dfrac{\pi}{3}\leq\theta\leq\dfrac{2\pi}{3}$

이므로 객석은 그림에서 색칠한 부분이면 된다.

$\sin\theta=\dfrac{\sqrt{3}}{2}$일 때, 원의 반지름 길이를 R m라 하면

$\dfrac{6\sqrt{3}}{\sin\theta}=2R$ $\therefore R=6$

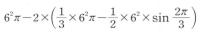

따라서 객석의 넓이는

$6^2\pi-2\times\left(\dfrac{1}{3}\times 6^2\pi-\dfrac{1}{2}\times 6^2\times\sin\dfrac{2\pi}{3}\right)$

$=12\pi+18\sqrt{3}\,(\mathrm{m}^2)$

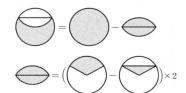

(중심각의 크기)=(원주각의 크기)×2

03 답 26

세 변의 길이가 x, y, 8인 삼각형과 세 변의 길이가 x, y, $2\sqrt{10}$인 삼각형에서 코사인법칙을 이용해 x^2+y^2의 값을 구한다.

평행사변형의 네 내각 중 예각을 θ라 하면

$x^2+y^2-2xy\cos\theta=(2\sqrt{10})^2$

$x^2+y^2-2xy\cos(\pi-\theta)=8^2$

두 식을 변끼리 더하면 $2(x^2+y^2)=104$

$\therefore x^2+y^2=52$

코시−슈바르츠 부등식에서

$$(x^2+y^2)(2^2+3^2) \geq (2x+3y)^2$$

즉 $26^2 \geq (2x+3y)^2$이므로 $2x+3y$의 최댓값은 26

❶ $\cos(\pi-\theta) = -\cos\theta$이므로 평행사변형에서 두 대각선의 길이가 각각 p, q이고, 이웃한 두 변의 길이가 각각 x, y일 때

$x^2+y^2 = \dfrac{1}{2}(p^2+q^2)$이 항상 성립한다.

❷ $ax+by$의 최댓값 또는 최솟값을 구하는 문제에서 a^2+b^2 또는 x^2+y^2의 값을 구해 코시−슈바르츠 부등식을 쓸 수 있는지 생각한다.

04 답 31

GUIDE

❶ $\overline{AD}$, $\overline{CD}$의 길이를 구한다.
❷ 두 삼각형 ABC와 ACD에서 코사인법칙을 이용한다.

$\angle ADC = \theta$라 하면 $\angle ABC = \pi-\theta$이고
$\angle CAB = \angle ACD$에서 $\overline{BC} = \overline{AD} = 4$이다.
또 $\overline{AB} + \overline{CD} = \overline{BC} + \overline{AD}$에서 $\overline{CD} = 5$

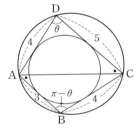

삼각형 ABC와 삼각형 ACD에서
$$\overline{AC}^2 = 3^2+4^2-2\times3\times4\times\cos(\pi-\theta)$$
$$= 4^2+5^2-2\times4\times5\times\cos\theta$$

즉 $25+24\cos\theta = 41-40\cos\theta$에서

$\cos\theta = \dfrac{1}{4}$이므로 $\overline{AC}^2 = 31$

LECTURE

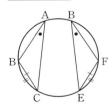

$\overline{BC} = \overline{EF}$, $\overparen{BC} = \overparen{EF}$

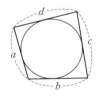

$a+c = b+d$

05 답 ①

GUIDE

❶ $\overline{BD}$의 길이를 구한다.
❷ 두 삼각형 ABE와 CDE가 합동임을 이용해 $\overline{DE}$의 길이를 구한다.
이때 $\overline{EB} = \overline{ED}$도 이용한다.

삼각형 ABD에서
$$\overline{BD} = \sqrt{5^2+3^2-2\times5\times3\times\cos120°} = 7$$
두 삼각형 ABE와 CDE가 합동이므로
$\overline{AE} = x$라 하면 $\overline{CE} = x$, $\overline{DE} = 5-x$
삼각형 CDE에서
$$(5-x)^2 = 3^2+x^2-2\times3\times x\times\cos120° \qquad \therefore x = \frac{16}{13}$$

따라서 $\overline{DE} = \dfrac{49}{13}$이므로 삼각형 BDE에서

$$\cos\theta = \frac{\left(\dfrac{49}{13}\right)^2+\left(\dfrac{49}{13}\right)^2-7^2}{2\times\dfrac{49}{13}\times\dfrac{49}{13}} = -\frac{71}{98}$$

06 답 ③

GUIDE

❶ 점 P를 두 직선 OA, OC에 대하여 대칭이동하여 잡은 두 점을 연결한 선분의 길이를 생각한다.
❷ 삼각형 OAC가 정삼각형임을 이용한다.

점 P를 직선 OA와 직선 OC에 대하여 대칭이동한 점을 각각 P′, P″이라 하면 $\overline{PQ} = \overline{P'Q}$, $\overline{PR} = \overline{P''R}$에서
$$\overline{PQ}+\overline{QR}+\overline{RP} = \overline{P'Q}+\overline{QR}+\overline{RP''} \geq \overline{P'P''}$$
이므로 $\overline{PQ}+\overline{QR}+\overline{RP}$의 최솟값은 $\overline{P'P''}$이다.

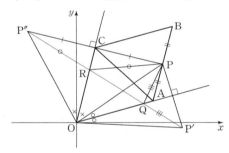

$\angle AOP = \angle AOP'$, $\angle COP = \angle COP''$,
$\overline{OP} = \overline{OP'} = \overline{OP''} = \sqrt{91}$이고 삼각형 OAC가 정삼각형이므로
$\angle P'OP'' = 2\angle AOC = 120°$
따라서 삼각형 OP′P″에서
$$\overline{P'P''} = \sqrt{(\sqrt{91})^2+(\sqrt{91})^2-2\times(\sqrt{91})^2\times\cos120°}$$
$$= \sqrt{273}$$
이므로 최솟값 $\sqrt{273}$

참고

❶ $\triangle OPA \equiv \triangle OP'A$에서 $\overline{OP} = \overline{OP'}$
또 $\triangle OPC \equiv \triangle OP''C$에서 $\overline{OP} = \overline{OP''}$ $\qquad \therefore \overline{OP} = \overline{OP'} = \overline{OP''}$

한편 $P\left(\dfrac{9\sqrt{3}}{2}, \dfrac{11}{2}\right)$이므로

$\overline{OP} = \sqrt{\left(\dfrac{9\sqrt{3}}{2}\right)^2+\left(\dfrac{11}{2}\right)^2} = \sqrt{91}$

❷ $\overline{OA} = \sqrt{52}$, $\overline{OC} = \sqrt{52}$, $\overline{AC} = \sqrt{52}$이므로 $\triangle OAC$는 정삼각형

07 ⊜ $\overline{AB}=\overline{AC}$인 이등변삼각형

GUIDE

❶ tan를 sin과 cos으로 나타낸다.
❷ sin, cos을 사인법칙과 코사인법칙을 써서 변의 길이를 이용해 나타낸다.

$\overline{BC}\tan B=2\overline{AC}\sin C$에서 $\overline{BC}\dfrac{\sin B}{\cos B}=2\overline{AC}\sin C$

양변에 $\cos B$를 곱하면

$\overline{BC}\sin B=2\overline{AC}\sin C\cos B$

사인법칙과 코사인법칙에서

$a\times\dfrac{b}{2R}=2b\times\dfrac{c}{2R}\times\dfrac{a^2+c^2-b^2}{2ac}$, $a=\dfrac{a^2+c^2-b^2}{a}$

즉 $b^2=c^2$에서 $b=c$이므로 $\overline{AB}=\overline{AC}$인 이등변삼각형

참고

$\sin B=\dfrac{b}{2R}$, $\sin C=\dfrac{c}{2R}$, $\cos B=\dfrac{a^2+c^2-b^2}{2ac}$을 대입한다.

다른 풀이

$a\tan B=2b\sin C$에서 $\dfrac{1}{2}a\tan B=b\sin C$

$b\sin C$는 삼각형 ABC의 높이이므로 $\dfrac{1}{2}a\tan B$는 삼각형 ABC의 높이이고, 중점연결정리에서 점 A는 빗변 DB의 중점이다.

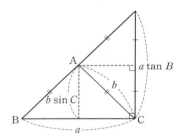

빗변의 중점이 외심이므로 $\overline{AB}=\overline{AC}$인 이등변삼각형이다.

08 ⊜ 2

GUIDE

❶ $\sin A:\sin B=1:2$에서 a, b를 한 문자로 나타낸다.
❷ $\tan B:\tan C=2:3$에서 a, b, c를 한 문자로 나타낸다.

$\sin A:\sin B=\dfrac{a}{2R}:\dfrac{b}{2R}=a:b=1:2$이므로

$a=k$, $b=2k$ $(k>0)$로 놓자.

$\tan B:\tan C=\dfrac{\sin B}{\cos B}:\dfrac{\sin C}{\cos C}$

$\qquad=\dfrac{b\times ac}{c^2+a^2-b^2}:\dfrac{c\times ab}{a^2+b^2-c^2}=2:3$

에서 $c^2+a^2-b^2:a^2+b^2-c^2=3:2$이므로

$5c^2=a^2+5b^2=21k^2$

따라서 $\cos C=\dfrac{a^2+b^2-c^2}{2ab}=\dfrac{1}{5}$이므로 $10\cos C=2$

참고

$\dfrac{\sin B}{\cos B}:\dfrac{\sin C}{\cos C}=\dfrac{b}{2R}\times\dfrac{2ac}{a^2+c^2-b^2}:\dfrac{c}{2R}\times\dfrac{2ab}{a^2+b^2-c^2}$

$\qquad=\dfrac{abc}{c^2+a^2-b^2}:\dfrac{abc}{a^2+b^2-c^2}$

09 ⊜ ④

GUIDE

$\cos^2\theta=1-\sin^2\theta$를 이용해 주어진 식을 sin에 대한 식으로 바꾼다.

$\cos^2 A+\cos^2 B+\sin A\sin B=\cos^2 C+1$에서

$1-\sin^2 A+1-\sin^2 B+\sin A\sin B=1-\sin^2 C+1$

즉 $\sin^2 A+\sin^2 B-\sin A\sin B=\sin^2 C$이므로

$\left(\dfrac{a}{2R}\right)^2+\left(\dfrac{b}{2R}\right)^2-\left(\dfrac{a}{2R}\right)\left(\dfrac{b}{2R}\right)=\left(\dfrac{c}{2R}\right)^2$

$\therefore a^2+b^2-ab=c^2$

따라서 $\cos C=\dfrac{a^2+b^2-c^2}{2ab}=\dfrac{ab}{2ab}=\dfrac{1}{2}$이므로 $\angle C=\dfrac{\pi}{3}$

10 ⊜ $3\sqrt{10}$

GUIDE

❶ $\cos 2\theta$의 값을 구한다.
❷ $\angle BOD=2\theta$임을 이용해 $\overline{BD}$ 길이를 구한다.

삼각형 ABC에서 $\cos 2\theta=\dfrac{4}{5}$이고,

$\angle BOD=2\theta$이므로

삼각형 OBD에서

$\overline{BD}=\sqrt{5^2+5^2-2\times5\times5\times\dfrac{4}{5}}$

$\qquad=\sqrt{10}$

따라서 $\overline{AD}=\sqrt{\overline{AB}^2-\overline{BD}^2}$

$\qquad=\sqrt{10^2-10}=3\sqrt{10}$

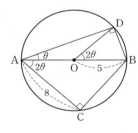

다른 풀이

$\triangle AOD$에서 $\angle AOD=\pi-2\theta$이고, $\triangle ABC$에서 $\cos 2\theta=\dfrac{4}{5}$

이때 $\cos(\pi-2\theta)=-\cos 2\theta=-\dfrac{4}{5}$이므로

$\therefore \overline{AD}=\sqrt{5^2+5^2-2\times5\times5\times\left(-\dfrac{4}{5}\right)}=3\sqrt{10}$

11 ⊜ ③

GUIDE

삼각형을 이용해 □ABCD의 넓이를 나타낸다.
$\angle BOA=30°$, $\angle BOC=90°$

$$\square ABCD = 3\triangle OAB - \triangle OCB$$
$$= 3 \times \frac{1}{2} \times (\sqrt{6}+\sqrt{2})^2 \times \sin 30° - \frac{1}{2} \times (\sqrt{6}+\sqrt{2})^2$$
$$= 2 + \sqrt{3}$$

12 답 12

GUIDE

$\triangle ABC = \triangle ABD + \triangle ADC$

삼각형 ABC의 넓이는
두 삼각형 ABD, ADC의 넓이 합과 같으므로
$$\frac{1}{2} \times 2 \times 2$$
$$= \frac{1}{2} \times 2 \times \overline{AD} \times \sin\left(\frac{\pi}{2} - \theta\right) + \frac{1}{2} \times 2 \times \overline{AD} \times \sin\theta$$
즉 $2 = \overline{AD}(\sin\theta + \cos\theta)$에서 $\sin\theta + \cos\theta = \dfrac{2}{\overline{AD}}$

이때 $(\sin\theta + \cos\theta)^2 = \sin^2\theta + \cos^2\theta + 2\sin\theta\cos\theta$이므로
$$\frac{4}{\overline{AD}^2} = 1 + 2 \times \frac{1}{3} = \frac{5}{3} \qquad \therefore 5\overline{AD}^2 = 12$$

13 답 $135\sqrt{3}$

GUIDE

삼각형 AB′C′의 넓이를 x로 나타내어 넓이가 최대일 때 $\overline{AB'}$과 $\overline{AC'}$의 길이를 구한다.

삼각형 AB′C′의 넓이는
$$\frac{1}{2} \times 20\left(1 + \frac{2x}{100}\right) \times 24\left(1 - \frac{x}{100}\right) \times \sin A$$
$$= \frac{6\sin A}{125}\{-(x-25)^2 + 5625\}$$
이므로 $x = 25$일 때 넓이가 최대이다.
이때 $\overline{AB'} = 30$, $\overline{AC'} = 18$이고, $\overline{B'C'} = 42$이므로
헤론의 공식으로 구한 삼각형 AB′C′의 넓이는
$$\sqrt{45 \times 15 \times 27 \times 3} = \sqrt{3^7 \times 5^2} = 135\sqrt{3}$$

14 답 20

GUIDE

❶ 두 삼각형 ABC, ACD의 넓이에서 PBQ, SRD의 넓이를 찾는다.
❷ 두 삼각형 BCD, BDA의 넓이에서 RQC, APS의 넓이를 찾는다.

(i) 대각선 AC를 긋고 삼각형 ABC의 넓이를 a, 삼각형 ACD의 넓이를 b라 하면 $a + b = 36$이다.
이때 △ABC, △ACD에서
$$\triangle PBQ = \frac{1}{2} \times \frac{1}{3}\overline{AB} \times \frac{2}{3}\overline{BC} \times \sin B$$
$$= \frac{2}{9}a$$

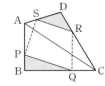

$$\triangle SRD = \frac{1}{2} \times \frac{1}{3}\overline{CD} \times \frac{2}{3}\overline{AD} \times \sin D = \frac{2}{9}b$$
$$\therefore \triangle PBQ + \triangle SRD = \frac{2}{9}(a+b) = 8$$

(ii) 대각선 BD를 긋고, 삼각형 BCD의 넓이를 c, 삼각형 BDA의 넓이를 d라 하면 $c + d = 36$이다.
이때 △BCD, △BDA에서
$$\triangle RQC = \frac{1}{2} \times \frac{1}{3}\overline{BC} \times \frac{2}{3}\overline{CD} \times \sin C$$
$$= \frac{2}{9}c$$

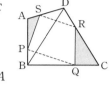

$$\triangle APS = \frac{1}{2} \times \frac{2}{3}\overline{AB} \times \frac{1}{3}\overline{AD} \times \sin A$$
$$= \frac{2}{9}d$$
$$\therefore \triangle RQC + \triangle APS = \frac{2}{9}(c+d) = 8$$

따라서 사각형 PQRS의 넓이는 $36 - (8 + 8) = 20$

15 답 204

GUIDE

코사인법칙을 이용해
❶ 삼각형 PBA′에서 $\overline{PA'}$의 길이를 구한다.
❷ 삼각형 QA′C에서 $\overline{QA'}$의 길이를 구한다.

접는 선을 $\overline{PQ}$라 할 때, $\overline{BA'} = 2$이므로
$\overline{BP} = x$라 하면 삼각형 PBA′에서
$$2^2 + x^2 - 4x\cos\frac{\pi}{3} = (8-x)^2,$$
즉 $x = \dfrac{30}{7}$이므로 $\overline{A'P} = \dfrac{26}{7}$

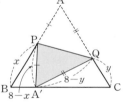

$\overline{CQ} = y$라 하면 삼각형 QA′C에서
$$6^2 + y^2 - 12y\cos\frac{\pi}{3} = (8-y)^2,\ 즉\ y = \frac{14}{5}$$이므로 $\overline{A'Q} = \dfrac{26}{5}$

따라서 삼각형 A′PQ의 넓이는
$$\frac{1}{2} \times \frac{26}{7} \times \frac{26}{5}\sin\frac{\pi}{3} = \frac{169\sqrt{3}}{35}$$이므로 $p = 169$, $q = 35$
$$\therefore p + q = 204$$

16 답 0

GUIDE

$\square ABCD = \triangle OAB + \triangle OBC + \triangle OCD + \triangle ODA$

부채꼴의 호의 길이는 중심각에 비례하므로 원의 중심을 O라 하면
$\angle AOB = 30°$, $\angle BOC = 60°$,
$\angle COD = 150°$, $\angle DOA = 120°$
$\therefore \square ABCD$
$= \triangle OAB + \triangle OBC$
$+ \triangle OCD + \triangle ODA$

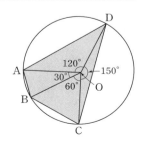

$$=\frac{1}{2}\times2^2\times(\sin30°+\sin60°+\sin150°+\sin120°)$$

$$=2\left(\frac{1}{2}+\frac{\sqrt{3}}{2}+\frac{1}{2}+\frac{\sqrt{3}}{2}\right)$$

$$=2+2\sqrt{3}$$

따라서 $p=2$, $q=2$이므로 $p-q=0$

17 답 $4\sqrt{30}$

GUIDE
$\triangle BP_1Q_1$과 $\triangle DAQ_1$이 닮음임을 이용해 $\square ABCD$의 넓이를 구한다.

$\triangle BP_1Q_1 \backsim \triangle DAQ_1$에서 $\overline{BP_1}:\overline{DA}=1:5$

이때 $\overline{BQ_1}:\overline{BD}=1:6$이므로 $\triangle ABD=6\times5\sqrt{3}=30\sqrt{3}$

$\square ABCD=2\times30\sqrt{3}=60\sqrt{3}$

즉 $\overline{AB}\times\overline{BC}\times\sin60°=60\sqrt{3}$에서 $\overline{AB}\times\overline{BC}=120$

$\overline{AB}+\overline{BC}\geq2\sqrt{\overline{AB}\times\overline{BC}}=2\sqrt{120}=4\sqrt{30}$

따라서 $\overline{AB}+\overline{BC}$의 최솟값은 $4\sqrt{30}$

STEP 3 | **1등급 뛰어넘기**   p. 84~86

01 (1) 7 (2) $2\sqrt{3}-2$	**02** $\sqrt{52}$	**03** ⑤	
04 18	**05** 105	**06** 2	**07** 27
08 ④	**09** ③		

01 답 (1) 7   (2) $2\sqrt{3}-2$

GUIDE
❶ 삼각형 CAO는 이등변삼각형
이므로 $\angle ACO=\theta$이고,
$\angle DCO=\theta$
❷ $\angle COD=\theta+\theta=2\theta$,
$\angle CDB=\theta+2\theta=3\theta$

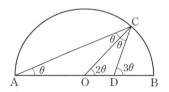

(1) 삼각형 COD에서

$$\frac{\overline{OD}}{\sin\theta}=\frac{\overline{OC}}{\sin(\pi-3\theta)}=\frac{4}{\sin3\theta}$$ 이므로 $\overline{OD}=\frac{4\sin\theta}{\sin3\theta}$

따라서 $a=4$, $b=3$이므로 $a+b=7$

(2) $\theta=15°$이면 (1)에서

$$\overline{OD}=\frac{4\sin15°}{\sin45°}=\frac{4\times\frac{\sqrt{6}-\sqrt{2}}{4}}{\frac{1}{\sqrt{2}}}=2\sqrt{3}-2$$

따라서 삼각형 COD의 넓이는

$$\frac{1}{2}\times4\times(2\sqrt{3}-2)\times\sin30°=2\sqrt{3}-2$$

---

02 답 $\sqrt{52}$

GUIDE
거리의 합에서 최솟값을 구할 때는 주로 대칭 또는 회전을 이용한다. 이 문제에서는 대칭을 이용할 경우 $\overline{PA}+\overline{PB}+\overline{PC}\geq$(어떤 선분) 꼴로 나타내기 힘들므로 회전하는 것을 선택한다.

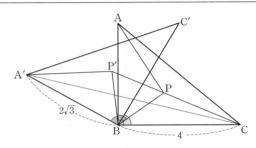

삼각형 ABC를 점 B를 중심으로 시계반대방향으로 60°만큼 회전시킨 삼각형 A'BC'을 생각하자. 이때 $\overline{BP}=\overline{BP'}$이고, $\angle P'BP=60°$이므로 삼각형 PP'B는 정삼각형이다.

즉 $\overline{PB}=\overline{P'P}$이므로

$$\overline{PA}+\overline{PB}+\overline{PC}=\overline{A'P'}+\overline{P'P}+\overline{PC}\geq\overline{A'C}$$

$$\overline{A'C}^2=(2\sqrt{3})^2+4^2-2\times2\sqrt{3}\times4\times\cos150°=52$$

따라서 $\overline{PA}+\overline{PB}+\overline{PC}$의 최솟값은 $\sqrt{52}$

1등급 NOTE

점 B를 중심으로 시계방향으로 60°만큼 회전시켜서 해결할 수도 있다. 점 A, 점 C를 중심으로 회전시켜도 가능하다.

---

03 답 ⑤

GUIDE
$\overline{FG}$의 길이를 구해 삼각형 FBG에서 $\overline{BF}$의 길이를 나타낸다.

ㄱ. $\angle BGF=\theta$이므로 $\angle BFG=60°-\theta$
$\angle BFE=\angle BFG+\angle GFE$
$\quad\quad=(60°-\theta)+30°=90°-\theta$ (○)

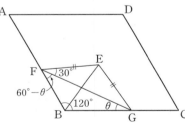

ㄴ. 삼각형 EFG에서 $\overline{FG}=2\overline{EF}\cos30°=2\sqrt{3}$
삼각형 BGF에서 $\frac{\overline{FG}}{\sin120°}=\frac{\overline{BF}}{\sin\theta}$
$\overline{BF}=4\sin\theta$ (○)

ㄷ. 삼각형 EFB에서
$\overline{BE}^2=\overline{BF}^2+\overline{EF}^2-2\overline{BF}\times\overline{EF}\times\cos(90°-\theta)$
$\quad\quad=(4\sin\theta)^2+2^2-16\sin^2\theta$
$\quad\quad=4$
따라서 $\overline{BE}=2$로 항상 일정하다. (○)

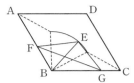

참고

문제의 조건에 따라 점 F와 점 G가 각 각 변 AB, 변 BC 위를 움직일 때, 오 른쪽 그림처럼 점 E는 반지름 길이가 2인 부채꼴에서 호 위를 움직인다.

04 답 18

GUIDE

$\angle A = 135°$이므로 $\angle BAP = \angle PAQ = \angle QAH = 45°$

$\therefore \angle IAP = 90°$

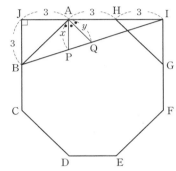

$\overline{AH}$의 연장선과 $\overline{BC}$의 연장선이 만나는 점을 J라 하면

$\angle IAP = 90°$에서 두 삼각형 IAP, IJB는 닮음이고 닮음비는

$2 : 3$이므로 $x = 2$

이때 $\triangle API = \triangle APQ + \triangle AQI$이므로

$\dfrac{1}{2} \times 6 \times x = \dfrac{1}{2} \times x \times y \times \sin 45° + \dfrac{1}{2} \times 6 \times y \times \sin 45°$

에서 $y = \dfrac{3}{\sqrt{2}}$

따라서 $xy = 3\sqrt{2}$이므로 $(xy)^2 = 18$

05 답 105

GUIDE

$\overline{AB}$, $\overline{AC}$의 길이를 구한다.

선분 AC와 원이 만나는 점을 D라 하면

$\angle ABD = \dfrac{\pi}{2}$

$\sin\theta = \dfrac{1}{4}$에서

$\cos\theta = \sqrt{1 - \sin^2\theta} = \dfrac{\sqrt{15}}{4}$

$\overline{AD} = 56$, $\overline{BD} = \overline{AD}\sin\theta = 14$,

$\overline{AB} = \overline{AD}\cos\theta = 14\sqrt{15}$

이때 $\angle BDC = \dfrac{\pi}{2} + \theta$, $\angle DBC = \theta$에서

$\overline{CD} = a$, $\overline{BC} = b$라 놓으면 $\triangle BCD$에서

$\dfrac{a}{\sin\theta} = \dfrac{b}{\sin\left(\dfrac{\pi}{2}+\theta\right)}$ $\therefore b = \sqrt{15}a$ …… ㉠

또한 $\overline{CD} \times \overline{CA} = \overline{CB}^2$이므로 $a(a+56) = b^2$ …… ㉡

㉠, ㉡에서 $a = 4$

$\therefore$ $\triangle ACB$의 넓이 $= \dfrac{1}{2} \times \overline{AC} \times \overline{AB} \times \sin\theta$

$= \dfrac{1}{2} \times 60 \times 14\sqrt{15} \times \dfrac{1}{4} = 105\sqrt{15}$

따라서 $p = 105$

LECTURE

오른쪽 그림과 같이 원 위의 한 점 T를 지나는 접선과 현 AB를 연장한 선이 한 점 P에서 만날 때 $\overline{PT}^2 = \overline{PA} \times \overline{PB}$

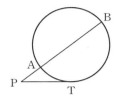

06 답 2

GUIDE

$\angle O_1DO_3 = 45°$를 이용하여 코사인법칙에서 원 O_3의 반지름 길이를 구한다.

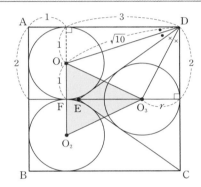

그림에서 $\overline{DO_1}$, $\overline{DO_3}$는 각각 $\angle ADE$, $\angle CDE$를 이등분하므로

$\angle O_1DO_3 = 45°$

삼각형 CDE의 내접원의 반지름 길이를 r라 하면

삼각형 DO_1O_3에서

$\cos 45° = \dfrac{10 + (r^2+4) - \{(3-r)^2 + 1\}}{2\sqrt{10}\sqrt{r^2+4}}$ $\therefore r = 1$

따라서 $\triangle O_1O_2O_3 = \dfrac{1}{2} \times 2 \times 2 = 2$

참고

$\overline{DO_3} = \sqrt{r^2 + 2^2} = \sqrt{r^2+4}$이고, $\overline{O_3F} = 3-r$에서 $\overline{O_1O_3} = \sqrt{(3-r)^2 + 1^2}$

07 답 27

GUIDE

점 F를 $\overline{AB}$와 $\overline{BC}$에 대하여 각각 대칭이동시켜 생각한다.

점 F를 선분 AB와 BC에 대하여 대칭이동한 점을 각각 F′, F″ 이라 하면

$\overline{D'F} + \overline{D'E'} + \overline{E'F} = \overline{D'F'} + \overline{D'E'} + \overline{E'F''} \geq \overline{F'F''}$

즉 삼각형 DEF의 둘레의 최소 길이는 다음 그림에서

$\overline{F'F''}$의 길이와 같다.

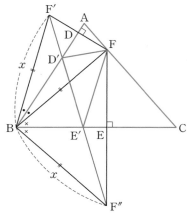

$\angle B = 60°$이므로 $\angle F'BF'' = 120°$이고, $\overline{BF} = x$라 하면
$$\overline{F'F''}^2 = x^2 + x^2 - 2x^2 \cos 120° = 3x^2$$
즉 $\overline{F'F''} = \sqrt{3}x$이므로 $\overline{BF}$가 최소일 때, $\overline{F'F''}$도 최소가 된다.

x의 최솟값은 점 B에서 $\overline{AC}$에 내린 수선의 길이이다.

$\overline{AC}^2 = 8^2 + 10^2 - 160 \cos 60° = 84$에서 $\overline{AC} = 2\sqrt{21}$이고
삼각형 ABC의 넓이를 구하는 두 가지 방법에서

$$\frac{1}{2} \times 8 \times 10 \times \sin 60° = \frac{1}{2} \times 2\sqrt{21} x \qquad \therefore x = \frac{20}{\sqrt{7}}$$

따라서 $\overline{F'F''}$ 길이의 최솟값은 $\dfrac{20\sqrt{21}}{7}$ 이므로

$p = 7$, $q = 20$에서 $p + q = 27$

08 답 ④

GUIDE

두 삼각형 DAB와 DBC에서 코사인법칙을 생각한다.
이때 $\cos\theta + \cos(\pi-\theta) = \cos\theta - \cos\theta = 0$임을 이용한다.

중심이 C인 원의 지름 길이가 2이므로
반지름 길이가 1이고, 중심이 D인 원
의 반지름 길이를 r라 하면
$\overline{AD} = 3 + r$ (외접),
$\overline{CD} = 1 + r$ (외접),
$\overline{BD} = 4 - r$ (내접)이고
$\overline{AB} = 1$, $\overline{BC} = 3$이므로
$\angle DBA = \theta$라 하면 $\angle DBC = \pi - \theta$
$\triangle DAB$에서
$$\cos\theta = \frac{1^2 + (4-r)^2 - (3+r)^2}{2 \times 1 \times (4-r)} = \frac{4-7r}{4-r} \quad \cdots\cdots \text{㉠}$$
$\triangle DBC$에서
$$\cos(\pi-\theta) = -\cos\theta$$
$$= \frac{3^2 + (4-r)^2 - (1+r)^2}{2 \times 3 \times (4-r)} = \frac{12-5r}{3(4-r)} \quad \cdots\cdots \text{㉡}$$

㉠+㉡ : $\dfrac{(12-21r) + 12 - 5r}{3(4-r)} = 0$

즉 $24 - 26r = 0$에서 $r = \dfrac{12}{13}$

LECTURE

중심이 O, O'인 두 원의 반지름 길이가 각각 r, r'이고, 두 원의 중심 사이 거리가 d일 때

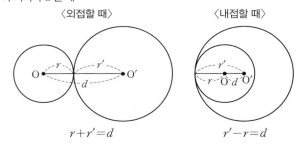

$$r + r' = d \qquad\qquad r' - r = d$$

09 답 ③

GUIDE

❶ $\triangle PBC$의 넓이를 구하는 두 가지 방법에서 x, y, $\angle BPC$의 관계를 찾는다.

❷ $\triangle PBC$에서 $\angle BPC = \theta$라 하면
$$\triangle PBC = \frac{1}{2}xy\sin\theta = \frac{1}{2} \times 4 \times 1 = 2$$에서 $xy\sin\theta = 4$

ㄱ. $xy = \dfrac{4}{\sin\theta} \geq 4$ ($\bigcirc$)
$\qquad (\because 0 < \sin\theta \leq 1)$

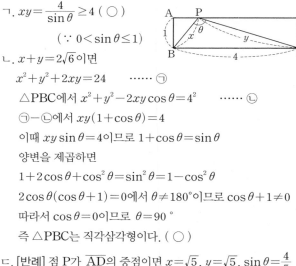

ㄴ. $x + y = 2\sqrt{6}$이면
$\qquad x^2 + y^2 + 2xy = 24 \qquad \cdots\cdots \text{㉠}$
$\qquad \triangle PBC$에서 $x^2 + y^2 - 2xy\cos\theta = 4^2 \qquad \cdots\cdots \text{㉡}$
㉠-㉡에서 $xy(1 + \cos\theta) = 4$
이때 $xy\sin\theta = 4$이므로 $1 + \cos\theta = \sin\theta$
양변을 제곱하면
$1 + 2\cos\theta + \cos^2\theta = \sin^2\theta = 1 - \cos^2\theta$
$2\cos\theta(\cos\theta + 1) = 0$에서 $\theta \neq 180°$이므로 $\cos\theta + 1 \neq 0$
따라서 $\cos\theta = 0$이므로 $\theta = 90°$
즉 $\triangle PBC$는 직각삼각형이다. ($\bigcirc$)

ㄷ. [반례] 점 P가 $\overline{AD}$의 중점이면 $x = \sqrt{5}$, $y = \sqrt{5}$, $\sin\theta = \dfrac{4}{5}$

사인법칙에서 $\dfrac{4}{\sin\theta} = 2R$, 즉 $R = \dfrac{5}{2}$이므로

외접원의 넓이는 $\dfrac{25}{4}\pi > 5\pi$ ($\times$)

참고

ㄷ. 점 P가 $\overline{AD}$의 중점이면
그림에서 $x = y = \sqrt{2^2 + 1^2} = \sqrt{5}$
또 $\dfrac{1}{2} \times (\sqrt{5})^2 \sin\theta = 2$에서
$\sin\theta = \dfrac{4}{5}$

1등급 NOTE

반례를 생각할 때 점 P의 위치가 특이점인 곳, 즉 꼭짓점이나 중점에 있는 경우를 생각한다.

08 등차수열과 등비수열

STEP 1 | 1등급 준비하기
p. 90~91

01 (1) 1 (2) 20	**02** (1) 32 (2) 88	**03** ③
04 (1) 5 (2) 10	**05** 30	**06** 960
07 (1) 54 (2) 32	**08** (1) 9 (2) 5	**09** 243
10 21	**11** ⑤	**12** ②

---

01 답 (1) 1 (2) 20

GUIDE

(1) 첫째항부터 등차수열일 때 공차 $d=a_2-a_1=a_3-a_2=\cdots=a_n-a_{n-1}$
(2) 첫째항과 공차를 구하거나 등차중항을 이용한다.

(1) $d=a_2-a_1=\log_2(3\times2^{2-1})-\log_2(3\times2^{1-1})$

$\qquad =\log_2\dfrac{6}{3}=\log_2 2=1$

(2) 등차수열 $\{a_n\}$의 첫째항을 a, 공차를 d라 하면

$a_5=3a_3$에서 $a+4d=3(a+2d)$

$\therefore a+d=0$ ····· ㉠

$a_2+a_4=8$에서 $2a+4d=8$

$\therefore a+2d=4$ ····· ㉡

㉠, ㉡에서 $a=-4$, $d=4$

$\therefore a_7=a+6d=-4+6\times4=20$

다른 풀이

(2) $a_2+a_4=2a_3=8$ $\therefore a_3=4$

또 $a_5=a_3+2d=3a_3$에서 $2d=8$

$\therefore a_7=a_5+2d=12+8=20$

참고

등차수열 $\{a_n\}$에서 n, k가 자연수일 때

$a_n=\dfrac{a_{n-k}+a_{n+k}}{2}=\dfrac{a_{n-k}+a_n+a_{n+k}}{3}$

---

02 답 (1) 32 (2) 88

GUIDE

$a_1=a$라 하고 공차를 이용해 주어진 조건을 나타낸다.

(1) 공차가 2이므로 $a_1+a_4+a_7=3a+18=33$

$\quad \therefore a=5$

이때 $a_1+a_{12}=2a+22=32$

(2) 공차를 d라 하면 $a_5+a_6+a_7=(a_1+a_2+a_3)+12d$

즉 $52+12d=76$에서 $d=2$이므로

$a_7+a_8+a_9=(a_5+a_6+a_7)+6d$

$\qquad\qquad\qquad =76+12=88$

---

03 답 ③

GUIDE

삼차방정식의 근과 계수의 관계와 등차중항을 이용한다.

근과 계수의 관계에서 $1+a+b=6$이고,

등차중항에서 $2a=1+b$이므로 $a=2$, $b=3$

즉 방정식의 세 근이 1, 2, 3이므로

$x^3-6x^2+mx-n=(x-1)(x-2)(x-3)$

$\qquad\qquad\qquad\quad =x^3-6x^2+11x-6$

따라서 $m+n=11+6=17$

---

04 답 (1) 5 (2) 10

GUIDE

맨 끝에 있는 항이 몇 번째 항인지 확인해 일반항 공식, 합 공식을 이용한다.

(1) 5와 29 사이에 n개의 수를 넣었다고 생각하면 이 수열은 첫째
항이 5이고 공차가 4인 등차수열이며

$a_{n+2}=5+(n+1)\times4=29$에서 $n=5$

(2) 첫째항이 5, 끝항이 29, 항이 $(n+2)$개이므로

이 등차수열의 합에서

$\dfrac{(n+2)(5+29)}{2}=153$, $n+2=9$ $\therefore n=7$

이 등차수열의 공차를 d라 하면 제9항이 29이므로

$a_9=5+(9-1)d=29$ $\therefore d=3$

$\therefore n+d=7+3=10$

주의

이런 문제를 풀 때는 항의 개수에 주의해야 한다. 전체 항이 $(n+2)$개이
므로 마지막 항은 n번째 항이 아니라 $(n+2)$번째 항이다.

---

05 답 30

GUIDE

다음과 같이 생각해서 틀리지 않도록 주의한다.

P의 좌표 1을 x_0, Q의 좌표 9를 x_7이라 하고 좌표를 나열하면

$1(x_0)$, x_1, x_2, $\cdots$, x_6, $9(x_7)$이고,

$x_1-x_0=x_2-x_1=x_3-x_2=\cdots=x_7-x_6$이므로

수열 $\{x_n\}$ $(0\le n\le7)$은 등차수열을 이룬다.

이때 $x_0=1$, $x_7=9$이므로

$x_1+x_2+\cdots+x_6=\dfrac{8(x_0+x_7)}{2}-x_0-x_7=\dfrac{8\times10}{2}-10$

$\qquad\qquad\qquad\qquad =30$

다른 풀이

$x_0+x_7=x_1+x_6=x_2+x_5=x_3+x_4$이므로

$x_1+x_2+x_3+x_4+x_5+x_6=3(x_0+x_7)=30$

06 답 960

등차수열이면 항의 개수, 첫째항과 끝항을 알면 합을 구할 수 있다.

등차수열 $\{a_n\}$의 첫째항을 a, 공차를 d라 할 때

$S_{10}=\dfrac{10(2a+9d)}{2}=120$에서 $2a+9d=24$ ...... ㉠

$S_{20}=\dfrac{20(2a+19d)}{2}=440$에서 $2a+19d=44$ ...... ㉡

㉠, ㉡에서 $a=3$, $d=2$

$\therefore S_{30}=\dfrac{30(2a+29d)}{2}=\dfrac{30\times64}{2}=960$

다른 풀이

$S_{10}=120$, $S_{20}=440$에서

오른쪽과 같이 생각하면

$A=S_{10}=120$,

$B=S_{20}-S_{10}=440-120=320$

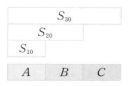

이때 A, B, C는 이 순서대로 등차수열을 이루므로

$2B=A+C$ $\therefore C=2\times320-120=520$

$\therefore S_{30}=A+B+C=120+320+520=960$

1등급 NOTE

❶ 수열 $\{a_n\}$이 등차수열이면 이것을 차례로 n개씩 묶어 합한 다음의 수열도 등차수열이다.

$a_1+a_2+\cdots+a_n$, $a_{n+1}+a_{n+2}+\cdots+a_{2n}$, $a_{2n+1}+a_{2n+2}+\cdots+a_{3n}$,

$\cdots$

❷ $a_n=\dfrac{a_{n-k}+a_{n+k}}{2}=\dfrac{a_{n-k}+a_n+a_{n+k}}{3}=\cdots$

❸ $S_n=a_1+a_2+\cdots+a_n$

$=\dfrac{n(a_1+a_n)}{2}=\dfrac{n(a_2+a_{n-1})}{2}=\dfrac{n(a_3+a_{n-2})}{2}=\cdots$

07 답 (1) 54 (2) 32

❶ 등비수열 a_1, a_2, $\cdots$, a_6에서 $a_1=a$, 공비를 r라 하고, 주어진 조건에서 a와 r에 대한 연립방정식을 세운다.

❷ 항이 모두 양수이므로 공비도 양수이다.

(1) $a_1a_6=a^2r^5$, $a_4=ar^3$이므로 $a^2r^5=18ar^3$에서 $ar^2=18$과

$a_2=ar=6$에서 $r=3$, $a=2$이므로 $a_4=ar^3=54$

(2) $\dfrac{a_1a_2}{a_3}=2$에서 $\dfrac{a\times ar}{ar^2}=\dfrac{a}{r}=2$ ...... ㉠

$\dfrac{2a_2}{a_1}+\dfrac{a_4}{a_2}=8$에서 $\dfrac{2ar}{a}+\dfrac{ar^3}{ar}=8$

$2r+r^2=8$, $(r+4)(r-2)=0$

$\therefore r=2\ (\because r>0)$ ...... ㉡

㉡을 ㉠에 대입하여 풀면 $a=4$

$\therefore a_4=ar^3=4\times2^3=32$

08 답 (1) 9 (2) 5

(1) a, b, c를 r로 나타낸다.

(2) 근과 계수의 관계와 등비중항을 이용한다.

(1) $a=r$, $b=r^2$, $c=r^3$이므로 $\log_{27}c=\log_{3^3}r^3=\log_3 r$

또 $\log_a b=\log_r r^2=2$

즉 $\log_{27}c=\log_a b$에서 $\log_3 r=2$

$\therefore r=3^2=9$

(2) 이차방정식 $x^2-px+5=0$의 두 근이 α, $\beta\ (\alpha<\beta)$이므로

근과 계수의 관계에서 $\alpha+\beta=p$, $\alpha\beta=5$

α, $\beta-\alpha$, β가 이 순서로 등비수열을 이루므로

$(\beta-\alpha)^2=\alpha\beta$

등식의 양변에 $4\alpha\beta$를 더하면, 즉 $(\alpha+\beta)^2=5\alpha\beta$에서

$p^2=5^2$이므로 $p=5\ (\because p>0)$

09 답 243

$a_n=2\times3^{n-1}$에서 $\dfrac{1}{a_n}=\dfrac{1}{2\times3^{n-1}}=\dfrac{1}{2}\times\left(\dfrac{1}{3}\right)^{n-1}$

$\dfrac{1}{a_n}=\dfrac{1}{2}\times\left(\dfrac{1}{3}\right)^{n-1}$이므로 수열 $\left\{\dfrac{1}{a_n}\right\}$은 첫째항이 $\dfrac{1}{2}$이고, 공비가

$\dfrac{1}{3}$인 등비수열이다.

$\dfrac{1}{a_1}+\dfrac{1}{a_2}+\cdots+\dfrac{1}{a_6}=\dfrac{\dfrac{1}{2}\left(1-\dfrac{1}{3^6}\right)}{1-\dfrac{1}{3}}=\dfrac{1}{2}\times\dfrac{3^6-1}{3^6-3^5}$

$=\dfrac{728}{4\times243}=\dfrac{182}{243}$

이므로 구하려는 값은 $k=243$

10 답 21

주어진 등비수열을 $\{b_n\}$이라 하면 b_1, b_2, $\cdots$, b_7이라 할 수 있으므로 $b_7=192=3\times2^6$에서 공비를 구한다.

주어진 등비수열의 일반항을 b_n, 공비를 $r\ (r>0)$라 하면

$b_7=3r^6=192$에서 $r^6=2^6$ $\therefore r=2$

이때 수열 $\left\{\dfrac{1}{b_n}\right\}$은 첫째항이 $\dfrac{1}{b_1}=\dfrac{1}{3}$이고,

공비 $\dfrac{1}{r}=\dfrac{1}{2}$인 등비수열이므로

$32\left(\dfrac{1}{3}+\dfrac{1}{a_1}+\cdots+\dfrac{1}{a_5}\right)=32\times\dfrac{\dfrac{1}{3}\left(1-\dfrac{1}{2^6}\right)}{1-\dfrac{1}{2}}=21$

11 답 ⑤

$$\frac{1}{a_1}+\frac{1}{a_2}+\cdots+\frac{1}{a_8}=\frac{1}{a}\left(1+\frac{1}{3}+\frac{1}{3^2}+\cdots+\frac{1}{3^7}\right)$$
$$=\frac{1}{a}\times\frac{1-\left(\frac{1}{3}\right)^8}{1-\frac{1}{3}}$$

수열 $\{a_n\}$은 첫째항이 a이고, 공비가 3인 등비수열이므로

수열 $\left\{\dfrac{1}{a_n}\right\}$은 첫째항이 $\dfrac{1}{a}$이고, 공비가 $\dfrac{1}{3}$인 등비수열이다.

$a_1+a_2+\cdots+a_8=k\left(\dfrac{1}{a_1}+\dfrac{1}{a_2}+\cdots+\dfrac{1}{a_8}\right)$에서

$$\frac{a(3^8-1)}{3-1}=\frac{k}{a}\times\frac{1-\left(\frac{1}{3}\right)^8}{1-\frac{1}{3}}$$

위 등식 우변의 분모와 분자에 3^8을 곱하면

$$\frac{a(3^8-1)}{2}=\frac{k}{a}\times\frac{3^8-1}{3^8-3^7}$$

위 등식의 양변을 정리하면

$$\frac{k}{a^2}=\frac{3^8-3^7}{2}=\frac{3^7(3-1)}{2}=3^7$$

12 답 ②

$n\geq2$일 때 일반항은 $a_n=S_n-S_{n-1}$에서 구하고, a_1은 S_1에서 구한다.

$x_n=S_n-S_{n-1}=\dfrac{3^n-3^{n-1}}{2}=\dfrac{3^{n-1}(3-1)}{2}=3^{n-1}$ ($n\geq2$)이고

$x_1=S_1=9$, $x_2=3$, $x_3=3^2$, $\cdots$이므로

x_2를 제외한 나머지 항 14개는 모두 9의 배수이다.

STEP 2 | 1등급 굳히기
p.92~97

01 225	02 ①	03 ③	04 ㄱ
05 ①	06 ③	07 ②	08 ②
09 −90	10 2	11 ③	12 ②
13 ④	14 ②	15 ②	16 18
17 (1) 1806 (2) 227		18 3	19 24
20 ①	21 (1) 10 (2) 48		22 32
23 ⑤	24 22년	25 2	26 ②
27 10			

---

01 답 225

$a_1=1+3+5+7+9=25$, $a_2=1+3+5+7+11=27$, $\cdots$처럼 a_1, a_2, $\cdots$를 구해 보면서 규칙을 찾는다.

가장 작은 홀수 5개는 1, 3, 5, 7, 9이므로 더하면 25이다.

즉 $a_1=25$

임의의 홀수 5개의 합 $a+b+c+d+e$에 대하여 a, b, c, d, e 중 하나를 2만큼 큰 홀수로 바꾸면 홀수 5개의 합도 2만큼 더 커진다.

따라서 수열 $\{a_n\}$은 첫째항이 25이고, 공차가 2인 등차수열이므로 $a_{101}=25+2(101-1)=225$

02 답 ①

등차수열 $\{a_n\}$의 첫째항을 a, 공차를 d로 놓고 ㈎에서 구한 식을 ㈏에 대입한다.

등차수열 $\{a_n\}$의 첫째항을 a, 공차를 d라 하면

㈎에서 $2a+12d=0$이고, ㈏에서 $|a+5d|=|a+6d|+3$

$a=-6d$를 대입하면 $|-d|=0+3$

$\therefore d=3$, $a=-18$ ($\because d>0$)

따라서 $a_2=-18+3=-15$

03 답 ③

x의 범위를 세 가지 경우, 즉 $x<a_n$, $a_n\leq x<a_{n+1}$, $x\geq a_{n+1}$에서 생각하면 $x<a_n$은 거짓이고, $x\geq a_{n+1}$은 항상 성립한다. $a_n\leq x<a_{n+1}$일 때 b_n을 구해 본다.

수열 $\{a_n\}$이 공차가 3인 등차수열이므로 $a_n<a_{n+1}$이다.

따라서 주어진 부등식에서 $a_n\leq x<a_{n+1}$일 때

$x\geq\dfrac{a_n+a_{n+1}}{2}$이므로 최솟값 $b_n=\dfrac{a_n+a_{n+1}}{2}$이다.

ㄱ. $b_1=\dfrac{a_1+a_2}{2}$ (○)

ㄴ. $a_n=1+3(n-1)$, $a_{n+1}=1+3n$이므로

$b_n=\dfrac{1+3(n-1)+1+3n}{2}=3n-\dfrac{1}{2}$

즉 수열 $\{b_n\}$은 공차가 3인 등차수열이다. (×)

ㄷ. $b_n=3n-\dfrac{1}{2}$이므로 $b_{99}+b_{101}=3(99+101)-1=599$ (○)

04 답 ㄱ

ㄱ. $a_n+a_{n+1}=c_n$으로 놓고 $c_{n+1}-c_n$을 구해 본다.

ㄴ. $2a_{2n}-a_{2n-1}=d_n$으로 놓고 $d_{n+1}-d_n$을 구한다.

ㄱ. $c_n = a_n + a_{n+1}$이라 하면

$$c_{n+1} - c_n = (a_{n+1} + a_{n+2}) - (a_n + a_{n+1})$$
$$= a_{n+2} - a_n = 2d = 4 \ (\because d = 2)$$

이므로 수열 $\{a_n + a_{n+1}\}$은 공차가 4인 등차수열이다. (○)

ㄴ. $d_n = 2a_{2n} - a_{2n-1}$이라 하면

$$d_{n+1} - d_n = (2a_{2n+2} - a_{2n+1}) - (2a_{2n} - a_{2n-1})$$
$$= 2(a_{2n+2} - a_{2n}) - (a_{2n+1} - a_{2n-1})$$
$$= 2 \times 2d - 2d$$
$$= 2d = 4 \ (\because d = 2)$$

이므로 수열 $\{2a_{2n} - a_{2n-1}\}$은 공차가 4인 등차수열이다. (×)

ㄷ. $p_n = \dfrac{a_1 + a_2 + \cdots + a_n}{n} = \dfrac{n\{2a_1 + 2(n-1)\}}{2n}$

$$= a_1 + (n-1)$$

이므로 수열 $\{p_n\}$은 공차가 1인 등차수열이다. (×)

ㄹ. $b_n + b_{n+1} = br^{n-1} + br^n = b(1+r)r^{n-1} = 3b \times 2^{n-1}$

이므로 수열 $\{b_n + b_{n+1}\}$은 공비가 2인 등비수열이다. (×)

05 답 ①

GUIDE
등차수열 $\{a_n\}$의 공차를 d라 놓고, a_{n+1}, a_{n+2}를 a_n, d를 써서 나타낸 다음 인수분해한 방정식에서 b_n을 구한다.

$a_{n+2}x^2 + 2a_{n+1}x + a_n = 0$의 한 근이 b_n이므로
$a_{n+2}b_n{}^2 + 2a_{n+1}b_n + a_n = 0$에서 등차수열 $\{a_n\}$의 공차를 d라
하면 $(a_n + 2d)b_n{}^2 + 2(a_n + d)b_n + a_n = 0$에서
오른쪽과 같이 인수분해하면
$(b_n + 1)\{(a_n + 2d)b_n + a_n\} = 0$

$$\therefore b_n = -\frac{a_n}{a_n + 2d} \ (\because b_n \neq -1)$$

따라서 $\dfrac{b_n}{b_n + 1} = \dfrac{-\dfrac{a_n}{a_n + 2d}}{\dfrac{a_n}{a_n + 2d} - 1} = -\dfrac{a_n}{2d}$이므로

이 수열의 공차는

$$-\frac{a_{n+1}}{2d} - \left(-\frac{a_n}{2d}\right) = \frac{a_n - a_{n+1}}{2d} = \frac{-d}{2d} = -\frac{1}{2}$$

06 답 ③

GUIDE
$2b = a + c$를 $2c^2 = b^2 + a^2$에 대입한다. 이때 a, b, c가 서로 다른 정수임을 생각한다.

a, b, c가 이 순서대로 등차수열을 이루므로

$$2b = a + c \qquad \therefore b = \frac{a+c}{2} \quad \cdots\cdots \text{㉠}$$

b^2, c^2, a^2이 이 순서대로 등차수열을 이루므로

$$2c^2 = b^2 + a^2 \quad \cdots\cdots \text{㉡}$$

㉠을 ㉡에 대입하면

$$2c^2 = \left(\frac{a+c}{2}\right)^2 + a^2, \ 7c^2 - 2ac - 5a^2 = 0$$

a, b, c는 서로 다른 세 정수이다.

$$(7c + 5a)(c - a) = 0 \qquad \therefore c = -\frac{5}{7}a \ (\because c \neq a)$$

이때 c가 정수이므로 a는 7의 배수이고 $0 < a < 10$이므로
$a = 7$, $c = -5$
이것을 ㉠에 대입하면 $b = 1$

$$\therefore abc = 7 \times 1 \times (-5) = -35$$

07 답 ②

GUIDE
문제 내용을 그림으로 나타내어 $\log f(a) = -\log a$임을 확인하고 등차중항을 이용한다.

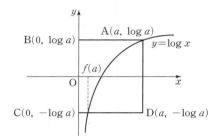

위 그림에서 $\log f(a) = -\log a = \log \dfrac{1}{a}$ $\qquad \therefore f(a) = \dfrac{1}{a}$

즉 $\dfrac{1}{a}$, a, 2가 이 순서로 등차수열을 이루므로

$2a = \dfrac{1}{a} + 2$에서 $2a^2 - 2a - 1 = 0$

$$\therefore a = \frac{1 + \sqrt{3}}{2} \ (\because a > 1)$$

08 답 ②

GUIDE
❶ $\overline{OC} = \overline{OA} + 2d = \overline{OB} + d$를 생각한다.
❷ (산술평균) ≥ (기하평균)을 이용하여 $\overline{OC}$ 길이가 최소가 되는 조건을 구한다.

$A(a, 0)$, $B(b, b)$, $C(c, c)$에 대하여
$\overline{OA} = a$이고 $\overline{OA}$, $\overline{OB}$, $\overline{OC}$가 이
순서대로 공차가 d인 등차수열을
이루므로

$$\overline{OC} = a + 2d \quad \cdots\cdots \text{㉠}$$

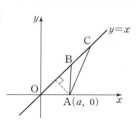

$\triangle ABC$의 높이 h는 점 $A(a, 0)$
에서 직선 $x - y = 0$에 이르는

거리와 같으므로 $h = \dfrac{a}{\sqrt{2}}$

또 $\overline{BC} = \overline{OC} - \overline{OB} = d$이므로 $\triangle ABC$의 넓이는

$\dfrac{1}{2} \times \overline{BC} \times h = \dfrac{ad}{2\sqrt{2}} = \sqrt{2}$ $\qquad \therefore ad = 4$ $\cdots\cdots$ ㉡

㉠에서 (산술평균)≥(기하평균)에 따라

$a + 2d \geq 2\sqrt{2ad} = 4\sqrt{2}$

즉 $a = 2d$일 때 $\overline{OC}$가 최소이므로 ㉡에서 $ad = 2d^2 = 4$

따라서 $d = \sqrt{2}$

LECTURE

❶ 점과 직선 사이의 거리

점 $P(x_1, y_1)$에서 직선 $ax + by + c = 0$에 이르는 거리는

$\dfrac{|ax_1 + by_1 + d|}{\sqrt{a^2 + b^2}}$

❷ (산술평균)≥(기하평균)

$a > 0$, $b > 0$일 때 $a + b \geq 2\sqrt{ab}$ (단, 등호는 $a = b$일 때 성립)

---

09 답 -90

GUIDE

$S_n = a(n-p)^2 + q$ 꼴로 정리하여 $7.5 < p < 8.5$임을 이용한다.

$a_n = a_1 + 4(n-1)$이고, $S_n = \dfrac{n\{2a_1 + 4(n-1)\}}{2}$을 정리하면

$S_n = 2n^2 + (a_1 - 2)n = 2\left\{n^2 + \dfrac{(a_1 - 2)}{2}n\right\}$

$= 2\left\{n + \dfrac{(a_1 - 2)}{4}\right\}^2 - \dfrac{(a_1 - 2)^2}{8}$

에서 S_n이 $n = 8$일 때 최소이므로

$-\dfrac{a_1 - 2}{4}$에 가장 가까운 정수가 8이다. 즉

$\dfrac{15}{2} < \dfrac{2 - a_1}{4} < \dfrac{17}{2}$에서 $-32 < a_1 < -28$이므로

a_1이 될 수 있는 수는 -31, -30, -29이고, 이때 합은 -90

주의

$\dfrac{15}{2} < \dfrac{2 - a_1}{4} < \dfrac{17}{2}$에서 등호는 생각하지 않는다. 예를 들어

$\dfrac{2 - a_1}{4} = \dfrac{15}{2}$이면 포물선의 대칭성에서 $n = 7$일 때의 값과 $n = 8$일 때의

값이 서로 같으므로 $n = 8$일 때만 최소라는 조건에 어긋난다.

다른 풀이

문제의 뜻에서 $a_8 < 0$이고 $a_9 > 0$이다.

즉 $a_1 < -28$과 $a_1 > -32$에서 -31, -30, -29를 구한다.

---

10 답 2

GUIDE

등차수열의 뜻에 따라 $S_n - S_{n-1}$은 공차, 즉 n값에 따라 변하는 값이 아니라 일정한 값(상수)임을 생각한다.

등차수열 $\{a_n\}$의 공차를 d라 하면

$S_n = \dfrac{n\{4 + (n-1)d\}}{2} = 2n + \dfrac{n(n-1)d}{2}$

$S_n - S_{n-1} = 2n + \dfrac{n(n-1)d}{2} - 2(n-1) - \dfrac{(n-1)(n-2)d}{2}$

$= 2 + (n-1)d$

S_n이 등차수열이므로 n값에 관계없이 공차가 상수이어야 한다.

따라서 $d = 0$이므로 $a_{10} = 2 + 9 \times 0 = 2$

참고

등차수열에서 (공차)$=0$인 경우도 있다.

---

11 답 ③

GUIDE

등차수열의 합을 구할 때는 항이 몇 개인지 알아야 한다. 주어진 합 9660을 이용해 100과 x 사이에 있는 7의 배수 개수를 n으로 놓고 식을 세운다.

100과 x 사이에 7의 배수가 n개 있다고 하면

$105, 112, 119, \cdots,$ (제n항)에서 첫째항 105부터 제n항까지의

합이 9660이므로 $\dfrac{n\{2 \times 105 + 7(n-1)\}}{2} = 9660$

위 식을 정리하면 $n^2 + 29n - 2760 = 0$

즉 $(n + 69)(n - 40) = 0$에서 n은 자연수이므로 $n = 40$

이때 (제40항)$= 105 + 7(40 - 1) = 378$, (제41항)$= 385$

$\therefore 378 < x < 385$

따라서 이 범위에 속한 가장 큰 3의 배수는 384

---

12 답 ②

GUIDE

첫째항과 끝항의 합을 이용해 $a_m + a_{m+1} + \cdots + a_{m+k}$를 구한다.

이때 a_m에서 a_{m+k}까지 항이 $(k+1)$개임을 주의한다.

수열 $\{a_n\}$은 첫째항이 30이고 공차가 $-d$인 등차수열이므로

$a_n = 30 - (n-1)d$

$a_m + a_{m+1} + \cdots + a_{m+k}$

$= \dfrac{(k+1)\{30 - (m-1)d + 30 - (m+k-1)d\}}{2}$

$= \dfrac{(k+1)\{60 - (2m+k-2)d\}}{2} = 0$

에서 $k + 1 > 0$이므로 $(2m + k - 2)d = 60$

즉 $2m + k = 2 + \dfrac{60}{d}$

이때 좌변이 자연수이므로 자연수인 d는 60의 약수이다.

따라서 $60 = 2^2 \times 3 \times 5$이므로 약수 d는 $3 \times 2 \times 2 = 12$(개)

13 답 ④

GUIDE

ㄴ. 주어진 n에 대한 사차식 $S_n T_n$의 n^4의 계수와 공차를 d로 놓고 S_n, T_n을 구해 얻은 $S_n T_n$의 n^4의 계수를 비교한다.

ㄷ. 두 수열 $\{a_n\}$, $\{b_n\}$ 모두 첫째항부터 등차수열이므로 S_n, T_n 모두 $\alpha n^2 + \beta n$ 꼴로 나타낼 수 있다. 이때 $a_n = S_n - S_{n-1}$이고, $b_n = T_n - T_{n-1}$에서 구한 것과 주어진 $a_n b_n$을 비교한다.

ㄱ. $S_1 = a_1$, $T_1 = b_1$이므로 $a_1 b_1 = S_1 T_1 = 1^2 \times 4 \times 5 = 4 \times 5$

따라서 $a_1 = 4$이면 $b_1 = 5$이다. (○)

ㄴ. 두 등차수열 $\{a_n\}$, $\{b_n\}$의 공차를 d라 하면
$$S_n = \frac{n\{2a_1 + (n-1)d\}}{2} = \frac{d}{2}n^2 + \left(a_1 - \frac{d}{2}\right)n$$

마찬가지로 하면 $T_n = \frac{d}{2}n^2 + \left(b_1 - \frac{d}{2}\right)n$

이때 $S_n T_n$의 n^4의 계수를 비교하면 $\dfrac{d^2}{4} = 1$에서

$d = \pm 2$ (×)

ㄷ. $S_n = tn^2 + sn$, $T_n = un^2 + vn$이라 하면
$S_n T_n = n^2(tn+s)(un+v) = n^2(n+3)(n+4)$에서
$tun^2 + (su+tv)n + sv = n^2 + 7n + 12$
$\therefore tu = 1,\ su+tv = 7,\ sv = 12$
또 $a_n = S_n - S_{n-1} = t(2n-1) + s$,
$b_n = T_n - T_{n-1} = u(2n-1) + v$이므로
$a_n b_n = tu(2n-1)^2 + (su+tv)(2n-1) + sv$
$\qquad = (2n-1)^2 + 7(2n-1) + 12$
$\qquad = 2(n+1)(2n+3)$ (○)

참고

$S_n T_n = n^2(n+3)(n+4)$이고, 등차수열의 합은 n에 대한 이차식이므로 $S_n = tn^2 + sn$, $T_n = un^2 + vn$처럼 상수항이 0인 이차식으로 놓을 수 있다.

LECTURE

수열 $\{a_n\}$에서 첫째항부터 제n항까지의 합을 S_n이라 할 때, $S_n = an^2 + bn + c$ $(a \neq 0)$에서 $c = 0$이면 수열 $\{a_n\}$은 첫째항부터 등차수열을 이루고, $c \neq 0$이면 수열 $\{a_n\}$은 둘째항부터 등차수열을 이룬다.

14 답 ②

GUIDE

등차수열 $\{a_n\}$의 공차를 d, 등비수열 $\{b_n\}$의 공비를 r라 하면 $a_2 = 2+d$, $a_4 = 2+3d$이고, $b_2 = 2r$, $b_4 = 2r^3$이므로 연립방정식을 푸는 문제로 생각한다.

등차수열 $\{a_n\}$의 공차를 d, 등비수열 $\{b_n\}$의 공비를 r라 하면
$a_2 = b_2$에서 $2+d = 2r$ $\quad$ …… ㉠
$a_4 = b_4$에서 $2+3d = 2r^3$ $\quad$ …… ㉡
㉠을 ㉡에 대입한 $2+3(2r-2) = 2r^3$에서
$(r-1)^2(r+2) = 0$이므로 $r = -2$, 이때 $d = -6$
$\therefore a_5 b_5 = (-22) \times 32 = -704$

15 답 ②

GUIDE

❶ 등차수열 $\{a_n\}$의 첫째항을 a, 공차를 d라 하면 $a_2 = a+d$, $a_5 = a+4d$, $a_{10} = a+9d$이다.

❷ a_2, a_5, a_{10}이 이 순서대로 공비가 r인 등비수열을 이루면
$$\frac{a_5}{a_2} = \frac{a_{10}}{a_5} = r$$

등차수열 $\{a_n\}$의 첫째항을 a, 공차를 d라 하자.
이때 a_2, a_5, a_{10}이 이 순서대로 공비가 r인 등비수열을 이루므로
$$r = \frac{a+4d}{a+d} = \frac{a+9d}{a+4d},\ a^2 + 8ad + 16d^2 = a^2 + 10ad + 9d^2$$
$7d^2 = 2ad$ $\quad \therefore a = 3.5d$

따라서 $r = \dfrac{7.5d}{4.5d} = \dfrac{15}{9}$이므로 $6r = 10$

16 답 18

GUIDE

❶ 등차수열 $\{a_n\}$에서 $a_m + a_n = a_{m+l} + a_{n-l}$ ⇨ $a_1 + a_8 = a_4 + a_5$

❷ 등비수열 $\{b_n\}$에서 $b_m \times b_n = b_{m+l} \times b_{n-l}$ ⇨ $b_2 b_7 = b_4 b_5$

수열 $\{a_n\}$은 등차수열이므로 $a_1 + a_8 = a_4 + a_5 = 8$
수열 $\{b_n\}$은 등비수열이므로 $b_2 b_7 = b_4 b_5 = 12$
이때 $b_4 b_5 = a_4 a_5$이므로 $a_4 + a_5 = 8$, $a_4 a_5 = 12$
a_4, a_5가 이차방정식의 근이라 하면 $x^2 - 8x + 12 = 0$의 두 근이다.
$\therefore a_4 = 6$, $a_5 = 2$ $(\because a_4 = b_4,\ a_5 = b_5,\ b_4 > b_5)$
즉 수열 $\{a_n\}$은 공차가 -4인 등차수열이므로
$a_4 = a_1 + (4-1) \times (-4) = 6$ $\qquad \therefore a_1 = 18$

17 답 (1) 1806 (2) 227

GUIDE

(1) $b_n = \sqrt{3}\,a_n$이 되는 점 P_n은 직선 $y = \sqrt{3}\,x = x\tan\dfrac{\pi}{3}$ 위에 있다.

(2) a_{18}, a_{36}, a_{54}, … 와 b_9, b_{27}, b_{45}, …을 구해 보면서 규칙성을 찾는다.

점 $P_n(a_n, b_n)$을 좌표평면에 나타내면 다음과 같다.

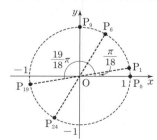

(1) 점 P_n이 직선 $y = \sqrt{3}\,x$ 위에 있으면 $b_n = \sqrt{3}\,a_n$이 성립한다.

따라서 $\dfrac{\pi}{18}n = \dfrac{\pi}{3},\ \dfrac{4}{3}\pi,\ \dfrac{7}{3}\pi,\ \dfrac{10}{3}\pi,$ …이 되는 n은 6, 24, 42, 60, …이므로 이 수열 $\{p_k\}$에서
$p_{101} = 6 + (101-1) \times 18 = 1806$

(2) $a_{18}=-1$, $a_{36}=1$, $a_{54}=-1$, $a_{72}=1$, $\cdots$에서

$c_1=2^0 a_{18}=-1$, $c_2=2a_{36}=2$, $c_3=2^2 a_{54}=-2^2=-4$, $\cdots$

즉 $c_k=(-1)^k \times 2^{k-1}$이므로 $c_5=-2^4=-16$

$b_9=1$, $b_{27}=-1$, $b_{45}=1$, $b_{63}=-1$, $\cdots$에서

$d_1=3b_9=3$, $d_2=3^2 b_{27}=-3^2$, $d_3=3^3 b_{45}=3^3$, $\cdots$

즉 $d_k=(-1)^{k-1} \times 3^k$이므로 $d_5=3^5=243$

$\therefore c_5+d_5=-16+243=227$

18 답 3

GUIDE

등비수열을 이루는 세 수를 a, ar, ar^2이라 놓고, 이 세 수가 삼차방정식 $x(x-1)^2=k$의 근임을 이용한다.

등비수열을 이루는 세 수를 a, ar, ar^2이라 하면 각각은 방정식 $x(x-1)^2=k$의 근이다.

삼차방정식 $x^3-2x^2+x-k=0$과 근과 계수의 관계에서

$a+ar+ar^2=a(1+r+r^2)=2$ $\cdots\cdots$ ㉠

$a^2 r+a^2 r^2+a^2 r^3=a^2 r(1+r+r^2)=1$ $\cdots\cdots$ ㉡

$a \times ar \times ar^2=(ar)^3=k$ $\cdots\cdots$ ㉢

㉡÷㉠에서 얻은 $ar=\dfrac{1}{2}$을 ㉢에 대입하면

$k=(ar)^3=\left(\dfrac{1}{2}\right)^3=\dfrac{1}{8}$이므로 $24k=3$

19 답 24

GUIDE

$x^{\frac{1}{\alpha}}=y^{-\frac{1}{\beta}}=z^{\frac{2}{\gamma}}=k$로 놓고 x, y, z를 각각 구한다.

$x^{\frac{1}{\alpha}}=y^{-\frac{1}{\beta}}=z^{\frac{2}{\gamma}}=k$라 하면 $x=k^\alpha$, $y^{-1}=k^\beta$, $z^2=k^\gamma$이고

α, β, γ가 등차수열이면 k^α, k^β, k^γ이 등비수열을 이루므로

$(k^\beta)^2=k^\alpha k^\gamma$에서 $(y^{-1})^2=\dfrac{1}{y^2}=xz^2$

$\therefore 16xz^2+9y^2=\dfrac{16}{y^2}+9y^2 \geq 2\sqrt{\dfrac{16}{y^2} \times 9y^2}=24$

$\left(\text{단, 등호는 } y=\dfrac{2\sqrt{3}}{3}, xz^2=\dfrac{3}{4} \text{일 때 성립한다.}\right)$

참고

예를 들어 2^a, 2^b, 2^c에서 a, b, c가 이 순서대로 공차 d인 등차수열이면 $2^{a+d}=2^a \times 2^d$, $2^{a+2d}=2^a \times 2^{2d}$이므로 세 수 2^a, 2^b, 2^c는 공비가 2^d인 등비수열을 이룬다.

20 답 ①

GUIDE

$\log_6 a+\log_6 b+\log_6 c=\log_6 abc$이고 a, b, c가 이 순서로 등비수열을 이루면 $b^2=ac$이므로 $abc=b^3$을 생각할 수 있다.

(다)에서 $\log_6 abc=3$이므로 $abc=6^3$이고,

(가)에서 a, b, c가 등비수열을 이루므로 $b^2=ac$,

즉 $b^3=6^3$에서 $b=6$

(나)에서 $6-a=n^2$이 되는 n은 1^2, 2^2뿐이므로 이때 $a=5$, 2

$a=5$일 때 $c=\dfrac{36}{5}$이 되어 자연수 조건에 어긋나므로 $a=2$

$a=2$를 $ac=6^2$에 대입하면 $c=18$

$\therefore a+b+c=2+6+18=26$

21 답 (1) 10 (2) 48

GUIDE

(1) 등비수열 $\{a_n\}$의 첫째항을 a, 공비를 r라 하면 $S_8=\dfrac{a(r^8-1)}{r-1}$이다.

마찬가지로 구한 S_{16}도 함께 이용한다.

(2) 오른쪽과 같이 생각하면 등비수열의 성질에서 A, B, C가 등비수열을 이룬다는 것을 이용할 수 있다.

	S_{3n}	
	S_{2n}	
S_n		
A	B	C

(1) 등비수열 $\{a_n\}$의 첫째항을 a, 공비를 r라 하면

$S_8=\dfrac{a(r^8-1)}{r-1}=10$ $\cdots\cdots$ ㉠

$S_{16}=\dfrac{a(r^{16}-1)}{r-1}=50$ $\cdots\cdots$ ㉡

㉡÷㉠에서 $r^8+1=5$ $\therefore r^8=4$

이때 ㉠에서 $\dfrac{3a}{r-1}=10$, 즉 $\dfrac{a}{r-1}=\dfrac{10}{3}$이므로

$S_4=\dfrac{a(r^4-1)}{r-1}=\dfrac{10(2-1)}{3}=\dfrac{10}{3}$ $(\because r^8=4$에서 $r^4=2)$

따라서 $3S_4=10$

(2) $A=a_1+a_2+\cdots+a_n=3$

$B=a_{n+1}+a_{n+2}+\cdots+a_{2n}=15-3=12$

$C=a_{2n+1}+a_{2n+2}+\cdots+a_{3n}$이라 하면

3, 12, C는 이 순서대로 등비수열을 이루므로

$12^2=3C$ $\therefore C=S_{3n}-S_{2n}=48$

다른 풀이

(2) 첫째항을 a, 공비를 r라 하면 $S_n=\dfrac{a(1-r^n)}{1-r}=3$

$S_{2n}=\dfrac{a(1-r^{2n})}{1-r}=\dfrac{a(1-r^n)(1+r^n)}{1-r}$

$=S_n(1+r^n)=3(1+r^n)=15$

$\therefore r^n=4$

$S_{3n}=\dfrac{a(1-r^{3n})}{1-r}=\dfrac{a(1-r^n)(1+r^n+r^{2n})}{1-r}$

$=3(1+4+4^2)=63$

$S_{3n}-S_{2n}=63-15=48$

(1)에서 $S_4=\dfrac{10}{3}$, $S_8=10$과 GUIDE 에서 설명한 내용을 이용해

$S_{16}=50$임을 다음과 같이 구할 수 있다.

$S_4=\dfrac{10}{3}$, $S_8-S_4=\dfrac{20}{3}$에서 $S_{12}-S_8=\dfrac{40}{3}$이므로 $S_{12}=\dfrac{70}{3}$

또 $S_{16}-S_{12}=\dfrac{80}{3}$이므로 $S_{16}=\dfrac{70}{3}+\dfrac{80}{3}=50$

22 답 32

GUIDE

(㈎를 정리한 식)÷(㈏를 정리한 식)을 이용한다.

$r\neq1$이므로

$ar+ar^2+ar^3+\cdots+ar^{10}=\dfrac{ar(1-r^{10})}{1-r}=8$

$ar(1-r^{10})=8(1-r)$ ······ ㉠

$\dfrac{1}{ar}+\dfrac{1}{ar^2}+\dfrac{1}{ar^3}+\cdots+\dfrac{1}{ar^{10}}=4$에서

$\dfrac{\dfrac{1}{ar}\left(1-\dfrac{1}{r^{10}}\right)}{1-\dfrac{1}{r}}=\dfrac{\dfrac{1}{ar}\left(\dfrac{r^{10}-1}{r^{10}}\right)}{\dfrac{1}{r}(r-1)}=\dfrac{(r^{10}-1)}{ar^{10}(r-1)}=4$

$\therefore 1-r^{10}=4ar^{10}(1-r)$ ······ ㉡

㉠÷㉡에서 $ar=\dfrac{2}{ar^{10}}$ $\therefore a^2r^{11}=2$

$\therefore ar\times ar^2\times ar^3\times\cdots\times ar^{10}=a^{10}r^{55}=(a^2r^{11})^5=2^5=32$

23 답 ⑤

GUIDE

$2k=\log_2 2^{2k}$으로 바꿔 밑이 2인 로그부등식 $\log_2 A\geq\log_2 B$ 꼴로 정리해 x에 대한 이차부등식 $A\geq B$를 푼다.

진수 조건에서 $x>0$, $5\times2^{k-1}-x>0$

부등식을 정리하면 $\log_2 x(5\times2^{k-1}-x)\geq\log_2 2^{2k}$

즉 $x(5\times2^{k-1}-x)\geq4^k$에서 $x^2-5\times2^{k-1}x+4^k\leq0$

양변에 2를 곱하면 $2x^2-5\times2^k x+2\times2^k\leq0$

$(x-2\times2^k)(2x-2^k)\leq0$ $\therefore 2^{k-1}\leq x\leq2^{k+1}$

이때 정수 x의 개수는 $2^{k+1}-2^{k-1}+1$이므로

$N(1)+N(2)+\cdots+N(10)$

$=(2^2+2^3+\cdots+2^{11})-(2^0+2^1+\cdots+2^9)+10$

$=2^2(2^{10}-1)-(2^{10}-1)+10$

$=(2^2-1)(2^{10}-1)+10=3079$

다른 풀이

$2^{k+1}-2^{k-1}=3\times2^{k-1}$에서 첫째항 3, 공비 2이므로

$N(1)+N(2)+\cdots+N(10)$

$=\dfrac{3(2^{10}-1)}{2-1}+10=3079$

24 답 22년

GUIDE

첫해 석유 생산량은 12(단위는 만 톤), 2년째 해의 생산량은 12(1+0.2), 3년째 해의 생산량은 2년째 해의 생산량보다 마찬가지로 20 % 늘었으므로 (2년째 해의 생산량)+(늘어난 양)과 같다.

즉 $12(1+0.2)+0.2\times12(1+0.2)=12\times1.2(1+0.2)=12\times1.2^2$

마찬가지 방법으로 생각하면 n년째 생산량은 $12\times1.2^{n-1}$

n년째의 석유 생산량을 a_n(만 톤)이라 하면

$a_n=12\times1.2^{n-1}$, 즉 수열 $\{a_n\}$은 첫째항이 12이고,

공비가 1.2인 등비수열을 이룬다.

따라서 n년 동안의 총 석유 생산량을 S_n이라 하면

$S_n=12+12\times1.2+12\times1.2^2+\cdots+12\times1.2^{n-1}$

$=\dfrac{12(1.2^n-1)}{1.2-1}=60(1.2^n-1)$

(총 생산량)≤(매장량)이므로 $60(1.2^n-1)\leq8940$

$\therefore 1.2^n\leq150$

위 부등식의 양변에 상용로그를 취하면

$n\log1.2\leq\log1.5+2$에서

$n\leq\dfrac{\log1.5+2}{\log1.2}$ ······ ㉠

이때 $\log1.2=\log12-1=2\log2+\log3-1=0.1$

$\log1.5=\log15-1=\log3+(1-\log2)-1=0.2$

부등식 ㉠에서 $n\leq\dfrac{2.2}{0.1}=22$이므로 최대 22년 동안 생산할 수 있다.

LECTURE

처음이 A일 때 일정한 비율 r로 n번 증가했다면 $A(1+r)^n$

거꾸로 일정한 비율 r로 n번 감소했다면 $A(1-r)^n$

25 답 2

GUIDE

❶ 등차수열 $\{a_n\}$의 일반항 $a_n=1+3(n-1)=3n-2$에서

$b_1=2^1$, $b_2=2^4$, $b_3=2^7$, ···, 즉 수열 $\{b_n\}$은 첫째항이 2이고, 공비가 $2^3=8$인 등비수열이다.

❷ 수열 $\{S_n\}$이 등비수열이면 일반항은 $S_n=a\times r^{n-1}$ 꼴이어야 한다.

$a_n=3n-2$에서 $b_n=2^{3n-2}=2\times8^{n-1}$

즉 $b_1+b_2+\cdots+b_n=\dfrac{2(8^n-1)}{8-1}$

이때 $S_n=\dfrac{2(8^n-1)}{7}+k=\dfrac{2\times8^n}{7}-\dfrac{2}{7}+k$이므로

$k=\dfrac{2}{7}$일 때 $S_n=\dfrac{2\times8^n}{7}$이 되어 수열 $\{S_n\}$은 등비수열이 된다.

따라서 $7k=2$

26 ② ②

$S_n - S_{n-1} = a_n$과 $\dfrac{1}{AB} = \dfrac{1}{B-A}\left(\dfrac{1}{A} - \dfrac{1}{B}\right)$임을 이용한다.

$$\begin{aligned} a_n &= S_n - S_{n-1} \\ &= (n^2 + 2n) - \{(n-1)^2 + 2(n-1)\} \\ &= 2n+1 \ (n \geq 2) \qquad \cdots\cdots \ \boxdot \end{aligned}$$

또 $a_1 = S_1 = 1^2 + 2 \times 1 = 3$

$a_1 = 3$은 ㉠에 $n=1$을 대입한 것과 같으므로

$a_n = 2n+1 \ (n \geq 1)$

$$\begin{aligned} \therefore \ & \frac{1}{a_1 a_2} + \frac{1}{a_2 a_3} + \frac{1}{a_3 a_4} + \cdots + \frac{1}{a_{49} a_{50}} \\ &= \frac{1}{3 \times 5} + \frac{1}{5 \times 7} + \cdots + \frac{1}{99 \times 101} \\ &= \frac{1}{2}\left\{\left(\frac{1}{3} - \frac{1}{5}\right) + \left(\frac{1}{5} - \frac{1}{7}\right) + \cdots + \left(\frac{1}{99} - \frac{1}{101}\right)\right\} \\ &= \frac{1}{2}\left(\frac{1}{3} - \frac{1}{101}\right) \\ &= \frac{49}{303} = \frac{q}{p} \end{aligned}$$

따라서 $p + q = 303 + 49 = 352$

27 ⓐ 10

$3S_n - 2S_{n+1} - S_{n-1} = 0$은 $2(S_n - S_{n+1}) + (S_n - S_{n-1}) = 0$과 같으므로 $a_n = 2a_{n+1}$을 얻는다.

$3S_n - 2S_{n+1} - S_{n-1} = 0$에서 $2(S_{n+1} - S_n) = S_n - S_{n-1}$

$\therefore \ 2a_{n+1} = a_n$

즉 2 이상인 자연수 n에 대하여 $a_{n+1} = \dfrac{1}{2} a_n$이므로

수열 $\{a_n\}$에서 $a_3 = 200 \times \dfrac{1}{2}$, $a_4 = 200 \times \left(\dfrac{1}{2}\right)^2$, $\cdots$

$\therefore \ a_n = 200 \times \left(\dfrac{1}{2}\right)^{n-2} \ (n \geq 2)$

이때 $n=9$이면 $a_9 = \dfrac{200}{128} > 1$

$n = 10$이면 $a_{10} = \dfrac{200}{256} < 1$에서 $n = 10$

STEP 3	**1등급 뛰어넘기**		p. 98~101
01 ②	**02** ②	**03** 16	**04** ②
05 40	**06** 201	**07** 11	**08** ⑤
09 2880	**10** 37	**11** 180	**12** 16
13 510	**14** 22		

---

01 ⓐ ②

간단한 예를 통해 생각해 보자. $a_4 = 6$, $a_5 = 1$, $a_6 = -4$일 때, $|a_4| = 6$, $|a_5| = 1$, $|a_6| = 4$, 즉 $1 - 6 \neq 4 - 1$이므로 등차수열을 이루지 않는다. 따라서 $a_1, a_2, \cdots, a_{10}$의 부호가 모두 같아야 $|a_n|$이 등차수열을 이룬다.

a_n의 부호가 모두 같아야 $|a_n|$이 등차수열을 이루게 된다.

즉 $|a_n| \ (1 \leq n \leq 10)$이 등차수열을 이루려면

$a_1 \geq 0$이고, $a_{10} = a_1 + 9 \times (-5) \geq 0$이어야 하므로 $a_1 \geq 45$이다.

따라서 등차수열을 이루지 않으려면

$a_1 < 45$에서 a_1의 최댓값은 44

(공차)< 0일 때 $a_1 \leq 0$이면 $|a_1|$, $|a_2|$, $\cdots$, $|a_{10}|$은 항상 등차수열을 이루고, $a_1 \geq 0$일 때는 등차수열을 이룰 수도 있고, 이루지 않을 수도 있다. 따라서 구하려는 답은 $a_1 \geq 0$인 경우에서 찾을 수 있다.

02 ⓐ ②

수열 $\{c_n\}$은 첫째항이 2이고 공차가 120인 등차수열이다. 따라서 두 수열 $\{a_n\}$과 $\{b_n\}$에서 공통인 항은 2, 122, 242, $\cdots$이다. 자연수인 등차수열 $\{a_n\}$이 2를 포함하는 경우는 $a_1 = 1$, $a_2 = 2$일 때와 $a_1 = 2$일 때 뿐이다.

(i) $a_1 = 1$인 경우 2를 포함하여야 하므로 $\{a_n\}$의 공차는 1이고 $a_n = n$이다. 이 경우 $b_n = 120n - 118$이면 가능하다.

(ii) $a_1 = 2$인 경우 임의의 자연수 n에 대하여 $120n - 118$이 수열 $\{a_n\}$의 항이 되려면 공차가 120의 약수라야 한다.

$\quad 120 = 2^3 \times 3 \times 5$이므로 120의 약수는 모두

$\quad 4 \times 2 \times 2 = 16$(개)이고, 이 조건에 맞는 $\{a_n\}$도 16개이다.

(i), (ii)에서 조건에 맞는 $\{a_n\}$은 모두 17개

$\{a_n\}$은 17개이지만 하나의 $\{a_n\}$에 대해 조건에 맞는 $\{b_n\}$은 여러 개일 수 있다. 예를 들어 $a_n = 8n - 6$이면 수열 $\{a_n\}$은 차례로 2, 10, 18, 26, 34, 42, 50, 58, 66, $\cdots$, 122, $\cdots$이고, 이때 $b_2 = 122$인 $b_n = 120n - 118$ 또는 $b_3 = 122$인 $b_n = 60n - 58$을 생각할 수 있다.

※ 마찬가지로 $b_4 = 122$일 경우, $b_5 = 122$일 경우, $b_6 = 122$일 경우, $\cdots$에 서 각각 b_n을 구할 수 있다.

03 ⓐ 16

문제의 조건을 만족시키는 등차수열의 공차를 d라 하면, 이 수열의 모든 항에서 k를 빼면 첫째항이 0이고 공차가 d인 등차수열이 된다.

조건에 맞는 등차수열의 공차를 d라 하고, 이 등차수열의 각 항에서 k를 빼면 $k-k$, $(k+d)-k$, $(k+2d)-k$, $\cdots$, $35-k$, $\cdots$ 즉 0, d, $2d$, $\cdots$, $35-k$, $\cdots$는 공차가 d인 등차수열이다.

이때 $35-k$가 이 새로운 수열의 항이므로 d는 $35-k$의 약수이다. 즉 $35-k$의 약수의 개수가 최대이면 35를 포함하는 등차수열의 개수도 최대가 된다.

(i) $35-k$를 소인수분해했을 때 소인수 종류가 3개인 경우는
$35-k=2\times3\times5=30$, 즉 $k=5$이고, 이때 약수는 8개이다.

(ii) $35-k$를 소인수분해했을 때 소인수 종류가 2개인 경우, 약수 개수가 가장 많은 것은 $35-k=2^3\times3^1$일 때, 즉 $k=11$이고, 약수는 8개이다.

(iii) $35-k$를 소인수분해했을 때 소인수 종류가 1개인 경우, 약수 개수가 가장 많은 것은 $35-k=2^5$일 때, 즉 $k=3$이고, 약수는 6개이다.

따라서 $k=5$ 또는 $k=11$일 때 조건에 맞는 등차수열이 8개로 최대가 되므로 구하려는 값은 $5+11=16$

참고

수열 $0, d, 2d, \cdots, 35-k, \cdots$는 d의 배수이므로 d는 $35-k$의 약수이다.

04 답 ②

GUIDE

등차수열의 일반항은 자연수 n에 대한 일차식이므로 $(x, f(x))$는 $x\geq1$에서 어떤 직선 위의 점으로 나타난다. 수열 $\{a_n\}$과 $\{b_n\}$의 공차를 각각 d_1, d_2라 하고 a_n, b_n을 구해 $f(a_n)=b_n$임을 이용한다.

등차수열 $\{a_n\}$의 공차를 d_1, 등차수열 $\{b_n\}$의 공차를 d_2라 하면
$a_3+a_5=b_1+b_{10}$에서 $6+6d_1=6+9d_2$이므로 $d_2=\dfrac{2}{3}d_1$

$\therefore a_n=3+(n-1)d_1$, $b_n=3+\dfrac{2}{3}(n-1)d_1$

이때 임의의 자연수 n에 대하여 점 (a_n, b_n)이 $y=f(x)$ 위의 점이므로 $f(a_n)=b_n$, 즉 $f(3+(n-1)d_1)=3+\dfrac{2}{3}(n-1)d_1$

이때 $3+(n-1)d_1=x$라 하면 $(n-1)d_1=x-3$이므로

$f(x)=3+\dfrac{2}{3}(x-3)=\dfrac{2}{3}x+1$

따라서 $a=\dfrac{2}{3}$, $b=1$이므로 $3ab=2$

05 답 40

GUIDE

S_n의 최댓값과 b_n의 최솟값을 생각한다.

$a_n=-2n+12$이므로 $S_n=-n^2+11n$이고,
$\{S_n\}$은 $n=5, 6$일 때 최댓값 30을 가진다.
또 $b_n=2n-12+k$에서 공차가 양수 2이므로 수열 $\{b_n\}$의 최솟값은 첫째항인 $k-10$이다.
따라서 $k-10\leq30$, 즉 $k\leq40$일 때 두 수열은 값이 같은 항을 가질 수 있고, 이때 k의 최댓값은 40

참고

$k>40$인 경우, 예를 들어 $k=41$이면 수열 $\{b_n\}$은 31, 33, 35, $\cdots$이므로 최댓값이 30인 수열 $\{S_n\}$과 같은 항이 없다.

06 답 201

GUIDE

간단한 예를 통해 문제의 뜻을 확인해 보자. 오른쪽 경우는 1부터 8까지 카드 8장일 때 처음 상태(왼쪽), 조건에 따라 배열한 상태(오른쪽)이다. 왼쪽을 수열 $\{a_n\}$, 오른쪽을 수열 $\{b_n\}$이라 하면 일반항 $a_n=9-n$은 쉽게 구할 수 있지만 일반항 b_n은 n이 홀수일 때와 짝수일 때로 구분하면 더 분명하다.

a_8	1	4	b_8
a_7	2	8	b_7
a_6	3	3	b_6
a_5	4	7	b_5
a_4	5	2	b_4
a_3	6	6	b_3
a_2	7	1	b_2
a_1	8	5	b_1

다음에서 왼쪽은 처음 상태, 오른쪽은 카드를 조건에 따라 새로 쌓은 상태를 나타낸다.

a_{200}	1	100	b_{200}
$\vdots$	$\vdots$	$\vdots$	
a_4	197	2	b_4
a_3	198	102	b_3
a_2	199	1	b_2
a_1	200	101	b_1

처음 카드 더미에서는 맨 아래에 200이 있으므로 아래부터 n번째 카드에 적힌 수를 a_n이라 하면 $a_n=201-n$이다.
새로 쌓은 카드더미에서 아래부터 n번째 카드에 적힌 수를 b_n이라 하면 $b_{2n-1}=100+n$이고 $b_{2n}=n$이다.
$b_{2k-1}=a_{2k-1}$인 경우에서 $100+k=201-2k+1$, $3k=102$
즉 $k=34$이고, 이때 $b_{67}=a_{67}=134$
또 $b_{2k}=a_{2k}$인 경우에서 $k=201-2k$, 즉 $k=67$이고, 이때 $b_{134}=a_{134}=67$
따라서 구하려는 값은 $134+67=201$

07 답 11

GUIDE

수열 $\{a_n\}$을 다음과 같이 생각할 때 ◎는 수열 $\{b_n\}$의 항도 된다.
$\{a_n\}$: ○, ○, ◎, ○, $\cdots$, ◎, $\cdots$
즉 ◎는 수열 $\{a_n\}$의 일반항 a_n으로 나타낼 수도 있고, 수열 $\{b_n\}$의 일반항 b_n으로도 나타낼 수 있다.

수열 $\{a_n\}$의 일반항은 $a_n=6+(n-1)p$
수열 $\{b_n\}$의 일반항은 $b_n=6p^{n-1}$
수열 $\{b_n\}$의 모든 항이 수열 $\{a_n\}$의 항이 되려면 모든 자연수 n에 대하여 $6p^{n-1}=6+(m-1)p$가 되는 자연수 m이 존재한다.
$(m-1)p=6p^{n-1}-6$을 풀면

$m-1=\dfrac{6p^{n-1}-6}{p}=6p^{n-2}-\dfrac{6}{p}$, $\dfrac{6}{p}=6p^{n-2}-m+1$

에서 p^{n-2} $(n\geq2)$과 m은 모두 자연수이므로 p는 6의 약수이다.

$\therefore p=2, 3, 6\ (\because p>1)$

따라서 p가 될 수 있는 모든 자연수의 합은 11

다른 풀이

$a_m=b_2$인 자연수 $m\ (m\geq 2)$이 존재하므로

$6+(m-1)p=6p$에서 $m-1=\dfrac{6p-6}{p}=6-\dfrac{6}{p}$

이때 자연수 조건에서 $\dfrac{6}{p}$도 자연수이므로 $p=2, 3, 6$

(ⅰ) $p=2$일 때 $a_m=4+2m$, $b_n=6\times 2^{n-1}$

(ⅱ) $p=3$일 때 $a_m=3+3m$, $b_n=6\times 3^{n-1}$

(ⅲ) $p=6$일 때 $a_m=6m$, $b_n=6\times 6^{n-1}=6^n$

(ⅰ), (ⅱ), (ⅲ) 모두 임의의 자연수 n에 대하여 $b_n=a_m$인 자연수 m이 존재하므로 수열 $\{b_n\}$의 모든 항이 수열 $\{a_n\}$의 항이 된다.

08 답 ⑤

GUIDE

등차수열 $\{a_n\}$의 공차가 7이므로 $a_{n+1}>a_n$이다. 따라서 $|x-a_n|$과 $|x-a_{n+1}|$에서 $x<a_n$, $a_n\leq x\leq a_{n+1}$, $x>a_{n+1}$의 세 가지 경우를 생각한다.

$a_n=1+7(n-1)=7n-6$, $a_{n+1}=7n+1$에서

(ⅰ) $x<a_n$인 경우

$-3x+3a_n\geq -4x+4a_{n+1}$에서 $x\geq 4a_{n+1}-3a_n=7n+22$

이때 해는 없다.

(ⅱ) $a_n\leq x<a_{n+1}$인 경우

$3x-3a_n\geq -4x+4a_{n+1}$, 즉 $7x\geq 21n-18+28n+4$에서

$x\geq 7n-2$　$\therefore 7n-2\leq x<7n+1$

(ⅲ) $x\geq a_{n+1}$인 경우

$3x-3a_n\geq 4x-4a_{n+1}$에서 $x\leq 7n+22$

$\therefore 7n+1\leq x\leq 7n+22$

(ⅰ), (ⅱ), (ⅲ)에서 $b_n=7n-2$

$\therefore b_1+b_2+\cdots+b_{10}=\dfrac{10(5+68)}{2}=365$

따라서 ㄱ, ㄴ, ㄷ 모두 옳다.

참고

STEP 2 03과 풀이 원리가 같은 문제입니다.

09 답 2880

GUIDE

m이 홀수인 예에서 생각해 보면 $a_9=9+3+1=13$이므로

$a_{2\times 9}=18+9+6+3+2+1$
$\qquad =2(9+3+1)+(9+3+1)=(2+1)(9+3+1)=(2+1)a_9$,

$a_{2^2\times 9}=36+18+12+9+6+4+3+2+1$
$\qquad =2^2(9+3+1)+2(9+3+1)+(9+3+1)$
$\qquad =(2^2+2+1)(9+3+1)=(2^2+2+1)a_9$

이므로 $a_{2^k m}=(1+2+\cdots+2^k)a_m=(2^{k+1}-1)a_m$

$a_{2^k m}=(1+2+\cdots+2^k)a_m=(2^{k+1}-1)a_m$이므로

$a_{2m}=(2^2-1)a_m$, $a_{2^2\times m}=(2^3-1)a_m$, $\cdots$, $a_{2^5\times m}=(2^6-1)a_m$

$a_m+a_{2m}+a_{4m}+a_{8m}+a_{16m}+a_{32m}$
$=(2^1-1+2^2-1+2^3-1+\cdots+2^6-1)a_m$
$=\{(2+2^2+\cdots+2^6)-6\}a_m$
$=\{2(2^6-1)-6\}a_m$
$=120\times 24=2880$

참고

m이 짝수인 예에서 생각해 보면 $a_6=6+3+2+1=12$이므로

$a_{2\times 6}=12+6+4+3+2+1=2(6+3+2+1)+3+1$
$\qquad\qquad =2a_6+3+1$

$a_{2^2\times 6}=24+12+8+6+4+3+2+1$
$\qquad\qquad =2^2(6+3+2+1)+(6+3+2+1)$
$\qquad\qquad =2^2a_6+a_6=(2^2+1)a_6$

$a_{2^3\times 6}=48+24+16+12+8+6+4+3+2+1$
$\qquad\qquad =2^3(6+3+2+1)+2(6+3+2+1)+3+1$
$\qquad\qquad =2^3a_6+2a_6+3+1=(2^3+2)a_6+3+1$

마찬가지로 $a_{2^4\times 6}$을 구해 보면 $a_{2^4\times 6}=(2^4+2^2+1)a_6$이므로 규칙이 좀 더 복잡하다.

다른 풀이

$m=p_1^{c_1}\times p_2^{c_2}\times\cdots\times p_l^{c_l}$ ($p_1, \cdots, p_l$은 2가 아닌 서로 다른 소수, $c_1, \cdots, c_l$은 자연수)로 소인수분해 되면

$a_m=(1+p_1+p_1^2+\cdots+p_1^{c_1})\times\cdots\times(1+p_l+p_l^2+\cdots+p_l^{c_l})$
$\quad =24$

이므로

$a_{2^k m}=(1+2+2^2+\cdots+2^k)\times(1+p_1+p_1^2+\cdots+p_1)\times\cdots$
$\qquad\quad \times(1+p_l+p_l^2+\cdots+p_l^{c_l})$
$\qquad =(2^{k+1}-1)\times 24$

LECTURE

$p=2^\alpha\times 3^\beta\times 5^\gamma$일 때 p의 약수의 총합은
$(2^0+2^1+\cdots+2^\alpha)\times(3^0+3^1+\cdots+3^\beta)\times(5^0+5^1+\cdots+5^\gamma)$

10 답 37

GUIDE

합 S_n은 n에 대한 이차식이므로 이차부등식에서 양변을 n으로 나누어 (산술평균)$\geq$(기하평균)을 이용한다.

첫째항이 a이고 공차가 -4인 등차수열 $\{a_n\}$의 첫째항부터 제n항까지의 합 S_n은

$S_n=\dfrac{n\{2a-4(n-1)\}}{2}=-2n^2+(a+2)n$

$S_n<200$에서 $-2n^2+(a+2)n<200$

$2n^2+200>(a+2)n$, $2n+\dfrac{200}{n}>a+2$　　……㉠

이때 $n>0$이므로

$$2n + \frac{200}{n} \geq 2\sqrt{2n \times \frac{200}{n}} = 2\sqrt{400} = 40$$

(단, 등호는 $n=10$일 때 성립)

모든 자연수 n에 대하여 ㉠이 성립하려면 $a+2<40$, 즉 $a<38$
이어야 하므로 자연수 a의 최댓값은 37

11 ⑬ 180

GUIDE

❶ 첫째항이 양수이므로 공차가 양수이면 수열 $\{a_n\}$의 모든 항은 양수이
고 $S_6=T_6$일뿐만 아니라 $S_7=T_7$이 된다. 따라서 공차는 음수이다.

❷ $a_k \geq 0$ $(1 \leq k \leq m)$이고 $a_{m+1}<0$이면 $S_m=T_m$이지만 $S_{m+1} \neq T_{m+1}$
이다.

$a_1>0$이므로 $S_6=T_6$이고 $S_7 \neq T_7$에서 $a_6 \geq 0$, $a_7<0$

등차수열 $\{a_n\}$의 공차를 d 라 하면

$a_6=30+5d \geq 0$에서 $d \geq -6$, $a_7=30+6d<0$에서 $d<-5$

즉 $-6 \leq d < -5$에서 d는 정수이므로 $d=-6$

$\therefore a_n=-6n+36$

$$a_1+a_2+\cdots+a_n = \frac{n(30-6n+36)}{2} = -3n^2+33n \quad \cdots\cdots \text{㉠}$$

$1 \leq n \leq 6$일 때 $a_n \geq 0$이므로 $T_n=S_n$, 즉 $T_n-S_n=0$

$7 \leq n < 11$일 때 $T_n-S_n<T_{11}$

또 $n=11$일 때 ㉠에서 $a_1+a_2+\cdots+a_{11}=0$, 즉 $S_{11}=0$

$\therefore T_{11}-S_{11}=T_{11}$

$n \geq 12$일 때

$$\begin{aligned}S_n &= |0+a_{12}+a_{13}+\cdots+a_n| \\ &= |a_{12}|+|a_{13}|+\cdots+|a_n| = T_n-T_{11}\end{aligned}$$

이므로 $T_n-S_n=T_{11}$

따라서 T_n-S_n의 최댓값은 T_{11}이다.

$$\begin{aligned}\therefore T_{11} &= |a_1|+|a_2|+\cdots+|a_{11}| \\ &= 30+24+\cdots+0+6+\cdots+30 = 180\end{aligned}$$

12 ⑬ 16

GUIDE

수열 $\{S_{2n}\}$의 첫째항은 $n=1$일 때이므로 S_2와 같고 $S_2=a_1+a_2$임을 생각한다. $S_1=a_1$이라 하고, 두 등차수열 $\{S_{2n-1}\}$과 $\{S_{2n}\}$의 일반항을 구한다.

두 수열 $\{S_{2n-1}\}$과 $\{S_{2n}\}$은 각각 공차가 -3과 2인 등차수열이므로

$$S_{2n-1}=S_1+(n-1)\times(-3), \quad S_{2n}=S_2+(n-1)\times 2$$

그런데 $S_1=a_1$이고 $S_2=a_1+a_2=a_1+1$이므로

$$S_{2n-1}=a_1-3n+3$$
$$S_{2n}=(a_1+1)+2n-2=a_1+2n-1$$

따라서 구하는 a_8의 값은

$$\begin{aligned}a_8 &= S_8-S_7=(a_1+2\times4-1)-(a_1-3\times4+3) \\ &= a_1+7-a_1+9 \\ &= 16\end{aligned}$$

13 ⑬ 510

GUIDE

수열 $\{a_n\}$에서 작은 것부터 항 2개 $(m=1)$를 나열하면 a_1, a_2이고, 여기에 $a_1{}^2$, $\frac{1}{2}a_1{}^2$이 포함되어 있으므로 $a_2>a_1$에서 $a_2=a_1{}^2$이고, $a_1=\frac{1}{2}a_1{}^2$임을 알 수 있다.

$a_1{}^2$과 $\frac{1}{2}a_1{}^2$이 각각 a_1, a_2 중 하나이므로

$a_1{}^2=a_2$, $\frac{1}{2}a_1{}^2=a_1$이다. ($\because a_2>a_1$)

즉 $a_1=\frac{1}{2}a_1{}^2$에서 $a_1=2$ ($\because a_1>1$)이므로 $a_2=a_1{}^2=4$

마찬가지로 생각하면 $a_3=\frac{1}{2}a_2{}^2=8$, $a_4=a_2{}^2=16$이다.

이것을 반복하면 수열 $\{a_n\}$은 첫째항이 2이고 공비가 2인 등비수열이므로

$$a_1+a_2+\cdots+a_8 = \frac{2(2^8-1)}{2-1} = 2^9-2 = 510$$

14 ⑬ 22

GUIDE

$$\overline{A_n B_n} = a_n = \frac{1}{6}\overline{A_n Q_n}$$

$$\overline{B_n C_n} = b_n = \frac{1}{6}\overline{B_n Q_n} = \frac{1}{6} \times \frac{5}{6}\overline{A_n Q_n} \quad \therefore b_n = \frac{5}{6}a_n$$

$\overline{A_n B_n}=a_n$, $\overline{B_n C_n}=b_n$, $\overline{C_n D_n}=c_n$, $\overline{D_n E_n}=d_n$,

$\overline{E_n F_n}=e_n$이라 하면 $b_n=\frac{5}{6}a_n$, 마찬가지로 생각하면

$$c_n=\frac{5}{6}b_n=\left(\frac{5}{6}\right)^2 a_n, \quad d_n=\frac{5}{6}c_n=\left(\frac{5}{6}\right)^3 a_n, \quad e_n=\frac{5}{6}d_n=\left(\frac{5}{6}\right)^4 a_n$$

한편 $a_{n+1}=\frac{5}{6}a_n$, $a_1=\overline{A_1 B_1}=66 \times \frac{1}{6} \times \left(\frac{5}{6}\right)^2$

$$\overline{A_1 B_1}+\overline{B_2 C_2}+\overline{C_3 D_3}+\overline{D_4 E_4}+\overline{E_5 F_5}$$
$$= a_1+b_2+c_3+d_4+e_5$$
$$= a_1+\frac{5}{6}a_2+\left(\frac{5}{6}\right)^2 a_3+\left(\frac{5}{6}\right)^3 a_4+\left(\frac{5}{6}\right)^4 a_5$$
$$= a_1+\left(\frac{5}{6}\right)^2 a_1+\left(\frac{5}{6}\right)^4 a_1+\left(\frac{5}{6}\right)^6 a_1+\left(\frac{5}{6}\right)^8 a_1$$
$$= \frac{a_1\left\{1-\left(\frac{5}{6}\right)^{10}\right\}}{1-\left(\frac{5}{6}\right)^2} = 25\left\{1-\left(\frac{5}{6}\right)^{10}\right\} = 25-\frac{5^{12}}{6^{10}}$$

$a=10$, $b=12$에서 $a+b=22$

09 수열의 합

STEP 1 | 1등급 준비하기   p. 104~105

01 130	**02** 31	**03** 50	**04** 45
05 ⑤	**06** 430	**07** 770	**08** ③
09 ③	**10** ④		

01 답 130

GUIDE

$\sum\limits_{x=1}^{10}(x^2+x+1)=\sum\limits_{k=1}^{10}(k^2+k+1)$

$\sum\limits_{x=1}^{10}(x^2+x+1)=\sum\limits_{k=1}^{10}(k^2+k+1)$이므로

$\sum\limits_{x=1}^{10}(x^2+x+1)-\sum\limits_{k=1}^{10}(k^2-k-1)$

$=\sum\limits_{k=1}^{10}(k^2+k+1)-\sum\limits_{k=1}^{10}(k^2-k-1)$

$=\sum\limits_{k=1}^{10}(2k+2)=2\times\dfrac{10\times11}{2}+2\times10=130$

주의

계산하기 전에 $\sum$의 성질을 이용할 수 있는 경우인지 확인한다.

02 답 31

GUIDE

$a_2+\cdots+a_9=\sum\limits_{k=1}^{4}(a_{2k}+a_{2k+1})$임을 이용한다. ㅇ

$\sum\limits_{k=1}^{9}a_k=a_1+(a_2+a_3)+(a_4+a_5)+(a_6+a_7)+(a_8+a_9)$

$=a_1+\sum\limits_{k=1}^{4}(a_{2k}+a_{2k+1})=1+\sum\limits_{k=1}^{4}2^k$

$=1+\dfrac{2(2^4-1)}{2-1}=31$

참고

$a_{2n}+a_{2n+1}=2^n$에서 $\sum\limits_{k=1}^{n}(a_{2n}+a_{2n+1})=\sum\limits_{k=1}^{n}2^k$

03 답 50

GUIDE

$(a_1+a_3+\cdots+a_{49})+(a_2+a_4+\cdots+a_{50})=a_1+a_2+\cdots+a_{50}$

$n=25$일 때

$a_1+a_3+a_5+\cdots+a_{49}=\sum\limits_{k=1}^{25}\left(\dfrac{1}{2k-1}-\dfrac{1}{2k}\right)$

$a_2+a_4+a_6+\cdots+a_{50}=\sum\limits_{k=1}^{25}\left(\dfrac{1}{2k}-\dfrac{1}{2k+1}\right)$

이므로

$\sum\limits_{k=1}^{50}a_k=(a_1+a_3+\cdots+a_{49})+(a_2+a_4+\cdots+a_{50})$

$=\sum\limits_{k=1}^{25}\left(\dfrac{1}{2k-1}-\dfrac{1}{2k}+\dfrac{1}{2k}-\dfrac{1}{2k+1}\right)$

$=\sum\limits_{k=1}^{25}\left(\dfrac{1}{2k-1}-\dfrac{1}{2k+1}\right)$

$=\left(\dfrac{1}{1}-\dfrac{1}{3}+\dfrac{1}{3}-\dfrac{1}{5}+\cdots+\dfrac{1}{49}-\dfrac{1}{51}\right)$

$=1-\dfrac{1}{51}=\dfrac{50}{51}$

$\therefore 51\sum\limits_{k=1}^{50}a_k=50$

04 답 45

GUIDE

등차수열 $\{a_n\}$에서 $\dfrac{a_{m-k}+a_{m+k}}{2}=a_m$

$\dfrac{a_2+a_8}{2}=a_5$이므로 $a_2+a_5+a_8=3a_5=15$

$\therefore a_5=5$

따라서 $\sum\limits_{k=1}^{9}a_k=\dfrac{9(a_1+a_9)}{2}=9a_5=45$

참고

$2a_5=a_4+a_6=a_3+a_7=a_2+a_8=a_1+a_9$

05 답 ⑤

GUIDE

△PF′F가 직각이등변삼각형이므로 $F'(-n,0)$, $F(n,0)$이고,
직선 PF′의 기울기는 1, 직선 PF의 기울기는 -1이다.

직선 PF′의 기울기가 1, 직선 PF의 기울기가 -1이고
$F'(-n,0)$, $F(n,0)$이므로
$\overline{PF'}$ 위의 격자점은
$(-n,0)$, $(-n+1,1)$, $(-n+2,2)$, $\cdots$, $(0,n)$ ⇨ $n+1$개
$\overline{PF}$ 위의 격자점은
$(0,n)$, $(1,n-1)$, $(2,n-2)$, $\cdots$, $(n,0)$ ⇨ $n+1$개
$\overline{F'F}$ 위의 격자점은
$(-n,0)$, $(-n+1,0)$, $(-n+2,0)$, $\cdots$, $(n,0)$ ⇨ $2n+1$개
이때 세 점 P, F′, F는 두 번 헤아렸으므로
$a_n=(n+1)+(n+1)+(2n+1)-3=4n$

따라서 $\sum\limits_{n=1}^{5}a_n=\sum\limits_{n=1}^{5}4n=4\times\dfrac{5\times6}{2}=60$

참고

다음과 같이 $n=1$, $n=2$, $n=3$일 때,
구한 격자점 개수에서 a_4, a_5, $\cdots$, a_n을 추론할 수 있다.

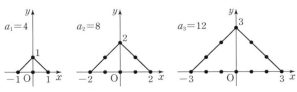

즉 $a_4=16$, $a_5=20$, $\cdots$, $a_n=4n$

06 답 430

GUIDE

이차방정식 $x^2-n(n+1)x-2=0$의 두 근이 a_n, b_n이므로
$x^2-n(n+1)x-2=(x-a_n)(x-b_n)$

$x^2-n(n+1)x-2=(x-a_n)(x-b_n)$이므로
이 등식의 양변에 $x=-1$을 대입하면
$$1+n(n+1)-2=(-1-a_n)(-1-b_n)$$
$$=(1+a_n)(1+b_n)$$
따라서 $(1+a_n)(1+b_n)=n^2+n-1$이므로
$$\sum_{n=1}^{10}(1+a_n)(1+b_n)=\sum_{n=1}^{10}(n^2+n-1)$$
$$=\frac{10\times11\times21}{6}+\frac{10\times11}{2}-10$$
$$=385+55-10=430$$

다른 풀이

이차방정식의 근과 계수의 관계에서
$a_n+b_n=n(n+1)$, $a_nb_n=-2$이므로
$(1+a_n)(1+b_n)=a_nb_n+a_n+b_n+1=n^2+n-1$
을 이용해도 된다.

07 답 770

GUIDE

$a_1=\sum_{k=1}^{1}a_k$이고, $n\geq2$일 때 $a_n=\sum_{k=1}^{n}a_k-\sum_{k=1}^{n-1}a_k$

$a_1=\sum_{k=1}^{1}a_k=5$이고

$n\geq2$일 때

$a_n=\sum_{k=1}^{n}a_k-\sum_{k=1}^{n-1}a_k$
$$=2n^2+3n-2(n-1)^2-3(n-1)=4n+1$$
이므로 $a_n=4n+1$ $(n\geq1)$
따라서
$$\sum_{k=1}^{10}\frac{k(a_k-1)}{2}=\sum_{k=1}^{10}2k^2$$
$$=2\times\frac{10\times11\times21}{6}=770$$

참고

❶ $a_n=\sum_{k=1}^{n}a_k-\sum_{k=1}^{n-1}a_k$에서 $n-1\geq1$이어야 하므로 $n\geq2$여야 한다.

위 풀이에서 $a_1=5$이고, $a_n=4n+1$에 $n=1$을 대입하면 값이 5이므로 $a_n=4n+1$ $(n\geq1)$로 나타낼 수 있다.

❷ 수열 $\{a_n\}$에서
$$a_1=S_1=\sum_{k=1}^{1}a_k$$
$$a_n=S_n-S_{n-1}=\sum_{k=1}^{n}a_k-\sum_{k=1}^{n-1}a_k\ (n\geq2)$$

08 답 ③

GUIDE

a_1, a_2, a_3, $\cdots$를 차례대로 구하여 규칙을 찾는다.

$a_1=\frac{1}{5}$, $a_2=\frac{2}{5}$, $a_3=\frac{4}{5}$, $a_4=\frac{8}{5}$, $a_5=\frac{3}{5}$, $a_6=\frac{6}{5}$, $a_7=\frac{1}{5}$,

$a_8=\frac{3}{5}$, $\cdots$이므로 $a_{n+6}=a_n$

따라서
$$\sum_{n=1}^{20}a_n=3\sum_{n=1}^{6}a_n+a_{19}+a_{20}$$
$$=3\left(\frac{1}{5}+\frac{2}{5}+\frac{4}{5}+\frac{8}{5}+\frac{3}{5}+\frac{6}{5}\right)+\frac{1}{5}+\frac{2}{5}$$
$$=3\times\frac{24}{5}+\frac{3}{5}=15$$

참고

교육과정에서 '규칙성'이 있는 수열만 다루게 되어 있으므로 한눈에 파악되지 않는 수열은 당황하지 말고 a_1, a_2, a_3, $\cdots$를 차례대로 구하여 규칙을 찾는다.

09 답 ③

GUIDE

$\frac{1}{k(k+1)}=\frac{1}{k}-\frac{1}{k+1}$

$a_n=2+2(n-1)=2n$에서 $S_n=\sum_{k=1}^{n}2k=n(n+1)$이므로
$$\sum_{k=1}^{30}\frac{1}{S_k}=\sum_{k=1}^{30}\frac{1}{k(k+1)}$$
$$=\sum_{k=1}^{30}\left(\frac{1}{k}-\frac{1}{k+1}\right)$$
$$=1-\frac{1}{31}=\frac{30}{31}$$

10 답 ④

GUIDE

근과 계수의 관계를 이용해 a_nb_n을 n에 대한 식으로 나타낸다.

$f(x)=g(x)$에서
$x^2-(n+1)x+n^2=n(x-1)$,
$x^2-(2n+1)x+n(n+1)=0$
근과 계수의 관계에서 $a_nb_n=n(n+1)$이므로
$$\sum_{n=1}^{19}\frac{100}{a_nb_n}=\sum_{n=1}^{19}\frac{100}{n(n+1)}$$
$$=100\sum_{n=1}^{19}\left(\frac{1}{n}-\frac{1}{n+1}\right)$$
$$=100\left(1-\frac{1}{20}\right)=95$$

01 ④	02 ③	03 20	04 ③
05 16	06 ③	07 1965	
08 (1) $m-1$ (2) 190 (3) 495		09 385	10 165
11 18	12 ③	13 ④	14 5
15 5740	16 30	17 ③	18 ①
19 166	20 ⑤	21 882	22 55

01 답 ④

GUIDE

다항식 $p(x)$의 상수항은 $p(0)$과 같다.

$g(f(x))$는 다항식이므로 상수항은 $g(f(0))$

이때 $f(0)=2$이므로

$g(f(0))=g(2)=\sum_{k=1}^{8} 2^k-5=\dfrac{2(2^8-1)}{2-1}-5=505$

02 답 ③

GUIDE

주어진 수열을 $\underbrace{a_1, a_2, \cdots, a_m}_{\text{공차 2}}, \underbrace{a_{m+1}, \cdots, a_{12}}_{\text{공차 3}}$로 생각한다.

a_1부터 a_m을 구하면 $a_m=2+2(m-1)=2m$

a_{12}부터 거꾸로 a_m을 구하면 $a_m=30-3(12-m)=3m-6$

따라서 $2m=3m-6$에서 $m=6$이므로

$\sum_{k=1}^{12} a_k=\dfrac{6(2+12)}{2}+\dfrac{6(15+30)}{2}=177$

참고

주어진 수열은 다음과 같다.

2, 4, 6, 8, 10, 12, 15, 18, 21, 24, 27, 30

03 답 20

GUIDE

수열 $\left\{\dfrac{1}{a_n}\right\}$도 등비수열임을 알고 첫째항과 공비를 구한다.

등비수열 $\{a_n\}$의 첫째항을 a, 공비를 r라 하면

수열 $\left\{\dfrac{1}{a_n}\right\}$은 첫째항이 $\dfrac{1}{a}$, 공비가 $\dfrac{1}{r}$인 등비수열이다.

$\dfrac{a(r^{20}-1)}{r-1}=\dfrac{\dfrac{1}{a}\left\{\left(\dfrac{1}{r}\right)^{20}-1\right\}}{\dfrac{1}{r}-1}$

에서 우변의 분모와 분자에 r^{20}을 곱하면

$\dfrac{a(r^{20}-1)}{r-1}=\dfrac{1-r^{20}}{a(r^{19}-r^{20})}$ ∴ $a^2 r^{19}=1$

따라서 $a_k a_{21-k}=ar^{k-1} \cdot ar^{20-k}=a^2 r^{19}=1$이므로

$\sum_{k=1}^{20} (a_k a_{21-k})^2=20\times 1=20$

04 답 ③

GUIDE

전체 식에서 $\dfrac{1}{1}, \dfrac{1}{2}, \dfrac{1}{3}, \cdots$이 각각 몇 번 더해지는지 알아본다.

$(주어진 식)=\left(\dfrac{1}{1}+\dfrac{1}{2}+\dfrac{1}{3}+\cdots+\dfrac{1}{100}\right)+\left(\dfrac{1}{2}+\dfrac{1}{3}+\cdots+\dfrac{1}{100}\right)$
$+\left(\dfrac{1}{3}+\cdots+\dfrac{1}{100}\right)+\cdots+\left(\dfrac{1}{99}+\dfrac{1}{100}\right)+\dfrac{1}{100}$

에서 $\dfrac{1}{k}$은 k번 더해지므로

$(주어진 식)=\sum_{k=1}^{100}\left(k\times \dfrac{1}{k}\right)=100\times 1=100$

05 답 16

GUIDE

$y=\dfrac{8x}{2x-15}$의 그래프의 대칭성을 이용해 $f(a)+f(b)$의 값이 일정한 경우를 알아본다.

함수 $y=\dfrac{8x}{2x-15}=\dfrac{60}{2x-15}+4$의 그래프는 다음과 같다.

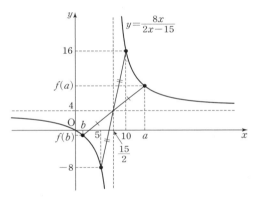

이때 그래프가 점 $\left(\dfrac{15}{2}, 4\right)$에 대하여 대칭이므로

서로 대칭인 두 점 $(a, f(a))$, $(b, f(b))$에 대하여

$a+b=15$, $f(a)+f(b)=8$이다. 즉

$f(7)+f(8)=8$, $f(6)+f(9)=8$, $f(5)+f(10)=8$,

$f(4)+f(11)=8$, $f(3)+f(12)=8$, $f(2)+f(13)=8$,

$f(1)+f(14)=8$

∴ $\sum_{n=1}^{14} a_n=f(1)+f(2)+\cdots+f(14)=7\times 8=56$

이때 $a_{15}=8$, $a_{16}=7+\dfrac{9}{17}<8$, $a_{17}=7+\dfrac{3}{19}>7$이므로

m의 최댓값은 16

LECTURE

유리함수 $f(x)=\dfrac{k}{x-m}+n \ (k\neq 0)$의 그래프 위에 있는 두 점

$A(a, f(a))$, $B(b, f(b))$가 점 (m, n)에 대하여 대칭이면

$a+b=2m$, $f(a)+f(b)=2n$이 성립한다.

또 역도 성립한다.

06 답 ③

$2a_n+n=p$에서 $a_n=\dfrac{p-n}{2}$ 이고, $\displaystyle\sum_{n=1}^{20} a_n=p$를 이용해 p 값을 구한다.

$a_n=\dfrac{p-n}{2}$ 을 $\displaystyle\sum_{n=1}^{20} a_n=p$에 대입하면

$\displaystyle\sum_{n=1}^{20}\dfrac{p-n}{2}=\dfrac{1}{2}\left(20p-\dfrac{20\times21}{2}\right)=p \qquad \therefore p=\dfrac{35}{3}$

따라서 $2a_n+n=\dfrac{35}{3}$ 에 $n=10$을 대입하면

$2a_{10}+10=\dfrac{35}{3} \qquad \therefore a_{10}=\dfrac{5}{6}$

다른 풀이

$2a_n+n=p$에 $n=1, 2, 3, \cdots, 20$을 대입하면

$2a_1+1=p$

$2a_2+2=p$

$\vdots$

$2a_{20}+20=p$

같은 변끼리 더하면

$2(a_1+a_2+\cdots+a_{20})+(1+2+\cdots+20)=20p$

$2p+210=20p \qquad \therefore p=\dfrac{35}{3}$

07 답 1965

❶ $\displaystyle\sum_{k=1}^{30} a_k=\sum_{k=1}^{5} a_k+\sum_{k=6}^{10} a_k+\cdots+\sum_{k=26}^{30} a_k$

❷ $\displaystyle\sum_{k=1}^{5} a_k=\sum_{k=6}^{10} a_{k-5}=\cdots=\sum_{k=26}^{30} a_{k-25}=\sum_{k=1}^{5} k$

$\displaystyle\sum_{k=1}^{30} a_k=\sum_{k=1}^{5} a_k+\sum_{k=6}^{10} a_k+\cdots+\sum_{k=26}^{30} a_k$

$\displaystyle \qquad =\sum_{k=1}^{5} a_k+\sum_{k=6}^{10}(a_{k-5}+5^2)+\sum_{k=11}^{15}(a_{k-10}+2\times5^2)$

$\displaystyle \qquad \quad +\cdots+\sum_{k=26}^{30}(a_{k-25}+5\times5^2)$

$\displaystyle \qquad =6\sum_{k=1}^{5} k+\sum_{k=1}^{5} k\times5^3=131\sum_{k=1}^{5} k=131\times15=1965$

참고

$a_6=a_{1+5}=a_1+5^2, a_7=a_{2+5}=a_2+5^2, \cdots, a_{10}=a_{5+5}=a_5+5^2$이므로

$\displaystyle\sum_{k=6}^{10} a_k=\sum_{k=6}^{10}(a_{k-5}+5^2)=\sum_{k=6}^{10} a_k+5\times5^2$

또 $a_{11}=a_6+5^2=a_1+5^2+5^2=a_1+2\times5^2, a_{16}=a_{11}+5^2=a_1+3\times5^2,$

$a_{21}=a_{16}+5^2=a_1+4\times5^2, a_{26}=a_{21}+5^2=a_1+5\times5^2$

08 답 (1) $m-1$ (2) 190 (3) 495

$\displaystyle\sum_{m=4}^{n}\left[\sum_{l=3}^{m-1}\left\{\sum_{k=2}^{l-1}(k-1)\right\}\right]=\sum_{m=4}^{n}\left[\sum_{l=3}^{m-1}\left\{\sum_{k=2}^{l-1}\left(\sum_{p=1}^{k-1}1\right)\right\}\right]$

(1) $\displaystyle\sum_{m=2}^{n}(m-1)=\sum_{m=2}^{n}\sum_{k=1}^{\square}1$에서

$m-1=\displaystyle\sum_{k=1}^{\square}1$이므로 $\square$ 안에 들어갈 식은 $m-1$

(2) $\displaystyle\sum_{m=2}^{20}(m-1)=\sum_{m=2}^{20}\sum_{k=1}^{m-1}1={}_{20}C_2=\dfrac{20\times19}{2}=190$

(3) $\displaystyle\sum_{m=4}^{12}\left[\sum_{l=3}^{m-1}\left\{\sum_{k=2}^{l-1}(k-1)\right\}\right]$은

$\displaystyle\sum_{m=4}^{12}\left[\sum_{l=3}^{m-1}\left\{\sum_{k=2}^{l-1}\left(\sum_{p=1}^{k-1}1\right)\right\}\right]$과 같고, 이것은

$1\le p<k<l<m\le12$가 되는 경우의 수이다.

$\therefore {}_{12}C_4=\dfrac{12(12-1)(12-2)(12-3)}{4!}$

$\qquad \qquad =\dfrac{1}{2}\times11\times10\times9=495$

LECTURE

n개에서 뽑은 r개를 배열하는 순서가 한 가지, 즉 배열하는 순서가 정해져 있을 때 경우의 수는 ${}_nC_r$

09 답 385

$a_n=\displaystyle\sum_{k=1}^{n}(2k-1)(n-k+1)$

$a_n=\displaystyle\sum_{k=1}^{n}(2k-1)(n-k+1)$

$\displaystyle \quad =\sum_{k=1}^{n}\{-2k^2+(2n+3)k-(n+1)\}$

$\displaystyle \quad =\dfrac{-2n(n+1)(2n+1)}{6}+\dfrac{(2n+3)n(n+1)}{2}-n(n+1)$

$a_{10}=-770+1265-110=385$

다른 풀이

$\displaystyle\sum_{k=1}^{n} k^2=\sum_{k=0}^{n} k^2$이므로 $a_n=\displaystyle\sum_{k=0}^{n}(2k+1)(n-k)$

로 생각해도 된다.

10 답 165

$g(x)=x+2x^2+3x^3+\cdots+10x^{10}$

$f(g(x))=(x+2x^2+3x^3+\cdots+10x^{10})^2$에서 x^{10}항은

$x\times9x^9+2x^2\times8x^8+\cdots+9x^9\times x=x^{10}\displaystyle\sum_{k=1}^{9} k(10-k)$

따라서 계수는 $\sum\limits_{k=1}^{9} k(10-k)$이고

$$\sum_{k=1}^{9} k(10-k)=\sum_{k=1}^{9}(10k-k^2)=450-285=165$$

11 답 18

❶ 가로로 놓이는 성냥개비 개수와 세로로 놓이는 성냥개비 개수에서 규칙을 찾는다.

❷ 가로에 놓이는 성냥개비 개수와 세로에 놓이는 성냥개비 개수가 서로 같다.

계단이 n단일 때 가로와 세로에 놓이는 성냥개비는 각각

$$\sum_{k=1}^{n} k+n\,(개)$$

전체는 $2\sum\limits_{k=1}^{n} k+2n=n(n+1)+2n=n(n+3)\,(개)$

$n(n+3)>90$인 n의 최솟값이 9이므로

추가로 필요한 성냥개비의 개수는 $9\times12-90=18$

❶ 가로에 놓이는 성냥개비를 위에서부터 아래쪽으로 헤아리면 그 개수는
$1+1$ (1단), $1+2+2$ (2단), $1+2+3+3$ (3단),
$1+2+3+4+4$ (4단), $\cdots$이므로 $\sum\limits_{k=1}^{n} k+n$을 얻을 수 있다.

❷ 세로에 놓이는 성냥개비를 왼쪽에서 오른쪽으로 헤아리면 그 개수는
$1+1$ (1단), $1+2+2$ (2단), $1+2+3+3$ (3단),
$1+2+3+4+4$ (4단), $\cdots$이다.

12 답 ③

점 P_n의 좌표는 $(\sqrt{n},\,n)$이고, 직선 $y=\sqrt{n}\,x$와 수직인 직선의 기울기는 $-\dfrac{1}{\sqrt{n}}$이다.

점 $\mathrm{P}_n(\sqrt{n},\,n)$을 지나고 직선 $y=\sqrt{n}\,x$와 수직인 직선의 방정식은

$y=-\dfrac{1}{\sqrt{n}}(x-\sqrt{n})+n$이므로

$\mathrm{Q}_n((n+1)\sqrt{n},\,0),\ \mathrm{R}_n(0,\,n+1)$

$\therefore S_n=\dfrac{1}{2}\times(n+1)\sqrt{n}\times(n+1)=\dfrac{(n+1)^2\sqrt{n}}{2}$

따라서

$$\sum_{n=1}^{5}\frac{2S_n}{\sqrt{n}}=\sum_{n=1}^{5}\left\{\frac{2}{\sqrt{n}}\times\frac{(n+1)^2\sqrt{n}}{2}\right\}$$
$$=\sum_{n=1}^{5}(n^2+2n+1)$$
$$=\frac{5\times6\times11}{6}+2\times\frac{5\times6}{2}+5=90$$

$$\sum_{n=1}^{5}(n^2+2n+1)=\sum_{n=1}^{5}(n+1)^2=\sum_{m=2}^{6}m^2=\frac{6\times7\times13}{6}-1^2=90$$

13 답 ④

$a_1=\sum\limits_{k=1}^{1} a_k,\ a_n=\sum\limits_{k=1}^{n} a_k-\sum\limits_{k=1}^{n-1} a_k\ (n\geq2)$

$a_n=\sum\limits_{k=1}^{n} a_k-\sum\limits_{k=1}^{n-1} a_k$
$\quad=n^3+4n^2+3n-(n-1)^3-4(n-1)^2-3(n-1)$
$\quad=3n^2+5n\ (n\geq2)$

$a_1=\sum\limits_{k=1}^{1} a_k=1^3+4\times1^2+3\times1=8$

이므로 $a_n=3n^2+5n\ (n\geq1)$

따라서

$$\frac{1}{25}\sum_{k=1}^{n}\frac{a_{5k}}{k}=\frac{1}{25}\sum_{k=1}^{n}\frac{25(3k^2+k)}{k}$$
$$=\sum_{k=1}^{n}(3k+1)$$
$$=\frac{3n(n+1)}{2}+n$$

$$\therefore \frac{1}{25}\sum_{k=1}^{10}\frac{a_{5k}}{k}=\frac{3}{2}\times10\times11+10=175$$

14 답 5

$a_n,\,b_n,\,a_nb_n$을 각각 구해 $a_n\times b_n=a_nb_n$에서 양변을 비교한다.

$a_n=an^2-bn-a(n-1)^2+b(n-1)=2an-a-b$
$b_n=cn^2+cn-c(n-1)^2-c(n-1)=2cn$
$a_nb_n=(2an-a-b)\times2cn=4acn^2-2c(a+b)n\quad\cdots\cdots\ \bigcirc$

이고, 문제에서

$a_nb_n=\sum\limits_{k=1}^{n} a_kb_k-\sum\limits_{k=1}^{n-1} a_kb_k$
$\quad=4n^3+2n^2-2n-4(n-1)^3-2(n-1)^2+2(n-1)$
$\quad=4n(3n-2)\ (n\geq2)$

이고 $n=1$일 때도 성립하므로

$a_nb_n=4n(3n-2)=12n^2-8n\quad\cdots\cdots\ \bigcirc$

$\bigcirc=\bigcirc$에서 $ac=3,\ 2c(a+b)=8$

이때 $c=3$이면 $a,\,b,\,c$가 자연수인 해가 존재하지 않으므로

$c=1,\,a=3,\,b=1\quad \therefore a+b+c=5$

$n=1$일 때 $a_1=a-b,\ b_1=2c$

또 주어진 식에서 $a_1=\sum\limits_{k=1}^{1} a_k=a-b,\ b_1=\sum\limits_{k=1}^{1} b_k=c+c$로 서로 같으므로 $a_n=2an-a-b,\ b_n=2cn$은 $n=1$일 때도 성립한다.

수열 $\{a_n\}$의 첫째항부터 제n항까지의 합 $\sum\limits_{k=1}^{n} a_n$이 상수항이 없는 n에 대한 이차식이면 수열 $\{a_n\}$은 첫째항부터 등차수열이다.

15 ⓐ 5740

GUIDE

$$\frac{3n-1}{n}a_n=\sum_{k=1}^{n}\frac{3k-1}{k}a_k-\sum_{k=1}^{n-1}\frac{3k-1}{k}a_k$$

$$\frac{3n-1}{n}a_n=\sum_{k=1}^{n}\frac{3k-1}{k}a_k-\sum_{k=1}^{n-1}\frac{3k-1}{k}a_k$$
$$=2n^3+2n^2-2(n-1)^3-2(n-1)^2$$
$$=6n^2-2n$$

따라서 $a_n=2n^2\ (n\geq2)$

또 $\sum_{k=1}^{n}\frac{3k-1}{k}a_k=2n^3+2n^2$에 $n=1$을 대입하면

$a_1=2$이므로 $a_n=2n^2\ (n\geq1)$이다.

$$\therefore\ \sum_{k=1}^{20}a_k=\sum_{k=1}^{20}2k^2=2\times\frac{20\times21\times41}{6}=5740$$

16 ⓐ 30

GUIDE

❶ 수열 $\{b_n\}$에서 규칙을 찾는다.

❷ $\frac{n(n+1)}{2}$을 5로 나눈 나머지와 $\frac{(n+5)(n+6)}{2}$을 5로 나눈 나머지는 서로 같다.

$a_1=1,\ a_2=3,\ a_3=6,\ a_4=10,\ a_5=15$에서

$b_1=1,\ b_2=3,\ b_3=1,\ b_4=0,\ b_5=0$이고 k와 $k+5$를 5로 나눈 나머지는 같으므로 수열 $\{b_n\}$은 자연수 m에 대하여 $b_m=b_{m+5}$이다.

따라서 $\sum_{k=1}^{30}b_k=6\sum_{k=1}^{5}b_k=6(1+3+1+0+0)=30$

17 ⓐ ③

GUIDE

$3^1=3,\ 3^2=9,\ 3^3=27,\ 3^4=81,\ 3^5=243,\ \cdots$이므로
$a_1=3,\ a_2=4,\ a_3=2,\ a_4=1,\ a_5=3,\ \cdots$

---

a_n은 3, 4, 2, 1이 반복해서 나타나고 $a_n i^n$은 n이 홀수일 때 허수이므로

$$\sum_{n=1}^{100}a_n i^n$$
$$=(3i-4-2i+1)+(3i-4-2i+1)+\cdots+(3i-4-2i+1)$$

에서 허수부분의 값은 $\sum_{n=1}^{25}(3-2)=25$

18 ⓐ ①

GUIDE

❶ $a_{k+1}=S_{k+1}-S_k$로 바꾼다.
❷ 부분분수를 이용한다.

$a_{k+1}=S_{k+1}-S_k$이므로

$$\sum_{k=1}^{10}\frac{a_{k+1}}{S_k S_{k+1}}=\sum_{k=1}^{10}\frac{S_{k+1}-S_k}{S_k S_{k+1}}$$
$$=\sum_{k=1}^{10}\left(\frac{1}{S_k}-\frac{1}{S_{k+1}}\right)$$
$$=\frac{1}{S_1}-\frac{1}{S_2}+\frac{1}{S_2}-\frac{1}{S_3}+\cdots+\frac{1}{S_{10}}-\frac{1}{S_{11}}$$
$$=\frac{1}{S_1}-\frac{1}{S_{11}}$$

이때 $S_1=a_1=2$이므로 $\frac{1}{2}-\frac{1}{S_{11}}=\frac{1}{3}$ $\therefore\ S_{11}=6$

19 ⓐ 166

GUIDE

$n^4+n^2+1=(n^2+n+1)(n^2-n+1)$이므로

$$\frac{n}{n^4+n^2+1}=\frac{1}{2}\left(\frac{1}{n^2-n+1}-\frac{1}{n^2+n+1}\right)$$

$$a_n=\frac{n}{n^4+n^2+1}=\frac{n}{(n^2+n+1)(n^2-n+1)}$$
$$=\frac{1}{2}\left(\frac{1}{n^2-n+1}-\frac{1}{n^2+n+1}\right)$$
$$\sum_{n=1}^{10}a_n=\sum_{n=1}^{10}\frac{1}{2}\left(\frac{1}{n^2-n+1}-\frac{1}{n^2+n+1}\right)$$
$$=\frac{1}{2}\left\{\left(\frac{1}{1}-\frac{1}{3}\right)+\left(\frac{1}{3}-\frac{1}{7}\right)+\left(\frac{1}{7}-\frac{1}{13}\right)+\cdots\right.$$
$$\left.+\left(\frac{1}{10^2-10+1}-\frac{1}{10^2+10+1}\right)\right\}$$
$$=\frac{1}{2}\left(\frac{1}{1}-\frac{1}{10^2+10+1}\right)=\frac{55}{111}$$

따라서 $p+q=111+55=166$

20 ⓐ ⑤

GUIDE

$(k-1)^2<n\leq k^2$일 때 $a_n=k^2$이다.
이때 n의 개수를 구한다.

$(k-1)^2<n\leq k^2$일 때, $a_n=k^2$

이를 만족하는 n은 $k^2-(k-1)^2=2k-1$(개)이므로

$$\sum_{k=1}^{100}a_k=\sum_{k=1}^{10}(2k-1)k^2=\sum_{k=1}^{10}(2k^3-k^2)$$
$$=2\times\frac{(10\times11)^2}{4}-\frac{10\times11\times21}{6}=5665$$

참고

❶ 두 정수 $a,\ b$에 대하여 다음 부등식에 속하는 정수 x의 개수는
$$a<x<b\ \Rightarrow\ b-a-1(\text{개})$$
$$a\leq x<b,\ a<x\leq b\ \Rightarrow\ b-a(\text{개})$$
$$a\leq x\leq b\ \Rightarrow\ b-a+1(\text{개})$$
❷ 조건에 맞는 수열은 1, 4, 4, 4, 9, 9, 9, 9, 9, 16, 16, $\cdots$

21 🔘 882

GUIDE

a_1, a_2, a_3, $\cdots$에서 규칙을 찾아 a_{3n}을 먼저 구한다.

$a_1=0$, $a_2=0$, $a_3=2$, $a_4=2+2$, $a_5=2+2+2$,

$a_6=2+2+2+4$, $a_9=2+2+2+4+4+4+6$, $\cdots$에서

$a_{3n}=6\{1+2+\cdots+(n-1)\}+2n$

$\qquad =3n(n-1)+2n$

$\qquad =3n^2-n$

이고, $a_{3n+1}=a_{3n}+2n=3n^2+n$,

$a_{3n+2}=a_{3n}+2n+2n=3n^2+3n$이므로

$\displaystyle\sum_{k=1}^{20}a_k=\sum_{k=1}^{6}(a_{3k}+a_{3k+1}+a_{3k+2})$ ($\because a_1=a_2=0$)

$\qquad =\displaystyle\sum_{k=1}^{6}(9k^2+3k)$

$\qquad =9\times\dfrac{6\times7\times13}{6}+3\times\dfrac{6\times7}{2}$

$\qquad =882$

22 🔘 55

GUIDE

$x=m+h$ (m은 정수, $0\leq h<1$)이라 놓으면

$\left[x+\dfrac{1}{n}\right]=m+\left[h+\dfrac{1}{n}\right]$

$x=m+h$ (m은 정수, $0\leq h<1$)이라 하면

$\left[x+\dfrac{1}{n}\right]=m+\left[h+\dfrac{1}{n}\right]$에서

$\displaystyle\sum_{k=1}^{20}[a_k]=\sum_{k=1}^{20}\left(m+\left[h+\dfrac{1}{k}\right]\right)=20m+\sum_{k=1}^{20}\left[h+\dfrac{1}{k}\right]$

이때 $\left[h+\dfrac{1}{k}\right]$은 0 또는 1이므로

$20m\leq128\leq20m+20$에서 $m=6$이다.

$\displaystyle\sum_{k=1}^{20}\left[h+\dfrac{1}{k}\right]=8$이 성립하려면

$\left[h+\dfrac{1}{8}\right]=1$, $\left[h+\dfrac{1}{9}\right]=0$에서

$h+\dfrac{1}{8}\geq1$, $h+\dfrac{1}{9}<1$ $\qquad\therefore\dfrac{7}{8}\leq h<\dfrac{8}{9}$

h의 최솟값이 $\dfrac{7}{8}$이므로 x의 최솟값 $p=6+\dfrac{7}{8}=\dfrac{55}{8}$

$\therefore 8p=55$

STEP 3 | 1등급 뛰어넘기   p. 111~115

01 5	**02** 55	**03** ②
04 (1) 20개 (2) 670	**05** 11	**06** 1
07 ②	**08** 315	**09** ⑤	**10** 5050
11 (1) 25 (2) 12925	**12** (1) 3 (2) 3 (3) 7	
13 427	**14** (1) 풀이 참조 (2) 16	

01 🔘 5

GUIDE

$x^3-2x-1=(x-\alpha)(x-\beta)(x-\gamma)$

$x^3-2x-1=(x-\alpha)(x-\beta)(x-\gamma)$에서

$(\alpha-x)(\beta-x)(\gamma-x)=-x^3+2x+1$이므로

$(\alpha-k)(\beta-k)(\gamma-k)=-k^3+2k+1$

$\displaystyle\sum_{k=1}^{n}(\alpha-k)(\beta-k)(\gamma-k)$

$=\displaystyle\sum_{k=1}^{n}(-k^3+2k+1)$

$=-\left\{\dfrac{n(n+1)}{2}\right\}^2+n(n+1)+n$

이것이 $n-195$와 같으므로

$-\left\{\dfrac{n(n+1)}{2}\right\}^2+n(n+1)+n=n-195$

즉 $\left\{\dfrac{n(n+1)}{2}\right\}^2-n(n+1)-195=0$

$n(n+1)=t$라 하면

$t^2-4t-780=0$, $(t+26)(t-30)=0$이고

$t>0$이므로 $t=30$

따라서 $n(n+1)=30$에서 $n=5$

02 🔘 55

GUIDE

❶ $S_{n-1}+1$을 수열 $\{a_n\}$을 이용해 나타낸다.

❷ 부분분수를 이용한다.

$S_{n-1}=\dfrac{2(2^{n-1}-1)}{2-1}=2^n-2=a_n-2$

$\displaystyle\sum_{n=2}^{10}\dfrac{S_{n-1}+1}{a_1\times a_2\times\cdots\times a_n}$

$=\displaystyle\sum_{n=2}^{10}\dfrac{a_n-1}{a_1\times a_2\times\cdots\times a_n}$

$=\dfrac{a_2-1}{a_1\times a_2}+\dfrac{a_3-1}{a_1\times a_2\times a_3}+\cdots+\dfrac{a_{10}-1}{a_1\times a_2\times\cdots\times a_{10}}$

$=\dfrac{1}{a_1}-\dfrac{1}{a_1\times a_2}+\dfrac{1}{a_1\times a_2}-\dfrac{1}{a_1\times a_2\times a_3}+\cdots$

$\quad +\dfrac{1}{a_1\times a_2\times\cdots\times a_9}-\dfrac{1}{a_1\times a_2\times\cdots\times a_{10}}$

$=\dfrac{1}{a_1}-\dfrac{1}{a_1\times a_2\times\cdots\times a_{10}}$

$=\dfrac{1}{2}-\dfrac{1}{2^{1+2+\cdots+10}}$

$$=\frac{1}{2}-\frac{1}{2^{55}}$$

따라서 자연수 N의 값은 55

03 답 ②

GUIDE

$-\frac{1}{2}<\left(n+\frac{1}{2}\right)^2-m<\frac{1}{2}$에서 m, n이 정수임을 이용한다.

$\left|\left(n+\frac{1}{2}\right)^2-m\right|<\frac{1}{2}$은 $-\frac{1}{2}<\left(n+\frac{1}{2}\right)^2-m<\frac{1}{2}$과 같고,

이 연립부등식을 정리하면 $-\frac{3}{4}<n^2+n-m<\frac{1}{4}$

이때 m, n이 정수이므로 n^2+n-m도 정수이다.

즉 $n^2+n-m=0$에서

$m=n^2+n$이므로 $a_n=n^2+n$

$$\therefore \sum_{k=1}^{5} a_k=\sum_{k=1}^{5}(k^2+k)=\frac{5\times6\times11}{6}+\frac{5\times6}{2}=70$$

04 답 (1) 20개 (2) 670

GUIDE

❶ $\sqrt{n}$에 가장 가까운 정수가 k이면 $k-\frac{1}{2}<\sqrt{n}<k+\frac{1}{2}$

❷ $a_n=1$인 n은 1, 2, $a_n=2$인 n은 3, 4, 5, 6에서 $a_n=k$인 n이 $2k$개 있음을 생각한다.

(1) $a_n=10$이면 $\left(10-\frac{1}{2}\right)^2<n<\left(10+\frac{1}{2}\right)^2$이므로

$$100-10+\frac{1}{4}<n<100+10+\frac{1}{4}$$

즉 $90+\frac{1}{4}<n<110+\frac{1}{4}$에서

n은 91, 92, $\cdots$, 110으로 20개

(2) $a_n=k$인 n은

$$\left(k-\frac{1}{2}\right)^2=k^2-k+\frac{1}{4}<n<k^2+k+\frac{1}{4}=\left(k+\frac{1}{2}\right)^2$$

에서 $2k$개 있으므로

$$\sum_{n=1}^{100} a_n=\sum_{n=1}^{90} a_n+\sum_{n=91}^{100} a_n$$
$$=\sum_{k=1}^{9}(k\times2k)+10\times10$$
$$=2\times\frac{9\times10\times19}{6}+100=670$$

참고

❶ $\sum\limits_{k=1}^{9} k=45$이므로 $a_n=1$부터 $a_n=9$가 되는 항의 개수는 2×45(개)이다. 즉 $a_n=10$이 되는 항은 a_{91}, a_{92}, $\cdots$, a_{100}, a_{101}, $\cdots$, a_{110}이므로 $\sum$ 기호를 이용해 $k\times2k$ 꼴로 나타낼 수 있는 항은 a_1부터 a_{90}까지이다.

❷ $\sqrt{90}=9.48\times\times$, $\sqrt{91}=9.53\times\times$

❸ $a_1+a_2+\cdots+a_{100}=1\times2+2\times4+3\times6+\cdots+9\times18+10\times10$

05 답 11

GUIDE

자연수 n으로 나눈 나머지는 0, 1, 2, $\cdots$, $n-1$이다. 따라서 n으로 나누었을 때 몫과 나머지가 k인 수를 $p_k(k=1, 2, \cdots, n-1)$라 하면 $a_n=p_1+p_2+\cdots+p_{n-1}$

자연수 n으로 나눈 몫과 나머지가 k인 자연수는 $kn+k$

$$\therefore a_n=\sum_{k=1}^{n-1}(kn+k)=(n+1)\sum_{k=1}^{n-1}k=\frac{n(n-1)(n+1)}{2}$$

$$\frac{n(n-1)(n+1)}{2}>500,$$

즉 $n(n-1)(n+1)>1000$에서

$10\times9\times11=990<1000$, $11\times10\times12=1320>1000$

따라서 자연수 n의 최솟값은 11

참고

예를 들어 $n=7$이면 나머지가 될 수 있는 수는 0, 1, 2, 3, $\cdots$, 6이므로 조건에 맞는 수는 모두 6개 존재한다. 나머지가 0인 수는 몫도 0이므로 생각하지 않는다.

다른 풀이

a_5, a_6, a_7을 구해 보면서 a_n을 나타내는 식을 찾을 수도 있다. 즉

$a_5=6+12+18+24$

$a_6=7+14+21+28+35$

에서 $a_n=(n+1)+2(n+1)+\cdots+(n-1)(n+1)$

$$=\sum_{k=1}^{n-1}k(n+1)=\frac{(n-1)n(n+1)}{2}$$

06 답 1

GUIDE

주어진 정의에 따라 T_n을 구하고, 이것을 S_n을 이용해 나타낼 수 있도록 변형한다.

$$T_n=1-\frac{1}{2}+\frac{1}{3}-\frac{1}{4}+\cdots+\frac{1}{2n-1}-\frac{1}{2n}$$
$$=1+\frac{1}{2}+\frac{1}{3}+\frac{1}{4}+\cdots+\frac{1}{2n-1}+\frac{1}{2n}$$
$$-2\left(\frac{1}{2}+\frac{1}{4}+\cdots+\frac{1}{2n}\right)$$
$$=1+\frac{1}{2}+\frac{1}{3}+\frac{1}{4}+\cdots+\frac{1}{2n-1}+\frac{1}{2n}$$
$$-\left(\frac{1}{1}+\frac{1}{2}+\cdots+\frac{1}{n}\right)$$
$$=S_{2n}-S_n$$

따라서 $\dfrac{T_n}{S_{2n}-S_n}=1$

07 답 ②

GUIDE

자연수 N을 소인수분해하면 $N=a^m \times b$일 때,
N의 모든 양의 약수는 $1, a, a^2, \cdots, a^m, b, ab, a^2b, \cdots, a^mb$

2와 2^p-1이 소수이므로 $2^{p-1}(2^p-1)$의 양의 약수는
$1, 2, 2^2, \cdots, 2^{p-1}, 2^p-1, 2(2^p-1), 2^2(2^p-1), \cdots,$
$2^{p-1}(2^p-1)$

$$\therefore \sum_{k=1}^{n} \frac{1}{a_k} = \left(1+\frac{1}{2}+\frac{1}{2^2}+\cdots+\frac{1}{2^{p-1}}\right)$$
$$+\frac{1}{2^p-1}\left(1+\frac{1}{2}+\frac{1}{2^2}+\cdots+\frac{1}{2^{p-1}}\right)$$
$$=\left(1+\frac{1}{2^p-1}\right)\frac{1-\frac{1}{2^p}}{1-\frac{1}{2}}=2$$

참고

$$\frac{2^p}{2^p-1}\times 2\left(1-\frac{1}{2^p}\right)=\frac{2^p}{2^p\left(1-\frac{1}{2^p}\right)}\times 2\left(1-\frac{1}{2^p}\right)=2$$

08 답 315

GUIDE

❶ $a_n \leq |a_n|$이므로 $a_n+a_{n+1} \leq |a_n|+a_{n+1}=n+6$

❷ $\sum_{n=1}^{40} a_n = \sum_{n=1}^{20}(a_{2n-1}+a_{2n})$, $\sum_{n=1}^{30} a_n = \sum_{n=1}^{15}(a_{2n-1}+a_{2n})$

$a_n+a_{n+1} \leq |a_n|+a_{n+1}=n+6$에서
$n=2k-1$이면 $a_{2k-1}+a_{2k} \leq 2k+5$이므로

$$\sum_{n=1}^{40} a_n = \sum_{k=1}^{20}(a_{2k-1}+a_{2k}) \leq \sum_{k=1}^{20}(2k+5)=520$$

(나)에서 $\sum_{n=1}^{40} a_n=520$이므로 $a_{2k-1}=|a_{2k-1}|$ $(k=1, 2, \cdots, 20)$

$a_{2k-1} \geq 0$이므로 $a_{2k-1}+a_{2k}=2k+5$

$$\therefore \sum_{n=1}^{30} a_n = \sum_{k=1}^{15}(a_{2k-1}+a_{2k})=\sum_{k=1}^{15}(2k+5)=315$$

1등급 NOTE

연속한 두 항을 나타내는 방법으로 a_n, a_{n+1}을 생각할 수 있지만, $\sum_{n=1}^{40} a_n$
을 $\sum$ 기호와 a_n+a_{n+1}을 함께 써서 나타내기 힘들므로
$\sum_{k=1}^{20}(a_{2k-1}+a_{2k})=\sum_{n=1}^{40} a_n$임을 이용한다.

09 답 ⑤

GUIDE

홀수 번째 행과 짝수 번째 행에 각각 검은 돌이 몇 개 있는지 따져 본다.

홀수 행에 놓인 검은 돌의 개수를 차례로 나열하면
$1, 1, 1, 3, 3, 3, 5, 5, 5, \cdots$이고,
짝수 행에 놓인 검은 돌의 개수를 차례로 나열하면
$0, 2, 2, 2, 4, 4, 4, 6, 6, 6, \cdots$이다.

$$\therefore \sum_{n=1}^{30} a_n=3(1+3+5+7+9)+3(2+4+6+8)+2\times 10$$
$$=155$$

다른 풀이 1

자연수 m에 대하여 제$3m-2$행, 제$3m-1$행, 제$3m$행의 모든
바둑돌 중 $\frac{1}{3}$이 검은 돌임을 알 수 있다. 따라서

$$\sum_{n=1}^{30} a_n=\frac{1}{3}\sum_{n=1}^{30} k=\frac{1}{3}\times\frac{30\times 31}{2}=155$$

다른 풀이 2

각 행에 있는 검은 돌의 개수를 세 행씩 묶어서 생각하면
$(1, 0, 1), (2, 1, 2), (3, 2, 3), (4, 3, 4), (5, 4, 5), \cdots$
이므로 $a_{3k-2}+a_{3k-1}+a_{3k}=3k-1$ (k는 자연수)이다.

$$\therefore \sum_{n=1}^{30} a_n=\sum_{k=1}^{10}(3k-1)=3\times 55-10=155$$

10 답 5050

GUIDE

(가), (나) 조건에 맞게 수를 나열하면서 규칙을 찾는다. 이때, 3의 배수와 관련된 문제이므로 3으로 나눈 나머지를 이용해 정수를 분류한다.

3으로 나눈 나머지가 1인 수를 α, 3으로 나눈 나머지가 2인 수를
β라 하면 3의 배수를 제외하고 (나)를 만족시키려면 α, α, β, α, β,
α, β, $\cdots$의 순서로 나열되어야 한다.

(가)를 만족하고 a_n이 최소가 되도록 나열하면
$1, 4, 2, 7, 5, 10, 8, 13, 11\cdots$
여기에 3의 배수를 추가하면
$1, 3, 4, 2, 6, 7, 5, 9, 10, 8, 12, 13, \cdots$
따라서 $a_1=1$, $n \geq 1$에서 $a_{3n-1}=3n$, $a_{3n}=3n+1$,
$a_{3n+1}=3n-1$이므로

$$\sum_{n=1}^{100} a_n=a_1+\sum_{n=1}^{33} a_{3n-1}+\sum_{n=1}^{33} a_{3n}+\sum_{n=1}^{33} a_{3n+1}$$
$$=1+\sum_{n=1}^{33}(3n+3n+1+3n-1)$$
$$=1+9\times\frac{33\times 34}{2}=5050$$

참고

3의 배수를 추가하는 자리가 규칙적이면 된다. 즉 $(3n-1)$째 자리든 $3n$
째 자리든 상관없다.

11 답 (1) 25 (2) 12925

GUIDE

❶ 뒤에 붙는 제곱수가 한 자리 수인 경우와 두 자리 수인 경우로 나누어 생각한다.

❷ 뒤에 붙은 제곱수가 한 자리 수인 경우이면 11, 14, 19, 41, 44, 49, ⋯ 이고 뒤에 붙은 제곱수가 두 자리 수이면 116, 125, 416, 425, 916, 925, ⋯이다.

(1) 30 이하의 제곱수는 1, 4, 9, 16, 25의 5개이므로 두 제곱수를 이어 붙이는 방법은 $5^2 = 25$(가지)

(2) (ⅰ) 뒤에 붙는 제곱수가 한 자리 수인 경우

$$\sum_{k=1}^{5}(30k^2+1+4+9)=30\times\frac{5\times6\times11}{6}+14\times5$$
$$=1650+70=1720$$

(ⅱ) 뒤에 붙는 제곱수가 두 자리 수인 경우

$$\sum_{k=1}^{5}(200k^2+16+25)=200\times\frac{5\times6\times11}{6}+41\times5$$
$$=11000+205=11205$$

$$\therefore \sum_{k=1}^{25}a_k=1720+11205=12925$$

참고

(ⅰ)에서 일의 자리 수를 뺀 더해지는 수는 10, 40, 90, 160, 250이 각각 3 개씩이다.

(ⅱ)에서 십 이하 자리 수를 뺀 더해지는 수는 100, 400, 900, 1600, 2500 이 각각 2개씩이다.

12 답 (1) 3 (2) 3 (3) 7

GUIDE

x값의 범위에 따라 1차항 계수가 양수인지 음수인지 따져 본다.

(1) $x>3$이면 1차항의 계수가 양수이므로 증가, $x<3$이면 1차항 의 계수가 음수이므로 감소한다.

따라서 $x=3$일 때 최소이다.

(2) $x>3$이면 1차항의 계수가 양수이므로 증가한다.

$x<3$이면 1차항의 계수가 음수이므로 감소한다.

따라서 $x=3$일 때 최소이다.

(3) $|x-i|$ 꼴의 항은 총 $10+9+\cdots+1=55$개 있다.

따라서 $|x-i|$ 꼴의 항을 i의 크기 순서대로 나열했을 때

$28=\dfrac{55+1}{2}$번째 항을 $|x-m|$이라 하면 $x=m$일 때 최소이다.

$\sum_{k=1}^{7}k=28$이므로 28번째 항은 $|x-7|$

따라서 $x>7$일 때 증가하고, $x<7$일 때 감소하므로

$x=7$일 때 최소이다.

LECTURE

x값이 커질 때 함숫값도 커지면 증가,

x값이 커질 때 함숫값이 작아지면 감소한다.

감소 증가

참고

(3)에서 주어진 식은 다음과 같다.

$|x-1|+2|x-2|+3|x-3|+\cdots+10|x-10|$

13 답 427

GUIDE

❶ 함수 $g(x)$의 그래프를 그린다.

❷ (a, b)는 제1사분면에서 x축과 함수 $g(x)$로 둘러싸인 부분과 함수 $g(x)$ 위에 있는 격자점이다.

$0\le x\le2$에서 함수 $g(x)=x+f(x)$는

$$g(x)=\begin{cases}1 & (0\le x<1)\\2x-1 & (1\le x\le2)\end{cases}$$

이고, 모든 실수 x에 대하여

$$g(x+2)=(x+2)+f(x+2)$$
$$=x+2+f(x)$$
$$=g(x)+2$$

이므로 제1사분면에서 함수 $g(x)$의 그래프는 다음과 같다.

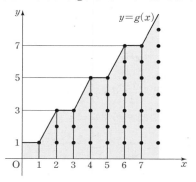

$a_1=g(1)+g(2)+g(3)=1+3+3=7$

$a_2=g(2)+g(3)+g(4)=3+3+5=11$

$a_3=g(3)+g(4)+g(5)=3+5+5=13$

$a_4=g(4)+g(5)+g(6)=5+5+7=17$

$a_5=g(5)+g(6)+g(7)=5+7+7=19$

$a_6=g(6)+g(7)+g(8)=7+7+9=23$

⋮

이때

$a_3-a_1=a_5-a_3=\cdots=6$,

$a_4-a_2=a_6-a_4=\cdots=6$이므로

$a_{2n-1}=a_1+6(n-1)=6n+1$

$a_{2n}=a_2+6(n-1)=6n+5$

따라서

$$\sum_{n=1}^{15} a_n = \sum_{n=1}^{8} a_{2n-1} + \sum_{n=1}^{7} a_{2n}$$
$$= \sum_{n=1}^{8} (6n+1) + \sum_{n=1}^{7} (6n+5)$$
$$= 6 \times \frac{8 \times 9}{2} + 1 \times 8 + 6 \times \frac{7 \times 8}{2} + 5 \times 7 = 427$$

다른 풀이

수열 $\{a_{2n}+a_{2n+1}\}$은 첫째항이 24이고 공차가 12인 등차수열이므로

$$\sum_{n=1}^{15} a_n = a_1 + \sum_{n=1}^{7} (a_{2n}+a_{2n+1}) = 7 + \frac{7(2 \times 24 + 6 \times 12)}{2} = 427$$

14 **답** (1) 풀이 참조 (2) 16

GUIDE

❶ $\dfrac{1}{\sqrt{k}} = \dfrac{2}{2\sqrt{k}}$

❷ $a_n < b_n$이면 $\displaystyle\sum_{k=1}^{n} a_k < \sum_{k=1}^{n} b_k$

(1) $\dfrac{1}{\sqrt{k+1}} < \dfrac{1}{\sqrt{k}} < \dfrac{1}{\sqrt{k-1}}$ 이고,

$\dfrac{1}{\sqrt{k}} = \dfrac{2}{2\sqrt{k}} = \dfrac{2}{\sqrt{k}+\sqrt{k}}$ 이므로

$$\dfrac{2}{\sqrt{k+1}+\sqrt{k}} < \dfrac{2}{\sqrt{k}+\sqrt{k}} < \dfrac{2}{\sqrt{k}+\sqrt{k-1}}$$

(2) $\displaystyle\sum_{k=1}^{80} \dfrac{2}{\sqrt{k+1}+\sqrt{k}}$

$$= 2\sum_{k=1}^{80} (-\sqrt{k}+\sqrt{k+1})$$
$$= 2(-\sqrt{1}+\sqrt{2}-\sqrt{2}+\sqrt{3}-\cdots-\sqrt{80}+\sqrt{81})$$
$$= 2(-1+9) = 16$$

$$\sum_{k=1}^{80} \dfrac{1}{\sqrt{k}} = 1 + \sum_{k=2}^{80} \dfrac{1}{\sqrt{k}}$$
$$< 1 + \sum_{k=2}^{80} \dfrac{2}{\sqrt{k}+\sqrt{k-1}}$$
$$= 1 + 2\sum_{k=2}^{80} (-\sqrt{k-1}+\sqrt{k})$$
$$= 1 + 2(-\sqrt{1}+\sqrt{2}-\sqrt{2}+\sqrt{3}-\cdots-\sqrt{79}+\sqrt{80})$$
$$= 1 + 2(-1+\sqrt{80})$$
$$= \sqrt{320} - 1 < \sqrt{18^2} - 1 = 17$$

따라서 $16 < \displaystyle\sum_{k=1}^{80} \dfrac{1}{\sqrt{k}} < 17$이므로 $n=16$

참고

$\dfrac{1}{\sqrt{k}} = \dfrac{2}{\sqrt{k}+\sqrt{k}} < \dfrac{2}{\sqrt{k}+\sqrt{k-1}} = 2(-\sqrt{k-1}+\sqrt{k})$

10 수학적 귀납법

STEP 1 | 1등급 준비하기   p. 118~119

01 ③	**02** ②	**03** 122	**04** $\dfrac{1}{13}$
05 7	**06** 1271		
07 (1) $n-1$ (2) $a_n = a_{n-1}+n-1$ (3) 66			**08** ④

01 **답** ③

GUIDE

$a_{n+2}-a_{n+1}+a_n=0$, 즉 $a_{n+2}=a_{n+1}-a_n$에서 $a_3, a_4, a_5, \cdots$를 구하며 규칙을 찾아본다.

$a_1=1$, $a_2=4$, $a_{n+2}=a_{n+1}-a_n$에서
$a_3=3$, $a_4=-1$, $a_5=-4$, $a_6=-3$, $a_7=1$, $a_8=4$, $\cdots$
이므로 $a_{n+6}=a_n$ ($n=1, 2, 3, \cdots$)
따라서 $1000=6 \times 166+4$에서 $a_{1000}=a_4=-1$

참고

점화식 풀이 유형으로 구분할 수 없는 경우이면 $a_1, a_2, a_3, a_4, \cdots$를 구해 보면서 규칙을 찾는 것이 우선이다.

02 **답** ②

GUIDE

점화식에 $a_n a_{n+1}$이 있으면 양변을 $a_n a_{n+1}$로 나누는 것을 생각한다.

양변을 $a_n a_{n+1}$로 나누면 $1 = \dfrac{1}{a_{n+1}} - \dfrac{1}{a_n}$이고,

이때 $\dfrac{1}{a_n} = b_n$이라 하면 $b_1=1$, $b_{n+1}-b_n=1$

즉 b_n은 첫째항이 1이고, 공차가 1인 등차수열이므로 $b_n=n$

따라서 $a_{20} = \dfrac{1}{b_{20}} = \dfrac{1}{20}$

참고

수열 $\left\{\dfrac{1}{a_n}\right\}$이 등차수열일 때, 수열 $\{a_n\}$을 조화수열이라 한다.

03 **답** 122

GUIDE

$a_{n+1}=a_n+f(n)$ 꼴 점화식이므로 n 대신 $1, 2, 3, \cdots, n-1$을 대입해 얻은 식을 변끼리 모두 더한다.

$a_{n+1}=a_n+3^n$에 n 대신 $1, 2, 3, \cdots, n-1$을 대입해 얻은 등식을 변끼리 모두 더하면
$$a_n = a_1 + (3+3^2+\cdots+3^{n-1})$$
$$= 2 + \frac{3(3^{n-1}-1)}{3-1} = \frac{3^n+1}{2}$$
$$\therefore a_5 = \frac{3^5+1}{2} = 122$$

다른 풀이

$a_{n+1}-a_n=3^n$에서 수열 $\{a_n\}$의 계차수열이 3^n이므로

$$a_n=a_1+\sum_{k=1}^{n-1}3^k=2+\frac{3(3^{n-1}-1)}{3-1}=\frac{3^n+1}{2}$$

따라서 $a_5=\dfrac{3^5+1}{2}=122$

LECTURE

$$
\begin{aligned}
a_n&=a_{n-1}+f(n-1)\\
&=a_{n-2}+f(n-2)+f(n-1)\\
&=a_{n-3}+f(n-3)+f(n-2)+f(n-1)\\
&\quad\vdots\\
&=a_1+\sum_{k=1}^{n-1}f(k)
\end{aligned}
$$

04 답 $\dfrac{1}{13}$

GUIDE

$a_{n+1}=a_n\times f(n)$ 꼴 점화식이므로 n 대신 $1, 2, 3, \cdots, n-1$을 대입해 얻은 식을 변끼리 모두 곱한다.

$a_{n+1}=a_n\times\dfrac{2n-1}{2n+1}$에 n 대신 $1, 2, 3, \cdots, n-1$을 대입해 얻은

등식을 변끼리 모두 곱하면

$$a_n=a_1\times\frac{1}{3}\times\frac{3}{5}\times\frac{5}{7}\times\cdots\times\frac{2n-3}{2n-1}=\frac{3}{2n-1}$$

따라서 $a_{20}=\dfrac{1}{13}$

다른 풀이

$\{2(n+1)-1\}a_{n+1}=(2n-1)a_n$이므로

$b_n=(2n-1)a_n$이라 하면 $b_{n+1}=b_n$

이때 $b_1=a_1=3$이므로 $b_n=3$

따라서 $a_n=\dfrac{3}{2n-1}$에서 $a_{20}=\dfrac{1}{13}$

LECTURE

$$
\begin{aligned}
a_n&=a_{n-1}\times f(n-1)\\
&=a_{n-2}\times f(n-2)\times f(n-1)\\
&=a_{n-3}\times f(n-3)\times f(n-2)\times f(n-1)\\
&\quad\vdots\\
&=a_1\times f(1)\times f(2)\times\cdots\times f(n-1)
\end{aligned}
$$

05 답 7

GUIDE

$a_{n+1}=pa_n+q$는 $a_{n+1}-\alpha=p(a_n-\alpha)$ 꼴로 만든다.

$a_{n+1}=2a_n+3$에서 $a_{n+1}+3=2(a_n+3)$이므로

$a_n+3=(a_1+3)2^{n-1}$, 즉 $a_n=(a_1+3)2^{n-1}-3$

이때 $a_9=(a_1+3)2^8-3=2557$에서 $a_1+3=10$

$\therefore a_1=7$

참고

$a_{n+1}=pa_n+q$와 $a_{n+1}-\alpha=p(a_n-\alpha)$에서 $-p\alpha+\alpha=q$

$\therefore \alpha=\dfrac{q}{-p+1}$

이 문제에서는 $p=2, q=3$이므로 $\alpha=-3$

06 답 1271

GUIDE

점화식 $9a_na_{n+1}=a_n-2a_{n+1}$의 양변을 a_na_{n+1}로 나눈 식에서 $a_{n+1}=pa_n+q$ 꼴을 만든다.

$9a_na_{n+1}=a_n-2a_{n+1}$의 양변을 a_na_{n+1}로 나누면

$$9=\frac{1}{a_{n+1}}-2\times\frac{1}{a_n}$$

$$\therefore \frac{1}{a_{n+1}}=2\times\frac{1}{a_n}+9$$

위 식을 $\dfrac{1}{a_{n+1}}-\alpha=2\left(\dfrac{1}{a_n}-\alpha\right)$라 하면

$-\alpha=9$이므로 $\alpha=-9$

$$\therefore \frac{1}{a_{n+1}}+9=2\left(\frac{1}{a_n}+9\right)$$

즉 수열 $\left\{\dfrac{1}{a_n}+9\right\}$는 첫째항이 $\dfrac{1}{a_1}+9=1+9=10$,

공비가 2인 등비수열이므로

$$\frac{1}{a_n}+9=10\times 2^{n-1}\qquad\therefore \frac{1}{a_n}=10\times 2^{n-1}-9$$

따라서 $\dfrac{1}{a_8}=10\times 2^7-9=1271$

07 답 (1) $n-1$ (2) $a_n=a_{n-1}+n-1$ (3) 66

GUIDE

직선을 하나 더 그으면 원래 그어져 있던 직선들과 만날 때마다 교점이 새로 생긴다.

(1) 직선 $n-1$개가 있을 때 직선을 하나 더 그어 새로 생기는 교점의 최대 개수는 새 직선이 직선 $(n-1)$개와 모두 만날 때이므로 $n-1$

(2) 직선 $n-1$개가 서로 만나서 생기는 교점 개수의 최댓값은 a_{n-1}이므로 (1)에서 $a_n=a_{n-1}+n-1$

(3) $a_1=0$이고 $a_n=a_{n-1}+n-1$이므로 $a_{n+1}-a_n=n$에서

$$a_n=a_1+\sum_{k=1}^{n-1}k=\frac{n(n-1)}{2}\qquad\therefore a_{12}=66$$

다른 풀이

(3) 평면에서 직선 n개 중 두 개를 택하면 교점 하나가 생기므로

$$a_n = {}_nC_2 = \frac{n(n-1)}{2} \qquad \therefore a_{12} = 66$$

08 답 ④

GUIDE

$$\sum_{k=1}^{m+1} a_k = \sum_{k=1}^{m} a_k + a_{m+1}$$

(i) $n=1$일 때 (좌변)$=2$, (우변)$=2$이므로 성립한다.

(ii) $n=m$일 때

$$\sum_{k=1}^{m} k(k+1) = \frac{1}{3}m(m+1)(m+2)$$이 성립한다고 가정하면

$$\sum_{k=1}^{m} k(k+1)$$

$$= \sum_{k=1}^{m} k(k+1) + \boxed{(m+1)(m+2)}$$

$$= \frac{1}{3}m(m+1)(m+2) + \boxed{(m+1)(m+2)}$$

$$= \frac{1}{3}(m+1)(m+2)(m+\boxed{3})$$

$$\therefore \sum_{k=1}^{m+1} k(k+1) = \frac{1}{3}(m+1)(m+2)(m+\boxed{3})$$

즉 $f(m) = (m+1)(m+2)$, $a=3$이므로

$f(11) + a = 156 + 3 = 159$

STEP 2 | 1등급 굳히기   p. 120~126

01 ①	**02** ④	**03** 255
04 (1) $b_n = \frac{n+1}{2}$ (2) 512	**05** 15	**06** 256
07 1023	**08** 513	**09** (1) -1 (2) 211
10 ④	**11** 20.04 %	**12** 18	**13** 729
14 (1) $b_n = \left(-\frac{1}{3}\right)^{n-1}$ (2) $a_n = \frac{7}{4} + \frac{1}{4}\left(-\frac{1}{3}\right)^{n-2}$		**15** 200
16 242	**17** 25	**18** 4	**19** ②
20 ⑤	**21** ③	**22** 풀이 참조	**23** 풀이 참조

01 답 ①

GUIDE

$n=1, 2, 3, \cdots$ 을 순서대로 대입하며 규칙을 찾는다.

$n=1, 2, 3, \cdots$을 순서대로 대입하면

$a_1 = 1$, $a_2 = 1$, $a_3 = -2 \times |1| + |1| = -1$

$a_4 = -2 \times |-1| + |1| = -1$

$a_5 = -2 \times |-1| + |-1| = -1$

$a_n = -1$ $(n = 3, 4, 5, \cdots)$

$$\therefore a_1 + a_2 + \cdots + a_{30}$$

$$= 1 + 1 + \underbrace{(-1) + \cdots + (-1)}_{28\text{개}} = -26$$

---

02 답 ④

GUIDE

$a_{n+1} = 3 - \dfrac{2}{a_n}$에 $n=1, 2, 3, \cdots$을 순서대로 대입하며 규칙을 찾는다.

$$a_1 = \frac{3}{2}, \ a_2 = \frac{5}{3}, \ a_3 = \frac{9}{5}, \ a_4 = \frac{17}{9}, \ a_5 = \frac{33}{17} \cdots$$에서

$$a_n = \frac{2^n + 1}{2^{n-1} + 1}$$이므로 $a_{10} = \frac{1024 + 1}{512 + 1} = \frac{1025}{513}$

1등급 NOTE

· $2, 3, 5, 9, 17, 33, \cdots \Rightarrow 2^{n-1} + 1$

· $0, 1, 3, 7, 15, 31, \cdots \Rightarrow 2^{n-1} - 1$

03 답 255

GUIDE

$n=1, 2, 3, \cdots$을 순서대로 대입하며 규칙을 찾는다.

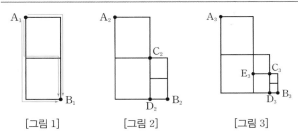

[그림 1]   [그림 2]   [그림 3]

[그림 1]에서 최단거리로 가는 경로는 3가지이다.

$\therefore a_1 = 3 = 2^2 - 1$

[그림 2]에서 C_2, D_2 지점을 표시하면 최단거리로 가는 경로는

$A_2 \longrightarrow C_2 \longrightarrow B_2$ 또는 $A_2 \longrightarrow D_2 \longrightarrow B_2$ (단, C_2를 지나지 않는다.)

$\therefore a_2 = 2 \times 3 + 1 \times 1 = 7 = 2^3 - 1$

[그림 3]에서 C_3, D_3, E_3 지점을 표시하면 최단거리로 가는 경로는

$A_3 \longrightarrow C_3 \longrightarrow B_3$ 또는 $A_3 \longrightarrow E_3 \longrightarrow D_3 \longrightarrow B_3$ (단, C_3을 지나지 않는다.) 또는 $A_3 \longrightarrow D_3 \longrightarrow B_3$ (단, C_3, E_3을 지나지 않는다.)

$\therefore a_3 = 2 \times 2 \times 3 + 2 \times 1 + 1 \times 1 = 15 = 2^4 - 1$

같은 방법으로 계속해서 나타내면 $a_n = 2^{n+1} - 1$

$\therefore a_7 = 2^8 - 1 = 255$

다른 풀이

오른쪽 그림에서 $P_3 \longrightarrow B_3$의 경로의 수는

a_2와 같고, $A_3 \longrightarrow P_3$은 2가지,

$A_3 \longrightarrow Q_3 \longrightarrow B_3$은 1가지이므로

$a_3 = 2a_2 + 1$

즉, $a_n = 2a_{n-1} + 1$로 생각하면

$a_n + 1 = 2(a_{n-1} + 1)$

$= 2^{n-1}(a_1 + 1) = 2^{n+1}$

$\therefore a_n = 2^{n+1} - 1$

04 ⓐ (1) $b_n = \dfrac{n+1}{2}$ (2) 512

GUIDE

$a_{n+1} = 2a_n + 2^n$의 양변을 2^{n+1}로 나누어 $\dfrac{a_{n+1}}{2^{n+1}}$과 $\dfrac{a_n}{2^n}$의 관계를 찾는다.

(1) $a_{n+1} = 2a_n + 2^n$의 양변을 2^{n+1}으로 나누면

$$\dfrac{a_{n+1}}{2^{n+1}} = \dfrac{a_n}{2^n} + \dfrac{1}{2}$$

이때 $b_n = \dfrac{a_n}{2^n}$이면 $b_{n+1} = \dfrac{a_{n+1}}{2^{n+1}}$이므로 $b_{n+1} = b_n + \dfrac{1}{2}$이다.

즉 수열 $\{b_n\}$은 $b_1 = \dfrac{2}{2^1} = 1$이고, 공차가 $\dfrac{1}{2}$인 등차수열이다.

$$\therefore \ b_n = 1 + (n-1) \times \dfrac{1}{2} = \dfrac{n+1}{2}$$

(2) $a_n = 2^n \times b_n = 2^{n-1}(n+1)$이므로

$$a_7 = 2^{7-1} \times (7+1) = 2^9 = 512$$

05 ⓐ 15

GUIDE

① $a_n = S_n - S_{n-1} = (\sqrt{S_n} + \sqrt{S_{n-1}})(\sqrt{S_n} - \sqrt{S_{n-1}})$ $(n \geq 2)$

② $\sqrt{S_n}$의 일반항을 구한다.

$a_n = \sqrt{S_n} + \sqrt{S_{n-1}}$ $(n \geq 2)$이고,

$a_n = S_n - S_{n-1} = (\sqrt{S_n} + \sqrt{S_{n-1}})(\sqrt{S_n} - \sqrt{S_{n-1}})$에서

$\sqrt{S_n} - \sqrt{S_{n-1}} = 1$

$\sqrt{S_n}$은 $n \geq 2$일 때 공차가 1인 등차수열이므로

$\sqrt{S_n} = \sqrt{S_1} + (n-1) \times 1 = \sqrt{S_1} + (n-1)$

이때 $\sqrt{S_1} = 1$이므로 $\sqrt{S_n} = n$ $\therefore \ S_n = n^2$

따라서 $a_8 = S_8 - S_7 = 64 - 49 = 15$

참고

$a_8 = \sqrt{S_8} + \sqrt{S_7} = 8 + 7 = 15$

06 ⓐ 256

GUIDE

$a_1 = a_2 + 3$과 $a_2 = -2a_1$에서 a_1의 값을 구한다.

$a_1 = a_2 + 3 = -2a_1 + 3$에서 $a_1 = 1$

(나)에서 수열 $\{a_n\}$은 공비가 -2인 등비수열이므로

$a_n = 1 \times (-2)^{n-1} = (-2)^{n-1}$

$\therefore \ a_9 = (-2)^8 = 256$

07 ⓐ 1023

GUIDE

$a_{n+1} = \dfrac{a_n}{a_n + 2}$처럼 분자와 분모에 같은 항이 있으면 역수를 취한다.

$a_{n+1} = \dfrac{a_n}{a_n + 2}$의 양변을 역수를 취하면 $\dfrac{1}{a_{n+1}} = \dfrac{2}{a_n} + 1$

이때 $b_n = \dfrac{1}{a_n}$이라 하면 $b_1 = 1$, $b_{n+1} = 2b_n + 1$이고

$b_{n+1} + 1 = 2(b_n + 1)$에서

$b_n + 1 = 2^{n-1}(b_1 + 1) = 2^n$

즉 $b_n = 2^n - 1$이므로 $a_n = \dfrac{1}{2^n - 1}$

따라서 $a_{10} = \dfrac{1}{1023}$에서 $p = 1023$

다른 풀이

$a_{n+1} = \dfrac{a_n}{a_n + 2}$에 n 대신 $1, 2, 3, 4, \cdots$를 대입해 보면

$a_2 = \dfrac{1}{3}$, $a_3 = \dfrac{1}{7}$, $a_4 = \dfrac{1}{15}$, $a_5 = \dfrac{1}{31}$, $\cdots$이다.

즉 $a_n = \dfrac{1}{2^n - 1}$에서 $a_{10} = \dfrac{1}{2^{10} - 1} = \dfrac{1}{1023}$

08 ⓐ 513

GUIDE

$\dfrac{1}{n+2} < \dfrac{a_n}{k} < \dfrac{1}{n}$의 각 항에서 역수를 취해 k값의 범위를 구한다.

$\dfrac{1}{n+2} < \dfrac{a_n}{k} < \dfrac{1}{n}$의 각 항이 모두 양수이므로

$n < \dfrac{k}{a_n} < n+2$에서 $na_n < k < (n+2)a_n$

이때 $a_{n+1} = (n+2)a_n - na_n - 1 = 2a_n - 1$에서

$a_{n+1} - 1 = 2(a_n - 1)$이고 $a_1 = 2$이므로

$a_n - 1 = (a_1 - 1)2^{n-1}$ $\therefore \ a_n = 2^{n-1} + 1$

따라서 $a_{10} = 2^9 + 1 = 513$

다른 풀이

$n = 1$일 때 $\dfrac{1}{6} < \dfrac{1}{k} < \dfrac{1}{2}$에서 $3 \leq k \leq 5$이므로 $a_2 = 3$

$n = 2$일 때 $\dfrac{1}{12} < \dfrac{1}{k} < \dfrac{1}{6}$에서 $7 \leq k \leq 11$이므로 $a_3 = 5$

$n = 3$일 때 $\dfrac{1}{25} < \dfrac{1}{k} < \dfrac{1}{15}$에서 $16 \leq k \leq 24$이므로 $a_4 = 9$

계속하면 $a_n = 2^{n-1} + 1$임을 짐작할 수 있다.

09 ⓐ (1) -1 (2) 211

GUIDE

❶ $a_{n+1} = pa_n + q$의 특별한 꼴이다. 이때 p가 등비수열의 공비가 됨을 주목한다.

❷ $a_{n+1} = 3a_n + 2^n \ \Rightarrow \ a_{n+1} - \alpha \times 2^{n+1} = 3(a_n - \alpha \times 2^n)$
즉 등비수열 $\{a_n - \alpha \times 2^n\}$의 규칙을 찾는 것이다.

(1) $a_{n+1}-\alpha\times2^{n+1}=3(a_n-\alpha\times2^n)$을 정리하면

$a_{n+1}=3a_n-\alpha\times2^n$이고, 이것이 $a_{n+1}=3a_n+2^n$과 같으므로

$\alpha=-1$

(2) $a_{n+1}-\alpha\times2^{n+1}=3(a_n-\alpha\times2^n)$에 $\alpha=-1$을 대입하면

$a_{n+1}+2^{n+1}=3(a_n+2^n)$

즉 $a_n+2^n=3(a_{n-1}+2^{n-1})$에서

$a_n+2^n=3^{n-1}(a_1+2^1)$이고 $a_1=1$이므로 $a_n=3^n-2^n$

$\therefore a_5=3^5-2^5=243-32=211$

참고

$a_n+2^n=3(a_{n-1}+2^{n-1})$에서 $a_n+2^n=b_n$이라 하면 $b_n=3b_{n-1}$

즉 수열 $\{b_n\}$은 첫째항 $b_1=(a_1+2)$이고, 공비가 3인 등비수열이므로

$b_n=(a_1+2)\times3^{n-1}$에서 $a_n+2^n=3\times3^{n-1}$ $\therefore a_n=3^n-2^n$

다른 풀이

$a_{n+1}=3a_n+2^n$에서 $a_{n+1}=\dfrac{3}{2}\times2a_n+2^n$으로 바꾸고 양변을

2^{n+1}으로 나누면 $\dfrac{a_{n+1}}{2^{n+1}}=\dfrac{3}{2}\times\dfrac{a_n}{2^n}+\dfrac{1}{2}$

이때 $\dfrac{a_n}{2^n}=b_n$이라 하면 $b_{n+1}=\dfrac{3}{2}b_n+\dfrac{1}{2}$이고,

$b_{n+1}+1=\dfrac{3}{2}(b_n+1)$, $b_1=\dfrac{a_1}{2}=\dfrac{1}{2}$이므로

$b_n+1=(b_1+1)\left(\dfrac{3}{2}\right)^{n-1}=\left(\dfrac{3}{2}\right)^n$

$\therefore b_n=\left(\dfrac{3}{2}\right)^n-1$

따라서 $\dfrac{a_n}{2^n}=\left(\dfrac{3}{2}\right)^n-1$에서 $a_n=3^n-2^n$

10 답 ④

GUIDE

$a_{n+1}-h(n+1)$과 $a_n-h(n)$ 꼴이 나타나도록 식을 조작한다.

$2a_{n+1}=3a_n-\dfrac{6n+2}{(n+1)!}=3a_n-\dfrac{6(n+1)-4}{(n+1)!}$

$=3a_n-\dfrac{6(n+1)}{(n+1)!}+\dfrac{4}{(n+1)!}$

$2a_{n+1}-\dfrac{4}{(n+1)!}=3a_n-\dfrac{6}{n!}=3a_n-3\times\boxed{\text{(가)}\ \dfrac{2}{n!}}$

$2\left\{a_{n+1}-\dfrac{2}{(n+1)!}\right\}=3\left\{a_n-\dfrac{2}{n!}\right\}$

$b_n=a_n-\dfrac{2}{n!}$라 하면 $2b_{n+1}=3b_n$

즉 $b_{n+1}=\dfrac{3}{2}b_n$이고, $b_1=a_1-2=3-2=1$이므로

$b_n=1\times\left(\dfrac{3}{2}\right)^{n-1}=\boxed{\text{(나)}\ \left(\dfrac{3}{2}\right)^{n-1}}$

$a_n=b_n+\dfrac{2}{n!}=\dfrac{2}{n!}+\left(\dfrac{3}{2}\right)^{n-1}$

따라서 $f(n)=\dfrac{2}{n!}$, $g(n)=\left(\dfrac{3}{2}\right)^{n-1}$이므로

$f(3)\times g(3)=\dfrac{2}{3!}\times\left(\dfrac{3}{2}\right)^2=\dfrac{3}{4}$

11 답 20.04 %

GUIDE

n째 주에 축구 경기를 본 학생이 a_n %이면 n째 주에 농구 경기를 본 학생은 $(100-a_n)$ %이다.

n째 주에 축구 경기를 본 학생이 a_n %라 하자.

$a_1=40$이고 $a_{n+1}=0.6a_n+0.1(100-a_n)=10+0.5a_n$

즉 $a_{n+1}=\dfrac{1}{2}a_n+10$에서 $a_{n+1}-20=\dfrac{1}{2}(a_n-20)$

$a_n=(a_1-20)\left(\dfrac{1}{2}\right)^{n-1}+20$에서 $a_n=20\left(\dfrac{1}{2}\right)^{n-1}+20$이므로

$a_{10}=20\times\dfrac{1}{2^9}+20=\dfrac{5}{128}+20=20.04$

따라서 10주째에 축구 경기를 보는 학생은 20.04 %

참고

$a_{n+1}=\dfrac{1}{2}a_n+10$과 $a_{n+1}-\alpha=\dfrac{1}{2}(a_n-\alpha)$이 서로 같으므로

$\dfrac{1}{2}\alpha=10$에서 $\alpha=20$

따라서 $a_{n+1}=\dfrac{1}{2}a_n+10$을 $a_{n+1}-20=\dfrac{1}{2}(a_n-20)$으로 변형할 수 있다.

12 답 18

GUIDE

n자리 자연수의 각 자리 수에서 1을 홀수 개 포함하는 경우의 수를 a_n이라 하면 a_{n+1}은 다음 두 가지로 생각할 수 있다.

(ⅰ) $n+1$번째에 배열하는 수가 2, 3, 4, 5 중 하나인 경우

(ⅱ) n자리 자연수에서 1을 짝수 개 포함하고, $n+1$번째에 배열하는 수가 1인 경우

n자리 자연수의 각 자리 수에서 1을 홀수 개 포함하는 경우의 수를 a_n이라 하면 1을 짝수 개 포함하는 경우의 수가 5^n-a_n이므로

$a_1=1$, $a_{n+1}=a_n\times4+(5^n-a_n)\times1=3a_n+5^n$

$a_{n+1}=3a_n+5^n$의 양변을 3^{n+1}으로 나누면

$\dfrac{a_{n+1}}{3^{n+1}}=\dfrac{a_n}{3^n}+\dfrac{1}{3}\left(\dfrac{5}{3}\right)^n$

이때 수열 $\left\{\dfrac{a_n}{3^n}\right\}$은 첫째항이 $\dfrac{1}{3}$이고, 계차가 $\dfrac{1}{3}\left(\dfrac{5}{3}\right)^n$이므로

$\dfrac{a_n}{3^n}=\dfrac{1}{3}+\dfrac{1}{3}\sum_{k=1}^{n-1}\left(\dfrac{5}{3}\right)^k$

$=\dfrac{1}{3}+\dfrac{1}{3}\times\dfrac{\dfrac{5}{3}\left\{\left(\dfrac{5}{3}\right)^{n-1}-1\right\}}{\dfrac{5}{3}-1}$

$=\dfrac{1}{2}\left\{\left(\dfrac{5}{3}\right)^n-1\right\}$

따라서 $a_n = \dfrac{5^n - 3^n}{2}$에서 $a_{10} = \dfrac{5^{10} - 3^{10}}{2}$이므로 $m + p + q = 18$

참고

n자리 자연수의 전체 개수 $\Rightarrow 5^n$

1이 홀수 번 쓰인 n자리 자연수의 개수 $\Rightarrow a_n$

1이 짝수 번 쓰인 n자리 자연수의 개수 $\Rightarrow 5^n - a_n$

다른 풀이

09 처럼 풀어도 된다.

$a_{n+1} = 3a_n + 5^n$에서 $a_{n+1} - \alpha \times 5^{n+1} = 3(a_n - \alpha \times 5^n)$

정리하면 $\alpha = \dfrac{1}{2}$이고, $a_{n+1} - \dfrac{1}{2} \times 5^{n+1} = 3\left(a_n - \dfrac{1}{2} \times 5^n\right)$

$\therefore a_n - \dfrac{1}{2} \times 5^n = \left(a_1 - \dfrac{1}{2} \times 5^1\right) 3^{n-1} = -\dfrac{3^n}{2}$

$\therefore a_n = \dfrac{5^n - 3^n}{2}$

---

13 🔵 729

GUIDE

$pa_{n+2} + qa_{n+1} + ra_n = 0$에서 $p + q + r = 0$이면
$p(a_{n+2} - a_{n+1}) = r(a_{n+1} - a_n)$ 꼴로 만든다.

$a_{n+2} - a_{n+1} = 3(a_{n+1} - a_n)$이므로 수열 $\{a_{n+1} - a_n\}$은
첫째항이 $a_2 - a_1 = 2$, 공비가 3인 등비수열이다.

즉 $a_n = a_1 + \displaystyle\sum_{k=1}^{n-1} 2 \times 3^{k-1} = 1 + \dfrac{2(3^{n-1} - 1)}{3 - 1} = 3^{n-1}$

$\therefore a_7 = 3^6 = 729$

참고

a_{n+2}의 계수가 1이므로 $a_{n+2} - 4a_{n+1} + 3a_n = 0$을
$a_{n+2} - a_{n+1} = \alpha(a_{n+1} - a_n)$ 꼴로 고칠 수 있다.
이때 $-(\alpha + 1)a_{n+1} = -4a_{n+1}$에서 $\alpha = 3$
즉 $a_{n+2} - a_{n+1} = 3(a_{n+1} - a_n)$으로 고칠 수 있다.

---

14 🔵 (1) $b_n = \left(-\dfrac{1}{3}\right)^{n-1}$ (2) $a_n = \dfrac{7}{4} + \dfrac{1}{4}\left(-\dfrac{1}{3}\right)^{n-2}$

GUIDE

$a_{n+2} = \dfrac{2a_{n+1} + a_n}{3}$과 $a_{n+2} - a_{n+1} = p(a_{n+1} - a_n)$이 서로 같다고 놓으면

$a_{n+2} = (p+1)a_{n+1} - pa_n$에서 $p = -\dfrac{1}{3}$이므로

$a_{n+2} - a_{n+1} = -\dfrac{1}{3}(a_{n+1} - a_n)$이 성립한다.

(1) $3(a_{n+2} - a_{n+1}) = -(a_{n+1} - a_n)$에서 $a_{n+1} - a_n = b_n$이라 하면

$b_{n+1} = -\dfrac{1}{3}b_n$이므로 수열 $\{b_n\}$은 첫째항이 $a_2 - a_1 = 1$이고

공비가 $-\dfrac{1}{3}$인 등비수열이다.

$\therefore b_n = 1 \times \left(-\dfrac{1}{3}\right)^{n-1} = \left(-\dfrac{1}{3}\right)^{n-1}$

(2) $a_n = a_1 + \displaystyle\sum_{k=1}^{n-1} b_k = 1 + \displaystyle\sum_{k=1}^{n-1}\left(-\dfrac{1}{3}\right)^{k-1} = 1 + \dfrac{1 - \left(-\dfrac{1}{3}\right)^{n-1}}{1 - \left(-\dfrac{1}{3}\right)}$

$= \dfrac{7}{4} + \dfrac{1}{4}\left(-\dfrac{1}{3}\right)^{n-2}$

---

15 🔵 200

GUIDE

$S_n - S_{n-1} = a_n \ (n \geq 2)$과 $\dfrac{1}{k(k+1)} = \dfrac{1}{k} - \dfrac{1}{k+1}$을 이용한다.

$a_n = S_n - S_{n-1} = n^2 a_n - (n-1)^2 a_{n-1}$

$\therefore a_n = \dfrac{n-1}{n+1} a_{n-1} \ (n \geq 2)$

이때 $n = 2, 3, \cdots$을 대입해서 얻은 식을 변끼리 곱하면

$a_n = a_1 \times \dfrac{1}{3} \times \dfrac{2}{4} \times \dfrac{3}{5} \times \cdots \times \dfrac{n-2}{n} \times \dfrac{n-1}{n+1}$

$= \dfrac{2}{n(n+1)}$

또한 $n = 1$일 때 $a_1 = \dfrac{2}{1 \times 2} = 1$이므로

$a_n = \dfrac{2}{n(n+1)} \ (n \geq 1)$

$\therefore S_n = \displaystyle\sum_{k=1}^{n} \dfrac{2}{k(k+1)} = 2\displaystyle\sum_{k=1}^{n}\left(\dfrac{1}{k} - \dfrac{1}{k+1}\right)$

$= 2 - \dfrac{2}{n+1} = \dfrac{2n}{n+1}$

따라서 $101S_{100} = 101 \times \dfrac{200}{100 + 1} = 200$

---

16 🔵 242

GUIDE

두 점 $P(a)$, $Q(b)$를 $m : n$으로 외분하는 점 R의 좌표는
$R\left(\dfrac{mb - na}{m - n}\right)$이다.

P_{n-1}과 P_n의 좌표를 차례로 x_{n-1}, x_n이라 하면

$x_{n+1} = \dfrac{x_{n-1} - 4x_n}{1 - 4} = \dfrac{4x_n - x_{n-1}}{3}$이므로

$3x_{n+1} = 4x_n - x_{n-1}$, 즉 $x_{n+1} - x_n = \dfrac{1}{3}(x_n - x_{n-1})$에서

$x_n - x_{n-1} = (x_2 - x_1)\left(\dfrac{1}{3}\right)^{n-2} = 2\left(\dfrac{1}{3}\right)^{n-2} \ (n \geq 2)$

$\therefore x_n = x_1 + \displaystyle\sum_{k=1}^{n-1} 2\left(\dfrac{1}{3}\right)^{k-1} = 1 + \dfrac{2\left\{1 - \left(\dfrac{1}{3}\right)^{n-1}\right\}}{1 - \dfrac{1}{3}}$

$= 4 - \left(\dfrac{1}{3}\right)^{n-2} \ (n \geq 2)$

따라서 $x_6=4-\dfrac{1}{81}=\dfrac{323}{81}$ 이므로

$b-a=323-81=242$

다른 풀이

$x_{n+1}-x_n=2\left(\dfrac{1}{3}\right)^{n-1}$ ······ ㉠

또 $3x_{n+1}=4x_n-x_{n-1}$ 에서 $3x_{n+1}-x_n=3x_n-x_{n-1}$ 로 바꾸면

$3x_{n+1}-x_n=3x_n-x_{n-1}=\cdots=3x_2-x_1=8$ ······ ㉡

㉡$-3\times$㉠에서 $x_n=4-\left(\dfrac{1}{3}\right)^{n-2}$ $(n\geq2)$

---

17 답 25

GUIDE

$a_nb_{n+1}=a_{n+1}b_n$ 에서 $a_{n+1}=a_n\times f(n)$ 꼴이므로 변변 곱하는 것을 생각한다.

$a_nb_{n+1}=a_{n+1}b_n$ 에서 양변을 b_n 으로 나누면

$a_{n+1}=\dfrac{b_{n+1}}{b_n}a_n$ ······ ㉠

㉠의 양변에 $n=1,\ 2,\ 3,\ \cdots,\ n-1$을 대입해 얻은 식을 같은 변끼리 곱하면

$\therefore a_n=a_1\times\dfrac{b_2}{b_1}\times\dfrac{b_3}{b_2}\times\cdots\times\dfrac{b_n}{b_{n-1}}=a_1\times\dfrac{b_n}{b_1}=\dfrac{3n+1}{4}$

따라서 $a_{33}=25$

참고

㈏를 ㈎에 대입하면 $(3n+4)a_n=(3n+1)a_{n+1}$

즉 $a_{n+1}=a_n\times\dfrac{3n+4}{3n+1}$ 이므로 같은 변끼리 곱하는 것을 생각할 수 있다.

---

18 답 4

GUIDE

문자 n개가 일렬로 나열된 상황에서 마지막에 문자 하나를 더 나열할 때 다음 두 가지 경우로 나누어 생각한다.
❶ 마지막 문자가 B 또는 C인 경우
❷ 마지막 문자가 A인 경우

문자를 $n+1$개 나열할 때

(ⅰ) 마지막 문자가 B 또는 C인 경우

앞의 n개 문자가 조건에 맞게 나열되면 되므로 $a_n\times2=2a_n$

(ⅱ) 마지막 문자가 A인 경우

A의 바로 앞에 B 또는 C가 있어야 하고

그 앞에 $n-1$개 문자가 조건에 맞게 나열되면 되므로

$a_{n-1}\times2=2a_{n-1}$

따라서 $a_{n+1}=2a_n+2a_{n-1}$ 에서 $p=2,\ q=2$

$\therefore p+q=4$

---

19 답 ②

GUIDE

㉢에 ㉡을 대입한 $a_{2n+3}=(6a_{2n+1}-a_{2n})-2a_{2n+1}$ 을 계속 변형한다.
※ ㉠+㉡+㉢에서 구한 $a_{2n+3}=3a_{2n+1}-2a_{2n-1}$ 을 정리해도 된다.

주어진 식에서 모든 자연수 n에 대하여

$a_{2n+1}=a_{2n}-2a_{2n-1}$ ······ ㉠

$a_{2n+2}=6a_{2n+1}-a_{2n}$ ······ ㉡

$a_{2n+3}=a_{2n+2}-2a_{2n+1}$ ······ ㉢

이므로 ㉠, ㉡, ㉢을 이용해 정리하면

$\begin{aligned}a_{2n+3}&=a_{2n+2}-2a_{2n+1}\\&=(6a_{2n+1}-a_{2n})-2a_{2n+1}\\&=4a_{2n+1}-(a_{2n+1}+2a_{2n-1})\\&=3a_{2n+1}-2a_{2n-1}\end{aligned}$

이다. 즉

$a_{2n+3}-a_{2n+1}=2(a_{2n+1}-a_{2n-1})=2^n(a_3-a_1)$

이고, ㉠에서 $a_3=a_2-2a_1=3$ 이므로 $a_3-a_1=2$

따라서 $a_{2n+1}-a_{2n-1}=\boxed{㈎\ 2^n}$ $(n\geq1)$

$\begin{aligned}a_{2n-1}&=a_1+\sum_{k=1}^{n-1}2^k=1+\dfrac{2(2^{n-1}-1)}{2-1}\\&=\boxed{㈏\ 2^n-1}\ (n\geq2)\end{aligned}$

이고, $a_1=1$ 이므로 $a_{2n-1}=2^n-1$ $(n\geq1)$

㉠에서 $a_{2n}=a_{2n+1}+2a_{2n-1}$ 이므로

$\begin{aligned}a_{2n}&=(2^{n+1}-1)+2(2^n-1)\\&=\boxed{㈐\ 2^{n+2}-3}\ (n\geq1)\end{aligned}$

즉 모든 자연수 n에 대하여

$a_{2n-1}=\boxed{㈏\ 2^n-1},\ a_{2n}=\boxed{㈐\ 2^{n+2}-3}$

따라서 $f(n)=2^n,\ g(n)=2^n-1,\ h(n)=2^{n+2}-3$ 이므로

$\dfrac{f(5)g(10)}{h(10)-1}=\dfrac{2^5(2^{10}-1)}{(2^{12}-3)-1}=\dfrac{2^5(2^{10}-1)}{2^2(2^{10}-1)}=8$

---

20 답 ⑤

GUIDE

등식 (＊)의 양변에 $\dfrac{4(k+1)}{3^{k+1}}$ 을 더해 $n=k+1$일 때도 등식이 성립함을 보인다.

(ⅰ) $n=1$일 때, (좌변)$=\dfrac{4}{3}$, (우변)$=3-\dfrac{5}{3}=\dfrac{4}{3}$ 이므로 (＊)이 성립한다.

(ⅱ) $n=k$일 때, (＊)이 성립한다고 가정하면

$\dfrac{4}{3}+\dfrac{8}{3^2}+\dfrac{12}{3^3}+\cdots+\dfrac{4k}{3^k}=3-\dfrac{2k+3}{3^k}$

이다.

위 등식의 양변에 $\dfrac{4(k+1)}{3^{k+1}}$ 을 더하여 정리하면

$$\frac{4}{3}+\frac{8}{3^2}+\frac{12}{3^3}+\cdots+\frac{4k}{3^k}+\frac{4(k+1)}{3^{k+1}}$$

$$=3-\frac{1}{3^k}\left\{(2k+3)-\left(\boxed{\text{(가)}\ \frac{4k+4}{3}}\right)\right\}$$

$$=3-\frac{1}{3^k}\left(\frac{2}{3}k+\frac{5}{3}\right)$$

$$=3-\frac{\boxed{\text{(나)}\ 2(k+1)+3}}{3^{k+1}}$$

따라서 $n=k+1$일 때도 ($*$)이 성립한다.

(i), (ii)에 의하여

모든 자연수 n에 대하여 ($*$)이 성립한다.

$\therefore f(k)=\dfrac{4k+4}{3},\ g(k)=2(k+1)+3$

따라서 $f(3)\times g(2)=\dfrac{16}{3}\times 9=48$

21 답 ③

GUIDE

$$\sum_{k=1}^{m+1}(2k-1)(2m+3-2k)^2$$
$$=\sum_{k=1}^{m}(2k-1)(2m+3-2k)^2+(2m+1)(2m+3-2m-2)^2$$
을 이용한다.

(i) $n=1$일 때, (좌변)$=1$, (우변)$=1$이므로 주어진 등식은 성립한다.

(ii) $n=m$일 때,

등식 $\displaystyle\sum_{k=1}^{m}(2k-1)(2m+1-2k)^2=\frac{m^2(2m^2+1)}{3}$ 이 성립한다고 가정하면

$$\sum_{k=1}^{m+1}(2k-1)(2m+3-2k)^2$$

$$=\sum_{k=1}^{m}(2k-1)(2m+3-2k)^2+\boxed{\text{(가)}\ 2m+1}$$

$$=\sum_{k=1}^{m}(2k-1)(2m+1-2k)^2$$
$$\quad+\boxed{\text{(나)}\ 8}\times\sum_{k=1}^{m}(2k-1)(m+1-k)+\boxed{\text{(가)}\ 2m+1}$$

$$=\frac{(m+1)^2\{2(m+1)^2+1\}}{3}$$

이다. 즉 $n=m+1$일 때도 주어진 등식이 성립한다.

(i), (ii)에서 모든 자연수 n에 대하여 주어진 등식이 성립하므로
$f(3)+p=7+8=15$

참고

❶ $A(k)=(2k-1)(2m+1-2k)^2$이라 하면
$A(m+1)=(2m+2-1)(2m+1-2m-2)^2=2m+1$

❷ $(2k-1)(2m+1-2k)^2+\square(2k-1)(m+1-k)$
$=(2k-1)\{(2m+1-2k)^2+\square(m+1-k)\}$
$=(2k-1)(4m^2+1+4k^2+4m-4k-8km+\square m+\square-\square k)$
$=(2k-1)(2m+3-2k)^2$
$=(2k-1)(4m^2+9+4k^2+12m-12k-8km)$

즉 $1+\square=9$, $(\square+4)m=12m$, $(\square+4)k=12k$에서 $\square=8$

❸ $\displaystyle 8\sum_{k=1}^{m}(2k-1)(m+1-k)$
$=8\displaystyle\sum_{k=1}^{m}(2mk-2k^2+3k-m-1)$
$=8m^2(m+1)-\dfrac{8m(m+1)(2m+1)}{3}+12m(m+1)-8m^2-8m$
$=\dfrac{4m(m+1)(2m+1)}{3}$

❹ $\dfrac{m^2(2m^2+1)}{3}+\dfrac{4m(m+1)(2m+1)}{3}+(2m+1)$
$=\dfrac{2m^4+8m^3+13m^2+10m+3}{3}$
$=\dfrac{(m+1)^2(2m^2+4m+3)}{3}$
$=\dfrac{(m+1)^2\{2(m+1)^2+1\}}{3}$

1등급 NOTE

풀이 과정에서 주어진 식의 앞뒤를 이용한다.

22 답 풀이 참조

GUIDE

$2^{3k}-3^k=5N(N$은 자연수)로 놓고, $2^{3(k+1)}-3^{k+1}$이 5의 배수임을 보인다.

(i) $n=1$일 때 $2^3-3^1=5$이므로 5의 배수이다.

(ii) $n=k$일 때 $2^{3k}-3^k=5N$ (N은 자연수) $\quad\cdots\cdots\ \bigcirc$

이 성립한다고 가정하면 $n=k+1$일 때

$2^{3(k+1)}-3^{k+1}=8\times 2^{3k}-3\times 3^k$
$\qquad\qquad\qquad\quad=8\times(2^{3k}-3^k)+8\times 3^k-3\times 3^k$
$\qquad\qquad\qquad\quad=8\times 5N+5\times 3^k\ (\because\ \bigcirc)$
$\qquad\qquad\qquad\quad=5(8N+3^k)$

즉 $2^{3(k+1)}-3^{k+1}$도 5의 배수이다.

따라서 모든 자연수 n에 대하여 $2^{3k}-3^k$은 5의 배수이다.

23 답 풀이 참조

GUIDE

❶ $n=1,2$일 때 성립함을 보인다.

❷ $n=m,\ m+1$일 때 성립함을 가정하여 $n=m+2$일 때 성립함을 보인다.

(i) $n=1$일 때 $(3+2\sqrt{2})+(3-2\sqrt{2})=6$
$n=2$일 때 $(3+2\sqrt{2})^2+(3-2\sqrt{2})^2=34$
즉 모두 짝수이므로 성립한다.

(ii) $n=m,\ m+1$일 때 성립한다고 가정하고
$x=3+2\sqrt{2},\ y=3-2\sqrt{2}$라 하면
$(3+2\sqrt{2})^{m+2}+(3-2\sqrt{2})^{m+2}$
$=x^{m+2}+y^{m+2}$
$=(x^{m+1}+y^{m+1})(x+y)-xy(x^m+y^m)$
$=6(x^{m+1}+y^{m+1})-(x^m+y^m)$

이때 $x^{m+1}+y^{m+1}$과 x^m+y^m이 모두 짝수이므로

$(3+2\sqrt{2})^{m+2}+(3-2\sqrt{2})^{m+2}$도 짝수이다.

따라서 모든 자연수 n에 대하여 성립한다.

STEP 3 | 1등급 뛰어넘기 p. 127~128

01 1250	**02** 50	**03** 1	**04** 2325만 원
05 (8, 16)	**06** 풀이 참조	**07** (1) $2n+1$	(2) 120

---

01 ⊜ 1250

GUIDE

❶ b_n의 일반항을 구한다.

❷ $a_k \times b_k$가 홀수일 조건을 생각한다.

$b_1=1$, $b_{n+1}-b_n=n+1$에서

$b_n=1+\sum\limits_{k=1}^{n-1}(k+1)=\dfrac{n(n+1)}{2}$

$a_k \times b_k$의 값이 홀수가 되려면 a_k, b_k의 값이 모두 홀수여야 한다.

(i) $a_k=5k+1$이 홀수가 되도록 하는 100 이하의 자연수는

2, 4, 6, 8, 10, 12, ⋯, 100

(ii) $b_k=\dfrac{k(k+1)}{2}$이 홀수가 되도록 하는 100 이하의 자연수는

1, 2, 5, 6, 9, 10, 13, 14, 17, ⋯, 97, 98

(i), (ii)에서 조건에 맞는 자연수 k값은 2, 6, 10, 14, 18, ⋯, 98

즉 첫째항이 2, 공차가 4인 등차수열이다.

따라서 모든 자연수 k값의 합은

$2+6+10+\cdots+98=\dfrac{25(2+98)}{2}=1250$

참고

$\dfrac{k(k+1)}{2}$이 짝수가 되는 경우는 $k(k+1)$이 4의 배수일 때이다. 즉 k가
4의 배수이거나 $k+1$이 4의 배수일 때를 생각할 수 있다.

---

02 ⊜ 50

GUIDE

수열 $\{a_n a_{n+1}\}$의 일반항을 생각한다.

(나) $a_{n+1}=a_{n-1}-\dfrac{2}{a_n}$의 양변에 a_n을 곱하면

$a_n a_{n+1}=a_{n-1}a_n-2$이므로 수열 $\{a_n a_{n+1}\}$은 공차가 -2인 등차수열이고 첫째항이 $a_1 a_2=96$이므로 $a_n a_{n+1}=98-2n$이다. 이
때 $a_{49}a_{50}=0$이고 $a_{48}a_{49}\neq0$이므로 $a_{50}=0$

∴ $k=50$

---

03 ⊜ 1

GUIDE

❶ $a_{n+1}=2S_{n-1}-S_n-\dfrac{2}{S_n}$에서 a_{n+1} 대신 $S_{n+1}-S_n$으로 바꾼다.

❷ ❶에서 구한 식의 양변에 S_n을 곱하여 생각한다.

$a_{n+1}=2S_{n-1}-S_n-\dfrac{2}{S_n}$에서

$S_{n+1}-S_n=2S_{n-1}-S_n-\dfrac{2}{S_n}$, 즉 $S_{n+1}=2S_{n-1}-\dfrac{2}{S_n}$이고,

이 식의 양변에 S_n을 곱하면

$S_{n+1}S_n=2S_nS_{n-1}-2$, $S_{n+1}S_n-2=2(S_nS_{n-1}-2)$

이때 $S_1=1$, $S_2=2$에서 $S_1S_2=2$이므로 $S_{n+1}S_n=2$

∴ $S_n=\begin{cases}1 & (n\text{은 홀수})\\2 & (n\text{은 짝수})\end{cases}$

따라서 $a_n=\begin{cases}-1 & (n\text{은 홀수})\\1 & (n\text{은 짝수})\end{cases}$ $(n\geq2, a_1=1)$

이므로 $a_{1000}=1$

1등급 NOTE

a_{1000}의 값을 구하는 문제이므로 수열 $\{a_n\}$에서 규칙성을 발견할 수 있다
는 생각으로 접근해도 된다. 주어진 점화식을 바탕으로 다음과 같은 내용
을 정리할 수 있다.

n	1	2	3	4	5	6	……
a_n	1	1	-1	1	-1	1	……
S_n	1	2	1	2	1	2	……

∴ $a_n=(-1)^n$ (단, $n\geq2$)

주의

수열 $\{S_nS_{n+1}-2\}$가 공비가 2인 등비수열이라 생각할 수 있지만
$S_1S_2-2=1\times2-2=0$이 되어 첫째항이 0이다.

즉 $S_1S_2-2=S_2S_3-2=S_3S_4-2=\cdots=S_nS_{n+1}-2=0$이므로
$S_nS_{n+1}=2$이다.

---

04 ⊜ 2325만 원

GUIDE

❶ n번 반복 후 동생이 형에게 돈을 주었을 때 형의 재산을 구한다.

❷ 다시 형이 동생에게 돈을 주고 남은 돈이 $n+1$번 반복 후 형의 재산
이다.

n번 반복 후 형의 재산을 a_n만 원이라 하자. (이하 단위 생략)

$a_0=3600$이고, 형과 동생의 재산 합이 7200이므로

동생이 형에게 돈을 준 후 형의 재산은

$a_n+\dfrac{1}{2}(7200-a_n)$

형은 다시 이 돈의 절반과 추가로 60만 원을 동생에게 주므로

$a_{n+1}=\dfrac{1}{2}\left\{a_n+\dfrac{1}{2}(7200-a_n)\right\}-60$

즉 $a_{n+1}=\dfrac{1}{4}a_n+1740$에서

$$a_n - 2320 = \frac{1}{4}(a_{n-1} - 2320)$$

$$\therefore a_n = (a_0 - 2320)\left(\frac{1}{4}\right)^n + 2320 = 1280\left(\frac{1}{4}\right)^n + 2320$$

따라서 $a_4 = 2325$이므로 2325만 원이다.

참고

$a_{n+1} = \frac{1}{4}a_n + 1740$을 $a_{n+1} - \alpha = \frac{1}{4}(a_n - \alpha)$ 꼴로 고친다고 생각하면

$\frac{3}{4}\alpha = 1740$에서 $\alpha = 2320$

05 답 (8, 16)

GUIDE

$A_{k+1}(k+1, 2k+2)$이고, $B_k(x_k, y_k)$라 하고 x_k, y_k를 각각 k에 대한 식으로 나타낸다.

$B_k(x_k, y_k)$라 하면 $B_{k+1}(x_{k+1}, y_{k+1})$은 선분 $B_k A_{k+1}$을 $1 : k$로 내분하는 점이므로

$$x_{k+1} = \frac{k}{k+1}x_k + \frac{1}{k+1} \times (k+1)$$

$$y_{k+1} = \frac{k}{k+1}y_k + \frac{1}{k+1} \times 2(k+1)$$

위 두 식의 양변에 $k+1$을 각각 곱하면

$$(k+1)x_{k+1} = kx_k + (k+1)$$

$$(k+1)y_{k+1} = ky_k + 2(k+1)$$

이때 $kx_k = a_k$, $ky_k = b_k$라 하면

$a_{k+1} = a_k + (k+1)$, $b_{k+1} = b_k + 2(k+1)$이고

$B_1(1, 2)$에서 $a_1 = 1$, $b_1 = 2$이므로

$$a_n = 1 + \sum_{k=1}^{n-1}(k+1) = \sum_{k=1}^{n}k = \frac{n(n+1)}{2}$$

$$b_n = 2 + \sum_{k=1}^{n-1}2(k+1) = \sum_{k=1}^{n}2k = n(n+1)$$

따라서 $x_n = \frac{n+1}{2}$, $y_n = n+1$이므로 $B_{15}(8, 16)$

06 답 풀이 참조

GUIDE

$x_i \times \frac{1}{x_i} + x_j \times \frac{1}{x_i} \geq 2$에서 (양수)+(양수)이므로

(산술평균)$\geq$(기하평균)임을 이용한다.

(1) $n=1$일 때 $x_1 \times \frac{1}{x_1} = 1 \geq 1^2$이므로 성립한다.

(2) $x_i \times \frac{1}{x_j} + x_j \times \frac{1}{x_i} \geq 2\sqrt{\frac{x_i}{x_j} \times \frac{x_j}{x_i}} = 2$

(3) $n=k$일 때

$$(x_1 + x_2 + \cdots + x_k)\left(\frac{1}{x_1} + \frac{1}{x_2} + \cdots + \frac{1}{x_k}\right) \geq k^2$$

이 성립한다고 가정하면 $n=k+1$일 때

$$\{(x_1 + \cdots + x_k) + x_{k+1}\}\left\{\left(\frac{1}{x_1} + \cdots + \frac{1}{x_k}\right) + \frac{1}{x_{k+1}}\right\}$$

$$= (x_1 + \cdots + x_k)\left(\frac{1}{x} + \cdots + \frac{1}{x_k}\right)$$

$$\quad + (x_1 + \cdots + x_k)\frac{1}{x_{k+1}} + \left(\frac{1}{x_1} + \cdots + \frac{1}{x_k}\right)x_{k+1}$$

$$\quad + x_{k+1} \times \frac{1}{x_{k+1}}$$

$$\geq k^2 + 2k + 1 = (k+1)^2$$

따라서 모든 자연수 n에 대하여 성립한다.

참고

$$(x_1 + \cdots + x_k)\frac{1}{x_{k+1}} + \left(\frac{1}{x_1} + \cdots + \frac{1}{x_k}\right)x_{k+1}$$

$$= \sum_{i=1}^{k}\left(x_i \times \frac{1}{x_{k+1}} + x_{k+1} \times \frac{1}{x_i}\right) \geq \sum_{i=1}^{k}2 = 2k$$

07 답 (1) $2n+1$ (2) 120

GUIDE

❶ 규칙의 내용은 어느 세 직선이 한 점에서 만나지 않는 것으로 생각할 수 있다.

❷ 새로 그은 직선과 기존에 그은 직선에서 교점을 기준으로 새로 그은 직선을 반직선과 선분으로 구분해 보자.

(1) 직선이 n개 있을 때, 규칙에 따라 직선을 그으면 $n+1$번째 직선은 직선 n개와 한 번씩 만나므로 교점은 n개 생긴다. 이때 선분은 $n-1$개, 반직선은 2개 생긴다.

즉 $p=n$, $q=n-1$, $r=2$이므로 $p+q+r = 2n+1$

(2) 규칙에 따라 평면 위에 직선 n개를 그린 다음, 규칙에 따라 직선 1개를 더 그으면 교점은 n개 생긴다. 직선 n개를 그렸을 때 넓이가 유한한 부분의 개수가 a_n이고, 넓이를 정할 수 없는 부분의 개수가 b_n이므로 $n+1$번째 직선을 그었을 때 a_{n+1}과 a_n의 관계, b_{n+1}과 b_n의 관계는 다음과 같다.

$a_1 = 0$, $a_{n+1} = a_n + (n-1)$

$b_1 = 2$, $b_{n+1} = b_n + 2$

따라서 $a_n = 0 + \sum_{k=1}^{n-1}(k-1) = \frac{(n-1)(n-2)}{2}$

$b_n = 2 + (n-1) \times 2 = 2n$

$\therefore a_6 \times b_6 = 10 \times 12 = 120$

참고

새로 그은 직선에서 선분이 1개 생길 때마다 넓이가 유한한 영역도 하나씩 생긴다. 또 반직선이 1개 생길 때마다 넓이를 정할 수 없는 영역도 하나씩 더 생긴다.

memo

최강 TOT

수학 I

정답과 풀이